# 图解 Spark

## 大数据快速分析实战

王磊◎著

人 民 邮 电 出 版 社

北 京

图书在版编目（CIP）数据

图解Spark ：大数据快速分析实战 / 王磊著. -- 北京 ：人民邮电出版社，2022.2
ISBN 978-7-115-58011-5

Ⅰ. ①图… Ⅱ. ①王… Ⅲ. ①数据处理软件 Ⅳ. ①TP274

中国版本图书馆CIP数据核字(2021)第240114号

## 内 容 提 要

本书共 8 章，内容主要包括 Spark 概述及入门实战，Spark 的作业调度和资源分配算法，Spark SQL、DataFrame、Dataset 的原理和实战，深入理解 Spark 数据源，流式计算的原理和实战，亿级数据处理平台 Spark 性能调优，Spark 机器学习库，Spark 3.0 的新特性和数据湖等。

本书适合 Spark 开发人员和 Spark 运维人员阅读。

◆ 著　　　王　磊
责任编辑　谢晓芳
责任印制　王　郁　焦志炜

◆ 人民邮电出版社出版发行　　北京市丰台区成寿寺路 11 号
邮编　100164　　电子邮件　315@ptpress.com.cn
网址　https://www.ptpress.com.cn
三河市君旺印务有限公司印刷

◆ 开本：800×1000　1/16
印张：21　　　　2022 年 2 月第 1 版
字数：475 千字　　　　2022 年 2 月河北第 1 次印刷

定价：109.90 元

读者服务热线：(010)81055410　印装质量热线：(010)81055316
反盗版热线：(010)81055315
广告经营许可证：京东市监广登字 20170147 号

# 前　言

本书的写作初衷是作者在工作中发现很多的 Spark 开发人员在日常工作中经常因为不理解 Spark 内核原理而陷入 Spark 开发的泥沼。尤其在进行几十亿甚至百亿级别数据的 Spark 任务开发时，虽然对于许多任务，开发人员很快就能实现功能代码的开发，但是在线上经常遇到任务处理超时、数据倾斜、内存溢出、任务分配不均等问题，而很多开发人员在面对这些问题时，常常会在不断尝试设置调优参数的过程中浪费太多宝贵的时间，最终收效甚微。这些问题的出现归根到底是因为不理解 Spark 内核的原理造成的，市面上的 Spark 书籍在介绍 Spark 内核的原理时大多以源码为基础，大量的源码和专业名词让很多读者望而生畏，好像必须要花很大力气才能理解 Spark 内核。因此，作者萌生了以图解的方式形象地介绍 Spark 内核的原理的想法，旨在让读者阅读起来既轻松有趣，又能全面理解 Spark 内核的原理。

本书在写作过程中尽量使用图文结合的方式展开介绍。本书对于每个知识点都配有图解，可以说，读者只要理解了图中的内容，基本上也就理解了对应的文字介绍部分，因此阅读起来会更加轻松愉悦和快速。同时本书的编写更贴近实战，尤其是 Spark 各种数据源的对接。数据格式原理的介绍、Spark 性能调优、Spark 延迟数据处理等内容都是笔者每次解决线上问题后的经验总结，阅读本书对于读者在日常工作中解决问题大有裨益。

本书内容主要包括 Spark 概述及入门实战，Spark 的作业调度和资源分配算法，Spark SQL、DataFrame、Dataset 的原理和实战，深入理解 Spark 数据源，流式计算原理和实战，亿级数据处理平台 Spark 性能调优，Spark 机器学习库，Spark 3.0 的新特性和数据湖等。全书内容丰富、翔实、简单易懂，旨在以最简单的方式讲解 Spark 内核复杂的原理。

## 本书主要内容

本书共 8 章，主要内容如下。

第 1 章首先介绍 Spark，然后讲述 Spark 的原理、特点和入门实战。

第 2 章主要介绍 Spark 的作业调度、Spark on YARN 资源调度、RDD 概念、RDD 分区、RDD 依赖关系、Stage、RDD 持久化、RDD 检查点、RDD 实战等。

第 3 章讲述 Spark SQL、DataFrame、Dataset 的原理和实战。

第 4 章讲述 Spark 数据源。

第 5 章讲述 Spark 流式计算的原理和实战，具体包括 Spark Streaming 的原理和实战、Spark Structured Streaming 的原理和实战。

第 6 章讲述亿级数据处理平台 Spark 性能调优，具体包括内存调优、任务调优、数据本地性调优、算子调优、Spark SQL 调优、Spark Shuffle 调优、Spark Streaming 调优、Spark 数据倾斜问题处理。

第 7 章概述 Spark 机器学习、Spark 机器学习常用统计方法、Spark 分类模型、协同过滤和 Spark 聚类模型。

第 8 章讲述 Spark 3.0 的新特性和 Spark 未来的趋势——数据湖。

## 致谢

感谢人民邮电出版社的张涛编辑，他的鼓励和引导对本书的写作与出版有很大的帮助。

写技术书是很耗费精力的，我常常因为一句话或一张图能否准确表达含义而思考再三。出于工作的原因，我只能在晚上和周末写作，写作难度很大，整个写书过程持续一年之久，在收到写作邀请时本人还没有宝宝，现在宝宝王默白已经一岁有余，每次写书累的时候看一下宝贝王默白的笑容，所有的疲惫一下子都烟消云散了。真心祝愿王默白开心快乐地成长，同时也十分感谢妻子张艳娇女士，没有她的鼓励和支持，本书很难顺利出版。最后感谢父母和朋友在工作和生活中给予的关心和帮助。在这里衷心地祝愿大家身体健康，万事如意。

# 作 者 简 介

**王磊**，阿里云 MVP（最有价值专家）、易点天下大数据架构师，《Offer 来了：Java 面试核心知识点精讲（原理篇）》和《Offer 来了：Java 面试核心知识点精讲（框架篇）》的作者，极客时间每日一课专栏作者；喜欢读书和研究新技术，长期从事物联网和大数据研发工作；有十余年丰富的物联网及大数据研发和技术架构经验，对物联网及大数据的原理和技术实现有深刻理解；长期从事海外项目的研发和交付工作，对异地多活数据中心的建设及高可用、高并发系统的设计有丰富的实战经验。

# 服务与支持

本书由异步社区出品，社区（https://www.epubit.com/）为您提供后续服务。

## 提交勘误

作者和编辑尽最大努力来确保书中内容的准确性，但难免会存在疏漏。欢迎您将发现的问题反馈给我们，帮助我们提升图书的质量。

当您发现错误时，请登录异步社区，按书名搜索，进入本书页面，单击“提交勘误”，输入勘误信息，单击“提交”按钮即可，如下图所示。本书的作者和编辑会对您提交的勘误进行审核，确认并接受后，您将获赠异步社区的100积分。积分可用于在异步社区兑换优惠券、样书或奖品。

## 与我们联系

我们的联系邮箱是 contact@epubit.com.cn。

如果您对本书有任何疑问或建议，请您发邮件给我们，并请在邮件标题中注明本书书名，以便我们更高效地做出反馈。

如果您有兴趣出版图书、录制教学视频，或者参与图书翻译、技术审校等工作，可以发邮件给我们；有意出版图书的作者也可以到异步社区投稿（直接访问 www.epubit.com/contribute 即可）。

如果您所在的学校、培训机构或企业想批量购买本书或异步社区出版的其他图书，也可以发邮件给我们。

如果您在网上发现有针对异步社区出品图书的各种形式的盗版行为，包括对图书全部或部分内容的非授权传播，请您将怀疑有侵权行为的链接通过邮件发送给我们。您的这一举动是对作者权益的保护，也是我们持续为您提供有价值内容的动力之源。

## 关于异步社区和异步图书

“异步社区”是人民邮电出版社旗下 IT 专业图书社区，致力于出版精品 IT 图书和相关学习产品，为作译者提供优质出版服务。异步社区创办于 2015 年 8 月，提供大量精品 IT 图书和电子书，以及高品质技术文章和视频课程。更多详情请访问异步社区官网 https://www.epubit.com。

“异步图书”是由异步社区编辑团队策划出版的精品 IT 专业图书的品牌，依托于人民邮电出版社的计算机图书出版积累和专业编辑团队，相关图书在封面上印有异步图书的 LOGO。异步图书的出版领域包括软件开发、大数据、人工智能、测试、前端、网络技术等。

异步社区

微信服务号

# 目　录

# 第 1 章
# Spark 概述及入门实战

在开始学习 Spark 之前，我们首先了解一下大数据的发展史。其实，大数据的应用很早就在一些知名的互联网公司中开始了，比如 Facebook 存储着全球 30 多亿用户的个人信息和日常每个用户在 Facebook 上发布的生活状态等内容；Google 为全球搜索引擎巨头，其数据中心的规模很早就达到拍字节（PB[①]）级别了。除此之外，还有 Twitter、AWS、百度、腾讯等知名互联网公司。最初，这些大数据技术基本上是在各个大公司内部独立进行研发和使用的，它们并没有开源，并且每个公司使用的技术方案也有很大的差异。另外，这些技术方案属于公司内部，其他开发者还很难接触到大数据技术。

到了 2003 年和 2004 年，Google 决定将其内部的部分大数据方案公开，并因此发表了关于分布式文件系统、分布式计算模型和 BigTable 的三篇著名的论文。随后，Hadoop 之父 Doug Cutting 基于这三篇论文实现了一套开源的大数据解决方案，也就是大家熟知的 Hadoop。Hadoop 具体包括 HDFS（Hadoop 分布式文件系统）和 MapReduce（分布式计算引擎），2008 年 1 月，Hadoop 开始成为 Apache 顶级孵化项目并迎来了快速发展。

大数据技术真正被大众认识是从 2008 年后 Hadoop 的兴起开始的，随后大数据开源技术迎来了发展的快车道。紧接着 Twitter 开源了分布式流式计算框架 Storm，再到后来便是大家熟知的 Spark 了。Spark 提供了“流批一体”的解决方案并被广泛使用至今。最近兴起的 Flink 则立足于实时流计算，并且在不断创新，向“流批一体”的解决方案靠近，具体如图 1-1 所示。

① $1PB = 2^{10}TB = 2^{20}GB = 2^{30}MB = 2^{40}KB = 2^{50}B$。

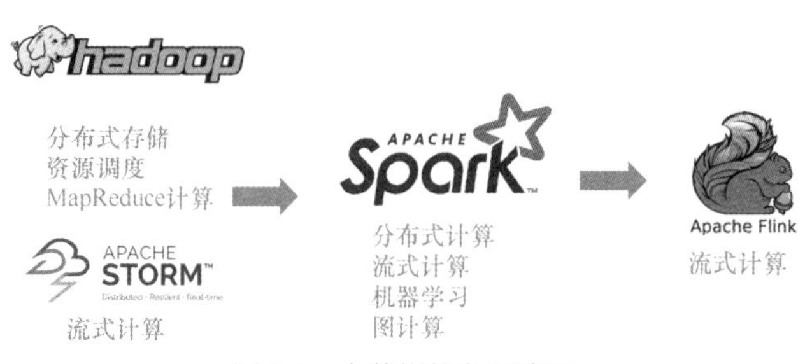


图 1-1 大数据的发展演进

在这些众多的技术中，Spark 是目前大数据项目中应用最广泛的产品之一。虽然 Flink 的流式方案正在受到大家的热捧，但是为了在十几分钟甚至几分钟内完成太字节（TB）级别复杂数据的分析和计算，仍然需要使用 Spark 才行。Spark 也是大数据计算和机器学习项目中使用最广泛的产品之一。

下面我们来看看什么是 Spark。Spark 是美国加州大学伯克利分校的 AMP 实验室推出的一种开源、通用的分布式大数据计算引擎。Spark 从 2010 年开始正式对外开源；2012 年，Spark 的 0.16 版本开始快速推广并得到应用；2014 年，Spark 发布了 1.0.0 版本，Spark 已经完全成熟，成为大数据开发的必备技术方案；接下来是 2016 年发布的 2.0.0 版本，此时 Spark 和 Structured Streaming 在生产环境中开始被大量使用；2020 年 6 月，Spark 发布了 3.0.0 版本，并进一步在 SQL 智能优化和 AI 方面做出重大改进。随着数据湖和 AI 的快速发展，Spark 正以更灵活的方式拥抱数据湖和 AI，Spark + AI 将成为未来发展的重要方向。Spark 的具体发展历程如图 1-2 所示。

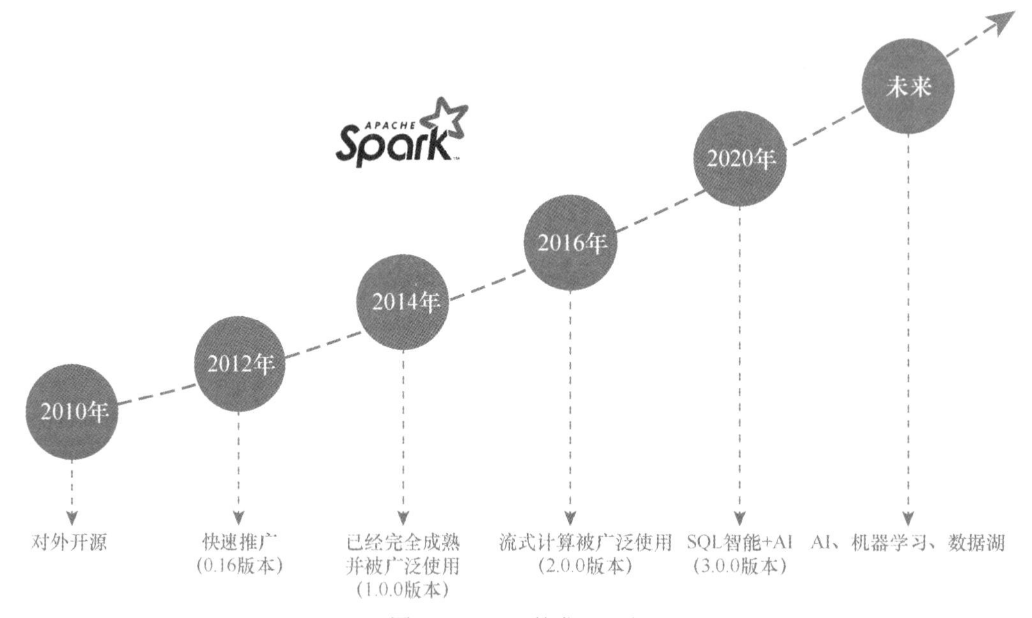


图 1-2 Spark 的发展历程

# 1.1 Spark 简介

## 1.1.1 为什么要学习 Spark

首先，Spark 作为目前大数据计算领域必备计算引擎已经成为不争的事实。其次，Spark 的批量计算在生产环境中基本上完全替代了传统的 MapReduce 计算，Spark 的流式计算则取代了大部分以 Storm 为基础的流式计算。最后，随着人工智能的迅速发展，Spark 近几年也持续在机器学习和 AI 方向发力，在机器学习的模型训练中起到至关重要的作用。基于以上事实，无论是数据研发工程师还是机器学习等算法工程师，Spark 都是必须掌握的一门技术。

那么，为什么 Spark 会拥有如此重要的地位呢？这和 Spark 本身的特点有直接关系。Spark 的特点是计算速度快、易于使用，此外，Spark 还提供了一站式大数据解决方案，支持多种资源管理器，且 Spark 生态圈丰富，具体如图 1-3 所示。

图 1-3 Spark 的特点

### 1. 计算速度快

Spark 将每个任务构造成 DAG（Directed Acyclic Graph，有向无环图）来执行，其内部计算过程是基于 RDD（Resilient Distributed Dataset，弹性分布式数据集）在内存中对数据进行迭代计算的，因此运行效率很高。

Spark 官网上的数据表明，当 Spark 计算所需的数据在磁盘上时，Spark 的数据处理速度是 Hadoop MapReduce 的 10 倍以上；当 Spark 计算所需的数据在内存中时，Spark 的数据处理速度是 Hadoop MapReduce 的 100 倍以上。

### 2. 易于使用

首先，Spark 的算子十分丰富。Spark 支持 80 多个高级的运算操作，开发人员只需要按照 Spark 封装好的 API 实现即可，不需要关心 Spark 的底层架构，使用起来易于上手，十分方便。其次，Spark 支持多种编程语言，包括 Java、Scala、Python 等，这使得具有不同编程语言背景的开发人员都能快速开展 Spark 应用的开发并相互协作，而不用担心因编程语言不同带来的困扰。最后，由于 Spark SQL 的支持，Spark 开发门槛进一步降低了，开发人员只需要将数据加载到 Spark 中并映射为对应的表，就可以直接使用 SQL 语句对数据进行分析和处理，使用起来既简单又方便。综上所述，Spark 是一个易于使用的大数据平台。

### 3. 一站式大数据解决方案

Spark 提供了多种类型的开发库，包括 Spark Core API、即时查询（Spark SQL）、实时流处理（Spark Streaming）、机器学习（Spark MLlib）、图计算（GraphX），使得开发人员可以在同一个应用程序中按需使用各种类库，而不用像传统的大数据方案那样将离线任务放在 Hadoop MapReduce 上运行，也不需要将实时流式计算任务放在 Flink 上运行并维护多个计算平台。Spark 提供了从实时流式计算、离线计算、SQL 计算、图计算到机器学习的一站式解决方案，为多场景应用的开发带来了极大便利。

### 4. 支持多种资源管理器

Spark 支持 Standalone、Hadoop YARN、Apache Mesos、Kubernetes 等多种资源管理器，用户可以根据现有的大数据平台灵活地选择运行模式。

### 5. Spark 生态圈丰富

Spark 生态圈以 Spark Core 为核心，支持从 HDFS、Amazon S3、HBase、ElasticSearch、MongoDB、MySQL、Kafka 等多种数据源读取数据。同时，Spark 支持以 Standalone、Hadoop YARN、Apache Mesos、Kubernetes 为资源管理器调度任务，从而完成 Spark 应用程序的计算任务。另外，Spark 应用程序还可以基于不同的组件来实现，如 Spark Shell、Spark Submit、Spark Streaming、Spark SQL、BlinkDB（权衡查询）、Spark MLlib（机器学习）、GraphX（图计算）和 SparkR（数学计算）等组件。Spark 生态圈已经从大数据计算和数据挖掘扩展到图计算、机器学习、数学计算等多个领域。

图 1-4 对 Spark 的特点做了全面总结。

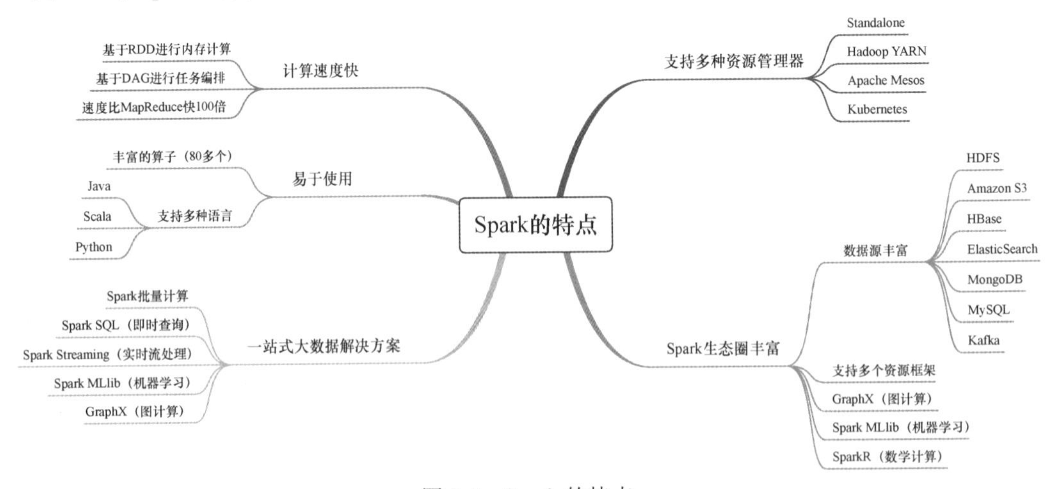


图 1-4　Spark 的特点

### 1.1.2 学好 Spark 的关键点

Spark 的诸多优势使得 Spark 成为目前最流行的计算引擎，那么学好 Spark 的关键点都有哪些呢？具体如图 1-5 所示。

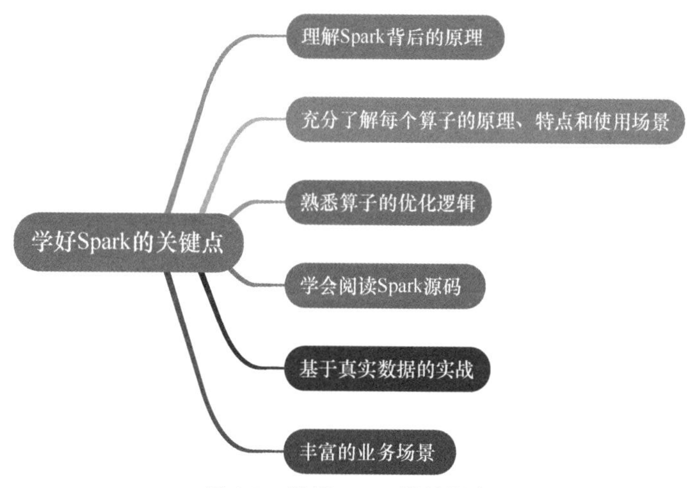


图 1-5 学好 Spark 的关键点

（1）只有充分理解 Spark 分布式计算引擎背后的原理，才能为后续基于不同场景快速实现不同的功能以及进行任务优化打下坚实的基础。

（2）只有充分了解算子背后的原理，才能在不同场景中游刃有余地使用它们。

（3）通常，基于 Spark 实现某个数据分析功能相对而言比较简单，可能只需要简单的几行 SQL 代码就能实现。但是，我们在实践中经常会遇到数据倾斜、长尾任务、部分任务超时等情况，此时就需要熟悉数据模型和 Spark 算子的优化逻辑，并根据数据模型的特点和各个任务上数据的分布对其进行调优，以消除数据倾斜等问题，保障任务稳定运行。

（4）在对 Spark 的原理和使用有了一定的了解后，我们便可以尝试阅读 Spark 源码，这对于在实践中遇到问题时快速定位和处理问题会有很大的帮助。尤其在遇到错误时，我们可以通过源码快速了解出错的日志处 Spark 源码上下文的执行逻辑，从而快速定位问题，避免花费大量精力和反复尝试解决问题。

（5）“实践是检验真理的唯一标准”这句话同样适用于大数据领域。同样的代码在不同规模的数据集上有时候能正常运行并计算出结果，但有时候会出现计算超时或任务失败等情况，这在日常的大数据开发中是很常见的事情。大数据计算首先需要有大量的数据才能更好地验证应用程序的稳定性和健壮性，因此基于真实数据的实战是掌握 Spark 的关键。

（6）除了基于真实数据进行实战之外，丰富的业务场景也是学好 Spark 的关键点之一。只有在具备丰富的应用场景后，我们才能更好地理解 Spark 模块在不同场景中的应用，如 Spark 流式计算、Spark 机器学习、Spark 图计算等模块。

### 1.1.3 Spark 学习难点

在了解了学好 Spark 的关键点之后，我们再来看一看 Spark 都有哪些学习难点。

- Spark 原理：为了学好 Spark，首先需要了解 Spark 背后的原理，尤其当代码在分布式环境中运行时，对于很多从未接触过分布式计算的读者来说，理解起来有一定难度。
- 数据模型的设计：在 Spark 开发过程中，经常需要将不同来源的数据加载到 Spark 中进行分析。为了保障各种来源的数据都能即拿即用地被分析，数据模型的设计就显得十分重要。保障数据模型的可扩展性和高效性是设计数据模型的关键，良好的数据模型是提高 Spark 运行效率的前提。
- 基于海量数据的任务调优：同样的任务所要处理的数据规模不同，导致上次任务还能运行成功，这次就运行失败了，这是开发中经常会遇到的事情。此外，同样的数据和任务，不同时间可调度的物理资源不同，导致任务运行失败也是开发中经常会遇到的事情。因此，基于海量数据的任务调优经验十分重要，同时良好的自动化调度和重试机制有利于保障任务长期稳定运行。

### 1.1.4 本书编写思路

本书由易到难，先深入剖析原理，再进行代码实战。本书会尽量避免介绍大量的原理，以免枯燥乏味；同时，本书也会尽量避免在读者不了解原理的情况下进行太多的源码实战，以免读者仅仅成为 Spark API 使用者。以上两种情况都不利于 Spark 的学习。

本书还将介绍 Spark 机器学习方面的内容。考虑到大部分读者可能未接触过机器学习，因此在介绍的时候，我们首先会对机器学习的基本原理进行介绍，以便读者在使用 Spark 提供的机器学习函数时，对背后的原理能有更清晰的认识。

在内容编排上，本书对基础概念的介绍力求简洁，对于高级特性，则尽可能详细介绍背后的原理。因此，无论是刚开始学习 Spark，还是已有一定的 Spark 开发经验，本书都值得阅读。

阅读完本书后，您将全面掌握 Spark 内核原理、Spark 资源调度、Spark 离线计算、Spark 流式计算、Spark 任务调优、Spark 机器学习等知识。本书最后还介绍了大数据的未来趋势及相关技术，比如数据湖和 AI 技术，为您未来决胜大数据计算打下坚实基础。

# 1.2 Spark 原理及特点

## 1.2.1 Spark 的核心优势

Spark 为什么能在短时间内突然崛起？Spark 相对 Hadoop MapReduce 有何优势？接下来，我们将介绍 Spark 相对于 Hadoop MapReduce 的 3 个核心优势——高性能、高容错性和通用性。

### 1．高性能

Spark 继承了 Hadoop MapReduce 大数据计算的优点，但不同于 MapReduce 的是：MapReduce 每次执行任务时的中间结果都需要存储到 HDFS 磁盘上，而 Spark 每次执行任务时的中间结果可以保存到内存中，因而不再需要读写 HDFS 磁盘上的数据，具体如图 1-6 所示。这里假设任务的计算逻辑需要执行两次迭代计算才能完成，在 MapReduce 任务的计算过程中，MapReduce 任务首先从 HDFS 磁盘上读取数据，然后执行第一次迭代计算，等到第一次迭代计算完成后，才会将计算结果写入 HDFS 磁盘；当第二次迭代计算开始时，需要从 HDFS 磁盘上读取第一次迭代计算的结果并执行第二次迭代计算，并且等到第二次迭代计算完成后，才将计算结果写到 HDFS 磁盘上，此时整个迭代计算过程才完成。可以看出，在 MapReduce 任务的计算过程中，分别经历了两次 HDFS 磁盘上的数据读和两次 HDFS 磁盘上的数据写，而大数据计算产生的耗时很大一部分来自磁盘数据的读写，尤其是在数据超过 TB（太字节）级别后，磁盘读写这个耗时因素将变得更加明显。

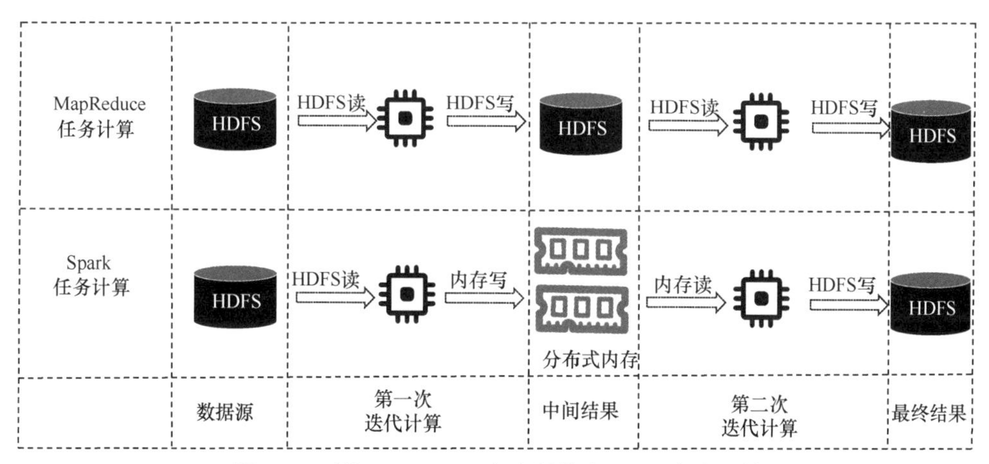


图 1-6 对比 MapReduce 任务计算和 Spark 任务计算

为了解决数据读写磁盘慢的问题，Spark 会将中间的计算结果保存到内存中（前提是内存中有足够的空间）。当后面的迭代计算需要用到这些数据时，Spark 可直接从内存中读取它们。因为内存中数据的读写速度和磁盘上数据的读写速度不是一个级别，所以 Spark 通过从内存中读写数据，这样能够更快速地完成数据的处理。例如，对于同一个需要两次迭代计算的任务，在 Spark 任务的计算过程中，首先会从 HDFS 磁盘上读取数据并执行第一次迭代计算，在第一次迭代计算完成后，Spark 会将计算结果保存到分布式内存中；等到执行第二次迭代计算时，Spark 会直接从内存中读取第一次迭代计算的结果并执行第二次迭代计算，并在第二次迭代计算完成后，将最终结果写入 HDFS 磁盘。可以看出，Spark 在任务执行过程中分别进行了一次 HDFS 磁盘读和一次 HDFS 磁盘写。也就是说，Spark 仅在第一次读取源数据和最后一次将结果写出时，基于 HDFS 进行磁盘数据的读写，而计算过程中产生的中间数据都存放在内存中。因此，Spark 的计算速度自然要比 MapReduce 快很多。

### 2. 高容错性

对于任何一个分布式计算引擎来说，容错性都是必不可少的功能，因为几乎没有人能够忍受任务的失败和数据的错误或丢失。在单机环境下，开发人员可以通过锁、事务等方式保障数据的正确性。但是，对于分布式环境来说，既需要将数据打散分布在多个服务器上以并发执行，也需要保障集群中的每份数据都是正确的，后者相对来说实现难度就大多了。另外，由于网络故障、系统硬件故障等问题不可避免，因此分布式计算引擎还需要保障在系统发生故障时，能及时从故障中恢复并保障故障期间数据的正确性。

Spark 从基于“血统”（lineage）的数据恢复和基于检查点（checkpoint）的容错两方面提高系统的容错性。

Spark 引入了 RDD 的概念。RDD 是分布在一个或多个节点上的只读数据的集合，这些集合是弹性的并且相互之间存在依赖关系，数据集之间的这种依赖关系又称为“血缘关系”。如果数据集中的一部分数据丢失，则可以根据“血缘关系”对丢失的数据进行重建。具体如图 1-7 所示，这里假设一个任务中包含了 Map 计算、Reduce 计算和其他计算，当基于 Reduce 计算的结果进行计算时，如果任务失败导致数据丢失，则可以根据之前 Reduce 计算的结果对数据进行重建，而不必从 Map 计算阶段重新开始计算。这样便根据数据的“血缘关系”快速完成了故障恢复。

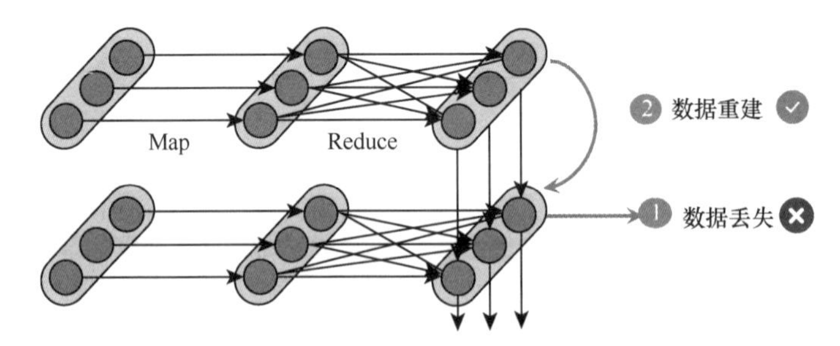


图 1-7　Spark 基于“血缘关系”进行数据恢复

Spark 任务在进行 RDD 计算时，可以通过检查点来实现容错。例如，当编写一个 Spark Stream 程序时，我们可以为其设置检查点，这样当出现故障时，便可以根据预先设置的检查点从故障点进行恢复，从而避免数据的丢失和保障系统的安全升级等。

如图 1-8 所示，这里通过 val ssc = new StreamingContext(conf, Seconds(10))定义了一个名为 ssc 的 StreamingContext，然后通过 ssc.checkpoint(checkpointDir)设置了检查点。其中，checkpointDir 为检查点的存储路径，当任务发生错误时，可从检查点恢复任务，从而有效保障了任务的安全性。

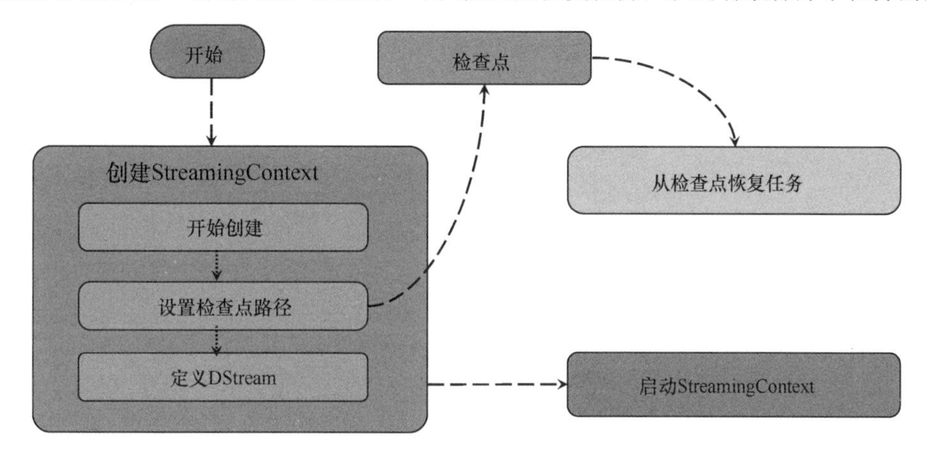


```
val ssc = new StreamingContext(conf, Seconds(10))
ssc.checkpoint(checkpointDir)// 设置检查点
ssc.start()
ssc.awaitTermination()
```

图 1-8 Spark 检查点容错

### 3. 通用性

Spark 是通用的大数据计算框架，这主要表现在两个方面：一是 Spark 相对于 Hadoop 来说支持更多的数据集操作，二是 Spark 支持更丰富的计算场景。

Hadoop 只支持 Map 和 Reduce 操作，而 Spark 支持的数据集操作类型丰富得多，具体分为 Transformation 操作和 Action 操作两种。Transformation 操作包括 Map、Filter、FlatMap、Sample、GroupByKey、ReduceByKey、Union、Join、Cogroup、MapValues、Sort 和 PartitionBy 等操作，Action 操作则包括 Collect、Reduce、Lookup 和 Save 等操作。另外，Spark 的计算节点之间的通信模型不但支持 Shuffle 操作，而且支持用户命名、物化视图、控制中间结果的存储、数据分区等，具体如图 1-9 所示。

缘于卓越的性能，Spark 被广泛应用于复杂的批数据处理（batch data processing），这种场景下的数据延迟一般要求在几十分钟或几分钟；基于历史数据的交互式查询（interactive query）这种场景下的数据延迟一般也要求在几十分钟或几分钟；而基于实时数据流的数据处理（streaming data processing）场景下的数据延迟通常要求在数百毫秒到数秒之间。Spark 还被广泛应用于图计算和机器学习领域。Spark 常见的应用场景如图 1-10 所示。

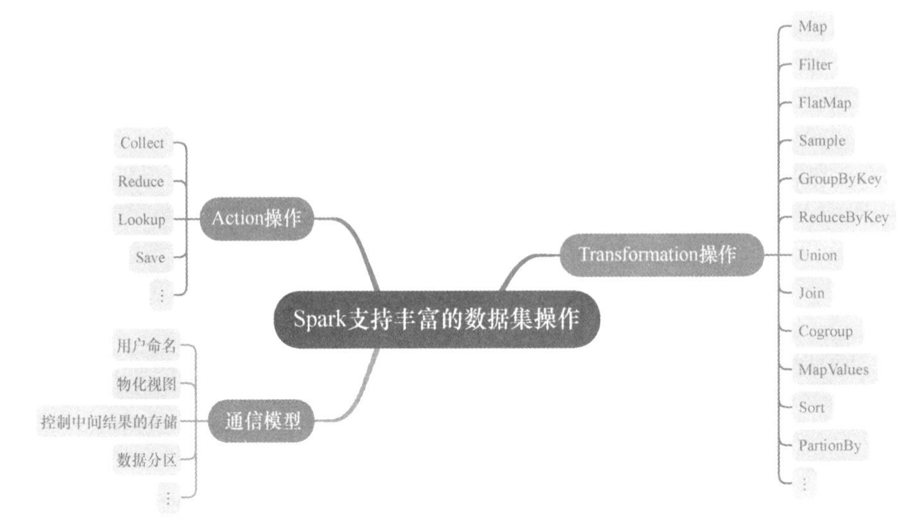


图 1-9 Spark 支持的数据集操作

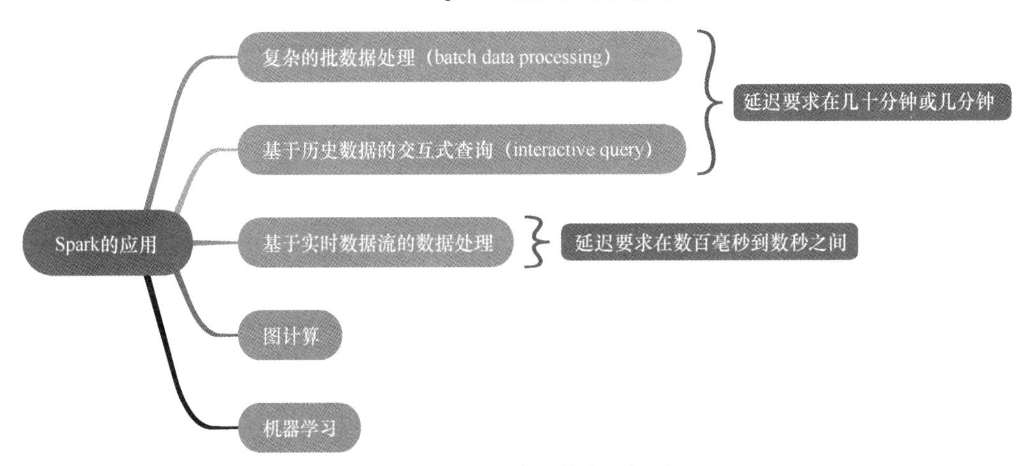


图 1-10 Spark 常见的应用场景

上面总结了 Spark 相对于 Hadoop MapReduce 都有哪些核心优势。表 1-1 从数据存储结构、编程范式、数据读写性能和任务执行方式的角度分别对比了 Hadoop MapReduce 和 Spark 的差别。

表 1-1 Hadoop MapReduce 和 Spark 的差别

| | Hadoop MapReduce | Spark |
|---|---|---|
| 数据存储结构 | 在磁盘上存储 HDFS 文件 | 在内存中构建 RDD 并对数据进行运算和缓存 |
| 编程范式 | Map 和 Reduce | 由 Transformation 操作和 Action 操作组成的 DAG |
| 数据读写性能 | 中间的计算结果存储在磁盘上，I/O、序列化及反序列化代价大 | 中间的计算结果保存在内存中，存取速度比磁盘高了好几个数量级 |
| 任务执行方式 | 任务以进程的方式维护，需要数秒时间才能启动 | 任务以线程的方式维护，对于小数据集，读取时能够实现亚秒级的延迟 |

## 1.2.2 Spark 生态介绍

Spark 生态也称为 BDAS（伯克利数据分析栈），它由伯克利 APMLab 实验室打造，目标是在算法（algorithm）、机器（machine）和人（people）之间通过大规模集成来构建大数据应用的一个平台，具体关系如图 1-11 所示。BDAS 通过对通信、大数据、机器学习、云计算等技术的运用以及资源的整合，试图通过对人类生活中海量的不透明数据进行收集、存储、分析和计算，来使人类从数字化的角度更好地理解我们自身所处的世界。

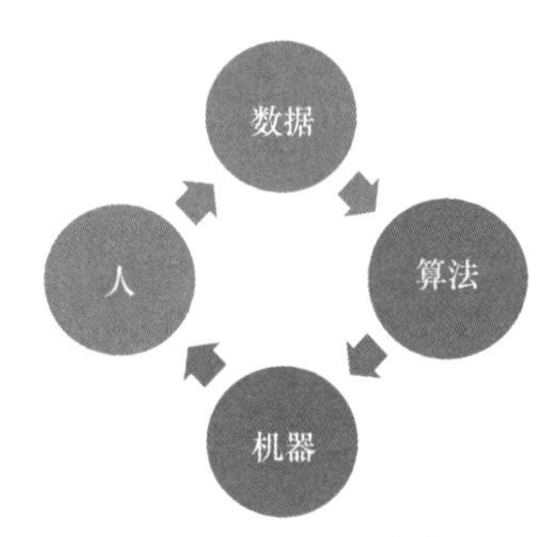


图 1-11 Spark 生态

从 Spark 生态的概念中可以看出，Spark 生态的范围是十分广泛的。Spark 生态中到底使用了哪些具体的技术呢？接下来我们从多语言支持、多调度框架的运行、多组件支撑下的多场景应用、多种存储介质、多数据格式等角度介绍 Spark 生态中一些常用的技术，具体如图 1-12 所示。

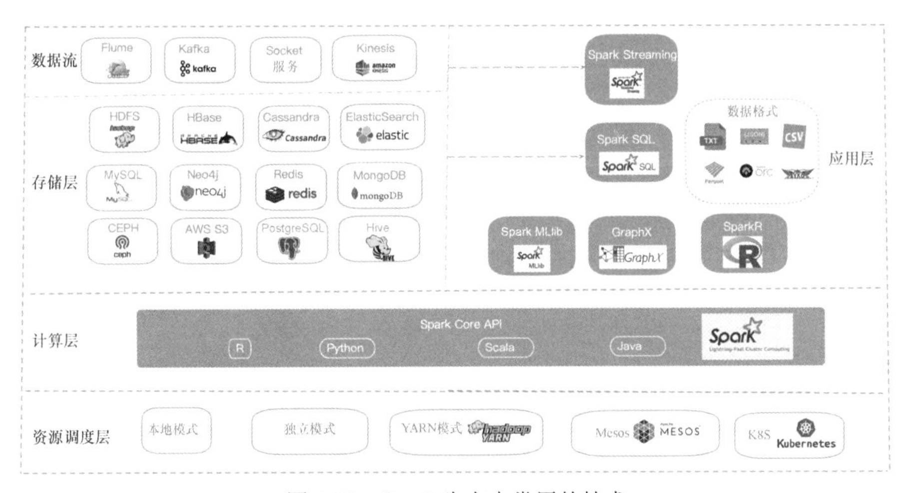


图 1-12 Spark 生态中常用的技术

- 多语言支持：Spark 生态以 Spark Core 为核心，支持 R、Python、Scala 和 Java 等多种语言。
- 多调度框架的运行：在资源调度层，Spark 既可以运行在本地模式、独立模式或 YARY 模式下，也可以运行在 Mesos 和 Kubernetes 资源调度框架之下。
- 多组件支撑下的多场景应用：在 Spark Core 的基础上，Spark 提供了 Spark MLlib、GraphX、SparkR、Spark SQL、Spark Streaming 等组件。其中，Spark MLlib 用于机器学习，GraphX 用于图计算，SparkR 用于提供对 R 语言数据计算的支持，Spark SQL 用于即时查询，Spark Streaming 用于流式计算。

- 多种存储介质：在存储层，Spark既支持从HDFS、Hive、CEPH、AWS S3中读取和写入数据，也支持从HBase、Cassandra、ElasticSearch、MongoDB等数据库中读取和写入数据，还支持从MySQL、PostgreSQL等关系数据库中读取和写入数据，以及支持从图数据库Neo4j中读取和写入数据，甚至支持从Redis等分布式内存数据库中读取和写入数据。在流式计算中，Spark Streaming支持从Flume、Kafka、Socket服务、Kinesis等多种数据源获取数据并实时执行流式计算。
- 多数据格式：Spark支持的数据格式也很丰富，既包括常见的TEXT、JSON、CSV格式，也包括大数据中经常使用的Parquet、ORC和AVRO格式。其中，Parquet、ORC和AVRO格式在数据压缩和海量数据的快速查询方面优势明显。

### 1.2.3　Spark模块的组成

Spark基于Spark Core建立了Spark SQL、Spark Streaming、GraphX、Spark MLlib、SparkR等核心组件，基于不同的组件可以实现不同的计算任务。

Spark模块的组成如图1-13所示。

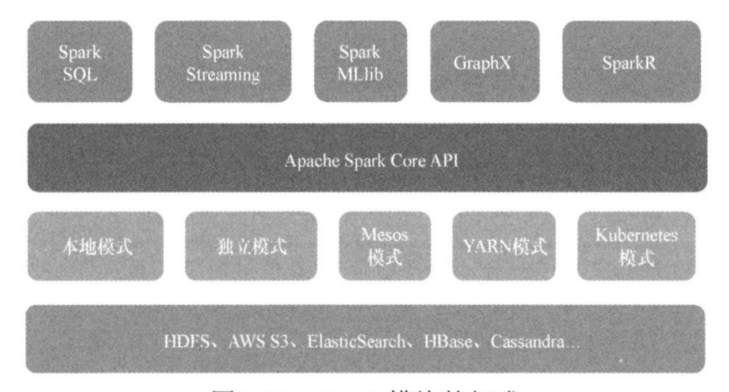


图1-13　Spark模块的组成

从运行模式看，Spark任务的运行模式有本地模式、独立模式、Mesos模式、YARN模式和Kubernetes模式。

从数据源看，Spark任务的计算可以基于HDFS、AWS S3、ElasticSearch、HBase或Cassandra等多种数据源。

#### 1. Spark Core

Spark Core的核心组件包括基础设施、存储系统、调度系统和计算引擎，具体如图1-14所示。其中，基础设施包括SparkConf（配置信息）、SparkContext（上下文信息）、Spark RPC（远程过程调用）、ListenerBus（事件监听总线）、MetricsSystem（度量系统）和SparkEvn（环境变量）；存储系统包括内存和磁盘等；调度系统包括DAG调度器和任务调度器等；而计算引擎包括内存管理器、任务管理器和 Shuffle 管理器等。

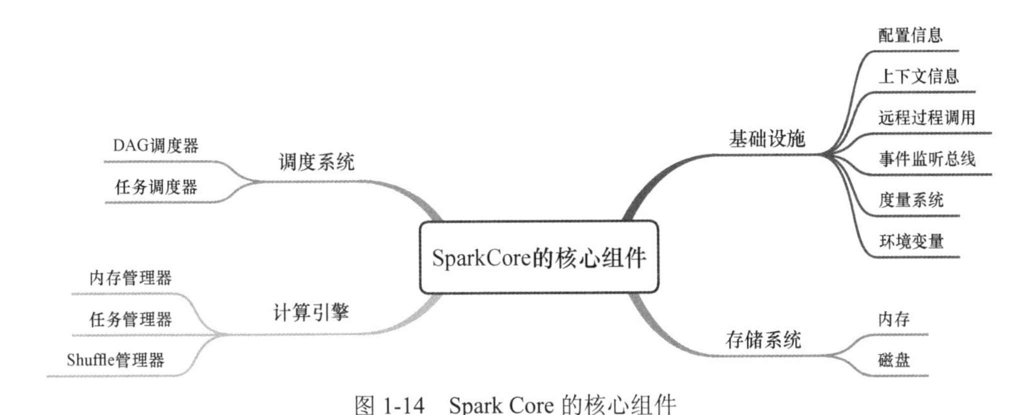


图 1-14 Spark Core 的核心组件

1）Spark 基础设施

Spark 基础设施为其他组件提供最基础的服务，是 Spark 中最底层、最常用的一类组件，具体包括如下组件。

- SparkConf：用于定义 Spark 应用程序的配置信息。
- SparkContext：Spark 开发中最常用的组件，是 Spark 应用程序的入口。SparkContext 在内部实现了网络通信、分布式部署、消息通信、存储体系、计算引擎、度量系统、文件服务等功能，这些功能已被封装为简单易用的 API，在使用过程中，开发人员只需要通过简单的几行 API 调用代码就能完成相应功能的实现。另外，Spark 应用程序的提交和执行也和 SparkContext 有关。
- Spark RPC：Spark 组件之间的网络通信依赖于 Spark RPC。最新的 Spark RPC 是基于 Netty 实现的，在使用时分为同步和异步两种方式。
- ListenerBus：Spark 的事件监听总线，主要用于 SparkContext 内部组件之间事件的交互。ListenerBus 工作在监听者模式下，是采用异步调用的方式实现的。
- MetricsSystem：Spark 的度量系统，用于对整个 Spark 集群中各个组件的运行状态进行监控。Spark 的度量系统由多种度量源（source）和多种度量输出（sink）组成。
- SparkEnv：Spark 的执行环境。SparkEnv 在内部封装了 RpcEnv（RPC 环境）、序列化管理器、BroadcastManager（广播管理器）、MapOutputTracker（map 任务输出跟踪器）、存储系统、MetricsSystem（度量系统）、OutputCommitCoordinator（输出提交协调器）等 Spark 程序运行所需的基础环境组件。

2）Spark 存储系统

Spark 存储系统用于管理 Spark 运行过程中数据的存储方式和存储位置。Spark 存储系统如图 1-15 所示。Spark 存储系统的设计采用内存优先的原则。Spark 存储系统首先会将各个计算节点产生的数据存储在内存中，当内存不足时就将数据存储到磁盘上。这种内存优先的存储策略，使得 Spark 的计算性能无论是在实时流计算还是在批量计算的场景下都表现十分良好，同时使 Spark 的内存空间和磁盘存储空间得到了灵活控制。除此之外，Spark 还可以通过网络将结果存储到远程存储（比如 HDFS、AWS S3、阿里云 OSS 等）中，以实现分离计算和存储的目的。

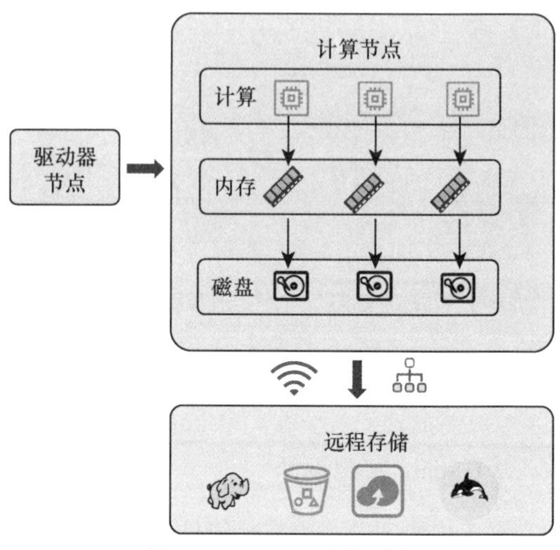


图 1-15　Spark 存储系统

3）Spark 调度系统

Spark 调度系统主要由 DAG 调度器和任务调度器组成，如图 1-16 所示。DAG 调度器的主要功能是创建作业（job），将 DAG 中的 RDD 划分到不同的 Stage 中，为 Stage 创建对应的任务（task）、批量提交任务等。任务调度器的主要功能是对任务进行批量调度。Spark 使用的调度算法有先进先出（FIFO）、公平调度等。

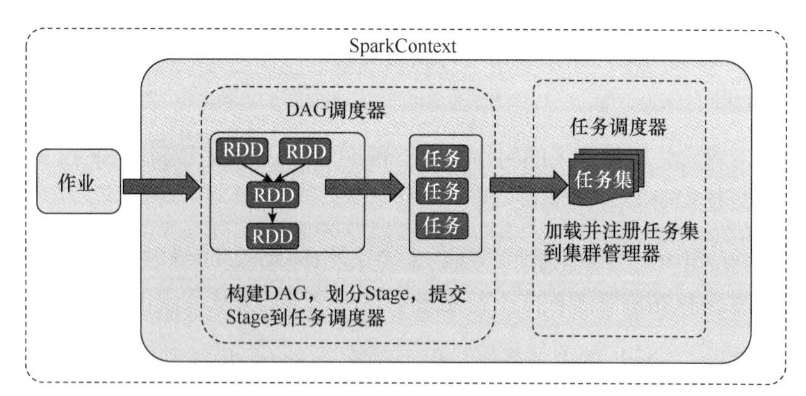


图 1-16　Spark 调度系统

4）Spark 计算引擎

Spark 计算引擎由内存管理器、作业管理器、任务管理器、Shuffle 管理器等组成。Spark 计算引擎主要负责集群任务计算过程中内存的分配、作业和任务的运行、作业和任务状态的监控及管理等。

### 2. Spark SQL

Spark 提供了两个抽象的编程对象，分别叫作 DataFrame（数据框）和 Dataset（数据集），它们是分布式 SQL 查询引擎的基础，Spark 正是基于它们构建了基于 SQL 的数据处理方式，具体如图 1-17 所示。这使得分布式数据的处理变得十分简单，开发人员只需要将数据加载到 Spark 中并映射为表，就可以通过 SQL 语句来实现数据的分析。

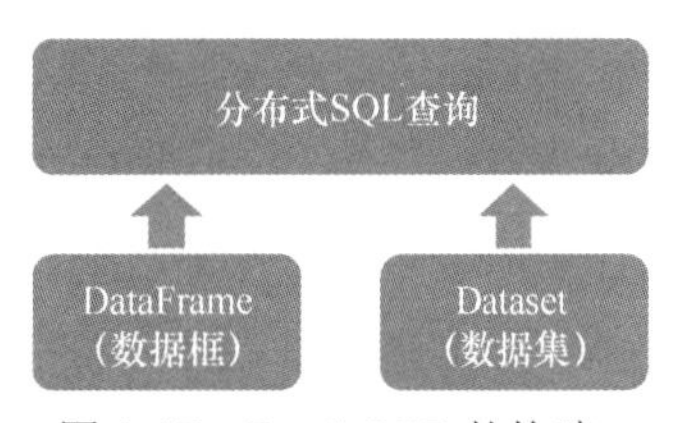


图 1-17 Spark SQL 的构建

1）DataFrame

DataFrame 是 Spark SQL 对结构化数据所做的抽象，可简单理解为 DataFrame 就是 Spark 中的数据表，DataFrame 相比 RDD 多了数据的结构信息，即 Schema 信息。DataFrame 的数据结构如下：DataFrame（表）= Data（表数据）+ Schema（表结构信息）。如图 1-18 所示，其中，DataFrame 有 Name、Legs、Size 三个属性，第一条数据中的 Name 为 pig，第二条数据中的 Name 为 cat，第三条数据中的 Name 为 dog。

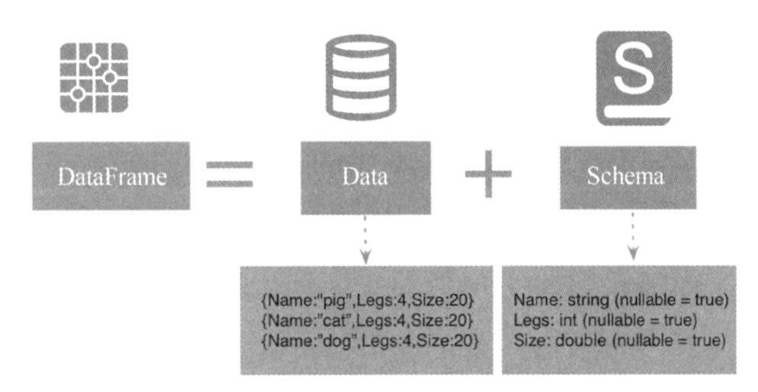


图 1-18 DataFrame 的数据结构

在 Spark 中，RDD 表示分布式数据集，而 DataFrame 表示分布式数据框，数据集和数据框最大的差别就在于数据框中的数据是结构化的。因此，基于数据框中的数据结构，Spark 可以根据不同的数据结构对数据框上的运算自动进行不同维度的优化，从而避免不必要的数据读取等问题，提高程序的运行效率。

RDD 和 DataFrame 的数据结构对比如图 1-19 所示。这里假设有一个 Animal 数据集，开发人员从 RDD 的角度仅能看到每条数据，但从 DataFrame 的角度能看到每条数据的内部结构，比如 Name 字段为 string 类型，Legs 字段为 int 类型，Size 字段为 double 类型。其中，Name 字段表示动物的名称，Legs 字段表示动物有几条腿，Size 字段表示动物的体型大小。这样当 Spark 程序在 DataFrame 上对每条数据执行运算时，便可以有针对性地进行优化。例如，要读取 Legs 等于 4 的数据，Spark 在 Legs 字段上进行逻辑运算时就会使用 int 类型的函数进行运算。在 Java 中，int 型数据的存储结构和优化空间相比 string 型数据要好很多，因此执行效率也会高很多。

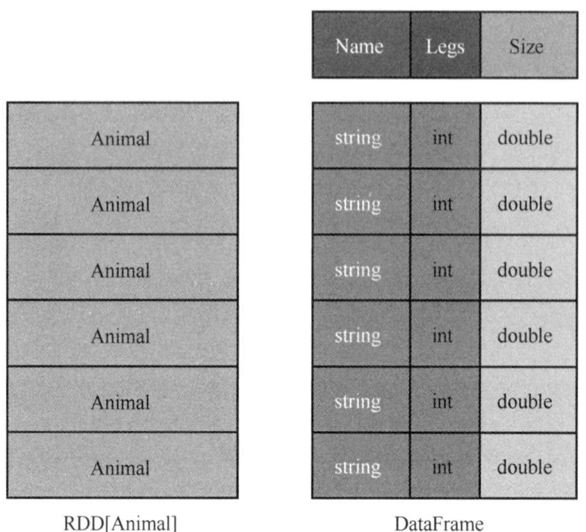


图 1-19　对比 RDD 和 DataFrame 的数据结构

在 Spark 中，DataFrame 可以通过多种方式来构建。例如，开发人员可通过 Spark RDD 构建 DataFrame，可通过 Hive 读取数据并将它们转换为 DataFrame，可通过读取 CSV、JSON、XML、Parquet 等文件并将它们转换为 DataFrame，可通过读取 RDBMS 中的数据并将它们转换为 DataFrame。除此之外，开发人员还可通过 Cassandra 或 HBase 这样的列式数据库来构建 DataFrame。构建好 DataFrame 之后，开发人员便可以直接将 DataFrame 映射为表并在表上执行 SQL 语句以完成数据分析，如图 1-20 所示。

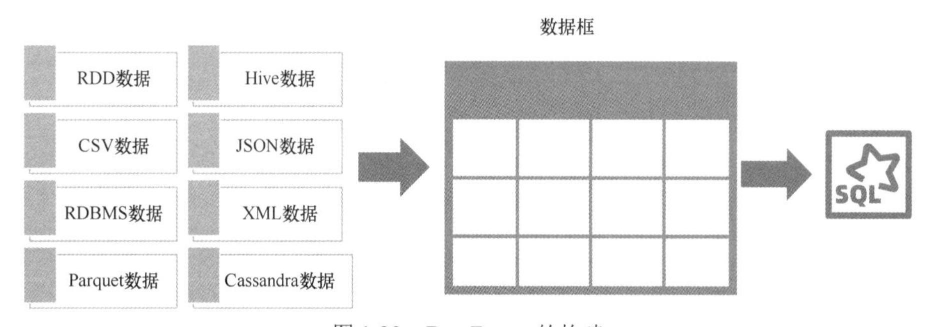


图 1-20　DataFrame 的构建

2）Dataset

Dataset 是数据的分布式集合。Dataset 结合了 RDD 强类型化的优点和 Spark SQL 优化后执行引擎的优点。可以从 JVM 对象构建 Dataset，然后使用 Map()、FlatMap()、Filter()等函数对其进行操作。此外，Spark 还提供对 Hive SQL 的支持。

### 3．Spark Streaming

Spark Streaming 为 Spark 提供了流式计算的能力。Spark Streaming 支持从 Kafka、HDFS、Twitter、

AWS Kinesis、Flume 和 TCP 服务等多种数据源获取数据，然后利用 Spark 计算引擎，在数据经过 Spark Streaming 的微批处理后，最终将计算结果写入 Kafka、HDFS、Cassandra、Redis 和 Dashboard（报表系统）。此外，Spark Streaming 还提供了基于时间窗口的批量流操作，用于对一定时间周期内的流数据执行批量处理。图 1-21 展示了 Spark Streaming 的流式计算架构。

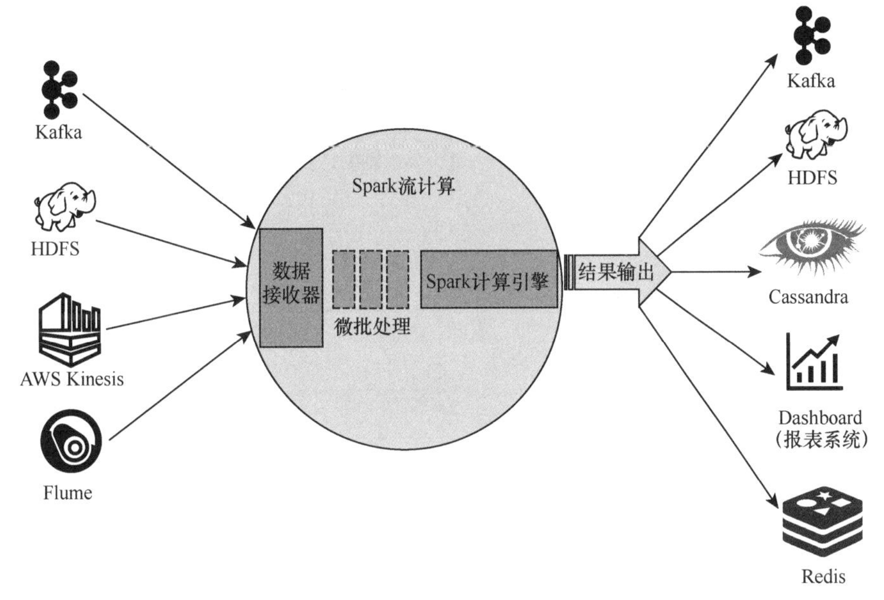


图 1-21 Spark Streaming 的流式计算架构

### 4. GraphX

GraphX 用于分布式图计算。利用 Pregel 提供的 API，开发人员可以快速实现图计算的功能。

### 5. Spark MLlib

Spark MLlib（见图 1-22）是 Spark 的机器学习库。Spark MLlib 提供了统计、分类、回归等多种机器学习算法的实现，其简单易用的 API 降低了机器学习的门槛。

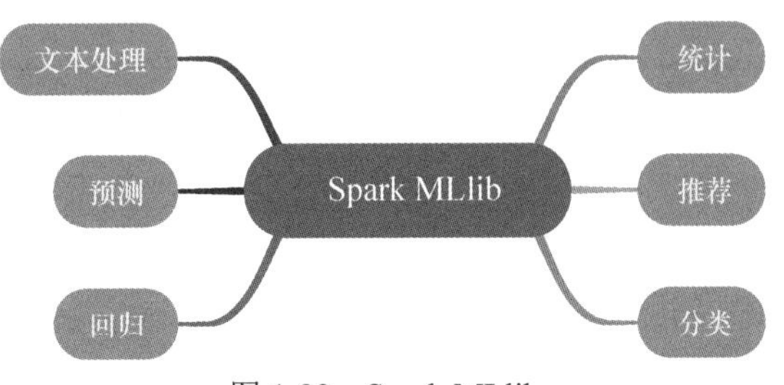


图 1-22 Spark MLlib

### 6. SparkR

SparkR（见图 1-23）是一个 R 语言包，它提供了一种轻量级的基于 R 语言使用 Spark 的方式。SparkR 实现了分布式的数据框，支持类似于查询、过滤及聚合这样的操作，功能类似于 R 语言中的 DataFrame 包 dplyr。SparkR 使得 Spark 能够基于 R 语言更方便地处理大规模的数据集，同时 SparkR 还支持机器学习。

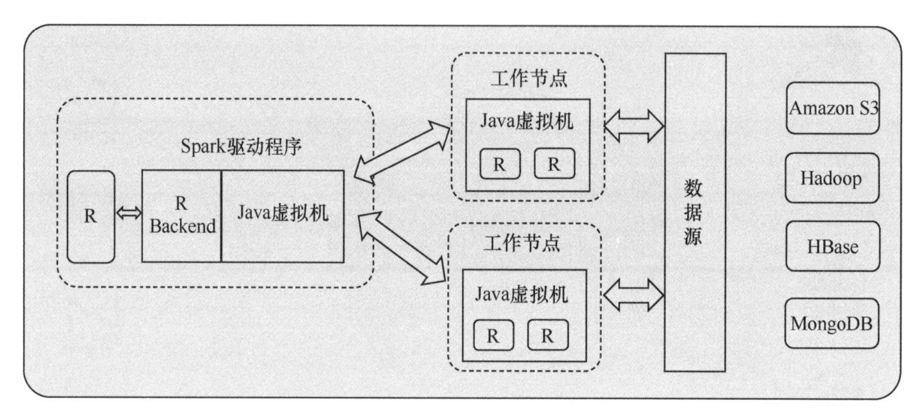


图 1-23　SparkR 架构

## 1.2.4　Spark 运行模式

Spark 运行模式指的是 Spark 在哪个资源调度平台上以何种方式（一般分单机和集群两种方式）运行。Spark 运行模式主要包括 local（本地模式）、standalone（独立模式）、on YARN、on Mesos、on Kubernetes 以及 on Cloud（运行在 AWS 等公有云平台上），如表 1-2 所示。

表 1-2　Spark 运行模式

| 运行模式 | 运行方式 | 说　明 |
| --- | --- | --- |
| local | 单机方式 | 本地模式，常用于本地开发测试，本地模式又分为 local 单线程和 local-cluster 多线程两种方式 |
| standalone | 单机方式 | 独立模式，运行在 Spark 自己的资源管理框架上，该框架采用主从结构设计 |
| on YARN | 集群方式 | 运行在 YARN 资源管理框架上，由 YARN 负责资源管理，Spark 负责任务调度和计算 |
| on Mesos | 集群方式 | 运行在 Mesos 资源管理框架上，由 Mesos 负责资源管理，Spark 负责任务调度和计算 |
| on Kubernetes | 集群方式 | 运行在 Kubernetes 上 |
| on Cloud | 集群方式 | 运行在 AWS、阿里云、华为云等公有云平台上 |

## 1.2.5　Spark 集群的角色组成

Spark 集群主要由集群管理器（cluster manager）、工作节点（worker）、执行器（executor）、

Spark 应用程序（application）和驱动器（driver）5 部分组成，如图 1-24 所示。

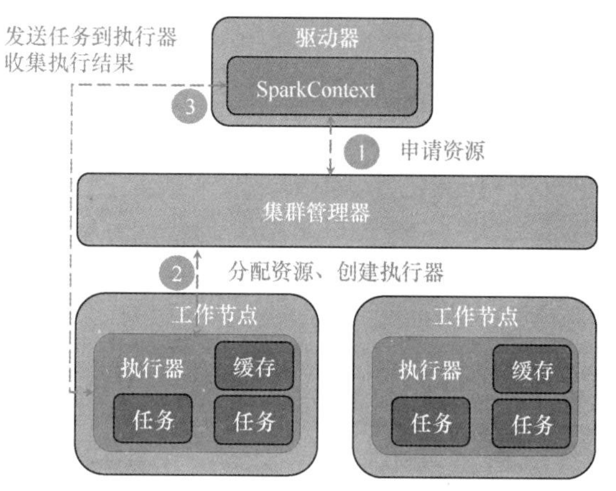


图 1-24　Spark 集群的角色组成

### 1. 集群管理器

集群管理器用于 Spark 集群资源的管理和分配。

### 2. 工作节点

工作节点用于执行提交到 Spark 中的任务。工作节点的工作职责和交互流程如图 1-25 所示。

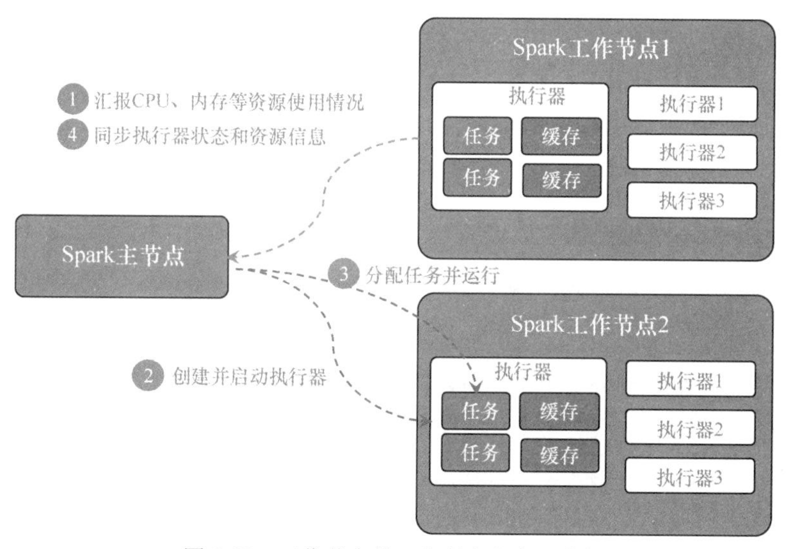


图 1-25　工作节点的工作职责和交互流程

（1）工作节点通过注册机制向集群管理器汇报自身的 CPU 和内存等资源使用情况。

（2）工作节点在 Spark 主节点的指示下创建并启动执行器，执行器是真正执行计算任务的组件。

（3）Spark 主节点将任务分配给工作节点上的执行器并运行。

（4）工作节点同步资源信息和执行器状态信息给集群管理器。

### 3．执行器

执行器是真正执行计算任务的组件，它在工作节点上以一个进程的形式存在，这个进程负责任务的运行并将运行结果保存到内存中或磁盘上。

### 4．Spark 应用程序

Spark 应用程序是基于 Spark API 编写的，其中包括用于实现驱动器功能的驱动程序以及运行在集群的多个节点上的执行器程序。Spark 应用程序由一个或多个作业组成，如图 1-26 所示。

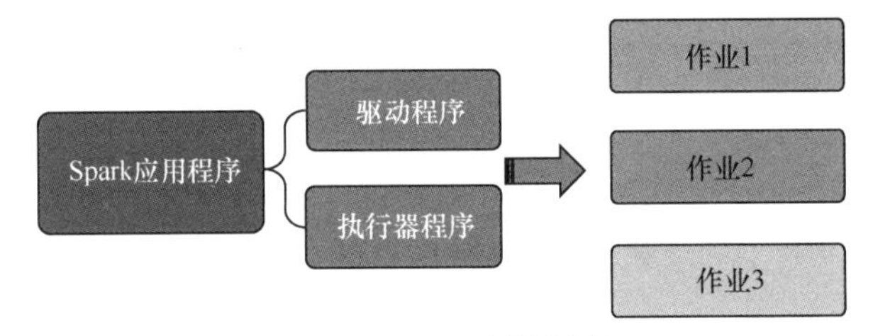


图 1-26　Spark 应用程序

### 5．驱动器

驱动器包含了运行应用程序的主函数和构建 SparkContext 实例的程序。Spark 应用程序通过驱动器来与集群管理器和执行器进行通信。驱动器既可以运行在应用程序节点上，也可以由应用程序提交给集群管理器，再由集群管理器安排给工作节点运行。当执行器运行完毕后，驱动器负责将 SparkContext 关闭。驱动器的主要职责如下。

（1）驱动器包含运行应用程序的主函数。

（2）在 Spark 中，SparkContext 是在驱动器中创建的。SparkContext 负责和集群管理器通信，进行资源的申请以及任务的分配和监控等。

（3）Spark 在驱动器中划分 RDD 并生成 DAG。

（4）Spark 在驱动器中构建作业并将每个作业划分为多个 Stage，各个 Stage 相互独立。作业是由多个 Stage 构建的并行计算任务，具体由 Spark 中的 Action 操作（如 Count、Collect、Save 等操作）触发。

（5）驱动器能与 Spark 中的其他组件进行资源协调。

（6）Spark 在驱动器中生成任务并将任务发送到执行器上运行。

下面展示了一个读取 JSON 文件的简单 Spark 程序。

```
public class RDDSimple {
        //定义运行应用程序的主函数
    public static void main(String[] args) {
        //初始化 SparkConf 实例
        SparkConf conf = new
             SparkConf().setAppName(RDDSimple.class.getName()).setMaster("local");
        //初始化 JavaSparkContext 实例
        JavaSparkContext sc = new JavaSparkContext(conf);
        String filepath = "your_file_path/temp.json";
        //读取文件到 Spark 中
        JavaRDD<String> lines = sc.textFile(filepath);
        JavaRDD<Integer> lineLengths = lines.map(s -> s.length());
        //通过 reduce 算子触发 Action 操作
        int totalLength = lineLengths.reduce((a, b) -> a + b);
        System.out.println("[ spark map reduce operation:  ] count is:"+totalLength);
        //关闭 JavaSparkContext 并释放资源
         sc.close();
        }
}
```

上面这个简单的 Spark 程序包含了运行应用程序的主函数，主函数中定义了 SparkConf 实例 conf 和 JavaSparkContext 实例 sc，可通过 JavaSparkContext 实例 sc 的 textFile()方法读取名为 temp.json 的 JSON 文件。读取结果为 JavaRDD 类型的数据，可通过调用 RDD 的 map()方法来计算每条数据的长度并通过 reduce()方法将所有的长度加起来。其中，RDD 的 reduce()方法会触发 Action 操作。统计完之后，需要调用 JavaSparkContext 实例 sc 的 close()方法以关闭 JavaSparkContext 并释放资源。

在上面的 Spark 程序中，SparkConf 和 JavaSparkContext 的初始化代码为驱动程序，运行在驱动器节点上，代码 lines.map(s -> s.length())则运行在集群中一个或多个节点的执行器上。

### 1.2.6 Spark 核心概念

#### 1. SparkContext

SparkContext 是整个 Spark 应用程序中非常重要的对象之一。SparkContext 是应用程序和 Spark 集群交互的通道，如图 1-27 所示，主要用于初始化运行 Spark 应用程序所需的基础组件，具体包括如下组件。

- DAG 调度器：高层调度器，负责 DAG 层面的调度，主要用于构建 DAG、划分 Stage 以及提交 Stage 到任务调度器。
- 任务调度器：底层调度器，负责任务层面的调度，主要用于接收 DAG 调度器发送过来的任务集以及将任务集加载并注册到集群管理器。

另外，SchedulerBackend 是调度器的通信终端，主要负责运行任务所需资源的申请。

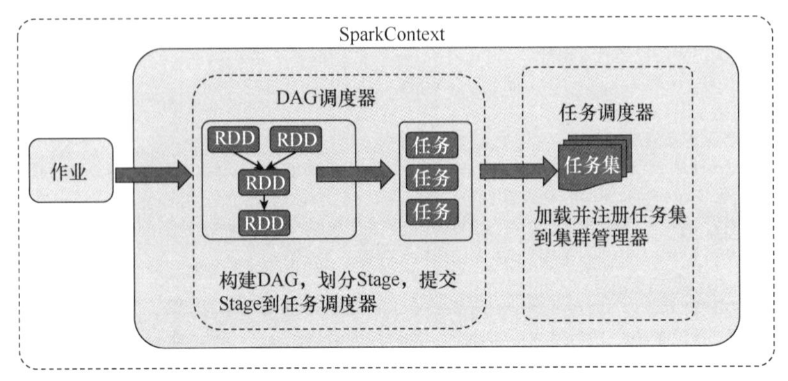


图 1-27　SparkContext

同时，SparkContext 还负责向 Spark 管理节点注册应用程序等。

## 2．RDD

RDD 是弹性分布式数据集，它是 Spark 对数据和计算模型所做的统一抽象。也就是说，RDD 中既包含了数据，也包含了针对数据执行操作的算子。RDD 可通过在其他 RDD 上执行算子操作转换而来，RDD 之间是相互依赖的，从而形成了 RDD 之间的"血缘关系"，这又称为 RDD 之间的 DAG。开发人员可通过一系列算子对 RDD 进行操作，比如进行 Transformation 操作和 Action 操作。

观察图 1-28，开发人员可通过 sc.textFile()方法从 HDFS 读取数据到 Spark 中并将其转换为 RDD，然后在 RDD 上分别执行 flatMap、map、reduceByKey 算子操作，从而对 RDD 上的数据进行计算，计算完成后，可通过调用 saveAsTextFile()方法将计算结果写到 HDFS 中。

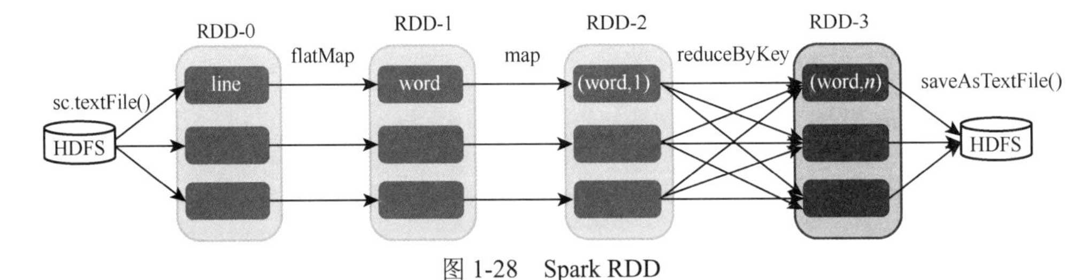


图 1-28　Spark RDD

具体的代码实现片段如下：

```
val rdd-0 = sc.textFile("your_text_file_path")
val rdd-1 = rdd-0.flatMap(x=> {x.split(" ")})
val rdd-2 = rdd-1.map(x => (x,1))
val rdd-3 = rdd-2.reduceByKey((pre, after) => pre + after)
rdd-3.saveAsTextFile(basePath+"simple-1")
```

从上述代码可以看出，rdd-0 是通过调用 sc.textFile()方法转换而来的，rdd-1 是通过调用 rdd-0 的 flatMap 算子转换而来的，rdd-2 是通过调用 rdd-1 的 map 算子转换而来的，rdd-3 是通过调用

rdd-2 的 reduceByKey 算子转换而来的。RDD 之间可以相互转换，从而形成了 DAG。

在上述操作过程中，textFile、flatMap 和 map 操作属于 Transformation 操作，reduceByKey 和 saveAsTextFile 操作属于 Action 操作。在实践中，我们一般不会定义这么多 RDD，而是通过链式编程一气呵成，具体的代码实现片段如下：

```
val rdd-0 = sc.textFile("your_text_file_path")
rdd-0.flatMap(x=> {x.split(" ")}).map(x => (x,1)).reduceByKey((pre, after) => pre + after)
     .saveAsTextFile(basePath+"simple-1")
```

### 3. DAG

DAG 是有向无环图，通常用于建模。Spark 是通过 DAG 对 RDD 之间的关系进行建模的。也就是说，DAG 描述了 RDD 之间的依赖关系，这种依赖关系也叫作血缘关系。Spark 通过 Dependency 对象来维护 RDD 之间的依赖关系。

当处理数据时，Spark 会将 RDD 之间的依赖关系转换为 DAG。基于 DAG 的血缘关系，当计算发生故障时，Spark 便能够对 RDD 快速地进行数据恢复。观察图 1-29，这里一共有 4 个 RDD——RDD0、RDD1、RDD2、RDD3。其中，RDD0 由外部数据源“数据输入 1”转换而来；RDD1 由外部数据源“数据输入 2”转换而来；RDD2 由 RDD0 和 RDD1 转换而来，并且在转换过程中发生了数据的 Shuffle 操作；RDD2 在经过转换后生成了 RDD3；RDD3 执行完毕后，就会将计算结果写入“数据输出”。这几个 RDD 之间的依赖关系是：RDD3 依赖于 RDD2，RDD2 依赖于 RDD0 和 RDD1。因此，如果在执行 RDD3 计算时发生故障，那么只需要从 RDD2 开始重新计算 RDD3，而不必从“数据输入 1”和“数据输入 2”重新开始计算。

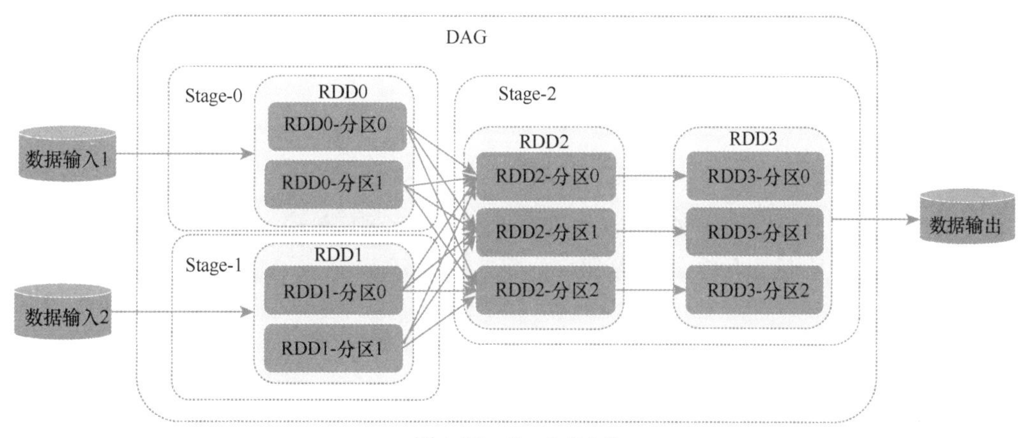


图 1-29 Spark DAG

### 4. DAG 调度器

DAG 调度器面向 Stage 级别，执行逻辑层面的调度。DAG 调度器主要负责 Stage 的划分、提交、状态跟踪以及结果的获取，如图 1-30 所示。

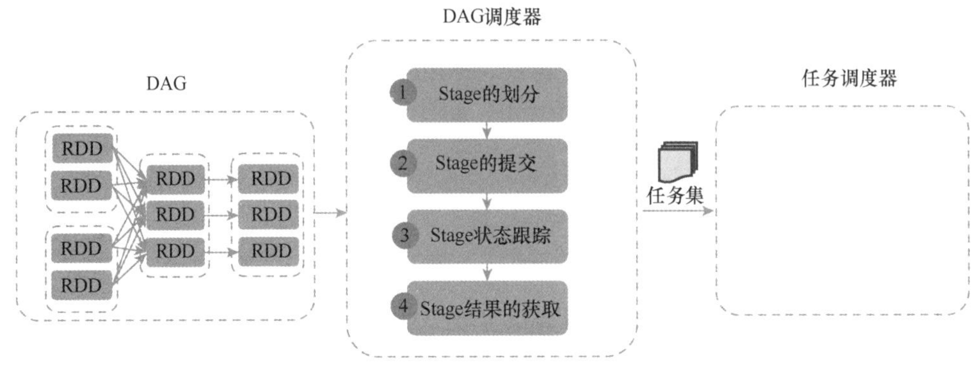


图 1-30 Spark DAG 调度器

- Stage 的划分：DAG 调度器将 DAG 以 Shuffle 为边界做反向解析并划分为多个 Stage（也就是说，当 DAG 遇到 Shuffle 操作时，将会产生一个新的 Stage），每个 Stage 都包含一组任务，每组任务都被封装在一个任务集中。
- Stage 的提交：DAG 调度器会将任务以任务集的形式提交到任务调度器并执行。
- Stage 状态跟踪：DAG 调度器会监控各个 Stage 的运行状态，同时在执行 Spark 任务的过程中，DAG 调度器会记录各个 RDD 的磁盘物化操作（磁盘物化操作指的是 RDD 自身的操作需要将数据保存到磁盘上，抑或当内存不足时将中间结果溢写到磁盘上）并根据这些磁盘物化操作来寻求最优的任务调度。除此之外，DAG 调度器还会记录各个 Stage 内部数据的本地性等信息，从而进一步为 Spark 运行过程中的调度优化提供依据。
- Stage 结果的获取：DAG 调度器会实时监控并获取各个 Stage 的运行状态。当 Stage 正常运行完之后，就获取 Stage 的运行结果；而当发现 Stage 运行失败时，则根据配置信息决定是重新提交 Stage 还是直接返回失败结果。

### 5. 任务调度器

任务调度器的主要职责包括物理资源调度管理、任务集调度管理、任务执行、任务状态跟踪以及将任务的运行结果汇报给 DAG 调度器，如图 1-31 所示。

### 6. 作业

Spark 应用程序通常包含一个或多个作业。Spark 将根据 Action 操作（如 saveAsTextFile、Collect）划分作业并触发作业的执行，而一个作业又分为一个或多个可以并行计算的 Stage（至于是否可以并行计算，则需要根据 Stage 的依赖关系来定）。Stage 是根据 Shuffle 操作来划分的，一个 Stage 和一个任务集对应，任务集是多个任务的集合，每个任务则对应 RDD 中某个分区上数据的处理，如图 1-32 所示。

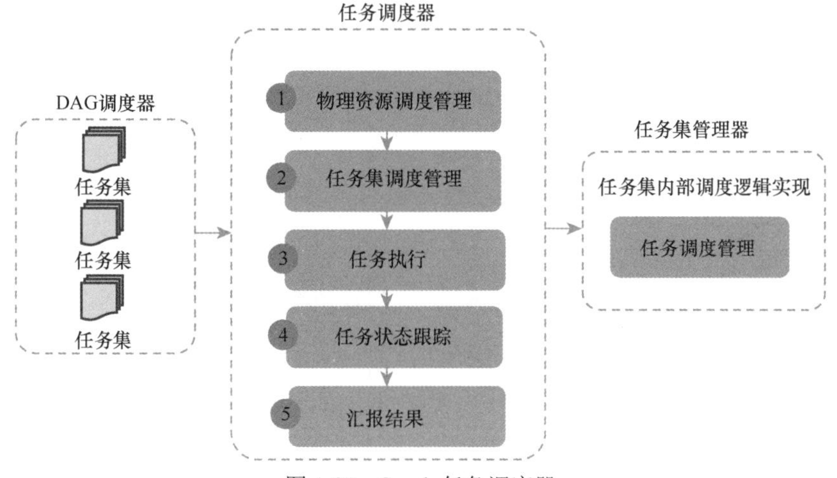


图 1-31 Spark 任务调度器

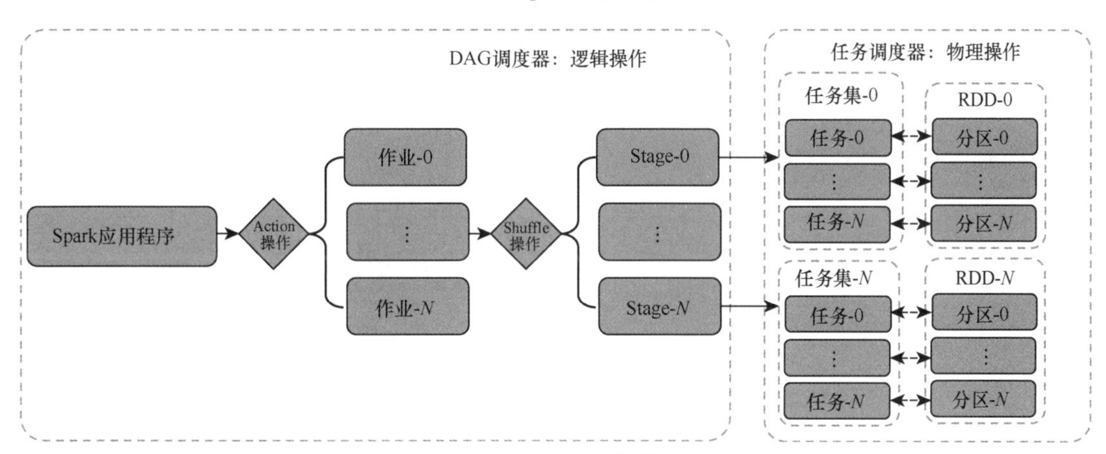


图 1-32 Spark 作业

## 7. Stage

DAG 调度器会把 DAG 划分为相互依赖的多个 Stage，Stage 的划分依据则是 RDD 之间依赖的宽窄。当遇到宽依赖（数据发生了 Shuffle 操作）时，就划分出一个 Stage，每个 Stage 中则包含一个或多个任务。然后，DAG 调度器会将这些任务以任务集的形式提交给任务调度器并运行。和 RDD 之间的依赖关系类似，Stage 之间也存在依赖关系。Spark 中的 Stage 分为 ShuffleMapStage 和 ResultStage 两种类型。在 Spark 应用程序中，最后一个 Stage 为 ResultStage，其他的 Stage 均为 ShuffleMapStage。

观察图 1-33，其中包含 3 个 Stage，分别为 Stage-1、Stage-2 和 Stage-3。其中，Stage-3 依赖于 Stage-1 和 Stage-2。由于 A 和 B 的依赖关系为宽依赖，也就是说，从 A 到 B 会发生数据的 Shuffle 操作，因此划分出一个 Stage；由于 F 和 G 的依赖关系为宽依赖，因此同样划分出一个 Stage；由于 C 和 D、D 和 F、E 和 F 的依赖关系均为窄依赖，因此它们都被划分到同一个 Stage 中，也就是划分到 Stage-2 中。

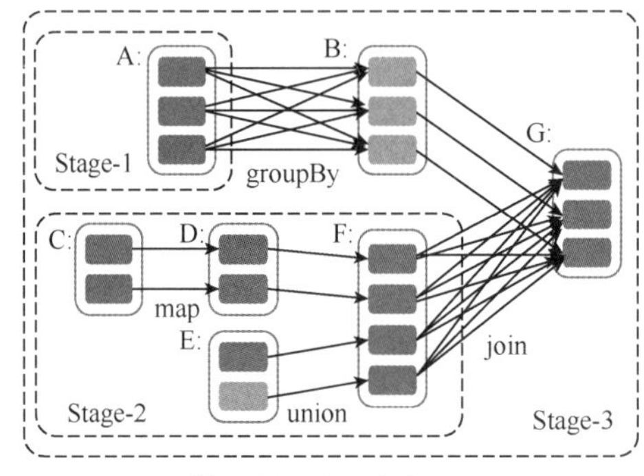


图 1-33　Spark Stage

### 8. 任务集

一组任务就是一个任务集，对应一个 Stage。任务集中包含多个任务，并且同一任务集中的所有任务之间不会发生数据的 Shuffle 操作，因此，同一任务集中的所有任务可以相互不受影响地并行执行，如图 1-34 所示。

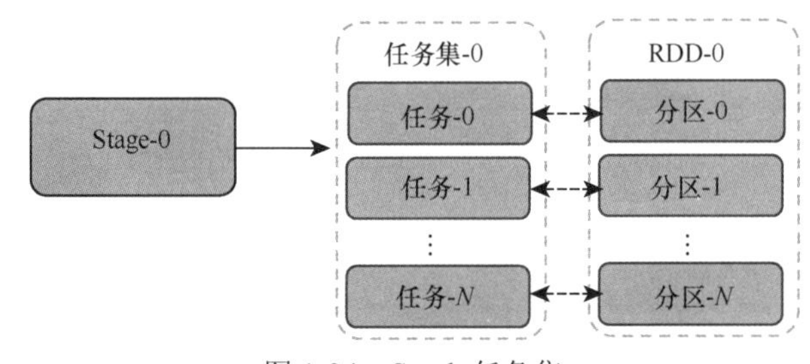


图 1-34　Spark 任务集

### 9. 任务

任务是 Spark 中独立的工作单元，它以线程的方式在执行器上运行。一般情况下，一个任务对应一个线程，负责处理 RDD 中某个分区上的数据。任务根据返回类型的不同，又分为 ShuffleMapTask 和 ResultTask 两种。

### 10. 总结

图 1-35 对 Spark 核心概念做了总结。开发人员构建出来的、可运行的 Spark 项目称为 Spark 应用程序，Spark 应用程序包含了驱动程序，而驱动程序包含了 SparkConf、SparkContext 等核心组件的初始化代码。同时，SparkContext 又包含了 DAG 调度器和任务调度器两个核心组件。在执行 Spark 应用程序的过程中，Spark 会根据 Action 操作将 Spark 应用程序划分为多个作业并交给 DAG 调度器处理，DAG 调度器负责将作业构建为 DAG 并划分 Stage，同时提交 Stage 到任务调度

器。任务调度器负责加载并注册任务集到集群管理器，集群管理器负责集群管理、资源分配、任务分配并跟踪作业的提交和执行。实际情况是，任务是在工作节点的执行器上执行的。

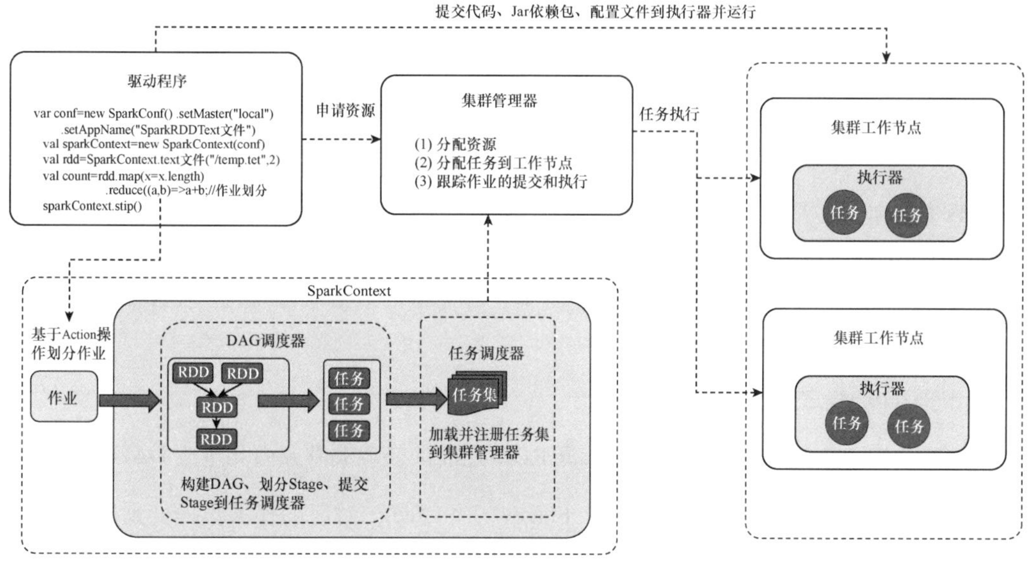


图 1-35 Spark 核心概念

## 1.2.7 Spark 作业运行流程

### 1. Spark 作业运行流程简述

Spark 应用程序以进程集合为单位运行在分布式集群上，可通过驱动程序的主函数创建 SparkContext 对象并通过 SparkContext 对象与集群进行交互，如图 1-36 所示。

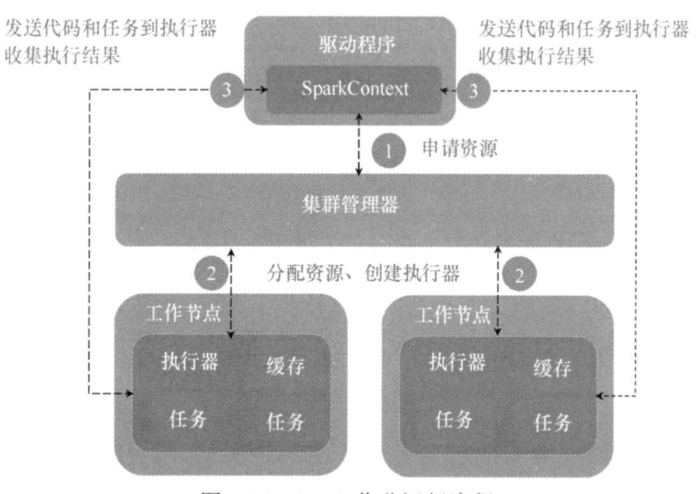


图 1-36 Spark 作业运行流程

（1）Spark 通过 SparkContext 向集群管理器申请运行应用程序所需的资源（CPU、内存等资源）。

（2）集群管理器分配执行应用程序所需的资源，并在工作节点上创建执行器。

（3）SparkContext 将程序代码和任务发送到执行器上运行并收集运行结果到驱动程序节点上。程序代码一般为 Jar 包或 Python 文件。

### 2. Spark RDD 迭代过程

Spark 数据计算主要通过 RDD 迭代来完成，RDD 是弹性分布式数据集，可以看作对各种数据计算模型所做的统一抽象。在 Spark RDD 迭代过程中，数据被分到多个分区以进行并行计算，分区的数量取决于应用程序对此是如何设定的。每个分区里的数据只会在一个任务上计算，所有分区可在多个机器节点的执行器上并行执行。

Spark RDD 迭代过程如图 1-37 所示。

（1）SparkContext 创建 RDD 对象，计算 RDD 之间的依赖关系并由此生成 DAG。

（2）DAG 调度器将 DAG 划分为多个 Stage，并将 Stage 对应的任务集提交到集群管理器。Stage 的划分依据就是 RDD 之间依赖的宽窄。当遇到宽依赖时，就划分出一个 Stage，每个 Stage 包含一个或多个任务。

（3）任务调度器通过集群管理器为每个任务申请系统资源并将任务提交到工作节点以执行。

（4）工作节点上的执行器负责执行具体的任务。

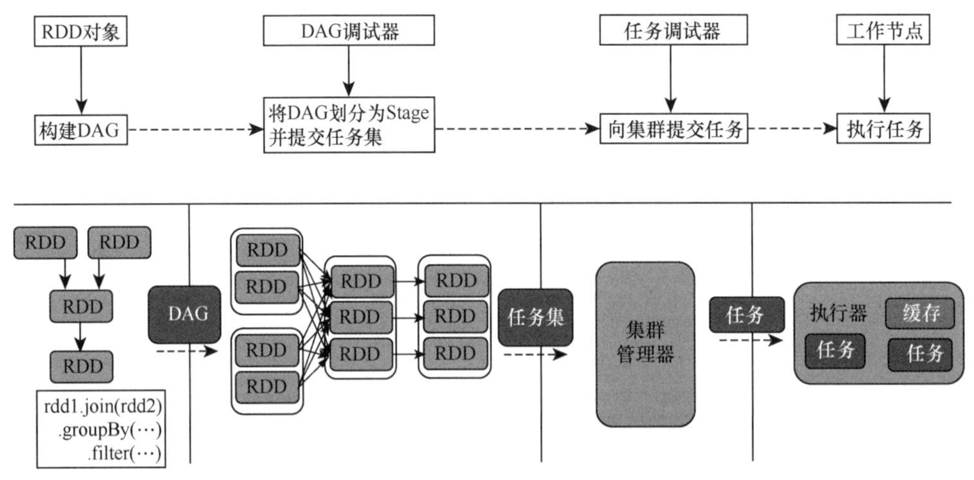


图 1-37　Spark RDD 迭代过程

### 3. Spark 作业运行的详细流程

在简要了解了 Spark 作业运行的流程之后，接下来介绍 Spark 作业运行的详细流程，如图 1-38

所示。

（1）SparkContext 向资源管理器注册任务。

（2）资源管理器申请运行任务所需的执行器。

（3）资源管理器分配执行器。

（4）资源管理器启动执行器。

（5）执行器发送心跳到资源管理器。

（6）SparkContext 根据代码构建 DAG。

（7）DAG 调度器将 DAG 划分为 Stage。

（8）DAG 调度器将 Stage 以任务集的方式发送给任务调度器。

（9）执行器向 SparkContext 申请任务。

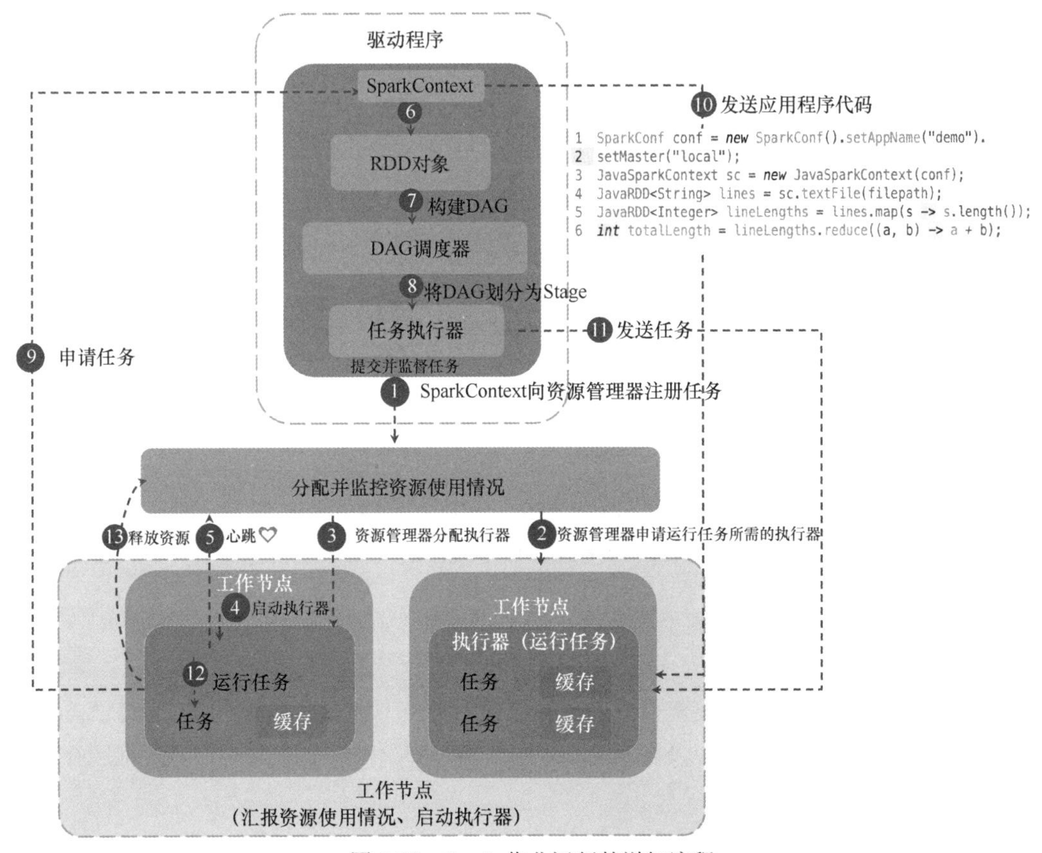


图 1-38 Spark 作业运行的详细流程

（10）SparkContext 发送应用程序代码到执行器。

（11）任务调度器将任务发送给执行器运行。

（12）在执行器上运行任务。

（13）应用程序完成运行，释放资源。

### 4．YARN 资源管理器

YARN 是一种分布式资源管理和任务调度框架，由资源管理器、节点管理器和应用程序管理器 3 个核心模块组成。其中，资源管理器负责集群资源的管理、监控和分配；节点管理器负责节点的维护；应用程序管理器负责具体应用程序的调度和协调。由于资源管理器负责所有应用程序的控制以及资源的分配权，因此每个应用程序管理器都会与资源管理器协商资源，同时与节点管理器通信并监控任务的运行。YARN 资源管理器如图 1-39 所示。

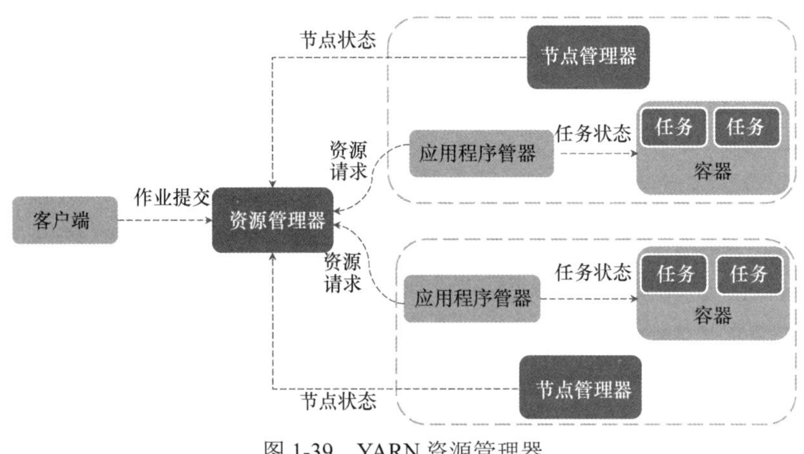


图 1-39　YARN 资源管理器

1）资源管理器

资源管理器负责整个集群的资源管理和分配。节点管理器以心跳的方式向资源管理器汇报 CPU 内存等资源的使用情况。资源管理器接收节点管理器的资源汇报信息，具体的资源处理则交给节点管理器负责。

2）节点管理器

节点管理器负责具体节点的资源管理和任务分配，相当于资源管理器，用来管理节点的代理节点，主要负责节点程序的运行以及资源的管理与监控。YARN 集群的每个节点上都运行着一个节点管理器。

节点管理器定时向资源管理器汇报节点资源的使用情况和容器的运行状态。当资源管理器宕机时，节点管理器会自动连接资源管理器的备用节点。同时，节点管理器还会接收并处理来自应用程序管理器的容器启动、停止等请求。

3）应用程序管理器

每个应用程序都有一个应用程序管理器。应用程序管理器的主要职责如下。

- 申请资源：与资源管理器协商以获取系统资源，资源管理器以容器的形式将资源分配给应用程序管理器。
- 启停任务：与节点管理器通信以启动或停止任务。
- 监控任务：监控任务的运行状态。
- 错误重试：当任务运行失败时，应用程序管理器会重新为任务申请资源并重启该任务。资源管理器只负责监控应用程序管理器，并在应用程序管理器运行失败时启动应用程序管理器。资源管理器不负责应用程序管理器内部任务的容错，任务的容错由应用程序管理器自己完成。

4）容器

容器是对 YARN 集群中物理资源的抽象，它封装了每个节点上的资源（如内存、CPU、磁盘、网络等）信息。当应用程序管理器向资源管理器申请资源时，资源管理器为应用程序管理器返回的资源就是以容器表示的。YARN 会将任务分配到容器中运行，同时任务只能使用容器中描述的资源，从而达到隔离资源的目的。

### 5. YARN 任务的提交和运行流程

YARN 任务的提交由客户端向资源管理器发起，然后由资源管理器启动应用程序管理器并为其分配用于运行作业的容器资源，应用程序管理器收到容器资源后便初始化容器，最后交由节点管理器启动容器并运行具体的任务。这里的任务既可以是 MapReduce 任务，也可以是 Spark 任务或 Flink 任务。任务运行完之后，应用程序管理器向资源管理器申请注销自己并释放资源。YARN 任务的提交和运行流程如图 1-40 所示。

（1）客户端向资源管理器提交任务，其中包括启动应用程序必需的信息。

（2）资源管理器启动一个容器，并在这个容器中启动应用程序管理器。

（3）启动中的应用程序管理器向资源管理器注册自己，并在启动成功后与资源管理器保持心跳。

（4）应用程序管理器向资源管理器发送请求，申请相应数目的容器。

（5）资源管理器返回应用程序管理器申请的容器信息。

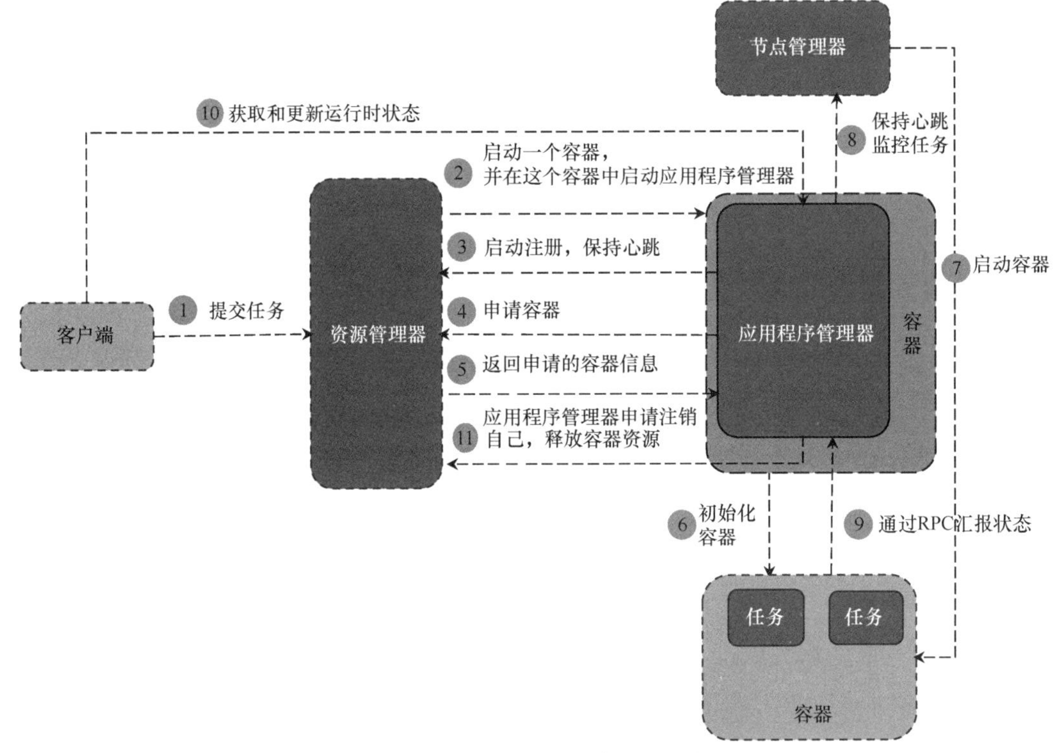


图 1-40　YARN 任务的提交和运行流程

（6）申请成功的容器由应用程序管理器进行初始化。

（7）在初始化容器的启动信息后，应用程序管理器与对应的节点管理器通信，要求节点管理器启动容器。

（8）应用程序管理器与节点管理器保持定时心跳，以便实时对节点管理器上运行的任务进行监控和管理。

（9）容器在运行期间，通过 RPC 协议向对应的应用程序管理器汇报自己的进度和状态等信息，应用程序管理器对容器进行监控。

（10）在应用程序运行期间，客户端通过 RPC 协议与应用程序管理器通信以获取应用程序的运行状态、进度更新等信息。

（11）应用程序完成运行，应用程序管理器向资源管理器申请注销自己，并释放占用的容器资源。

### 6．Spark 应用程序在 YARN 上的执行流程

Spark 应用程序在生产环境中一般运行在 YARN 上。下面介绍 Spark 应用程序在 YARN 上的

执行流程，如图 1-41 所示。

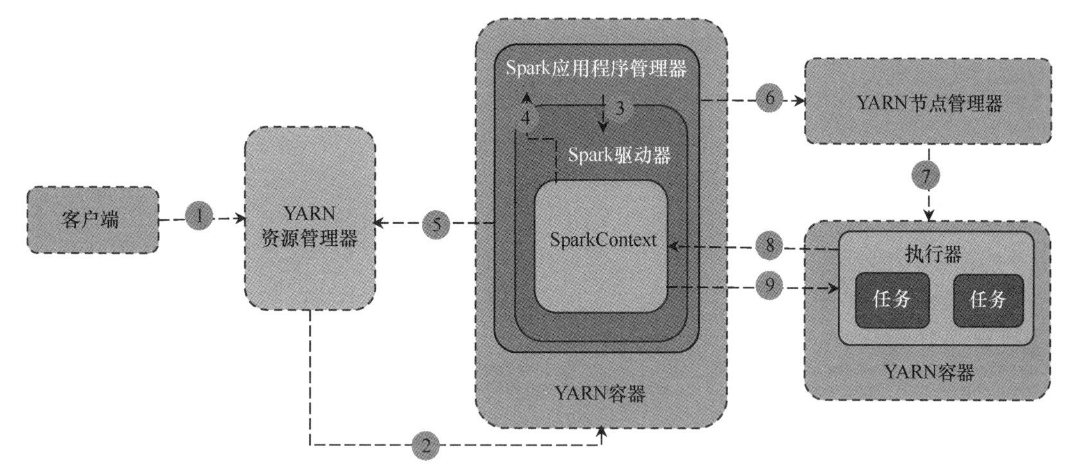


图 1-41 Spark 应用程序在 YARN 上的执行流程

（1）提交 Spark 应用程序和相关依赖到 YARN 资源管理器。

（2）Spark 引擎加载应用程序管理器。

（3）Spark 驱动器开始执行。

（4）SparkContext 向应用程序管理器申请资源。

（5）应用程序管理器向 YARN 资源管理器申请容器资源。

（6）YARN 节点管理器启动容器。

（7）YARN 节点管理器启动 Spark 执行器。

（8）将执行器注册到 Spark 驱动器。

（9）SparkContext 加载并运行任务。

## 1.3 Spark 入门实战

前面介绍了 Spark 的概念、原理、特点、模块组成、集群角色和作业运行流程。下面开始进行 Spark 实战，具体内容包括 Spark 独立环境安装实战、YARN 环境安装实战、Spark 批处理作业入门实战和 Spark 流式作业入门实战。

### 1.3.1 Spark 独立环境安装实战

Spark 独立模式是 Spark 实现的资源调度框架，采用的是主备架构。下面介绍单机版 Spark 独立环境的安装以及任务的快速运行。

（1）从 Apache 官网下载最新的 Spark 安装包。注意，我们需要下载编译好的带 Hadoop 的 Spark 版本并解压。

```
tar -zxvf spark-3.0.0-bin-hadoop2.7.tgz
```

（2）按照如下命令在 profile 文件中加入 Spark 环境变量。

```
#编辑 profile 文件
vim /etc/profile
#加入 Spark 环境变量
export SPARK_HOME=/your_spark_path/spark-3.0.0-bin-hadoop2.7/conf
export PATH=$PATH:$SPARK_HOME/bin
#执行 source 命令，使文件修改立刻生效
source /etc/profile
```

（3）按照如下命令编辑 spark-env.sh 配置文件。

```
#进入 Spark 的 conf 目录
cd  $SPARK_HOME/conf/
#根据 Spark 提供的 spark-env.sh.template 模板文件复制出新的名为 spark-env.sh 的配置文件
cp  spark-env.sh.template spark-env.sh
#编辑 spark-env.sh 文件
vim  spark-env.sh
#配置 JAVA_HOME、SCALA_HOME、SPARK_HOME
export JAVA_HOME=/your_jdk_path/jdk1.8.0_201.jdk
#SCALA_HOME：Scala 的安装路径
export SCALA_HOME=/your_scala_path/ /scala-2.12.12
#SPARK_HOME：Spark 的安装路径
export SPARK_HOME= /your_spark_path/spark-3.0.0-bin-hadoop2.7/
#SPARK_MASTER_IP：Spark Master 的 IP 地址
export SPARK_MASTER_IP=127.0.0.1
export SPARK_LOCAL_IP=127.0.0.1
export SPARK_EXECUTOR_MEMORY=512M
export SPARK_WORKER_MEMORY=1G
#Spark Master UI 的 IP 地址
export master=spark://127.0.0.1:7070
```

这里的 Java 安装和 Scala 安装不再详细介绍。安装 Scala 时，需要注意的是，Scala 的版本需要和 Spark 编译的版本相同。

（4）按照如下命令编辑 slaves 配置文件。

```
#进入 Spark 的 conf 目录
cd /your_spark_path/spark-3.0.0-bin-hadoop2.7/conf/
#复制出一份新的名为 slaves 的配置文件
cp slaves.template slaves
#在 slaves 配置文件中加入工作节点的 host 信息
echo "localhost" >> slaves
```

（5）按照如下命令启动 Spark。

```
#进入 Spark 的 sbin 目录
cd $SPARK_HOME/sbin/
#启动 Spark
./start-all.sh
```

在浏览器的地址栏中输入 http://127.0.0.1:8080 并按 Enter 键，查看 Spark Master 页面，结果如图 1-42 所示。从图 1-42 可以看出，Spark Master 的地址（URL）为 spark://wangleigis163comdeMacBook-Pro.local:7077，运行中的工作节点（Alive Workers）的数量为 1，正在使用的内存大小（Memory in use）为 1024MB，集群的状态（Status）为运行中（ALIVE）。

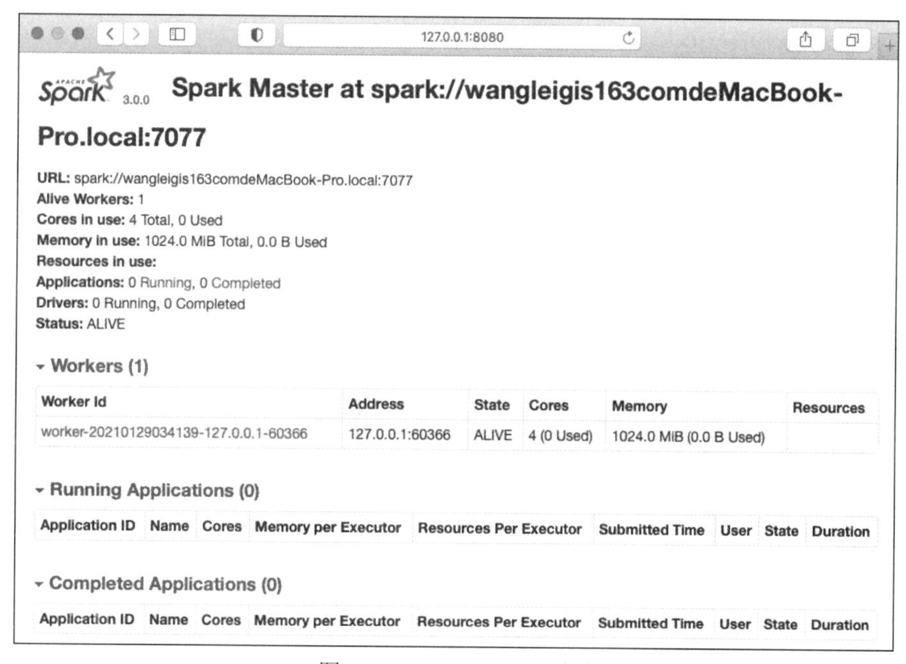


图 1-42 Spark Master 页面

（6）按照如下命令提交 Spark 默认的 examples 示例程序到集群。

```
#进入 Spark 路径
cd $SPARK_HOME
#启动 Spark Pi
bin/spark-submit --class org.apache.spark.examples.SparkPi --master spark://localhost:
7077 examples/jars/spark-examples_2.12-3.0.0.jar
```

在上述代码中，class 参数代表应用程序的入口类，master 参数代表要将 examples 示例程序提交到哪个集群环境，最后一个参数 examples/jars/spark-examples_2.12-3.0.0.jar 代表 Jar 包路径。

运行结果如图 1-43 所示。从图 1-43 中可以看出，我们在集群上运行了一个名（Name）为 Spark Pi 的应用程序，提交时间（Submit Data）为 2021-01-29 03:46:26，运行状态（State）为 FINISHED，Spark Pi 应用程序在运行过程中使用了 512MB（1MB=1024KB）的内存和 4 个 CPU 核。

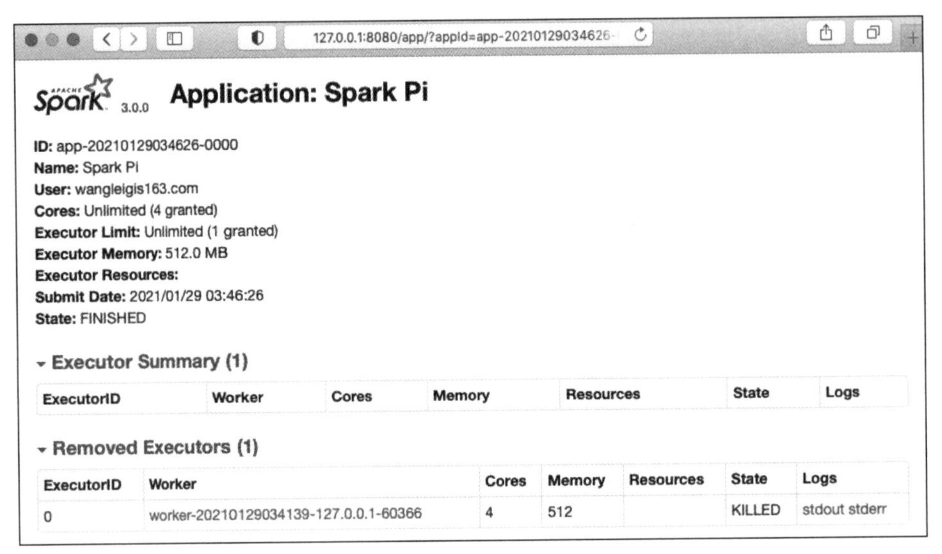


图 1-43　examples 示例程序的运行结果

（7）实现多节点部署。

为了实现多节点部署，我们需要执行以下操作：在各个服务器上配置相同的 Scala 和 Java 环境，然后在 slaves 配置文件加入其他服务器的 IP 地址并将安装包复制到其他服务器，最后在 Master 节点上执行./start-all.sh 命令以启动集群。这里需要说明的是，执行集群启动命令的服务器节点会以 Master 角色启动。

## 1.3.2　YARN 环境安装实战

在 on YARN 模式下，Spark 通常以 HDFS 为数据存储，以 YARN 为资源管理器，并以 Spark 应用为计算引擎来完成数据的计算。

on YARN 模式是 Spark 开发中最常用的模式。Hadoop 中包含了 HDFS、MapReduce 和 YARN，下面详细介绍如何安装 Hadoop 并且提交 Spark 任务到 YARN。

（1）从 Hadoop 官网下载需要的 Hadoop 安装包，这里选择下载最新的 3.3.0 版本。

（2）在服务器上执行以下命令，完成 SSH 配置。

```
yum install ssh      #安装 ssh 模块
yum install rsync    #安装 rsync 模块
#生成密钥并写入~/.ssh 目录
ssh-keygen -t rsa -P '' -f ~/.ssh/id_rsa
#将公钥写入 authorized_keys。如果有多个服务器，那么需要将多个服务器的公钥写入同一个
#authorized_keys 并将其复制到多个服务器上
cat ~/.ssh/id_rsa.pub >> ~/.ssh/authorized_keys
chmod 600 ~/.ssh/authorized_keys  #密钥文件授权
```

```
#免密登录服务器，第一次登录时需要输入 yes，从而将服务器加入未知 host 列表
ssh 127.0.0.1
```

（3）执行如下 tar 命令，解压安装包。

```
tar -xzvf hadoop-3.3.0.tar.gz
```

（4）进入 Hadoop 解压目录，执行以下命令，在 hadoop-env.sh 中加入 JDK 的环境配置。

```
cd hadoop-3.3.0
vim etc/hadoop/hadoop-env.sh
#在 etc/hadoop/hadoop-env.sh 文件中加入 JAVA_HOME
export JAVA_HOME=/your_java_path/jdk1.8.0_201.jdk/
```

（5）进入 Hadoop 解压目录，执行以下命令，在 core-site.xml 中加入 HDFS 配置，从而指明 HDFS 集群中 fs.defaultFS 的服务地址为 hdfs://localhost:9000。

```
vim etc/hadoop/core-site.xml
<configuration>
    <property>
        <name>fs.defaultFS</name>
        <value>hdfs://localhost:9000</value>
    </property>
</configuration>
```

（6）进入 Hadoop 解压目录，执行以下命令，在 hdfs-site.xml 中加入 HDFS 文件的副本数，一般设置为 3 即可。

```
vim etc/hadoop/hdfs-site.xml
<configuration>
   <property>
    <name>dfs.datanode.data.dir</name>
 <value>file:///your_file_path/dfs/data</value>
</property>
<property>
    <name>dfs.namenode.name.dir</name>
 <value>file:/// your_file_path/dfs/name</value>
</property>
  <property>
        <name>dfs.replication</name>
        <value>3</value>
    </property>
</configuration>
```

（7）进入 Hadoop 解压目录，执行 namenode -format 命令，初始化 NameNode。

```
bin/hdfs namenode -format
```

（8）进入 Hadoop 解压目录，执行 sbin/start-all.sh 命令，启动 HDFS NameNode 和 DataNode。启动命令执行成功后，反馈如图 1-44 所示。从图 1-44 中可以看出，资源管理器和节点管理器都已启动成功。

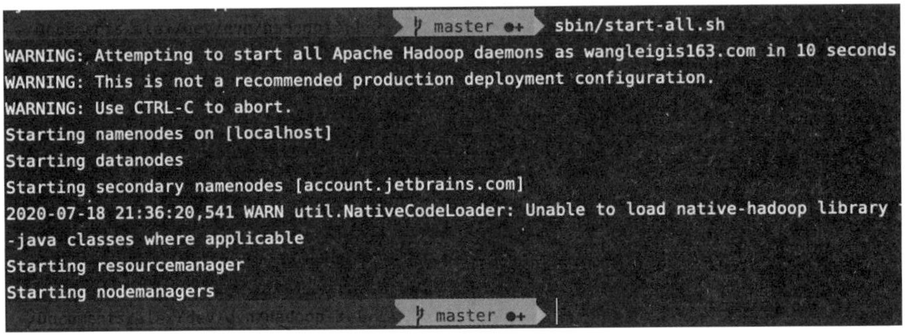

```
master ●+ sbin/start-all.sh
WARNING: Attempting to start all Apache Hadoop daemons as wangleigis163.com in 10 seconds
WARNING: This is not a recommended production deployment configuration.
WARNING: Use CTRL-C to abort.
Starting namenodes on [localhost]
Starting datanodes
Starting secondary namenodes [account.jetbrains.com]
2020-07-18 21:36:20,541 WARN util.NativeCodeLoader: Unable to load native-hadoop library
-java classes where applicable
Starting resourcemanager
Starting nodemanagers
master ●+
```

图 1-44　启动 YARN

（9）在浏览器的地址栏中输入“http://127.0.0.1:9870/”并按 Enter 键，查看 HDFS Web 页面以及整个 HDFS 集群的统计信息。注意，新版 Hadoop 在 HDFS 中的默认端口号是 9870。YARN HDFS 管理界面如图 1-45 所示。

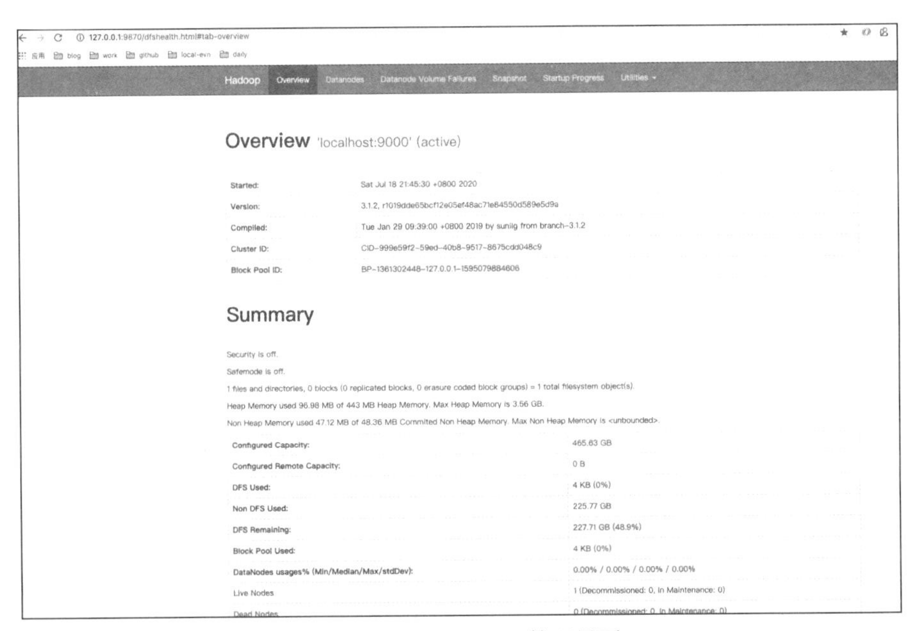


图 1-45　YARN HDFS 管理界面

（10）在浏览器的地址栏中输入 http://127.0.0.1:8088/cluster 并按 Enter 键，查看 YARN 服务。YARN 管理界面如图 1-46 所示。

（11）在/etc/profile 文件中配置 Hadoop 环境变量，具体配置信息如下。

```
export HADOOP_HOME=/your_spark_home/hadoop-3.3.0
export HADOOP_CONF_DIR=$HADOOP_HOME/etc/hadoop
export YARN_CONF_DIR=$HADOOP_HOME/etc/hadoop
export HADOOP_COMMON_LIB_NATIVE_DIR=$HADOOP_HOME/lib/native
export HADOOP_OPTS="-Djava.library.path=$HADOOP_HOME/lib"
```

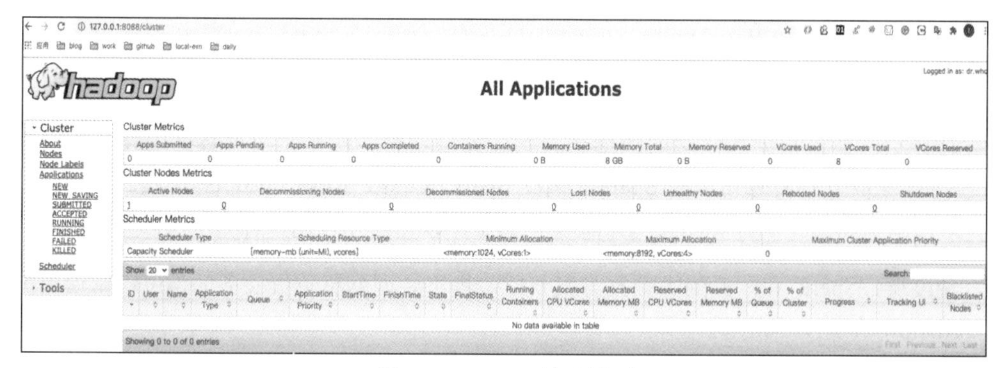


图 1-46 YARN 管理界面

按照上述代码配置好 Hadoop 环境变量后，当 Spark 以--master yarn 向 YARN 提交任务时，就会根据环境变量读取 Hadoop 配置，并将任务提交到 Hadoop 配置对应的集群上。所以一般情况下，任务会在设置好环境变量的 YARN 资源管理器上统一提交。

（12）将 Spark 任务提交到 YARN 上运行，具体的提交命令如下。

```
cd $SPARK_HOME/ && bin/spark-submit --class org.apache.spark.examples.SparkPi --master
yarn  examples/jars/spark-examples_2.12-3.0.0.jar
```

任务提交后，在 YARN 管理界面上就可以看到任务已经成功提交到 YARN 集群上并运行，如图 1-47 所示。

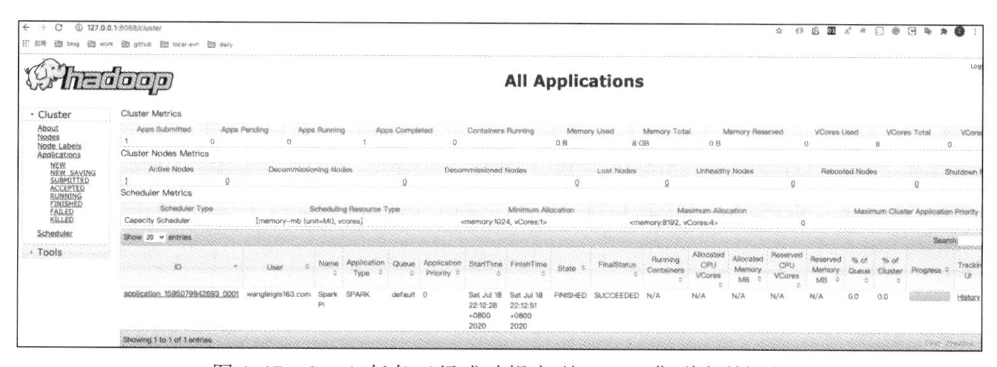


图 1-47 Spark 任务已经成功提交到 YARN 集群上并运行

## 1.3.3 Spark 批处理作业入门实战

Spark 批处理框架一般包括数据摄取层、数据存储层、计算层和调度层，如图 1-48 所示。

- 数据摄取层：包括数据的 ETL 处理、CDC 的数据对接等。在通过数据摄取层把数据写入数据存储层之后，便可以开始数据分析。
- 数据存储层：包括各种数据库，如关系数据库 MySQL、内存数据库 Redis、NoSQL 数据集 HBase、文件系统 HDFS 等。其中最常用的是 HDFS，HDFS 支持的数据格式包括 JSON、SCV、ORC、Parquet 等。

- 计算层：在把数据存储层的数据加载到计算层之后，便开始执行数据的计算逻辑。对于 Spark 来说，计算层可以是 Spark RDD、Spark SQL 或 Spark MLlib 等形式。数据经过计算后，即可将最终的计算结果写入数据存储层，以便后期使用。
- 调度层：Spark 和一般的大数据方案一样，也需要调度层负责任务的调度，常用的方案有 Airflow 和 Azkaban 等。

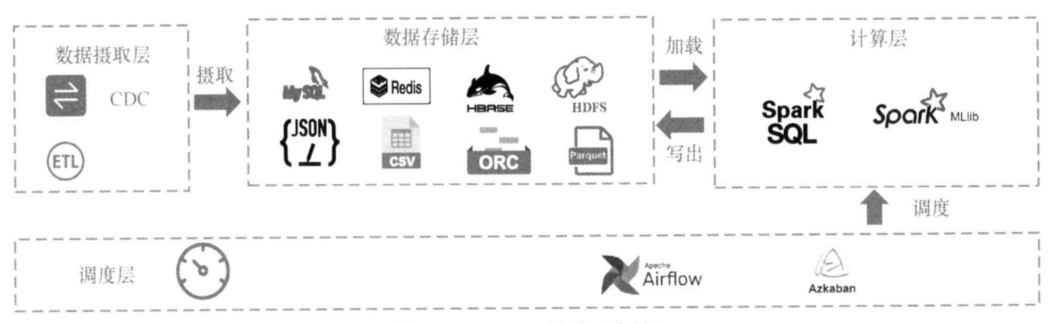


图 1-48　Spark 批处理框架

介绍完 Spark 批处理框架后，接下来我们开始进行 Spark 批处理作业入门实战。一个简单的 Spark 批处理应用程序的构建过程如下。

首先，基于 Spark 进行数据分析的前提是有数据。由于大部分基于 Spark 的分析数据也都是基于 HDFS 的，因此这里执行如下命令，向 HDFS 导入示例数据以进行 Spark 数据分析。

```
bin/hdfs dfs -put /your_data_path/people.json /input
```

然后，新建基于 MVN 的 Spark 项目，并加入如下 Spark 依赖。

```
<properties>
    <maven.compiler.source>1.8</maven.compiler.source>
    <maven.compiler.target>1.8</maven.compiler.target>
    <spark.version>3.0.0</spark.version>
    <scala.version>2.12</scala.version>
</properties>
<dependencies>
    <dependency> <!-- Spark dependency -->
        <groupId>org.apache.spark</groupId>
        <artifactId>spark-core_${scala.version}</artifactId>
        <version>${spark.version}</version>
    </dependency>
    <dependency>
        <groupId>org.apache.spark</groupId>
        <artifactId>spark-streaming_${scala.version}</artifactId>
        <version>${spark.version}</version>
```

```
    </dependency>
    <dependency>
        <groupId>org.apache.spark</groupId>
        <artifactId>spark-sql_${scala.version}</artifactId>
        <version>${spark.version}</version>
    </dependency>
</dependencies>
```

接下来，编写 SparkBatchDemo 并创建 SparkSession，读取 HDFS 数据后输出数据，输出数据的 Schema 信息，在 DataFrame 上执行 select、filter、groupBy 操作并将结果写入 HDFS。SparkBatchDemo 的实现代码如下。

```
import org.apache.spark.sql.{SaveMode, SparkSession}
import scala.util.control.Exception
object SparkBatchDemo {
  def main(args: Array[String]) {
    try {
      //定义输入文件地址
      val hdfsSourcePath = "hdfs://127.0.0.1:9000/input/people.json"
      //创建 SparkSession
      val spark = SparkSession
      .builder().appName("SparkBatchDemo")      // .master("local")
        .master("yarn")
        // .config("spark.some.config.option", "some-value")
        .getOrCreate()
      //数据加载
      val df = spark.read.json(hdfsSourcePath)
      //数据分析处理
      df.show()
      df.printSchema()  //输出 Schema 信息
      df.select("name").show()
      //对每行数据中的 age 加 1
      import spark.implicits._
      df.select($"name", $"age" + 1).show()
      df.filter($"age" > 21).show()
      df.groupBy("age").count().show()
      //将数据分析结果写出(将结果写到 HDFS 中)
      val hdfsTargetPath = "hdfs://127.0.0.1:9000/input/people_result.json"
      //如果提示文件存在，就执行 bin/hdfs dfs -rm -r /input/people_result.json 以删除数据
      df.write.mode(SaveMode.Overwrite).json(hdfsTargetPath)
      //关闭 SparkSession
      spark.close()
    } catch {
      case ex: Exception => {
        ex.printStackTrace()                      // 输出到标准 err
        System.err.println("exception===>: ...")  // 输出到标准 err
      }
    }
  }
}
```

上述代码中的核心逻辑如下。

val spark = SparkSession.builder().appName("SparkBatchDemo").master("yarn").getOrCreate()用于构建 SparkSession 实例 spark。其中的 appName 表示应用程序的名称，master 表示运行模式。如果 master 为 yarn，就表示在 YARN 上运行；如果 master 为 local，就表示在编译器中启动 Spark 环境以运行。

val df = spark.read.json(hdfsSourcePath)表示将 hdfsSourcePath 中的数据加载到 Spark 中并转换为 DataFrame。hdfsSourcePath 中的 JSON 数据如下：

```
{"name":"Michael","time":"2019-06-22 01:45:52.478","time1":"2019-06-22 02:45:52.478"}
{"name":"Andy", "age":30,"time":"2019-06-22 01:45:52.478","time1":"2019-06-22 02:45:52.478"}
{"name":"Justin", "age":19,"time":"2019-06-22 01:45:52.478","time1":"2019-06-22 02:45:52.478"}
{"name":"Andy", "age":29,"time":"2019-06-22 01:45:52.478","time1":"2019-06-22 02:45:52.478"}
```

df.show()用于显示数据，执行结果如下：

```
+-----+--------+--------------------+--------------------+
|  age|    name|time|                    time1|
+-----+--------+--------------------+--------------------+
|null | Michael|2019-06-22 01:45:...|2019-06-22 02:45:...|
|  30 |    Andy|2019-06-22 01:45:...|2019-06-22 02:45:...|
|  19 |  Justin|2019-06-22 01:45:...|2019-06-22 02:45:...|
|  29 |    Andy|2019-06-22 01:45:...|2019-06-22 02:45:...|
+----+-------+--------------------+--------------------+
```

可以看出，HDFS 中的 JSON 数据已被解析并正确加载到 Spark 中了。

df.printSchema()用于输出 df 的 Schema 信息，执行结果如下：

```
root
 |-- age: long (nullable = true)
 |-- name: string (nullable = true)
 |-- time: string (nullable = true)
 |-- time1: string (nullable = true)
```

可以看出，Spark 能够自动识别 JSON 中的数据格式和类型。其中的字段分别为 age、name、time、time1，数据类型则分别为 long、string、string、string。

df.select("name").show()只查询 name 字段，执行结果如下：

```
+-------+
| name|
+-------+
|Michael|
| Andy|
| Justin|
| Andy|
+-------+
```

可以看出，Spark 能够成功将 name 字段中的数据过滤出来。

df.select($"name", $"age"+1).show()能够查询 name 字段和 age 字段中的数据，并且对 age 字段

中的数据执行加 1 操作，执行结果如下：

```
+-------+---------+
|   name|(age + 1)|
+-------+---------+
|Michael|     null|
|   Andy|       31|
| Justin|       20|
|   Andy|       30|
+-------+---------+
```

可以看出，Spark 不仅查询出 name 字段和 age 字段中的数据，而且成功对 age 字段中的数据执行了加 1 操作。

df.filter($"age" > 21).show()用于过滤 age>21 的数据，执行结果如下：

```
+---+----+--------------------+--------------------+
|age|name|                time|               time1|
+---+----+--------------------+--------------------+
| 30|Andy|2019-06-22 01:45:...|2019-06-22 02:45:...|
| 29|Andy|2019-06-22 01:45:...|2019-06-22 02:45:...|
+---+----+--------------------+--------------------+
```

df.groupBy("age").count().show()用于根据 age 字段进行统计，也就是统计对于每个年龄有多少条数据，执行结果如下：

```
+----+-----+
| age|count|
+----+-----+
|  29|    1|
|  19|    1|
|null|    1|
|  30|    1|
+----+-----+
```

df.write.mode(SaveMode.Overwrite).json(hdfsTargetPath)用于将来自 df 的数据写到 hdfsTargetPath 对应的目录中，其中，SaveMode.Overwrite 表示保存模式（SaveMode）为覆写（Overwrite）。如果目录对应的数据不存在，就直接写入；否则，覆写之前的数据。

spark.close()用于关闭 SparkSession 并释放资源。

通过以上分析，Spark 批量（离线）任务的代码实现步骤总结如下。

（1）创建 SparkSession。

（2）加载数据。

（3）进行数据分析。

（4）写出数据分析结果。

（5）关闭 SparkSession。

接下来，编译和提交任务。在编译器中执行如下命令，将刚才的任务提交到 YARN 上并执行。其中，参数--class "SparkBatchDemo"表示应用程序的入口类为 SparkBatchDemo，--master yarn 表示将应用程序提交到 YARN 上并运行，--deploy-mode cluster 表示在 YARN 上以 cluster 模式运行。

```
cd $SPARK_HOME && ./bin/spark-submit --class "SparkBatchDemo" --master yarn
  --deploy-mode cluster spark-1.0.jar
```

任务提交后，在 YARN 页面上即可看到任务的执行情况，如图 1-49 所示。

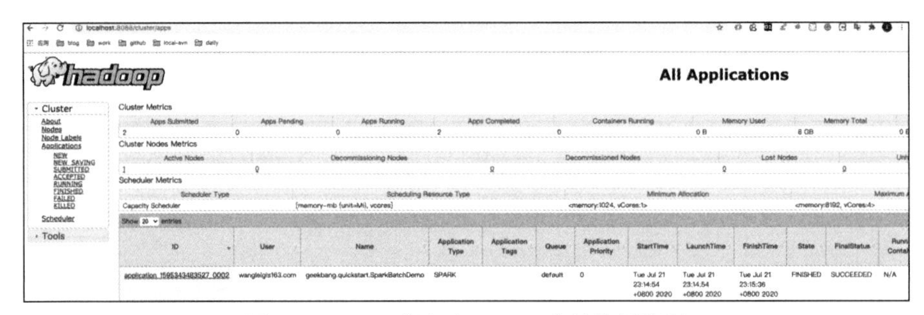


图 1-49　Spark 任务在 YARN 上的执行情况

单击任务，查看具体的日志信息，如图 1-50 所示。

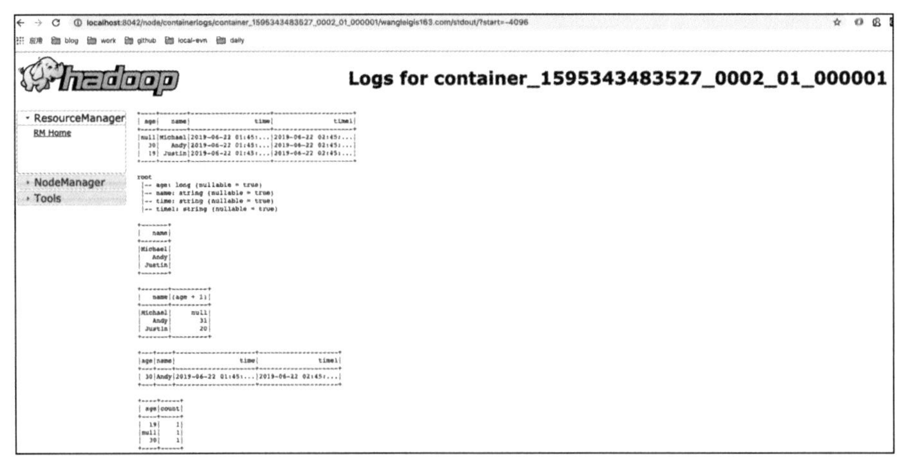


图 1-50　Spark 任务在 YARN 上执行的日志信息

## 1.3.4　Spark 流式作业入门实战

Spark Streaming 是基于 Spark API 的流式计算扩展，它实现了一个高吞吐量、高容错的流式计算引擎。Spark Streaming 首先从多种数据源（如 Kafka、Flume、Kinesis 或 TCP 服务等）获取数据，然后使用高级函数（如 Map、Reduce、Join、Window 函数）组成的计算逻辑单元对数据进行处理，最后将经过处理的数据实时推送到消息服务、文件系统、数据库等。除基本的流式计算外，应用程序还可以在数据流上应用 Spark 的机器学习和图形处理算法。Spark Streaming 数据流程如图 1-51 所示。

图 1-51　Spark Streaming 数据流程

下面介绍如何构建一个从 Kafka 中获取数据，然后实时处理数据并将处理结果写出的应用程序，具体步骤如下。

（1）构建基于 MVN 的 Spark 项目，并加入 Spark Streaming 和 Kafka 依赖。

```
<dependency>
    <groupId>org.apache.spark</groupId>
    <artifactId>spark-streaming_${scala.version}</artifactId>
    <version>${spark.version}</version>
    <!--<scope>provided</scope>-->
</dependency>
<dependency>
    <groupId>org.apache.spark</groupId>
    <artifactId>spark-streaming-kafka-0-10_${scala.version}</artifactId>
    <version>${spark.version}</version>
    <!--<scope>provided</scope>-->
</dependency>
```

（2）安装并启动 ZooKeeper 和 Kafka。

① 安装并启动 ZooKeeper：ZooKeeper 是开源的分布式程序协调服务器，它能够为分布式程序提供一致性服务，这种一致性是通过基于 Poxos 算法的 ZAB 协议完成的。ZooKeeper 主要用于配置维护、域名管理、分布式同步、集群管理等。具体的安装方法详见官网 https://zookeeper.apache.org/doc/r3.6.2/zookeeperStarted.html。ZooKeeper 安装好之后，可执行如下命令以启动 ZooKeeper：

```
cd /your_zookeeper_path/apache-zookeeper-3.5.5-bin && bin/zkServer.sh start
```

② 安装并启动 Kafka：Kafka 是分布式消息平台，主要功能是发布和订阅消息，作用类似于消息队列或企业消息系统。Kafka 主要用于在多个应用系统之间构建消息传递的管道。具体的安装方法详见官网 http://kafka.apache.org/quickstart。Kafka 安装好之后，可执行如下命令以启动 Kafka：

```
cd /your_kafka_path/kafka_2.12-2.2.0 && nohup bin/kafka-server-start.sh config/server.
        properties
```

（3）编写 Spark Streaming 演示程序 SparkStreamingDemo，实现实时从 Kafka 接收数据并将符合 JSON 要求的数据输出到 HDFS 中，代码如下：

```
object SparkStreamingDemo {
```

```
    def main(args: Array[String]): Unit = {
      try {
        val kafkaParams = Map[String, Object](
          "bootstrap.servers" -> "localhost:9092",
          "key.deserializer" -> classOf[StringDeserializer],
          "value.deserializer" -> classOf[StringDeserializer],
          "group.id" -> "spark_stream_cg",
          "auto.offset.reset" -> "latest",
          "enable.auto.commit" -> (false: java.lang.Boolean)
        )
        val topics = Array("spark_topic_1", "spark_topic_2")
        val conf = new SparkConf().setAppName("SparkStreamingDemo")
          //.setMaster("local")
         .setMaster("yarn")
         //创建 streamingContext
        val streamingContext = new StreamingContext(conf, Seconds(30))
        val checkPointDirectory = "hdfs://127.0.0.1:9000/spark/checkpoint"
        streamingContext.checkpoint(checkPointDirectory);
        //数据接入(接入 Kafka 数据)
        val stream = KafkaUtils.createDirectStream[String, String](
          streamingContext,
          PreferConsistent,
          Subscribe[String, String](topics, kafkaParams)
        )
        val etlResultDirectory = "hdfs://127.0.0.1:9000/spark/etl/"
        //定义数据计算逻辑
        val etlRes = stream.map(record => (record.value().toString)).filter(message =>
                      None != JSON.parseFull(message))
        etlRes.count().print()
        //输出流式计算结果
        etlRes.saveAsTextFiles(etlResultDirectory)
        //启动 streamingContext
        streamingContext.start()
        streamingContext.awaitTermination()
      } catch {
        case ex: Exception => {
          ex.printStackTrace()                       // 输出到标准 err
          System.err.println("exception===>: ...")  // 输出到标准 err
        }
      }
    }
  }
  }
```

上述代码中的核心逻辑如下。

① 定义了一个名为 kafkaParams 的实例对象，并通过"bootstrap.servers" -> "localhost:9092"设置 Kafka 服务的地址为 localhost:9092，通过"key.deserializer" -> classOf[StringDeserializer]设置 Kafka 消息中键的序列化方式为 StringDeserializer，通过"value.deserializer" -> classOf[StringDeserializer]设置 Kafka 消息中消息体的序列化方式为 StringDeserializer，通过"enable.auto.commit" -> (false: java.lang.Boolean)设置 Kafka Offset 的提交方式为非自动提交。

② 通过 val topics = Array("spark_topic_1", "spark_topic_2")定义了需要接入 Kafka 中有关哪些 Topic 的数据到 Spark。

③ 通过 val conf = new SparkConf().setAppName("SparkStreamingDemo").setMaster("yarn")定义了 SparkConf 实例 conf。

④ 通过 val streamingContext = new StreamingContext(conf, Seconds(30))创建了用于流式计算的 StreamingContext 实例 streamingContext。

⑤ 通过 streamingContext.checkpoint(checkPointDirectory)设置了流式计算的检查点，用于中间状态数据的存储和故障恢复。

⑥ 通过调用 KafkaUtils 的 createDirectStream()方法实现了 Kafka 数据源的接入。

⑦ 通过调用 map 算子对每条消息进行处理（map(record => (record.value().toString)表示将 Kafka 中的每条消息转换为字符串并返回），然后调用 filter 算子以过滤出数据格式为标准 JSON 的数据。

⑧ 通过 etlRes.count().print()输出数据。

⑨ 通过 etlRes.saveAsTextFiles(etlResultDirectory)将数据保存到 HDFS 中。

⑩ 通过调用 streamingContext.start()启动流式计算，这样便完成了整个流式计算的逻辑。

通过以上分析，流式计算的代码实现步骤总结如下。

① 创建 StreamingContext。

② 接入流式数据。

③ 定义数据计算逻辑。

④ 输出流式计算结果。

⑤ 启动 StreamingContext。

（4）添加依赖的 Jar 包：代码编写好之后，执行 mvn install 便可对它们进行打包。程序打包完之后，需要将 Spark Streaming Kafka 依赖包复制到 Spark 目录的 lib 子目录下，具体包括如下 Jar 包。

```
kafka-clients-2.4.1.jar
spark-streaming-kafka-0-10_2.12-3.0.0.jar
spark-token-provider-kafka-0-10_2.12-3.0.0.jar
```

（5）运行程序：程序打包完且依赖的 Jar 包复制好之后，执行如下命令即可启动任务。

```
cd $SPARK_HOME && nohup ./bin/spark-submit --class "SparkStreamingDemo" --master yarn
--deploy-mode cluster /spark-1.0.jar &
```

（6）创建 Kafka Topic：在命令行中执行如下命令，创建一个名为 spark_topic_1 的 Topic。

```
./bin/kafka-topics.sh --create --zookeeper 127.0.0.1:2181 --replication-factor 1
--partitions 1 --topic spark_topic_1
```

（7）启动 Kafka Producer：执行如下命令以启动 Kafka Producer。

```
./bin/kafka-console-producer.sh --broker-list 127.0.0.1:9092 --topic spark_topic_1
```

（8）向 Kafka 发送数据：在控制台中输入如下数据，按 Enter 键，将数据发送到 Kafka。

```
{"name":"Justin", "age":19,"time":"2019-06-22 01:45:52.478","time1":"2019-06-22 02:45:52.478"
```

（9）查看实时计算结果：在任务运行过程中，通过 YARN 页面查看 Spark Streaming 程序在 YANR 上的运行状态，并查询运行过程中有关输出的日志。通过图 1-52 可以看出，Spark Streaming 已经在接收来自 Kafka 的数据并进行处理了。

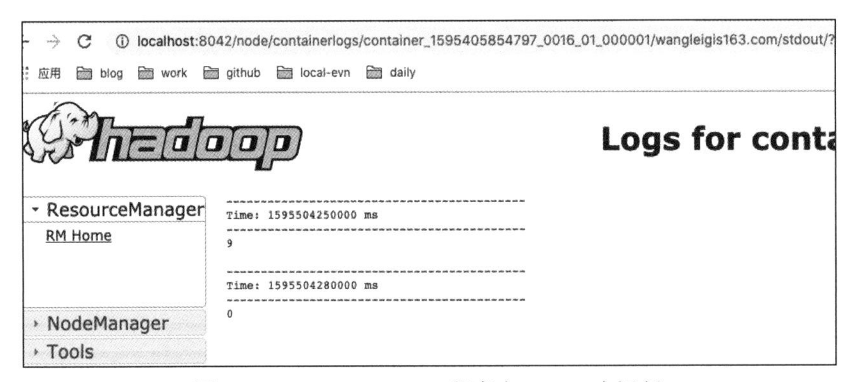


图 1-52　Spark Streaming 程序在 YARN 上运行

此外，我们还可以登录 HDFS 页面以查看数据写入情况，通过图 1-53 可以看出，经过 Spark Streaming 处理的数据已经被实时写入 HDFS。

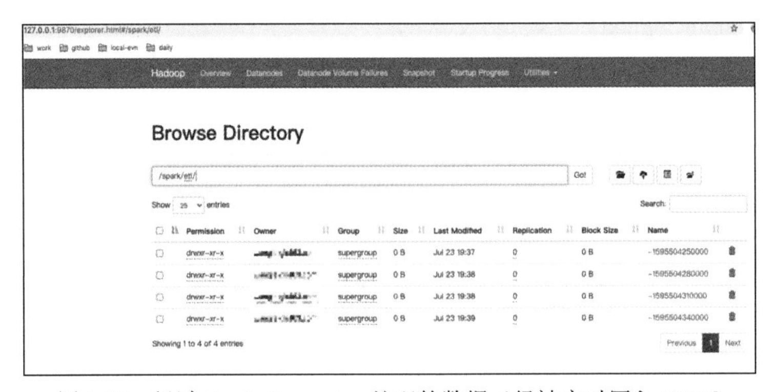


图 1-53　经过 Spark Streaming 处理的数据已经被实时写入 HDFS

# 第2章 Spark的作业调度和资源分配算法

第1章介绍了Spark的核心概念，并讲述了如何搭建一个Spark集群以及实现一个简单的Spark批处理作业和流处理作业并运行起来。本章进一步讲述Spark的作业调度和资源分配算法。

## 2.1 Spark的作业调度

### 2.1.1 Spark作业运行框架概述

#### 1. Spark任务调度流程

Spark中的Spark Core是根据RDD来实现的，Spark Scheduler作为Spark Core实现的重要组成部分，负责Spark任务的调度，具体包括DAG调度器和任务调度器。那么，DAG调度器和任务调度器是如何相互配合来完成Spark任务的调度呢？Spark任务的调度流程如图2-1所示。

（1）Spark组织任务以执行RDD算子并处理RDD数据。

（2）DAG调度器根据RDD之间的依赖关系构建DAG并基于DAG划分Stage，然后将每一个Stage中的任务以任务集的形式发送到任务调度器。

（3）任务调度器通过集群管理器将任务发送到指定节点的执行器上并运行。在运行过程中，由SchedulerBackend负责计算资源的提供，SchedulerBackend有多种实现，它们分别对接不同的资源管理系统。

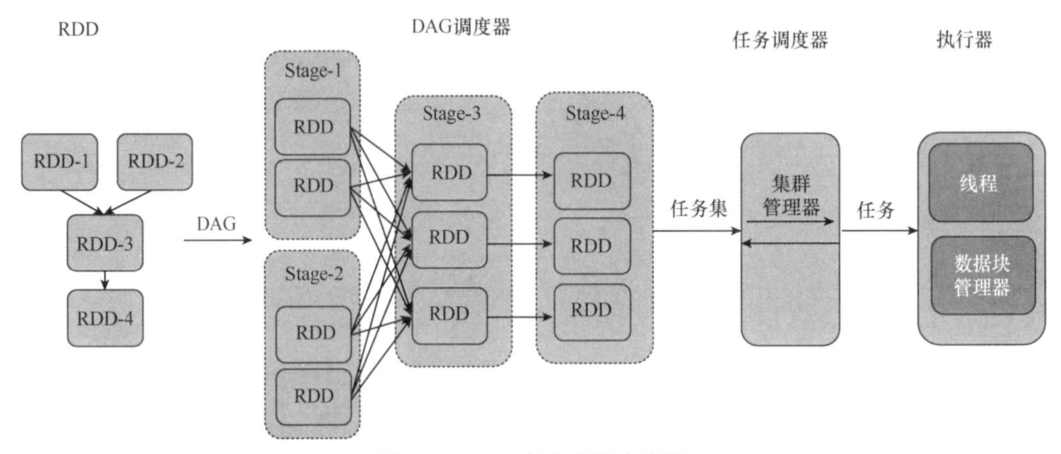


图 2-1　Spark 任务的调度流程

## 2. Spark 作业运行组件

Spark 作业的运行涉及 Spark 驱动程序、集群管理器和工作节点 3 个核心组件，如图 2-2 所示。

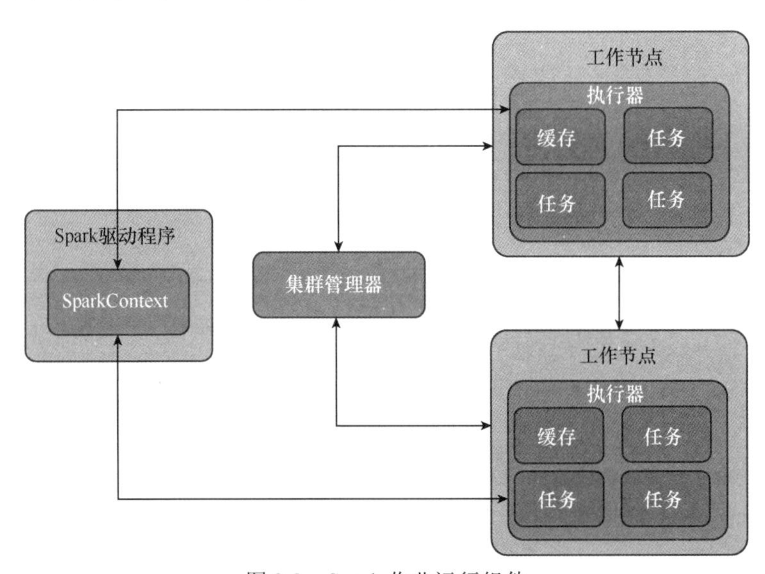


图 2-2　Spark 作业运行组件

- Spark 驱动程序：其中最重要的部分是主函数，主函数中定义了 SparkConf、SparkContext 等核心组件的实例以驱动 Spark 驱动程序工作，比如划分任务、分发任务、收集结果等。
- 集群管理器：用于管理 Spark 集群，在独立模式下运行为 Spark 主节点，在 YARN 模式下运行为资源管理器，在 Mesos 模式下运行为 Mesos 主节点。
- 工作节点：工作节点上运行着执行器，执行器上运行着多个任务并存储着这些任务在运行过程中所需的一些缓存数据。执行器为实际执行任务的进程，在独立模式下运行为 Spark

备节点，在 YARN 模式下运行为节点管理器，在 Mesos 模式下运行为 Mesos 备节点。

### 2.1.2 Spark 调度器原理

在 Spark 的调度系统中，当用户对某个 RDD 调用 Action 操作（如 Count、Save 操作）时，调度器就会检查这个 RDD 的血缘关系图，然后根据血缘关系图构建一个包括多个 Stage 的 DAG，最后按照步骤执行这个 DAG 中的 Stage。

每一个 Stage 都包含了尽可能多的带有窄依赖的 Transformation 操作。当 Spark 应用程序遇到涉及 Shuffle 操作的宽依赖或者任何可以切断对父 RDD 进行计算的操作（例如，当父 RDD 的分区数据已经计算完并持久化到 HDFS 中时，可以切断 RDD 与其父 RDD 的关系）时，就以此操作为界限划分出一个新的 Stage。Stage 划分好之后，调度器会启动任务以执行没有父 Stage（没有父 Stage 主要包含两种情况：该 Stage 是 DAG 中的第一个 Stage，或者该 Stage 的父 Stage 已经计算好）的 Stage，直到计算完最后的目标 RDD。如图 2-3 所示，当对 RDD 调用 Action 操作时，Spark 根据宽依赖生成了 3 个 Stage，并且将窄依赖的 Transformation 操作放在了同一个 Stage 中（例如，C、D、E、F 操作都被分配到了 Stage-1 中），而将宽依赖的 Transformation 操作放在不同的 Stage 中（例如，操作 A 和 B 分别被分配到了 Stage-1 和 Stage-3 中）。如果某个 Stage 的父 Stage 已经计算完成，就直接使用父 Stage 的计算结果进行后面的计算。例如，因为 Stage-1 的输出结果已经在内存中（黑色代表数据已经在内存中），所以可以直接运行 Stage-2，然后根据 Stage-1 和 Stage-2 的输出结果运行 Stage-3。

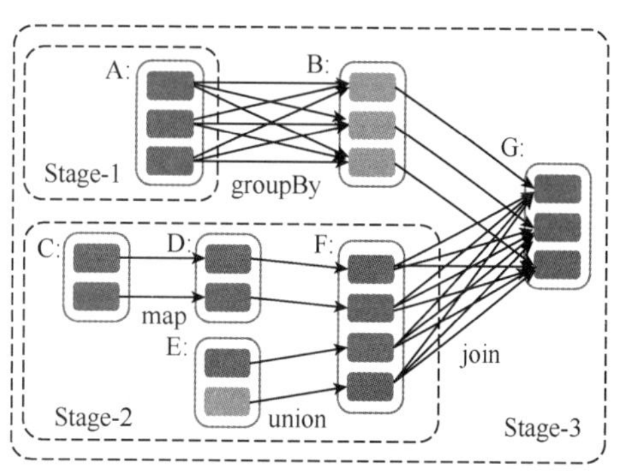

图 2-3 Spark Stage 的划分

Spark 任务的分配是采用延迟调度策略来实现的，这么做的主要目的是提高数据的本地性。所谓“数据的本地性”，指的是将计算任务发送到距离数据最近的节点上。例如，如果某个 RDD 计算所需的分区数据已经在某个节点上计算完成并保存在 Spark 内存中，就可以将这个 RDD 分区的计算任务发送到该节点上并直接运行。又如，如果某个节点的磁盘上存储了 RDD 计算所需的分区数据，就可以将这个 RDD 分区的计算任务也发送到该节点上，以减少数据传输并提高程序的执行效率。

在实际开发中，如果 DAG 比较复杂，那么建议将涉及 Shuffle 操作的宽依赖的中间结果数据持久化到磁盘上以便从错误中恢复数据。当某个任务执行失败时，只要这个任务所在的 Stage 对应的父 Stage 还有效（父 Stage 的计算结果还在），就可以直接在其他节点上执行该任务，而不用重新执行整个 Stage 计算任务。

在 Spark 任务的执行过程中，如果某些 Stage 失效（例如，在执行 Shuffle 操作的过程中，部分输出结果丢失），那么 Spark 会重新提交没有父 Stage 的 Stage 计算任务。

## 2.1.3　Spark 应用程序的核心概念

在介绍 Spark 应用程序的调度流程前，我们首先介绍一下 Spark 的 3 个核心概念——作业、Stage 和任务。

- 作业：以 Action 操作为界，每遇到一个 Action 操作就触发一个作业。
- Stage：作业的子集，以 RDD 宽依赖（即 Shuffle 操作）为界，每遇到一个 Shuffle 操作就划分出一个新的 Stage。
- 任务：Stage 的子集，任务的并行度可通过分区数来确定。也就是说，有多少个分区，就相应地拥有多少个任务。

Spark 的任务调度分两条线来执行：一条是 Stage 级别的调度，这是逻辑上的任务调度；另一条是任务级别的调度，这是物理上的任务调度。

Spark 驱动程序启动后，Spark 就会根据应用程序的逻辑准备任务，将任务有序地发送到对应的执行器上并执行，如图 2-4 所示。

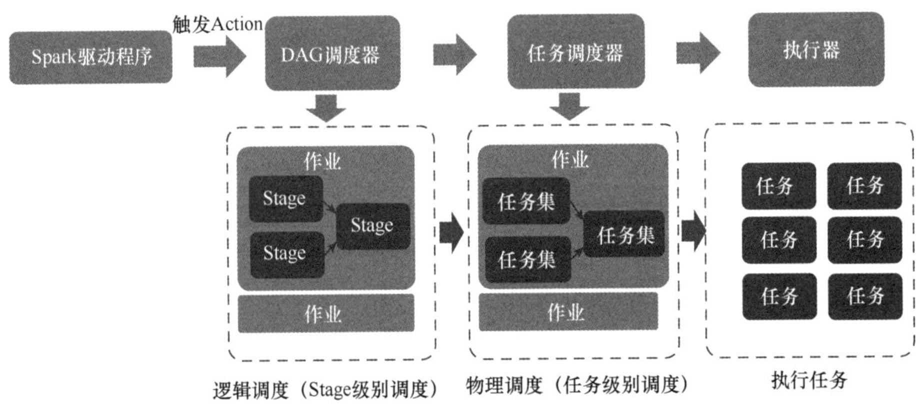


图 2-4　Spark 逻辑调度和物理调度

## 2.1.4　Spark 应用程序的调度流程

下面介绍当 Spark 处于 YARN 模式时，应用程序管理器、驱动程序、执行器模块在任务调度期间的交互过程，如图 2-5 所示。

- 驱动节点初始化：驱动程序在初始化 SparkContext 的过程中，也会分别初始化 DAG 调度器、任务调度器、SchedulerBackend 和心跳接收器，并启动 SchedulerBackend 和心跳接收器。

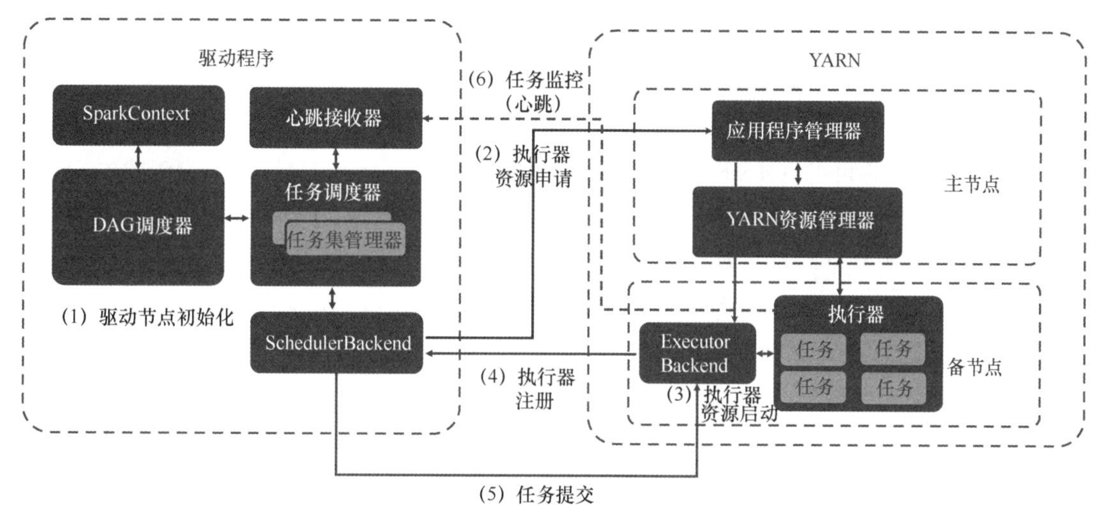


图 2-5 应用程序管理器、驱动器、执行器模块的交互过程

- 执行器资源申请：SchedulerBackend 通过应用程序管理器申请执行器。
- 执行器资源启动：应用程序管理器通知 ExecutorBackend 启动执行器。
- 执行器注册：ExecutorBackend 将启动好的执行器注册到 SchedulerBackend，这样 SchedulerBackend 便知道在任务提交的过程中有哪些执行器是可以使用的。
- 任务提交：SchedulerBackend 不断从任务调度器获取需要执行的任务，分发到执行器上并执行。
- 任务监控：在执行任务的过程中，心跳接收器负责接收执行器的心跳信息、监控执行器的存活状态并通知任务调度器。

### 1. 作业划分原则

Spark 认为作业就是 Action 操作。Spark 应用程序在执行过程中，当遇到一个 Action 操作时，就会划分出一个作业并触发这个作业的计算，作业由 DAG 调度器调度执行。

Spark 应用程序中有两种级别的算子——Transformation 算子和 Action 算子。Spark 应用程序在运行过程中，当遇到 Transformation 算子时，就由 DAG 调度器将计算划分并添加到管道中，但由于 Transformation 算子是 lazy 级别的，因此不会立刻触发执行；而当 Spark 应用程序遇到 Action 算子时，就会触发作业的计算，同时执行管道中的计算逻辑。

### 2. Stage 划分原则

Spark 中的作业由最终的 RDD 和 Action 操作封装而成。SparkContext 将作业交给 DAG 调度器，DAG 调度器则根据 RDD 之间的血缘关系对 DAG 进行划分，一个作业可划分为多个 Stage。

Stage 的划分原则是：从最后一个 RDD 开始，根据 RDD 之间的依赖关系不断通过回溯来判断当前 RDD 与其父 RDD 的依赖关系是否为宽依赖。如果依赖关系为宽依赖，就划分出一个新的 Stage；如果依赖关系为窄依赖，就将它们划分到同一个 Stage 中。由于宽依赖会触发 RDD 的 Shuffle 操作，因此也可以说，Stage 的划分原则是：以 Shuffle 操作为界，当 RDD 发生 Shuffle 操作时，就划分出一个新的 Stage，最终的结果就是，宽依赖的 RDD 被划分到不同的 Stage 中，窄依赖的 RDD 则被划分到相同的 Stage 中。

Spark 中的 Stage 分为两类：一类叫作 ResultStage，它们是 DAG 中最下游的 Stage；另一类叫作 ShuffleMapStage，用于为下游 Stage 准备数据。

下面我们通过一个例子看一下 Stage 的划分过程。观察图 2-6，其中的作业是由 saveAsTextFile 触发的。接下来是作业中 Stage 的划分，Spark 根据 RDD 之间的依赖关系从 RDD-3 开始回溯搜索，直到没有依赖的 RDD-0 为止。在回溯搜索过程中，RDD-3 依赖于 RDD-2，并且二者的依赖关系是宽依赖，这说明它们之间存在 Shuffle 操作，所以 Spark 会在 RDD-2 和 RDD-3 之间划分出一个 Stage，RDD-3 则被划分到最后一个 Stage（即 ResultStage）中。另外，RDD-2 依赖于 RDD-1，RDD-1 依赖于 RDD-0，这些依赖都是窄依赖，所以 Spark 会将 RDD-0、RDD-1 和 RDD-2 划分到同一个 Stage（即 ShuffleMapStage）中。在实际执行的时候，Spark 会一气呵成地执行 RDD-0->RDD-1->RDD-2 转换。从上述过程可以看出，在 Spark 中，Stage 的划分实际上使用的是一种深度优先搜索算法。

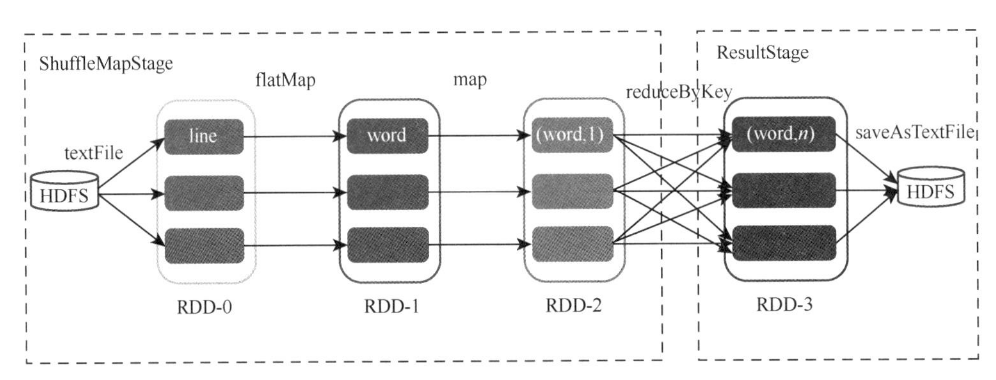


❶ 由最终的RDD 不断通过依赖回溯判断父依赖是否是宽依赖。
❷ 以Shuffle操作为界，划分Stage。
❸ 窄依赖的RDD则被划分到同一个Stage 中，可以进行管道式的计算。

图 2-6　Spark 中 Stage 的划分

### 3. Stage 提交原则

在提交 Stage 的过程中，Spark 会首先判断将要提交的 Stage 是否有父 Stage。如果没有父 Stage 或者父 Stage 已经执行完，就直接提交这个 Stage；如果有父 Stage 并且父 Stage 还没有执行完，就等待，直到父 Stage 提交完之后再提交这个 Stage。Stage 提交原则如图 2-7 所示。

在 Stage 提交过程中，Spark 会对任务信息（包含分区数据以及对应的算子）进行序列化并打包成任务集的形式，然后提交到任务调度器并进行调度。一个任务对应一个分区数据以及针对这个分区数据的计算操作，并在物理上以一个线程的方式运行。

在 Stage 执行过程中，DAG 调度器会监控 Stage 的运行状态。当执行器丢失或者任务最终执行失败时，就重新提交执行失败的 Stage；但在其他情况下，如果任务执行失败，就在任务调度器的调度过程中重试。

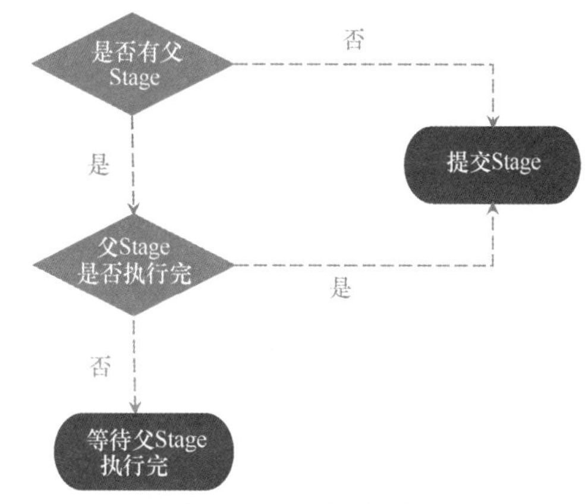


图 2-7　Stage 提交原则

下面我们通过一个简单的例子回顾一下作业和 Stage 的划分过程，具体代码如下。

```
object SparkJobStageSplitDemo {
  def main(args: Array[String]) {
    try {
      //初始化 JavaSparkContext
      val conf: SparkConf = new SparkConf().setAppName("JobStageSplit").setMaster("local")
      val sc = new JavaSparkContext(conf)
      //构造 RDD
      val list=sc.parallelize(List(('a',1),('a',2),('b',3),('b',4)))
      //filter 不是 Shuffle 操作，不用划分 Stage
      list.filter( data_tuple=> data_tuple._2<=3 )
        //reduceByKey 为 Shuffle 操作，以此为界划分出一个 Stage，即 ResultStage
        .reduceByKey((x,y) => x+y)
        //saveAsTextFile 为 Action 操作，划分出第一个作业
        .saveAsTextFile("out/put/path1")
      //list 只有一个 filter 操作，因此划分到 ResultStage 中
      list.filter( data_tuple=> data_tuple._2>=2 )
        //saveAsTextFile 为 Action 操作，划分出第二个作业
        .saveAsTextFile("out/put/path2")
    } catch {
      case ex: Exception => {
        ex.printStackTrace()                     // 输出到标准 err
        System.err.println("exception===>: ...") // 输出到标准 err
      }
    }
  }
}
```

下面对上述代码进行分析。首先，Spark 会从后往前寻找 Action 操作，在找到 saveAsTextFile("out/put/path2")和 saveAsTextFile("out/put/path1")这两个 Action 操作后，便分别以它们为界划分出两个作业——作业 0 和作业 1。

接下来，Spark 在作业 0 中从后往前寻找 Shuffle 操作（也就是宽依赖的操作），在发现

reduceByKey 为 Shuffle 操作后，便以此为界划分出一个 Stage。继续向前寻找，Spark 仅仅找到了 filter 操作，由于 filter 操作不是 Shuffle 操作，因此不进行 Stage 的划分。这样作业 0 的 Stage 划分就完成了，划分结果是，以 reduceByKey 为界划分出两个 Stage，前一个 Stage 为 ShuffleMapStage，后一个 Stage 为 ResultStage。

最后，Spark 在作业 1 中从后往前寻找 Shuffle 操作，由于只发现了 filter 操作，因此直接划分到 ResultStage 中，完成 Stage 的划分。也就是说，作业 1 中只有一个 Stage，即 ResultStage。

在编译器中执行上述代码，等服务启动起来后，在浏览器的地址栏中输入 http://127.0.0.1:4040/jobs/并按 Enter 键，查看 Spark 应用程序中作业和 Stage 的划分结果。从图 2-8 可以看出，Spark 应用程序被两个 saveAsTextFile 划分成两个作业，分别为作业 0 和作业 1。

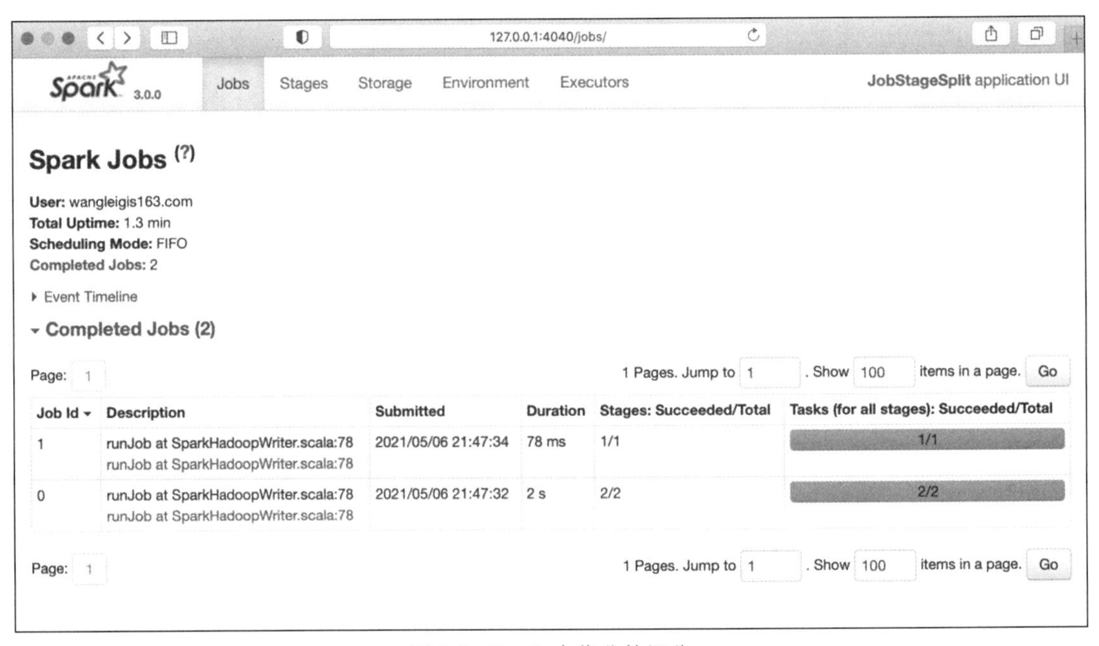


图 2-8 Spark 中作业的切分

单击作业 0，然后单击 DAG Visualization，如图 2-9 所示，即可看到作业 0 的 DAG。从 Spark UI 的 DAG 中也可以看出，作业 0 被划分成两个 Stage，分别为 Stage 0 和 Stage 1。其中，Stage 0 包含了 parallelize 操作（也就是根据列表构造 RDD）和 filter 操作，Stage 1 包含了 reduceByKey 操作和 saveAsTextFile 操作。

同样，单击作业 1，然后单击 DAG Visualization，即可看到作业 1 的 DAG。从 Spark UI 的 DAG 中也可以看出，作业 1 只有一个 Stage，也就是 Stage 2。如图 2-10 所示，Stage 2 包含了 parallelize 操作、filter 操作和 saveAsTextFile 操作。

图 2-9 Spark 作业 0 中 Stage 的划分

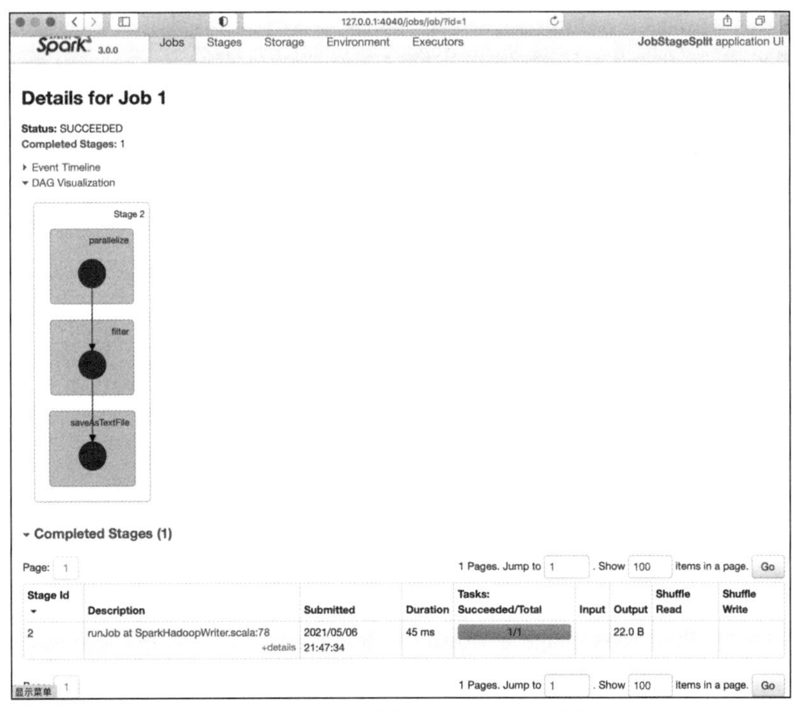


图 2-10 Spark 作业 1 中 Stage 的划分

## 2.1.5　在 YARN 级别调度 Spark 作业

当很多 Spark 应用程序提交作业到 YARN 时，YARN 会根据集群资源情况对 Spark 作业进行调度。

YARN 的调度分为队列之间的调度和队列内部的调度两种情况。在实际开发中，我们经常通过 minishare、weight 等参数为不同队列设置不同的优先级，之后再将不同类型的作业提交到不同的队列，以实现不同优先级作业的调度。这样做的好处是，由于在各个队列之间实现了物理资源的隔离，因此能够防止恶意用户提交大量作业，从而避免拖垮整个 YARN 集群以及导致其他作业无法执行的情况发生。

为了开启 YARN 级别的调度，需要在 yarn-site.xml 配置文件中为 yarn.resourcemanager.scheduler.class 配置不同的调度算法，代码如下：

```
vim $HADOOP_HOME/etc/hadoop/yarn-site.xml
<property>
 <name>yarn.resourcemanager.scheduler.class</name>
 <value>org.apache.hadoop.yarn.server.resourcemanager.scheduler.fair.FairScheduler</value>
</property>
```

上述代码已将 YARN 的队列调度策略配置为 FairScheduler。配置完之后，重启 YARN 集群，即可看到对应队列的调度策略已修改为 FairScheduler，如图 2-11 所示。

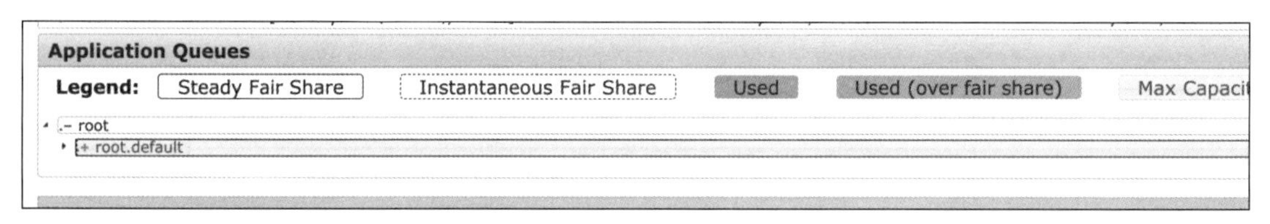


图 2-11　查看 YARN 的队列调度策略

## 2.1.6　在任务级别调度 Spark 作业

### 1. 任务调度流程

Spark 任务的调度是由任务调度器完成的。前面讲过，DAG 调度器会将 Stage 打包为任务集并交给任务调度器，而任务调度器会将它们封装为任务集管理器并添加到调度队列中，任务集管理器负责监控、管理同一个 Stage 中的任务集。任务调度器是以任务集管理器为单元来调度任务的。

Stage 有两种——ShuffleMapStage 和 ResultStage。除最后一个 Stage 是 ResultStage 外，其他 Stage 都是 ShuffleMapStage。如图 2-12 所示，ShuffleMapStage 产生的中间结果会以文件的方式保存在集群中，Shuffle 文件的个数等于分区的个数。Stage 在 Shuffle 操作发生的地方产生，由于子

Stage 在执行的时候需要用到父 Stage 产生的所有数据，因此子 Stage 需要等到所有的父 Stage 执行完之后才能执行。观察图 2-12，其中的 ResultStage 需要等到 ShuffleMapStage 执行完之后才能执行。

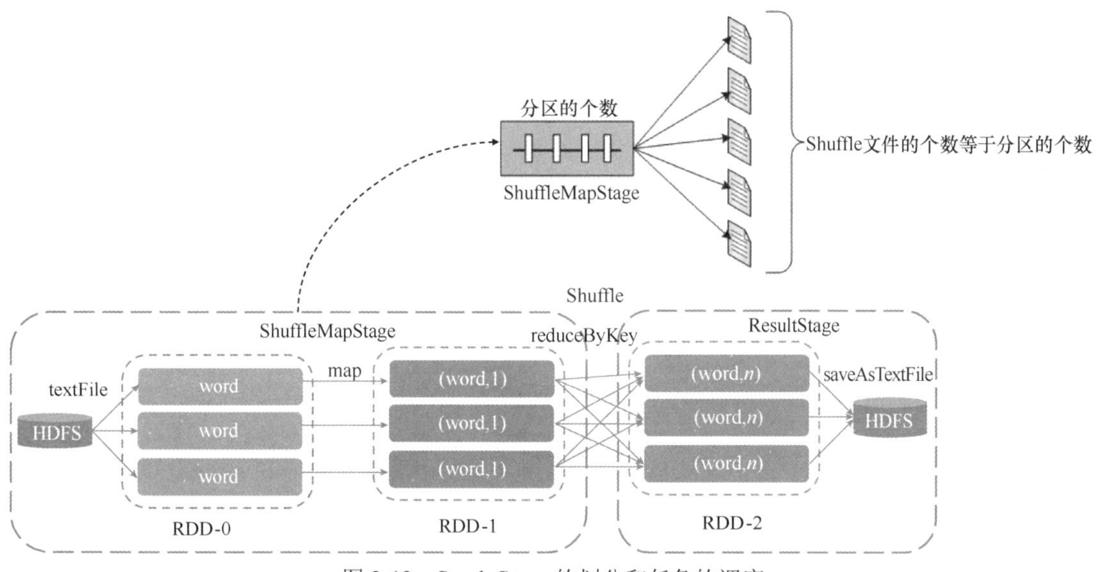


图 2-12 Spark Stage 的划分和任务的调度

当多个作业共用同一个 Stage 中的某个 RDD 时，这个 Stage 便能够在不同的作业之间共享。

任务是计算执行的基本单元，每个任务对应 RDD 的一个分区上的计算。在具体的调度过程中，任务会被发送到计算节点的执行器上执行。

任务调度器的实现为 TaskSchedulerImpl，TaskSchedulerImpl 在被初始化之后，Spark 就会启动 SchedulerBackend，SchedulerBackend 是负责资源管理的。Spark 通过 SchedulerBackend 来与外界打交道，接收执行器的注册信息并维护执行器的状态。同时，在 SchedulerBackend 启动后，Spark 会定期从 TaskSchedulerImpl 获取需要执行的任务，然后为任务分配执行器资源并从调度队列中按照指定的调度策略选择任务集管理器以调度执行任务。当 Spark 从调度队列中获得任务集管理器后，任务集管理器就会按照一定的规则逐个取出任务并提交给任务调度器，任务调度器再将任务交给 SchedulerBackend，分发到执行器上并执行。

任务调度器支持 FIFO（先进先出）和 FAIR（公平）两种调度策略。其中，FIFO 是任务调度器默认的调度策略。在 Spark 应用程序的同一个 SparkContext 中，可同时配置多个任务集管理器的调度策略为 FIFO 或 FAIR，具体如下：

```
val conf = new SparkConf().setMaster(...).setAppName(...)
conf.set("spark.scheduler.mode", "FAIR")
val sc = new SparkContext(conf)
```

### 2. 任务的 FIFO 调度策略

如图 2-13 所示，如果设置任务的调度策略为 FIFO，那么 Spark 会将任务集管理器保存到一个 FIFO 队列中，并按照先入先出的方式调度任务。

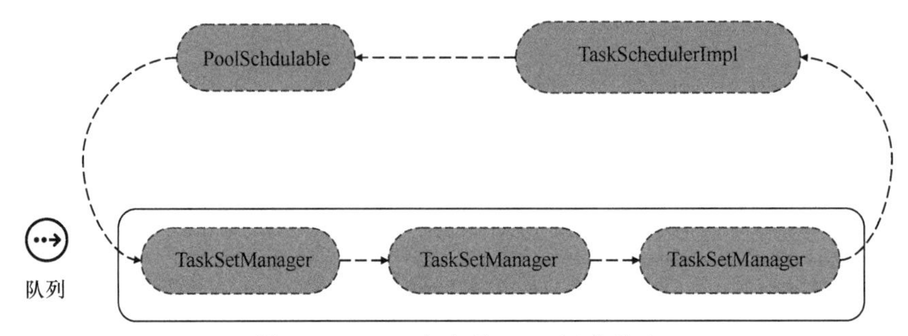


图 2-13　Spark 任务的 FIFO 调度策略

Spark 任务的 FIFO 调度策略的设置过程如下。

（1）在{spark_base_dir}/conf/fairscheduler.xml 配置文件中分配一个 pool name（队列名称）为 test 的 pool（资源池），并设置 schedulingMode 为 FIFO。

```
<allocations>
   <pool name="test">
        <schedulingMode>FIFO</schedulingMode>
        <weight>1</weight>
        <minShare>3</minShare>
    </pool>
</allocations>
```

（2）在 Spark 应用程序的 SparkContext 中通过 setLocalProperty()方法设置需要使用的 pool。

```
sparkContext.setLocalProperty("spark.scheduler.pool", "test")
```

### 3. 任务的 FAIR 调度策略

在 Spark 任务的调度过程中，我们经常遇到因大任务抢占过多资源导致小任务的执行变得不可控的情况发生。如图 2-14 所示，同一个 SparkContext 中有两个作业——A-JOB 和 B-JOB。A-JOB 是一个大任务，其 SQL 复杂，处理的数据量大（比如需要处理 100TB 的数据）；而 B-JOB 是一个小任务，可能只需要处理几千兆字节的数据，并且只是简单的数据过滤 SQL。假设先提交 A-JOB，后提交 B-JOB。

当 Spark 应用程序中各个任务集管理器的调度策略为 FIFO 时，按照先进先出的原则，A-JOB 率先进入队列并执行，但是由于 A-JOB 的执行需要较多的计算资源且耗时长，因此 Spark 需要等待很长的时间才能从 A-JOB 释放的资源中分配出“一点点”的资源给 B-JOB，这显然对 B-JOB 的执行不够友好，甚至会导致 B-JOB 迟迟无法执行。需要说明的是，Spark 任务的 FIFO 调度策略并非必须等到 A-JOB 的所有任务都执行完之后才执行 B-JOB，但在 FIFO 调度策略下，B-JOB 的执行将变得很晚且不可预料。

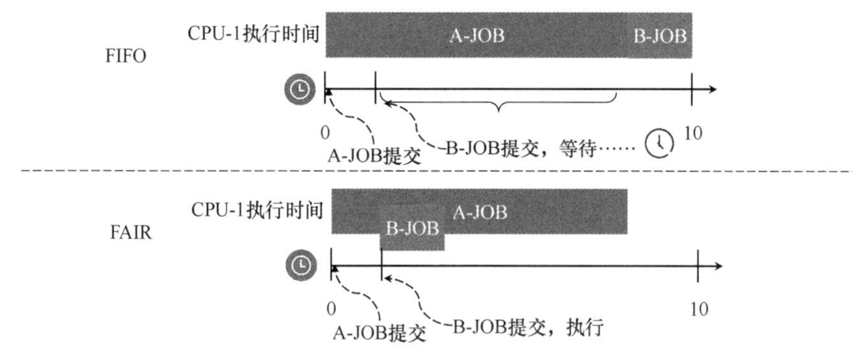


图 2-14 Spark 任务的 FIFO 调度策略和 FAIR 调度策略

当 Spark 应用程序中各个任务集管理器的调度策略为 FAIR 时，Spark 不需要等待 A-JOB 释放资源，就可以让 B-JOB 尽可能快地执行。FAIR 调度策略能有效保障小任务也能及时分配到资源并执行，从而有效避免了小任务被大任务阻塞的情况发生。

Spark 应用程序中各个任务集管理器的 FAIR 调度策略的设置过程如下。

（1）在{spark_base_dir}/conf/fairscheduler.xml 配置文件中分配一个 pool name（队列名称）为 test 的 pool，并设置 schedulingMode 为 FAIR。

```
<allocations>
    <pool name="test">
        <schedulingMode>FAIR</schedulingMode>
        <weight>1</weight>
        <minShare>2</minShare>
    </pool>
</allocations>
```

其中，weight 用于控制资源池的权重，权重越大，给队列分配资源的可能性就越大。默认情况下，所有资源池的 weight 都是 1。如果将 weight 设置为 2，就表示这个资源池被分配到资源的可能性是其他资源池的两倍。如果将 weight 设置为更大的值（例如 100），就可以实现这个资源池的优先调度。也就是说，这个资源池中的作业总是优先启动和执行。

minShare 用于指定资源池可分配的最小资源数（一般指的是 CPU 数目）。FAIR 调度策略会优先满足所有处于活跃（active）状态的资源池的最小资源要求，之后再根据权重分配剩余的资源。因此，minShare 能够保障每个资源池至少获取到一定的资源，以防止所有资源被权重大的资源池占用，进而避免其他资源池中的任务因没有可用资源执行而被阻塞的情况发生。

（2）在 SparkContext 中设置调度策略为 FAIR，具体实现代码如下。

```
val conf = new SparkConf().setAppName("SparkFAIRScheduler").setMaster("local")
```

```
val sc = new SparkContext(conf)
conf.set("spark.scheduler.mode", "FAIR")
sc.setLocalProperty("spark.scheduler.pool", "test")
```

## 2.1.7 本地化调度简介

### 1. 数据本地性的概念

大数据计算中的一条十分重要的原则，就是“将任务尽可能分配到距离数据最新的地方并执行”。之所以需要遵循这样的原则，是因为在大数据的处理过程中，动辄就需要处理 TB（太字节）级别的数据。如果先将这些数据传输到计算节点上，再执行计算，那么不仅要消耗大量的网络 I/O，而且会降低服务器的性能，仅仅网络传输就需要很长的时间，从而在无形中延长了任务执行所需的时间，这对大数据任务的执行来说很不友好。因此，在任务的调度过程中，我们需要尽量避免在网络上传输数据。即使无法避免在网络上传输数据，也需要尽可能减小数据在网络上传输的距离。这里的数据传输距离也就是 Spark 中的“数据本地性”，数据传输的距离越远，资源的消耗和时间成本越高。

### 2. 数据本地性的级别

Spark 数据本地性的级别有 PROCESS_LOCAL（进程本地性）、NODE_LOCAL（节点本地性）、RACK_LOCAL（机架本地性）、NO_PREF（无本地性参考）和 ANY（其他），如图 2-15 所示。Spark 在分配任务时会优先考虑数据本地性，并将任务分配给距离数据最近（数据本地性最好）的执行器。

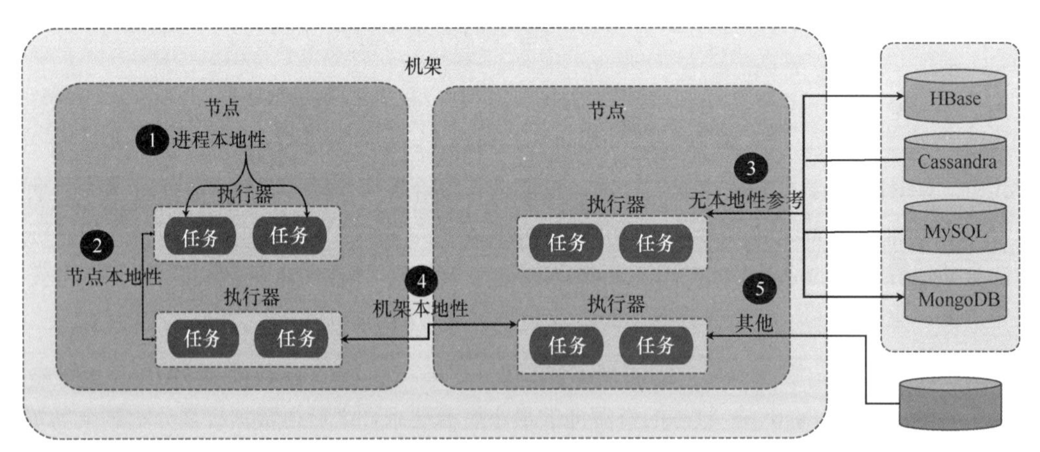


图 2-15 Spark 数据本地性

- PROCESS_LOCAL：将要处理的数据和任务在同一进程中，对于 Spark 来说，也就是任务计算和对应将要处理的分区数据在同一执行器的同一个 Java 进程中，这经常出现在当前 RDD 计算所需的数据已被其他 RDD（通常是当前 RDD 的父 RDD）计算并缓存的情况下。

换言之，任务计算所需的数据块已在其所属执行器的 BlockManager 中缓存。PROCESS_LOCAL 是最好的数据本地性级别，这种级别下不需要在网络上传输数据。

- NODE_LOCAL：数据在同一节点的不同进程中。例如，数据在同一节点的其他执行器上，或想要读取的数据在当前节点的 HDFS 中。NODE_LOCAL 的数据访问速度比 PROCESS_LOCAL 慢，但数据仍在同一服务器上，因此数据传输的性能瓶颈一般受制于本地磁盘 I/O。
- RACK_LOCAL：数据在同一机架的其他节点上，需要进行网络传输。
- NO_PREF：没有明确的数据指向。也就是说，数据本地性无意义，通常指的是从外部数据源（例如 HBase、Cassandra、MySQL、MongoDB 等数据库）读取数据。
- ANY：数据在其他（更远的）网络环境中，例如在其他机架上、在其他机房中心、在外部的数据库服务中或在外部接口上。

Spark 在任务本地性中描述了数据本地性，下面展示了 Spark 源码中对任务本地性所做的描述。

```
@DeveloperApi
object TaskLocality extends Enumeration {
  val PROCESS_LOCAL, NODE_LOCAL, NO_PREF, RACK_LOCAL, ANY = Value
  type TaskLocality = Value
  def isAllowed(constraint: TaskLocality, condition: TaskLocality): Boolean = {
    condition <= constraint
  }
}
```

### 3. 数据本地性之间的包含关系

刚才讲过，数据本地性有 5 种级别，按照优先级由高到低的顺序分别是 PROCESS_LOCAL、NODE_LOCAL、NO_PREF、RACK_LOCAL 和 ANY。这 5 种数据本地性级别之间存在包含关系：RACK_LOCAL 包含 NODE_LOCAL，NODE_LOCAL 包含 PROCESS_LOCAL，ANY 则包含其他 4 种级别。在初始化阶段，当对任务进行分类时，根据任务的 preferredLocations （参考位置）判断其属于哪个级别，属于 PROCESS_LOCAL 级别的任务同时会被添加到 NODE_LOCAL 和 RACK_LOCAL 级别。例如，假设一个任务的 preferredLocations 指定了将在执行器上执行这个任务，那么这个任务不仅会被添加到执行器对应的 PROCESS_LOCAL 级别，而且会被添加到执行器所在主机对应的 NODE_LOCAL 级别，此外，它还会被添加到该主机所在机架对应的 RACK_LOCAL 级别以及 ANY 类别。这样在调度执行任务时，如果满足不了 PROCESS_LOCAL 级别的要求，就逐步退化到 NODE_LOCAL→RACK_LOCAL→ANY 级别。

任务集管理器封装了 Stage 中的所有任务，并负责管理调度这些任务。在任务集管理器的初始化和调度过程中，Spark 会对这些任务按照数据本地性级别进行分类。

### 2.1.8 本地化调度流程：延迟调度策略

在 Spark 中，任务集管理器主要通过 resourceOffer()方法来实现任务的调度。resourceOffer()方法的部分源码如下：

```
def resourceOffer(execId: String,
                  host: String,
                  maxLocality: TaskLocality.TaskLocality)
    : Option[TaskDescription]
```

resourceOffer()方法的参数包括了所调度任务的执行器的 ID（execId）、主机地址（host）以及最大可容忍的数据本地性级别（maxLocality）。

为了尽可能将任务调度到 preferredLocations 上，Spark 采用了延迟调度策略，如图 2-16 所示。

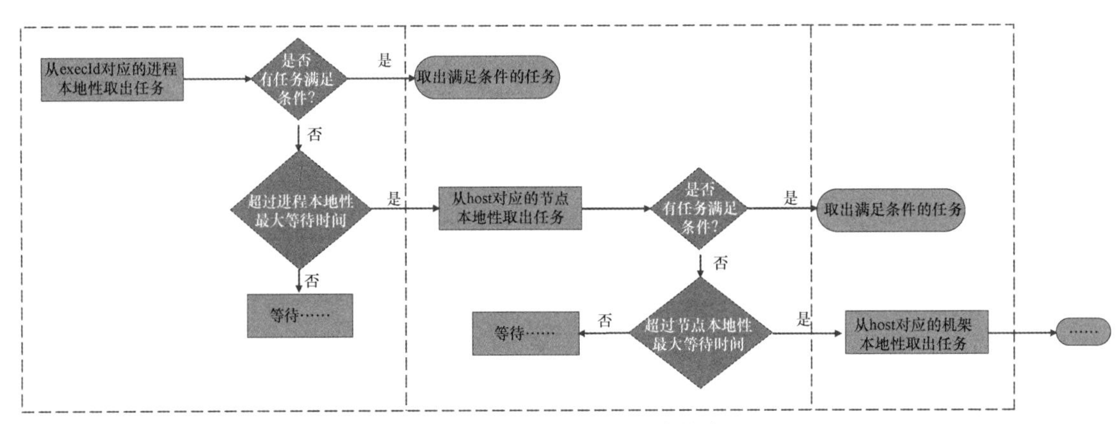


图 2-16 Spark 的延迟调度策略

Spark 的延迟调度流程如下。

（1）从 execId 对应的 PROCESS_LOCAL 中获取 PROCESS_LOCAL 级别的任务。如果这样的任务存在，就取出来并调度。

（2）如果 PROCESS_LOCAL 级别的任务不存在，就判断调度过程是否超出 PROCESS_LOCAL 允许的最长延迟时间。如果没有超出，就等待下一次的 PROCESS_LOCAL 调度；否则，进入下一级别的 NODE_LOCAL 调度。

（3）为了进行 NODE_LOCAL 调度，首先需要获取 host 对应的 NODE_LOCAL 级别的任务。如果这样的任务存在，就取出来并调度。

（4）如果 NODE_LOCAL 级别的任务不存在，就判断调度过程是否超出 NODE_LOCAL 允许的最长延迟时间。如果没有超出，就等待下一次的 NODE_LOCAL 调度；否则，进入下一级别的 RACK_LOCAL 调度。RACK_LOCAL 调度的过程与上面类似，这里不再赘述。

整个调度流程完成后，如果仍然获取不到满足数据本地性级别要求的任务，调度器就会等待，直到进入下一轮调度并重复上述调度流程。可在 SparkConf 中设置每个数据本地性级别允许的最长延迟时间，如果获取不到满足数据本地性级别要求的任务，就等待并进行多个周期的调度，直到能够获取满足条件的任务为止，或者当调度流程超出允许的最长延迟时间时，进入下一级别的调度。

在 Spark 中，每一级别调度允许的最长延迟时间的设置方法如下：

```
val conf = new SparkConf().setAppName("SparkLocality").setMaster("local")
//数据本地性调优
conf.set("spark.locality.wait","3s")
conf.set("spark.locality.wait.process","15s")
conf.set("spark.locality.wait.node","30s")
conf.set("spark.locality.wait.rack","45s")
```

参数说明如下。

- spark.locality.wait：默认的数据本地性调度等待时间，默认为 3s。
- spark.locality.wait.process：指定多长时间获取不到 PROCESS_LOCAL 级别的任务就降级为 NODE_LOCAL 级别，默认时间为 spark.locality.wait。
- spark.locality.wait.node：指定多长时间获取不到 NODE_LOCAL 级别的任务就降级为 RACK_LOCAL 级别，默认时间为 spark.locality.wait。
- spark.locality.wait.rack：指定多长时间获取不到 RACK_LOCAL 级别的任务就降级，默认时间为 spark.locality.wait。

在任务调度过程中，Spark 会结合上述参数并采用延迟调度策略进行任务的调度。

### 2.1.9 Spark 任务延迟调度

Spark 在进行任务调度时会优先考虑数据本地性，但并不是每次都能将任务调度到数据本地性最好的那个节点的执行器上并执行，因为节点上的执行器资源是有限的。例如，假设 Spark 在经过数据本地性分析后，虽然发现在某个执行器上执行这个任务是最优的，但是该执行器上已经有很多其他任务在执行，并且短时间内对于这个任务释放不出资源（通常是指 CPU 资源），此时这个任务在等待一段时间后，如果发现仍然在该执行器上申请不到计算资源，就会尝试降低数据本地性级别以在其他执行器上执行。

图 2-17 中的 RDD 有 4 个分区，分别是分区 A、分区 B、分区 C 和分区 D。每个分区对应的任务分别为任务 A、任务 B、任务 C、任务 D。工作节点上有两个执行器，分别为执行器 A 和执行器 B，它们的 CPU 核心数为 2。其中，分区 A、分区 B、分区 C 缓存的数据位于执行器 A 上，分区 D 缓存的数据位于执行器 B 上。因此，我们在为任务分配资源的时候，根据数据本地性原则，

需要将任务A、任务B、任务C分配给执行器A，而将任务D分配给执行器B。但是，由于执行器A只有两个CPU核心，同时只能并行地执行任务A和任务B两个任务，因此任务C只能等待。对于任务C来说，虽然在执行器A上执行任务是数据本地性最好的（数据本地性级别为PROCESS_LOCAL），但是由于执行器A迟迟释放不出来资源给任务C，当等待超时后，任务调度器就会将任务C调度给执行器B并执行。这里的等待超时时间可根据不同的数据本地性在SparkContext中进行设置。

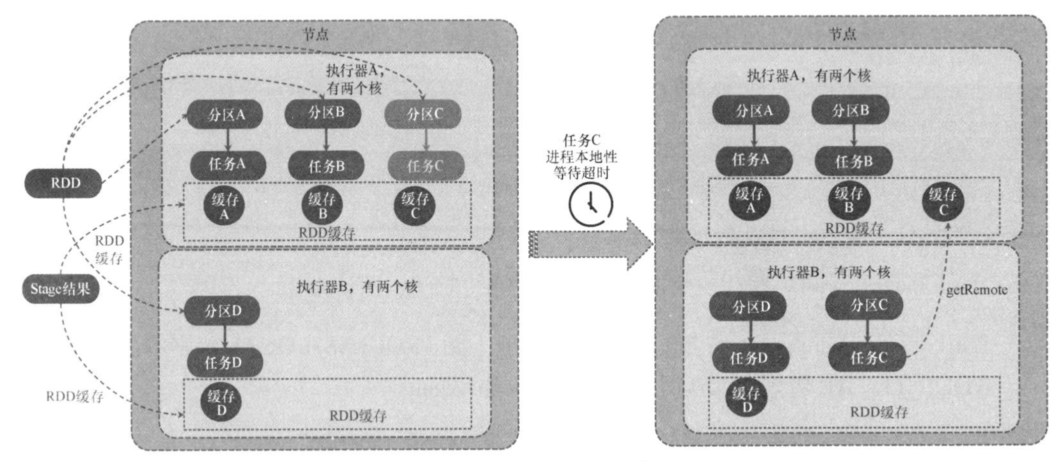


图2-17 Spark延迟调度

假设任务C在数据本地性最优的执行器A上执行需要耗时30s，而执行器A执行完任务A和任务B并释放资源给任务C的过程需要耗时40s，那么在执行器A上执行任务C总共需要耗时70s。假设调度任务C并在执行器B上执行所需的数据传输时间为10s，任务执行时间也为30s，由于数据传输耗时短于任务等待耗时，因此任务C在执行器B上执行总体来说要比在执行器A上执行好。尤其是在同一台服务器的多个执行器上调度任务时，多个执行器之间的数据传输是通过BlockManager的getRemote()方法来完成的，底层则是通过BlockTransferService来实现的，在操作系统层面需要通过Socket的本地回环路由来进行数据分发，数据不用经过网络传输，速度也很快。因此，对于数据存储在同一台机器的不同执行器上的情况，将PROCESS_LOCAL降级为NODE_LOCAL后执行并不比直接在PROCESS_LOCAL级别执行慢多少，同时由于省去了任务等待的时间，任务的调度具有很好的效果。

总结一下，任务的延迟调度策略指的是当任务在当前数据本地性级别获取不到资源时，尝试降低数据本地性级别以进行任务的调度和执行的过程。之所以叫“延迟调度”，是因为Spark并非最初就一次性分配好所有任务的调度并不再改变，而是在执行过程中根据各个计算节点的资源使用情况进行动态调度。那么，在什么情况下应该启用延迟调度策略呢？其实这是通过数据本地性等待时长（如spark.locality.wait）来控制的。当任务属于计算密集型任务（也就是说，任务的数据量小、计算量大、数据传输耗时短、数据计算耗时长）时，通过降低数据本地性的超时时间配置，开发人员就能够将任务尽快分配到更多的 CPU 上。但是，在输入数据量比较大的情况下，数据传输耗时也较长，此时不利于进行任务的数据本地性降级调度。

## 2.1.10 Spark 失败重试与黑名单机制

Spark 在调度并执行任务后，就会实时监控任务的运行状态。Spark 对任务运行状态的监控是通过 SchedulerBackend 来完成的，具体流程如图 2-18 所示。

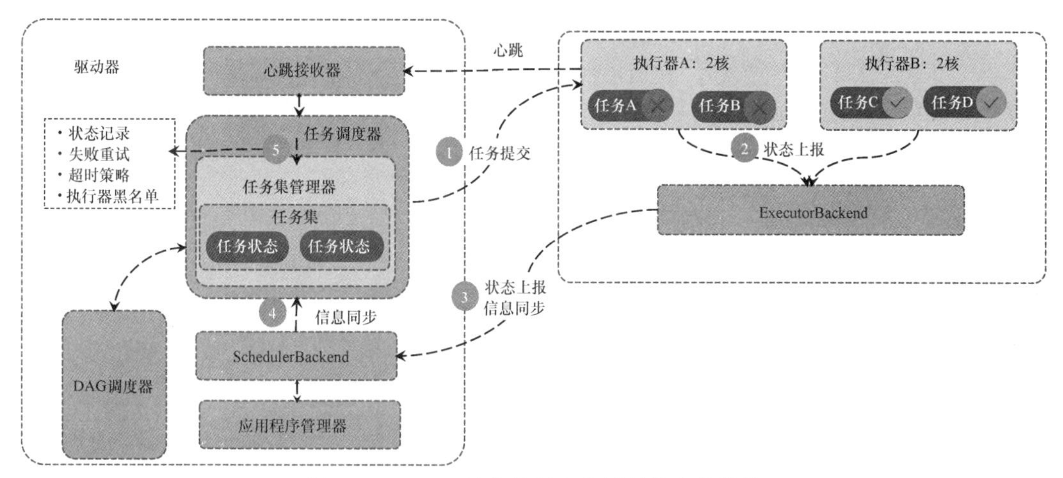


图 2-18 Spark 任务的调度和运行状态的监控

（1）SchedulerBackend 从任务调度器获取任务并提交到执行器。

（2）任务在提交到执行器并启动执行后，执行器就会将任务执行状态上报给 ExecutorBackend。

（3）ExecutorBackend 和 SchedulerBackend 交互，并将任务状态同步到 SchedulerBackend。

（4）SchedulerBackend 同步任务运行状态信息到任务调度器。

（5）任务调度器找到与任务对应的任务集管理器，并将任务运行状态信息发送给任务集管理器，任务集管理器则根据任务的运行状态（失败或成功）对任务进行新的调度。

Spark 应用程序在运行过程中会记录每个任务的运行状态。如果任务执行失败，就将任务放到调度池中并等待下次调度，也就是进行失败重试；如果重试次数达到最大重试次数，就宣告整个应用程序运行失败。

任务执行失败后，Spark 不仅会记录任务的失败次数，而且会记录任务执行失败时所在执行器对应的 ID 和主机地址。这样当下次调度任务时，即可通过采用黑名单机制来避免将任务提交到上次执行失败的执行器，从而起到容错的目的。Spark 认为，如果任务在执行器上执行失败，那么除任务本身的问题外，还很有可能是执行器上的物理资源存在问题，比如执行器所在的机器存在网络或磁盘故障等。

Spark 使用黑名单记录了任务执行失败时所在执行器对应的 ID、主机地址和不可用时间。在不可用时间内，任务将不会被调度到对应节点的执行器上。

图 2-18 所示的任务调度过程采用了黑名单机制。具体机制如图 2-19 所示，在节点 1 的执行器 A 上提交任务 A 和任务 B 两个任务，在节点 2 的执行器 B 上提交任务 C 和任务 D 两个任务；任务在各个节点上执行一段时间后，任务 A 和任务 B 在节点 1 的执行器 A 上执行失败，于是将任务 A 和任务 B 调度到节点 2 的执行器 B 上进行失败重试，同时任务调度器暂时不向节点 1 提交任务，以防止因节点 1 或执行器异常导致过多任务执行失败。尤其当部分节点出现网络异常、磁盘故障或内存不足等情况时，这能够有效降低任务执行的失败率。当进行的失败重试超出最大重试次数时，即可宣告整个任务执行失败。

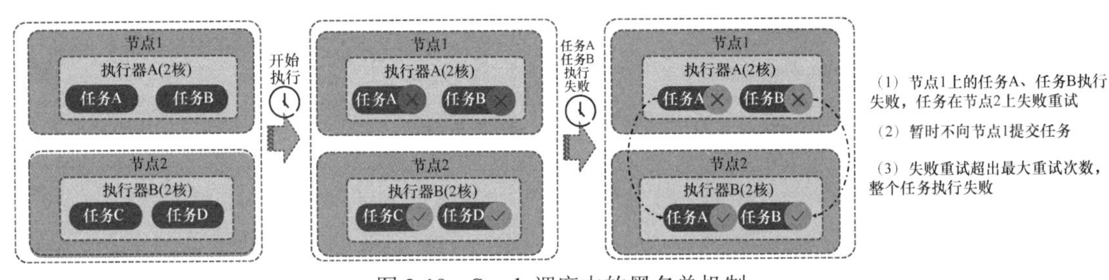


图 2-19　Spark 调度中的黑名单机制

## 2.1.11　推测执行

任务调度器除了启动 SchedulerBackend 并将任务提交到执行器之外，还会启动一个后台线程来推测执行任务。推测执行任务指的是 Spark 会将同一个任务分配到多个执行器上同时执行，如果该任务在其中一个执行器上执行成功，那就停止该任务在其他执行器上的执行，并将任务执行状态标记为成功。推测执行任务时，Spark 会定时检测是否有任务需要推测执行。如果有，就调用 SchedulerBackend 的 reviveOffers()方法，尝试获取资源并推测执行任务。

如图 2-20 所示，任务调度器首先在执行器 A 上启动任务 A 和任务 B，然后在执行器 B 上启动任务 A 和任务 B，由于执行器 B 率先执行成功，因此任务调度器会终止执行器 A 上任务的执行，并将任务执行状态标识为成功。

是否有任务需要推测执行的判断结果是由任务集管理器基于统计学算法做出的，具体过程如图 2-21 所示。

（1）统计执行成功的任务数：任务集管理器统计执行成功的任务数，并判断执行成功的任务数是否超过总任务数的 75%（可通过参数 spark.speculation.quantile 来控制）。

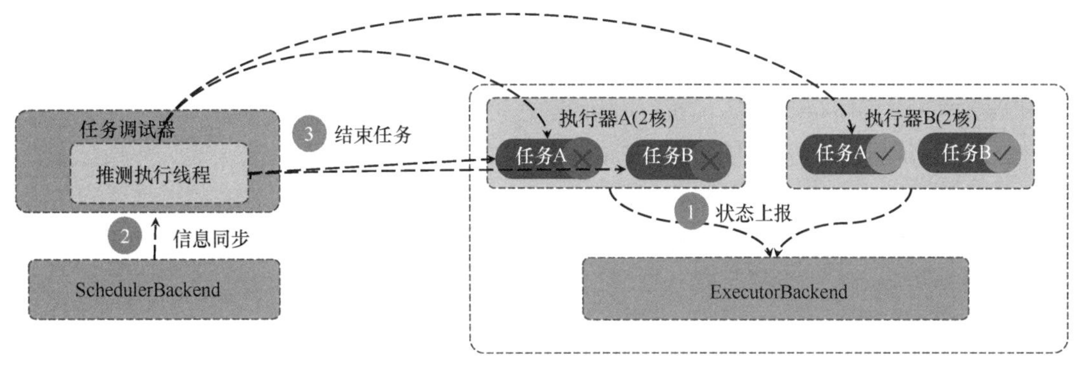


图 2-20 Spark 推测执行任务的示例

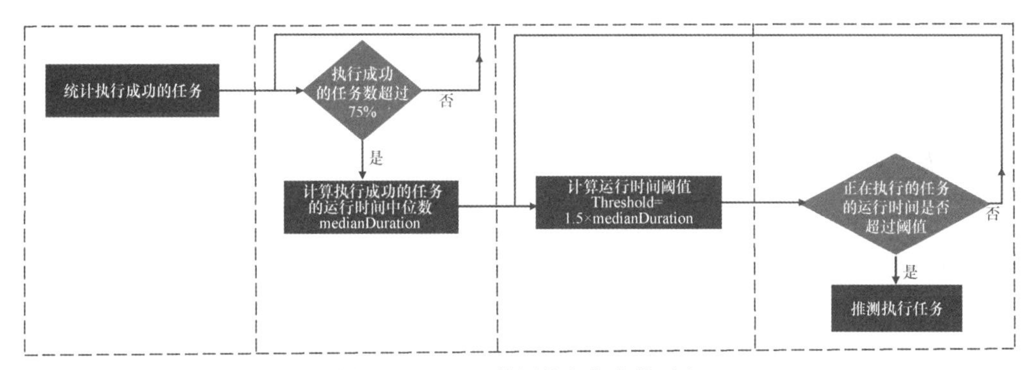


图 2-21 Spark 推测执行任务的过程

（2）计算运行时间中位数：如果执行成功的任务数超过总任务数的 75%，那么 Spark 会统计所有执行成功的任务的运行时间并计算运行时间中位数 medianDuration。

（3）计算运行时间阈值：将运行时间中位数 medianDuration 乘以系数 1.5（系数可通过参数 spark.speculation.multiplier 来控制），得到运行时间阈值（Threshold=1.5 × medianDuration）。

（4）判断是否推测执行任务：如果正在执行的任务的运行时间超过运行时间阈值，就推测执行该任务。

推测执行的思想是，当大部分任务（默认为所有任务的 75%）都运行完之后，需要找出运行时间长的长尾任务并对这些任务进行推测执行，以提高整个 Stage 的执行效率，因为这些长尾任务会像木桶效应中的短板那样拖慢整个 Stage 的执行速度。

Spark 为何会有推测执行的功能呢？因为多个任务执行时间不同的因素有三个——任务自身的计算复杂度不同，任务计算的数据量不同，计算任务时可以使用的计算资源（CPU、内存、网络等）不同。下面我们从以上三个方面分析同一 RDD 的多个分区上对应任务的执行效率都和哪些因素有关。

这些任务是在同一个 RDD 中计算的，也就是说，它们的计算逻辑是一样的（例如，在多个节点上并行执行同一个 RDD 的 map 数据转换操作或 filter 数据过滤操作）。因此，这些任务的计算复杂度也是相同的，不同任务的执行时间仅与它们各自对应的分区上的数据和执行器环境有关。在任务运行过程中，除了因为某个分区数据过多（发生数据倾斜）会引起任务执行变慢之外，另一个原因就是任务所在的执行器出现了问题，比如执行器所在的服务器网络或磁盘出现故障。这时，Spark 会将执行慢的任务分发到其他节点上并发执行。这样就很好地避免了因为部分执行器或服务器发生故障而导致任务进行失败重试，并进而导致执行效率变慢或执行失败的情况发生。

也就是说，当 Spark 发现大部分任务都执行完之后，就会使用更多的资源来尽可能快地完成长尾任务的运行，从而提高 Stage 中任务的整体执行效率。Spark 采用了大数据中常用的“以空间换时间”的思想，只不过这里的空间指的是计算资源的多少。

### 2.1.12　资源分配机制

Spark 的资源分配机制包含静态资源分配和动态资源分配两种。简单来说，静态资源分配指的是 Spark 会在提交应用程序的时候为应用程序分配固定的执行器，因此计算过程中可用的执行器资源不变；动态资源分配指的是 Spark 在提交应用程序的时候不会一次性预占所有执行器资源，而是先申请少量的执行器资源并开始计算，之后在计算过程中根据应用程序的执行器资源需求情况动态调整执行器的数量以充分利用资源。

#### 1．静态资源分配

静态资源分配指的是提交应用程序时，用户需要根据应用程序的计算复杂度和计算数据量预估应用程序在任务执行过程中需要使用的计算资源，然后将资源配置需求一并提交到资源管理器，由资源管理器统一为应用程序分配资源并执行。

当进行静态资源分配时，需要使用的主要参数分别是执行器个数 num_executors、每个执行器上的核心数 executor_cores、每个执行器的内存大小 executor_memory 以及启动器节点的内存大小 driver_memory。下面分别介绍这些参数的含义以及它们相互之间的关系。

如图 2-22 所示，Spark 任务的并行度由 RDD 的分区数决定。RDD 的分区数等于任务的个数，每个任务对应一个分区上数据的计算。由于每个任务默认占用一个 CPU 核心，因此一次能够并行执行的任务数等于 num_executors × executor_cores。如果 RDD 的分区数超过该值，那么 Spark 一次性执行不完所有的任务，其他未执行的任务将在下一轮执行，一般建议 3～5 轮较为合适，否则考虑增大 num_executors 或 executor_cores。

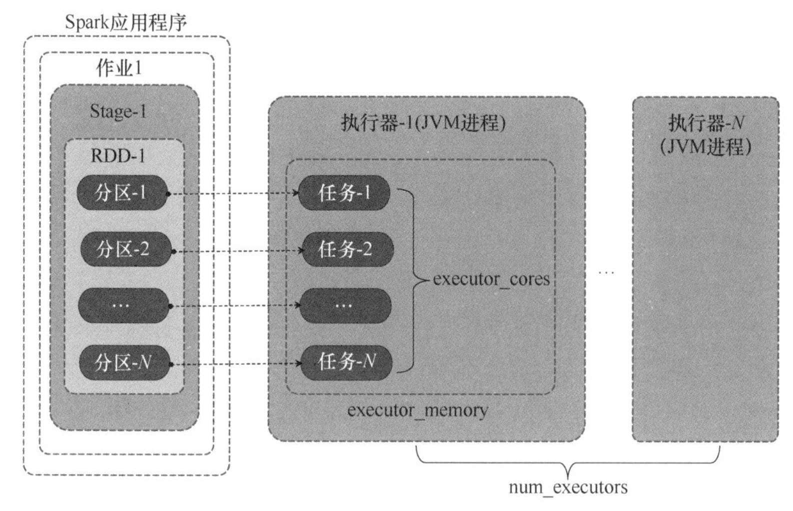


图 2-22　Spark 静态资源分配

通过 spark-submit 在提交应用程序时配置使用静态资源的示例代码如下：

```
spark-submit
    --deploy-mode cluster
    --master yarn
    --num-executors 160
    --executor-cores 2
    --executor-memory 3810M
    --driver-memory 4G
    --conf spark.sql.shuffle.partitions=600
    --conf spark.default.parallelism=600
    --conf spark.executor.memoryOverhead=2G
    --conf spark.yarn.maxAppAttempts=1
    --class com.sparkdemo
    your_spark_path/sparkdemo.jar
```

由于一个执行器的所有任务会共享这个执行器的内存（executor_memory），因此不建议将 executor_cores 设置得过大，过大的 executor_cores 会导致启动过多的任务。另外，由于每个执行器上的内存是固定的，因此每个任务分配到的内存就会变小，而过小的内存有可能引起任务执行过程中内存不足的情况发生。我们需要根据每个分区的数据量以及是否有缓存等情况来综合预估并设置 executor_memory。

### 2. 动态资源分配

动态资源分配指的是应用程序刚开始运行时不需要太多的执行器资源，因此不必一次性申请所有执行器资源，而是先申请少量的执行器资源并开始计算，之后在计算过程中根据应用程序的任务数动态调整执行器的数量以充分利用资源，如图 2-23 所示。动态资源分配的优点是能够更好地利用资源，并且对租户场景友好。

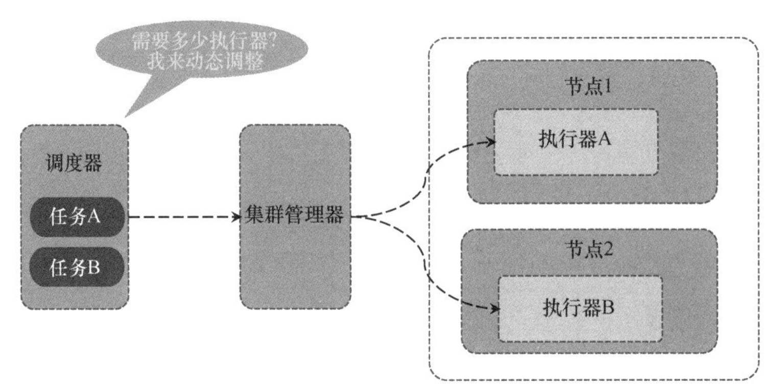


图 2-23　Spark 动态资源分配

在实践中，开发人员可通过如下参数设置 Spark 的资源分配机制为动态资源分配。

```
spark.dynamicAllocation.enabled = true
spark.dynamicAllocation.executorIdleTimeout = 2m
spark.dynamicAllocation.initialExecutors=50
spark.dynamicAllocation.minExecutors = 10
spark.dynamicAllocation.maxExecutors = 2000
```

其中，部分参数的含义如下。

- spark.dynamicAllocation.enabled = true 表示开启动态资源分配。
- spark.dynamicAllocation.initialExecutors 表示初始化应用程序时分配多少个执行器。
- spark.dynamicAllocation.minExecutors 表示为应用程序分配的最小执行器数。
- spark.dynamicAllocation.maxExecutors 表示为应用程序分配的最大执行器数。

在分配动态资源的过程中，由于执行器的个数会动态调整，因此在执行器的动态添加与删除过程中，如果删除某个执行器，那么这个执行器上的中间 Shuffle 数据可能会丢失。这时就需要通过 Remote Shuffle Service 将 Shuffle 数据存储到单独的 Shuffle 服务器上，以免因为 Shuffle 数据丢失影响计算，如图 2-24 所示。

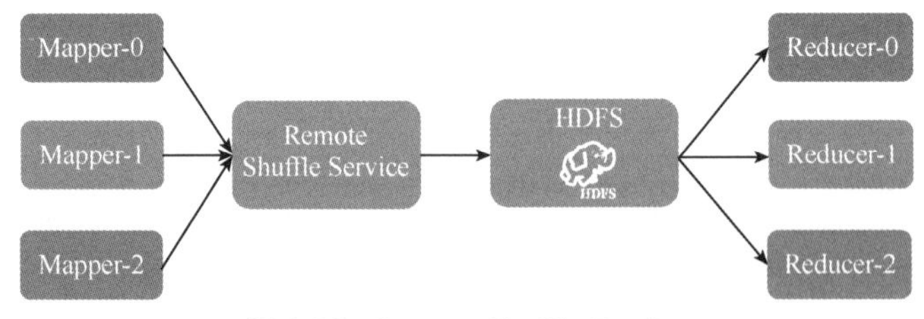


图 2-24　Remote Shuffle Service

如果 Spark 运行在 YARN 上，那么开发人员可以在 YARN 上配置 Spark 的 Remote Shuffle Service，具体配置步骤如下。

（1）在 yarn-site.xml 中添加如下配置，设置 spark_shuffle.class 为 YarnShuffleService。

```
<property>
    <name>yarn.nodemanager.aux-services</name>
    <value>mapreduce_shuffle,spark_shuffle</value>
</property>
<property>
    <name>yarn.nodemanager.aux-services.spark_shuffle.class</name>
    <value>org.apache.spark.network.yarn.YarnShuffleService</value>
</property>
<property>
    <name>spark.shuffle.service.port</name>
    <value>7337</value>
</property>
```

（2）为了让 Spark 的 Remote Shuffle Service 和 YARN 配合工作，需要将 Remote Shuffle Service 的相关 Jar 包 $SPARK_HOME/lib/spark-*-yarn-shuffle.jar 复制到每个 YARN 节点管理器的 $HADOOP_ HOME/share/hadoop/yarn/lib/目录下，并重启所有的 YARN 节点管理器。

在动态资源分配过程中，初始化 SparkContext 的同时也会实例化 ExecutorAllocationManager 以专门控制动态执行器的申请逻辑。动态执行器的分配是一种基于当前任务的负载压力实现动态增删执行器的机制。基于 ExecutorAllocationManager 的动态执行器分配机制如图 2-25 所示。

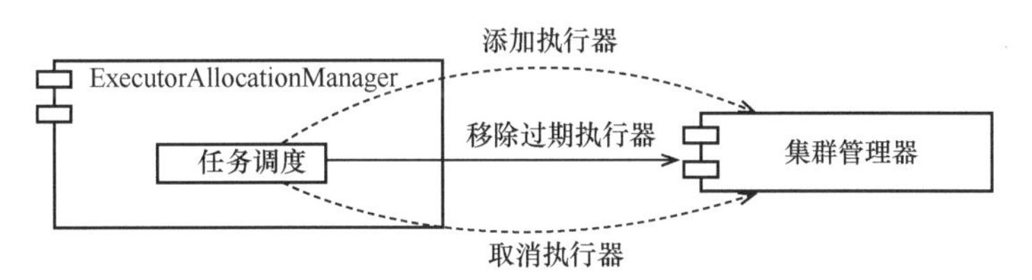


图 2-25 基于 ExecutorAllocationManager 的动态执行器分配机制

ExecutorAllocationManager 的资源申请逻辑如下。

（1）ExecutorAllocationManager 根据 spark.dynamicAllocation.initialExecutors 参数的设置对执行器进行初始化。

（2）在任务执行过程中，根据任务的排队和积压情况，逐步增长申请的执行器个数。

（3）如果当前有积压的任务，就获取积压的任务数和 spark.dynamicAllocation.maxExecutors 参数的最小值，作为执行器个数的上限以申请执行器，每次新申请的执行器个数为上次申请的执行器个数的 2 次方。换言之，第一次申请 1 个执行器，第二次申请 2 个执行器，第三次申请 4（$2^2=4$）个执行器，以此类推。

（4）如果一个执行器在一段时间内没有任务执行，就将这个执行器回收。但在回收执行器的过程中，需要保证最小的执行器数量（可通过 spark.dynamicAllocation.minExecutors 进行设置）。如果执行器上存在缓存的数据，那么执行器不会被回收，以保证中间数据不丢失。

Spark 动态资源申请机制的配置参数如表 2-1 所示。

表 2-1　Spark 动态资源申请机制的配置参数

| 参数 | 默认值 | 描述 |
|---|---|---|
| spark.dynamicAllocation.enabled | false | 设置是否开启动态资源分配。如果开启，需要配置 spark.shuffle.service.enabled 或 spark.dynamicAllocation.shuffleTracking.enabled |
| spark.dynamicAllocation.initialExecutors | spark.dynamicAllocation.minExecutors | 初始化执行器的个数 |
| spark.dynamicAllocation.executorIdleTimeout | 60s | 当执行器空闲时间达到规定的值时，就将执行器移除 |
| spark.dynamicAllocation.cachedExecutorIdleTimeout | Infinity（无限制） | 执行器中缓存数据超时时间，缓存了数据的执行器默认不会被移除 |
| spark.dynamicAllocation.maxExecutors | Infinity（无限制） | 可申请的最大执行器数 |
| spark.dynamicAllocation.minExecutors | 0 | 保留的最小执行器数 |
| spark.dynamicAllocation.schedulerBacklogTimeout | 1s | 当任务等待时间超过规定的值时，就启动执行器 |
| spark.dynamicAllocation.sustainedSchedulerBacklogTimeout | schedulerBacklogTimeout | 动态启动执行器的间隔时间 |

## 2.2　Spark on YARN 资源调度

### 2.2.1　Spark on YARN 运行模式

Spark 可以部署和运行在多种资源管理平台（如 YARN、Mesos、Kubernetes 等）上。另外，Spark 本身也实现了一种资源管理机制，称为独立模式，如图 2-26 所示。

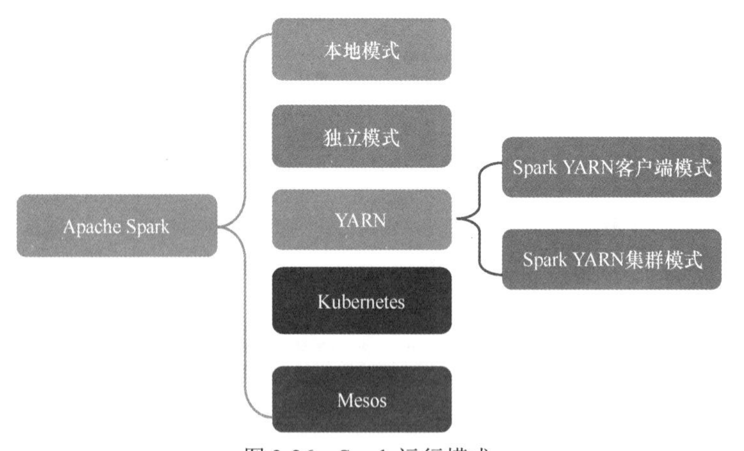


图 2-26　Spark 运行模式

在实战中，Spark on YARN 是 Spark 任务运行时最常用的资源管理平台。因此，我们先简单介绍 Spark on YARN 的作业调度流程，以便大家更好地理解 Spark 的作业调度。Spark 在 YARN 上有两种运行模式，分别为 Spark YARN 客户端模式和 Spark YARN 集群模式，它们的区别仅仅在于 Spark 驱动程序是运行在客户端还是 YARN 的应用程序管理器上。

### 1. Spark YARN 客户端模式的运行流程

在 Spark YARN 客户端模式下，驱动程序运行在客户端。Spark 通过应用程序管理器向资源管理器获取资源，驱动程序则负责与所有的容器进行交互，并将最后的结果汇总。在 Spark YARN 客户端模式下，结束终端就相当于终止 Spark 应用程序。Spark YARN 客户端模式一般用于进行小部分数据的测试，用户需要将运行结果实时返回终端以查看运行情况。Spark YARN 客户端模式的运行流程如图 2-27 所示。

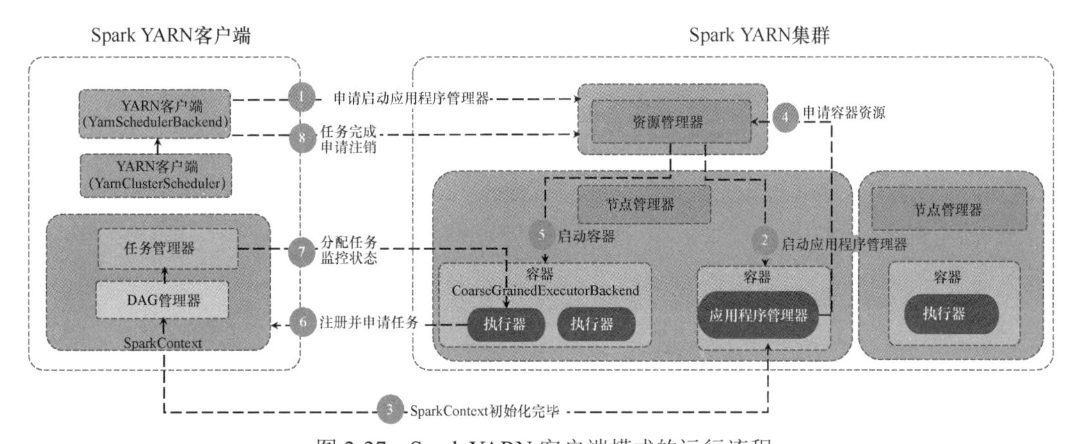


图 2-27 Spark YARN 客户端模式的运行流程

（1）Spark YARN 客户端向资源管理器申请启动应用程序管理器，同时在初始化 SparkContext 时创建 DAG 调度器和任务调度器等。由于选择的是 YARN 客户端模式，因此 Spark 应用程序会选择 ClusterScheduler 和 SchedulerBackend 来执行调度工作。

（2）若资源管理器收到请求，则在集群中选择一个节点管理器，然后为 Spark 应用程序分配一个容器并要求在这个容器中启动对应的应用程序管理器。Spark YARN 客户端模式与 Spark YARN 集群模式的区别在于，Spark YARN 客户端模式在应用程序管理器中不运行 SparkContext，而只与 SparkContext 进行通信和资源分配。

（3）若客户端的 SparkContext 初始化完毕，则与应用程序管理器建立通信。

（4）应用程序管理器向资源管理器注册任务，并根据任务的需求向资源管理器申请容器资源。

（5）若应用程序管理器申请到容器资源，则与对应的节点管理器通信，要求节点管理器在获得的容器中启动 CoarseGrainedExecutorBackend。

（6）CoarseGrainedExecutorBackend 启动完毕后，向客户端的 SparkContext 注册并申请任务。

（7）使用客户端的 SparkContext 将任务分配给 CoarseGrainedExecutorBackend，CoarseGrainedExecutorBackend 执行任务并向驱动节点汇报任务运行的状态和进度，以便客户端随时掌握各个任务的运行状态。

（8）应用程序运行完毕后，客户端的 SparkContext 就会向资源管理器申请注销并关闭自己。

Spark YARN 客户端模式的驱动程序运行在客户端，应用程序的运行结果也显示在客户端，因此这种模式适合运行结果有输出的应用程序（如 spark-shell）。

在实践中，我们可通过--master yarn 设置运行模式为 Spark YARN 客户端模式。一条基于 Spark YARN 客户端模式提交 Spark 应用程序的命令如下：

```
cd  $SPARK_HOME/
bin/spark-submit --master yarn --driver-memory 1g --executor-memory 1g --executor-cores 2
--class org.apache.spark.examples.SparkPi examples/jars/spark-examples_2.12-3.0.0.jar 1000
```

在上述命令中，--master yarn（默认为 Spark YARN 客户端模式）等价于--master yarn-client（在新版 Spark 中已弃用）和--master yarn --deploy-mode client。spark-shell 必须使用 Spark YARN 客户端模式，因为 spark-shell 是交互式命令，其驱动程序必须运行在本地。

## 2．Spark YARN 集群模式的运行流程

上面介绍了 Spark YARN 客户端模式的运行流程，接下来介绍 Spark YARN 集群模式的运行流程，如图 2-28 所示。在大部分生产环境中，我们都使用 Spark YARN 集群模式来运行 Spark 任务。

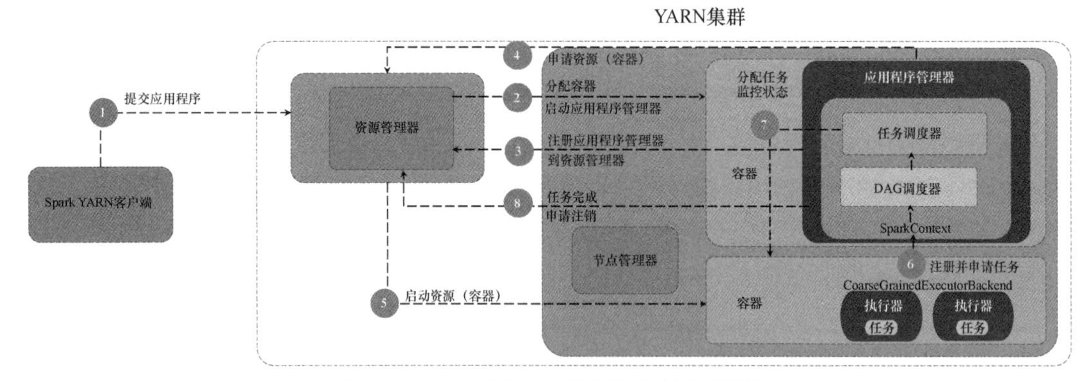


图 2-28　Spark YARN 集群模式的运行流程

（1）Spark YARN 客户端向 YARN 提交应用程序，应用程序中则包括应用程序管理器、启动应用程序管理器的命令以及需要在执行器上运行的程序等。

（2）若资源管理器收到请求，则在集群中选择一个节点管理器，同时为 Spark 应用程序分配

一个容器并要求在这个容器中启动对应的应用程序管理器，应用程序管理器则对 SparkContext 进行初始化。

（3）注册应用程序管理器到资源管理器注册，这样用户就可以直接通过资源管理器查看应用程序的运行状态，然后采用轮询的方式通过 RPC 协议为各个任务申请资源，并监控它们的运行状态直到运行结束。

（4）应用程序管理器向资源管理器申请容器资源。

（5）若应用程序管理器申请到容器资源，则与对应的节点管理器通信。应用程序管理器要求启动容器并在容器中启动 CoarseGrainedExecutorBackend。

（6）若 CoarseGrainedExecutorBackend 启动，则向应用程序管理器中的 SparkContext 注册并申请任务。这一点和 Spark YARN 客户端模式一样，只不过 SparkContext 在初始化 Spark 应用程序时，会使用 CoarseGrainedSchedulerBackend 配合 YarnClusterScheduler 进行任务的调度。其中，YarnClusterScheduler 只对 TaskSchedulerImpl 做了简单封装并增加了执行器等待逻辑。

（7）应用程序管理器中的 SparkContext 分配任务给 CoarseGrainedExecutorBackend，CoarseGrainedExecutorBackend 执行任务并向应用程序管理器汇报任务的运行状态和进度，以便应用程序管理器能实时掌握各个任务的运行状态，从而可以在任务失败时重新提交任务并运行。

（8）若应用程序运行完毕，则应用程序管理器向资源管理器申请注销并关闭自己。

Spark YARN 集群模式的驱动程序运行在 YARN 集群中，驱动程序所在的服务器是随机的，应用程序的运行结果不能显示在客户端，而只能在 YARN 上查看。这种模式一般用于生产环境中 Spark 任务的运行。

一条基于 Spark YARN 集群模式提交 Spark 应用程序的命令如下：

```
cd  $SPARK_HOME/
bin/spark-submit --master yarn --deploy-mode cluster --class
org.apache.spark.examples.SparkPi  examples/jars/spark-examples_2.12-3.0.0.jar 1000
```

在上述命令中，--master yarn 表示应用程序在 YARN 上运行，--deploy-mode cluster 表示运行模式为 Spark YARN 集群模式。

### 2.2.2 YARN 调度器

在把 Spark 应用程序提交到 YARN 后，YARN 就会根据集群资源的使用情况对 Spark 应用程序进行调度。YARN 资源管理器根据调度需求的不同提供了三种调度器——FIFO 调度器、Capacity 调度器和 Fair 调度器。下面分别对这三种调度器进行介绍，在实际应用中，需要根据不同的应用场景设置不同的调度器。

### 1. FIFO 调度器

FIFO 调度器是最简单的 YARN 资源调度器，这种调度器会把提交上来的作业按照先进先出的方式放置在队列中，当有空闲资源可供分配时，就按照先进先出的原则获取一个作业并为这个作业分配资源使其运行，如图 2-29 所示。

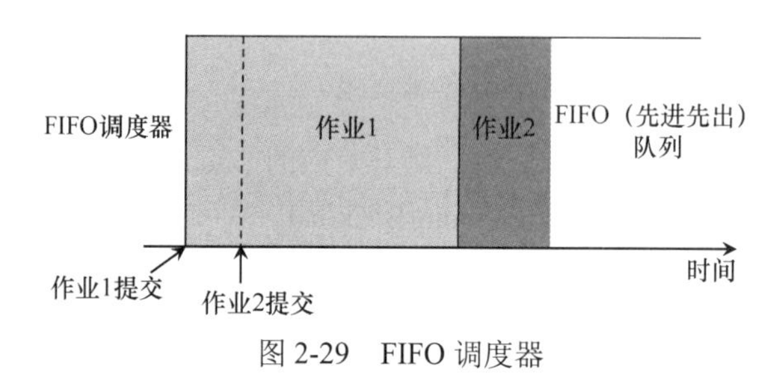


图 2-29　FIFO 调度器

YARN 资源调度器的使用是通过在$HADOOP_HOME/etc/hadoop/yarn-site.xml 中配置并重启 YARN 来实现的。FIFO 调度器的配置如下：

```
<property>
 <name>yarn.resourcemanager.scheduler.class</name>
 <value>org.apache.hadoop.yarn.server.resourcemanager.scheduler.fifo.FifoScheduler</value>
</property>
```

FIFO 调度器存在大任务阻塞小任务的情况，图 2-29 中有两个作业——作业 1 和作业 2。作业 1 先提交，作业 2 后提交。作业 1 是一个大任务，它会占用整个 YARN 中的资源，这时作业 2 将迟迟无法执行，直到作业 1 执行完，作业 2 才有可用资源并执行。因此，FIFO 调度器不适用于共享集群，由于共享集群中的各个任务都会向同一个集群提交作业，此时如果一个大作业被提交，其他作业都会被阻塞，导致作业处理发生延迟。我们可以采用 Capacity 调度器或 Fair 调度器来避免这种情况发生。Capacity 调度器和 Fair 调度器都能保障在大作业执行期间，小作业仍可以获取到一定的计算资源。

### 2. Capacity 调度器

Capacity 调度器有一个专门运行小作业的队列，但给小作业提前预留一些资源会引起资源的浪费。因此，在多个组织共享同一个大集群的情况下，可为每个组织专门分配队列，之后再为每个队列分配一定的集群资源，如此这些组织便能够以多队列的方式共享整个集群的资源。而在队列内部，我们又可以做进一步划分，这样同一组织的多个成员就能够很好地共享队列的资源了。Capacity 调度器在队列内部采用 FIFO 方式对任务进行调度。

Capacity 调度器是采用“弹性队列”的概念来设计的。当一个队列的资源不足时，可临时从其他队列获取资源，等这个队列中的任务运行完并且有空闲资源时，这个队列的资源便可由其他任务使用，这实现了计算资源在多个队列间弹性共享，从而提高了资源使用率。

图 2-30 中有两个作业——作业 1 和作业 2。作业 1 是一个大作业，作业 2 是一个小作业。当 Spark 提交了作业 1 并紧接着提交作业 2 时，由于作业 1 是大作业，因此 YARN 会将其分配给资源比较多的队列 A；由于作业 2 是小作业，因此 YARN 会将其分配给资源比较少的队列 B；作业 1 和作业 2 将并行执行。

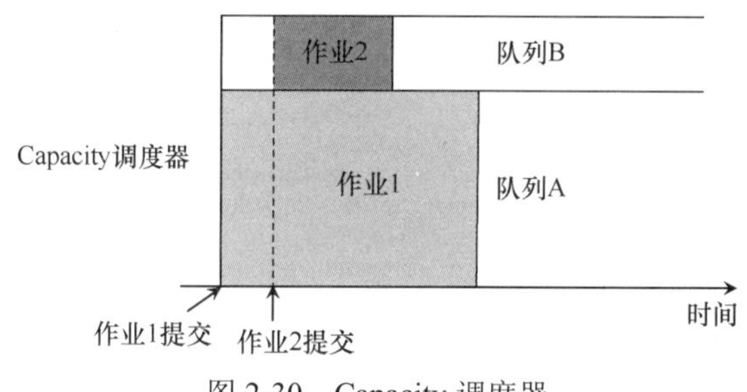


图 2-30 Capacity 调度器

YARN 资源调度器的使用是通过在$HADOOP_HOME/etc/hadoop/yarn-site.xml 中配置并重启 YARN 来实现的。Capacity 调度器的配置如下。

```
<property>
    <name>yarn.resourcemanager.scheduler.class</name>
    <value>org.apache.hadoop.yarn.server.resourcemanager.scheduler.capacity.CapacityScheduler
    </value>
</property>
```

接下来，我们需要在 capacity-scheduler.xml 中配置具体的调度策略。下面通过一个例子介绍如何配置 capacity-scheduler.xml。图 2-31 展示了 capacity-scheduler.xm 配置文件中的内容，其中首先定义了 prod 和 dev 两个队列。prod 队列占整个集群 40%的资源，dev 队列占整个集群 60%的资源。dev 队列又分为 project1 和 project2 两个子队列，project1 和 project2 子队列各占 dev 队列 50%的资源。使用 maximum-capacity 属性可将 dev 队列的最大可用资源设置为 75%，也就是说，无论 dev 队列中有多少个任务需要同时运行，prod 队列总有 25%的资源可供随时使用，从而为小任务的应急处理提供了可能。

这里没有为 project1 和 project2 两个子队列设置 maximum-capacity 属性，这意味着 project1 或 project2 子队列中的作业可能会占用整个 dev 队列的所有资源，也就是整个集群资源的 75%。同样，由于没有为 prod 队列设置 maximum-capacity 属性，因此 prod 队列中的作业有可能占用整个集群资源的 25%。以上就是 Capacity 调度器的弹性调度功能的具体应用。

除上述配置外，Capacity 调度器还可以配置用户或应用可以分配的最大资源数量、同时能够运行多少个应用以及队列的 ACL 认证等。

注意，队列的配置是通过 YARN.scheduler.capacity.<queue-path>.<sub-property>的形式来指定的。其中，capacity 代表队列的资源占比情况，比如 maximum-capacity 表示最大资源占比；<queue-path>代表的是队列的继承树，例如 root.prod 代表 root 队列的 prod 子队列；<sub-property>

代表的是属性名，例如 queues 代表队列。

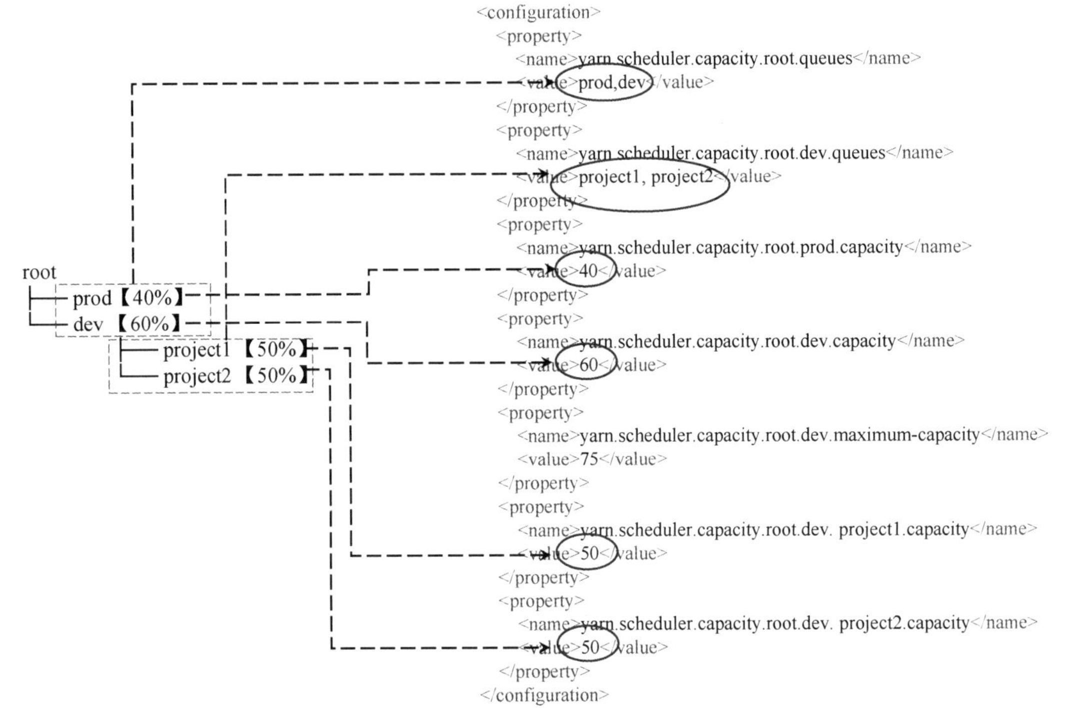


图 2-31　capacity-scheduler.xml 配置文件中的内容

将上述配置信息添加到$HADOOP_HOME/etc/hadoop/capacity-scheduler.xml 中，重启 YARN，就可以看到图 2-32 所示的结果。

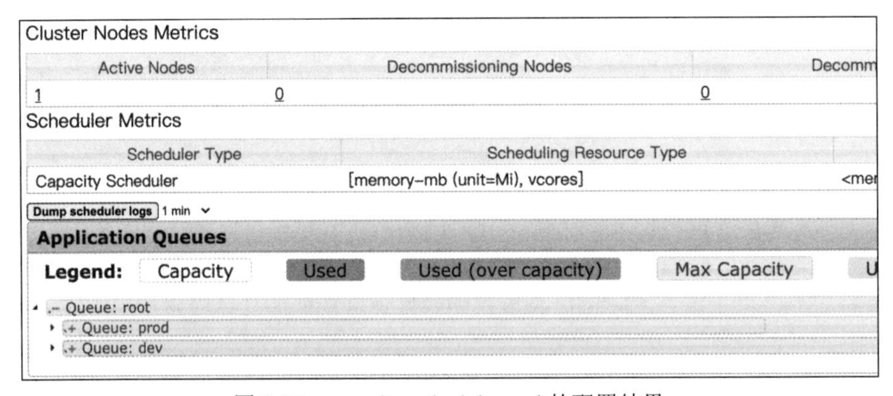


图 2-32　capacity-scheduler.xml 的配置结果

队列的使用可以在提交 Spark 应用程序时通过--queue 来设置。例如，下面的命令表示将应用程序提交到 root.dev.project1 队列中并执行。

```
./bin/spark-submit --queue root.dev.project1 --class "geekbang.quickstart.SparkBatchDemo"
 --master  yarn --deploy-mode cluster your_jar_path/spark-1.0.jar
```

### 3. Fair 调度器

Fair 调度器的目的是使所有作业都尽可能“平均且公平”地获取到计算资源，以实现资源的最优使用。图 2-33 中有队列 A 和队列 B 两个队列。

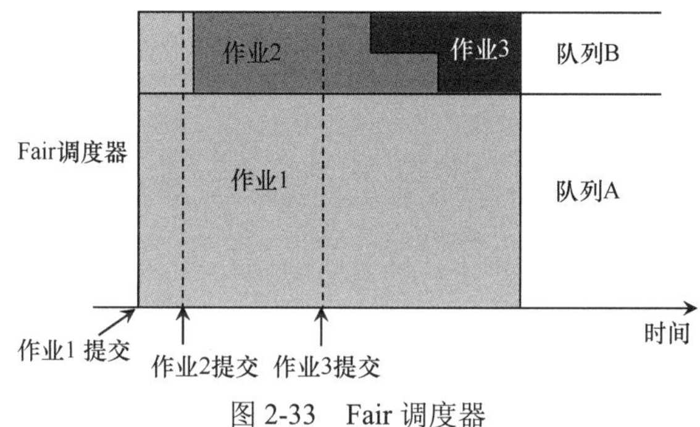


图 2-33　Fair 调度器

提交作业 1 后，由于队列 B 处于空闲状态，因此作业 1 同时占用队列 A 和队列 B。

然后，提交作业 2，作业 1 发现有新的作业提交了，于是释放队列 B 的资源供作业 2 使用。此时，作业 1 和作业 2 分别占用一个队列（各占集群一半的资源）。

当作业 1 和作业 2 都在运行时，提交作业 3。Fair 调度器将根据每个作业对资源的需求，将队列 B 资源的 50%分配给作业 3。也就是说，作业 2 和作业 3 分别占用队列 B 一半的资源。

一段时间后，作业 2 执行完并释放占用的资源，于是队列 B 的所有资源都被分配给作业 3。结果就是，资源在多个作业之间实现了公平共享，这既保障了资源的高使用率，也保障了任务的高执行效率。

Fair 调度器不用为各个作业预先抢占资源，而是为每个作业动态地分配资源。因此，Fair 调度器的优点就是不预占资源，另外每个作业都能公平地获取到资源。

当调度器中只有一个作业时，这个作业会占用所有资源。当第二个作业提交时，第一个作业就会给第二个作业释放一部分资源。需要说明的是，第二个作业的执行会稍有延迟，因为第二个作业需要等待第一个作业释放资源才能执行。这既保障了大任务能够尽可能多地获取资源，又保障了小任务可以分配到资源，进而从整体上提高了系统资源使用率和任务执行效率。

接下来我们看看如何配置 Fair 调度器，配置的一部分在 yarn-site.xml 中，主要用于设置调度器级别的参数；配置的另一部分在一个自定义的配置文件中，主要用于设置各个队列的资源量、权重等信息。$HADOOP_HOME/etc/hadoop/yarn-site.xml 配置文件中的内容如下：

```
<property>
  <name>yarn.resourcemanager.scheduler.class</name>
  <value>org.apache.hadoop.yarn.server.resourcemanager.scheduler.fair.FairScheduler</value>
</property>
<property>
  <name>yarn.scheduler.fair.allocation.file</name>
  <value>/your_hadoop_path/etc/hadoop/fair-scheduler.xml</value>
</property>
<property>
  <name>yarn.scheduler.fair.preemption</name>
  <value>true</value>
  <description>开启资源抢占，默认值为 true</description>
</property>
<property>
  <name>yarn.scheduler.fair.user-as-default-queue</name>
  <value>true</value>
  <description>设置为 true，当任务中未指定资源池时，就以用户名作为资源池的名称</description>
</property>
<property>
  <name> yarn.scheduler.fair.allow-undeclared-pools</name>
  <value>true</value>
  <description>设置是否允许创建未定义的资源池</description>
</property>
```

下面对上述配置中的属性和参数进行解释。

（1）scheduler.class 属性用于配置调度类型，这里为 FairScheduler。

（2）fair.allocation.file 属性用于配置 fair-scheduler.xml 文件所在的路径，这里为/your_hadoop_path/etc/hadoop/fair-scheduler.xml。

（3）fair.preemption 为 true 表示开启资源抢占，默认值为 true。

（4）fair.user-as-default-queue 为 true 表示当任务提交时如果未指定资源池的名称，就以用户名作为资源池的名称，默认值为 true。

（5）fair.allow-undeclared-pools 为 true 表示允许创建未定义的资源池。如果设置为 false，那么当把任务提交到未定义的资源池时，任务会被划分到 Default 资源池中，默认值为 true。

fair-scheduler.xml 配置文件中的内容如下：

```
<?xml version="1.0"?>
<allocations>
    <queue name="dev">
        <minResources>2048 mb,2 vcores</minResources>
        <maxResources>10240 mb,10 vcores</maxResources>
        <maxRunningApps>50</maxRunningApps>
        <maxAMShare>0.1</maxAMShare>
        <weight>2.0</weight>
        <schedulingPolicy>fifo</schedulingPolicy>
        <queue name="project1">
```

```
            <aclSubmitApps>charlie</aclSubmitApps>
            <minResources>5000 mb,0vcores</minResources>
        </queue>
        <queue name="project2">
            <reservation></reservation>
        </queue>
    </queue>
    <queueMaxAMShareDefault>0.5</queueMaxAMShareDefault>
    <queueMaxResourcesDefault>4000 mb,2vcores</queueMaxResourcesDefault>
    <queue name="prod" type="parent">
        <weight>6.0</weight>
        <maxChildResources>4096 mb,4vcores</maxChildResources>
    </queue>
    <user name="prod">
        <maxRunningApps>30</maxRunningApps>
    </user>
    <user name="dev">
        <maxRunningApps>30</maxRunningApps>
    </user>
    <userMaxAppsDefault>5</userMaxAppsDefault>
    <queuePlacementPolicy>
        <rule name="specified" />
        <rule name="primaryGroup" create="false" />
        <rule name="nestedUserQueue">
            <rule name="secondaryGroupExistingQueue" create="false" />
        </rule>
        <rule name="default" queue="dev"/>
    </queuePlacementPolicy>
</allocations>
```

上述配置首先定义了 prod 和 dev 两个队列，它们分别用于为线上环境和开发环境提供资源。dev 队列又分为 project1 和 project2 两个子队列，它们分别代表两个不同项目的资源。我们可以为每个队列分配不同的资源大小和优先级，这样同一用户组中的用户便可将任务提交到同一资源池中，而不同用户组中的用户可将任务提交到不同的资源池中，从而既做到了组内资源共享，又做到了组外资源隔离。

队列的定义是通过嵌套的<queue>标签来实现的。队列默认使用的是 Fair 调度策略，调度器可通过顶级元素<defaultQueueSchedulingPolicy>进行配置，例如设置为 Fair 调度器。

每个队列使用的调度策略可通过队列的<schedulingPolicy>标签进行设置。例如，上述配置通过<schedulingPolicy>fifo</schedulingPolicy>将 dev 队列内部的调度策略设置成 FIFO 调度策略。需要说明的是，队列 prod、dev、project1 和 project2 之间的调度仍然是公平调度。

Fair 调度器采用基于规则的匹配方式为应用分配队列，具体则通过<queuePlacementPolicy>标签来实现。例如，<rule name="specified"/>表示首先按照队列的名称进行匹配；如果队列的名称匹配不到，就尝试下一条匹配规则。<rule name="primaryGroup" create="false"/>表示将应用程序放到以用户所在的 UNIX 组名命名的队列中。如果仍然没有匹配到，就接着尝试下一条匹配规则。当所有规则都不匹配时，就将应用程序放到 default 队列中。

将上述配置添加到$HADOOP_HOME/etc/hadoop/fair-scheduler.xml 文件中，重启 YARN，然后就可以观察到，YARN 的调度策略已变成 Fair 调度策略。

下面对 fair-scheduler.xml 文件中涉及的配置参数进行介绍。

- minResources：最小资源使用量，格式为“X mb, Y vcores”。其中，X 和 Y 分别表示内存大小和 CPU 个数。当一个队列连最少资源都达不到要求时，在资源调度中，这个队列将优于其他队列获取调度资源。
- maxResources：最大资源使用量，在 Fair 调度策略下，每个队列的资源使用量都不能超过该值。
- maxRunningApps：允许同时运行的最大任务数量，用于防止过多任务突然提交到集群导致整个集群被拖垮的情况发生，具有限流的功能。
- weight：队列权重，权重越大，获取到的资源越多。
- minSharePreemptionTimeout：最短共享量抢占时间。如果一个队列在最短共享量抢占时间内仍然获取不到最小资源使用量，就开启抢占模式。
- schedulingPolicy：队列的调度策略，取值可以是 fifo、fair 或 drf。
- userMaxJobsDefault：用户的 maxRunningJobs 属性的默认值。
- defaultMinSharePreemptionTimeout：队列的 minSharePreemptionTimeout 属性的默认值。
- defaultPoolSchedulingMode：队列的 schedulingMode 属性的默认值。
- fairSharePreemptionTimeout：公平共享量抢占时间。如果一个资源池在公平共享量抢占时间内使用的资源一直低于公平共享量的一半，就开始抢占资源。

Fair 调度器还支持资源的抢占模式。在把作业提交到集群后，如果发现没有资源可以使用，Fair 调度器就会阻塞等待其他作业释放资源。为了保障新加入的作业能及时、公平地执行，Fair 调度器将开启抢占模式。抢占模式允许调度器终止分配资源使用量超过所分配大小的队列对应的资源，并将资源分配给应该占用这些资源的队列。因为被终止容器中的任务会在其他容器中重新计算，所以抢占模式是安全的。

在实践中，我们可通过 yarn.scheduler.fair.preemption=true 开启抢占模式。此外，我们还可通过参数 minSharePreemptionTimeout 和 fairSharePreemptionTimeout 来设置抢占的过期时间。如果队列在 minSharePreemptionTimeout 指定的时间内未获得最少的资源，调度器就会开始抢占容器。可以使用配置文件中的顶级元素<defaultMinSharePreemptionTimeout>来为所有队列配置超时时间。

另外，我们可通过在<queue>元素内配置<minSharePreemptionTimeout>子元素来为某个队列指定超时时间。如果队列在 fairSharePreemptionTimeout 指定的时间内未获取到所配置资源的一半（可通过 defaultFairSharePreemptionThreshold 进行配置），调度器就会开始抢占容器。使用配置文件中的<defaultFairSharePreemptionTimeout>与<fairSharePreemptionTimeout>元素可以分别配置所有队列和某个队列的超时时间。

队列占用资源的比例可通过<defaultFairSharePreemptionThreshold>（配置所有队列）和<fairSharePreemptionThreshold>（配置单个队列）元素进行配置，默认值为 0.5。

需要说明的是，向客户端提交任务的用户和用户组的对应关系需要在资源管理器中维护。当我们在资源管理器中新增用户或者调整资源池配额后，需要执行如下命令以动态更新配置：

```
YARN rmadmin -refreshQueues
YARN rmadmin -refreshUserToGroupsMappings
```

动态更新只支持修改资源池配额，为了新增或减少资源池，需要重启 YARN 集群。

Fair 调度器的特点如图 2-34 所示。

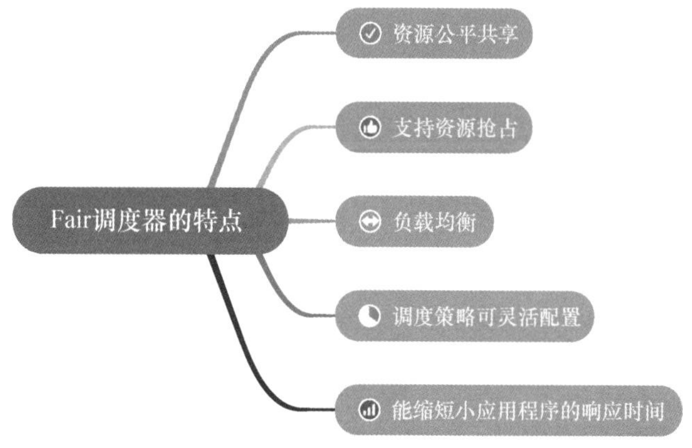


图 2-34　Fair 调度器的特点

- 资源公平共享：在每个队列中，Fair 调度器可选择按照 FIFO 调度策略、Fair 调度策略或 DRF 调度策略为应用程序分配资源。
- 支持资源抢占：当某个队列中出现剩余资源时，Fair 调度器就会将这些资源共享给其他队列；而当某个队列中出现新的应用程序提交时，Fair 调度器就会为其回收资源。为了尽可能减少不必要的计算浪费，Fair 调度器采用了先等待再强制回收的策略。换言之，如果等待一段时间后仍有未归还的资源，就进行资源抢占：从那些超额使用资源的队列中停止一部分任务，进而释放资源。
- 负载均衡：Fair 调度器提供了一种基于任务数的负载均衡机制，这种机制会尽可能将系统中的任务均匀分配到各个节点上。

- 调度策略可灵活配置：Fair 调度器允许管理员为每个队列单独设置调度策略（当前支持 FIFO、Fair 和 DRF 三种调度策略）。
- 能缩短小应用程序的响应时间：由于采用了最大最小公平算法，因此小作业可以快速获取资源并运行完。

## 2.3 RDD 概念

### 2.3.1 RDD 简介

RDD（Resilient Distributed Dataset，弹性分布式数据集）是 Spark 中最基本的数据抽象，代表不可变、可分区、可并行计算的集合。RDD 允许将计算结果缓存在内存中，这样当后续计算需要这些数据时，就能快速从内存中加载它们，这不但提高了数据的复用性，还提高了数据的计算效率。RDD 的主要特点包括并行计算、自动容错、数据本地性调度等。接下来，我们从源码角度看看 Spark 对 RDD 所做的描述。

从源码注释中，我们可以看到 RDD 的 5 个特征。

```
/*Internally, each RDD is characterized by five main properties:
 *  - A list of partitions
 *  - A function for computing each split
 *  - A list of dependencies on other RDDs
 *  - Optionally, a Partitioner for key-value RDDs (e.g. to say that the RDD is hash-
      partitioned)
 *  - Optionally, a list of preferred locations to compute each split on (e.g. block
      locations for an HDFS file)
 ...
 */
abstract class RDD[T: ClassTag](
    @transient private var _sc: SparkContext,
    @transient private var deps: Seq[Dependency[_]]
  ) extends Serializable with Logging {
    ...
}
```

在上述代码中，部分注释的含义如下。

- A list of partitions：一个分区列表，RDD 可以获取所有的数据分区，这条注释表明 RDD 具有分布式数据集特性。
- A function for computing each split：对给定分区内的数据进行计算的函数，这条注释表明 RDD 具有基于函数的分布式计算特性。

- A list of dependencies on other RDDs：一个 RDD 所依赖的父 RDD 列表，这条注释表明 RDD 之间存在依赖关系，这些依赖关系又叫作“血缘关系”。Spark 会通过“血缘关系”将 RDD 构建为 DAG。基于“血缘关系”，Spark 可以更好地进行任务优化和 RDD 错误恢复。
- “Optionally, a Partitioner for key-value RDDs”：可选，表示针对键值对 RDD 进行分区。
- “Optionally, a list of preferred locations to compute each split on”：可选，表示在对数据做运算时具有最佳本地性。

## 2.3.2 RDD 的特点

基于上述 Spark 源码中有关 RDD 的注释，RDD 的特点可以总结如下。

（1）RDD 是对分布式的、只读的内存数据的抽象。

（2）RDD 支持丰富的转换操作，如 map、filter、union、join、groupBy 操作等，如图 2-35 所示。在对 RDD 进行修改时，只能通过 RDD 的转换操作，由一个 RDD 得到另一个新的 RDD，新的 RDD 中包含了从其他 RDD 衍生所必需的信息。

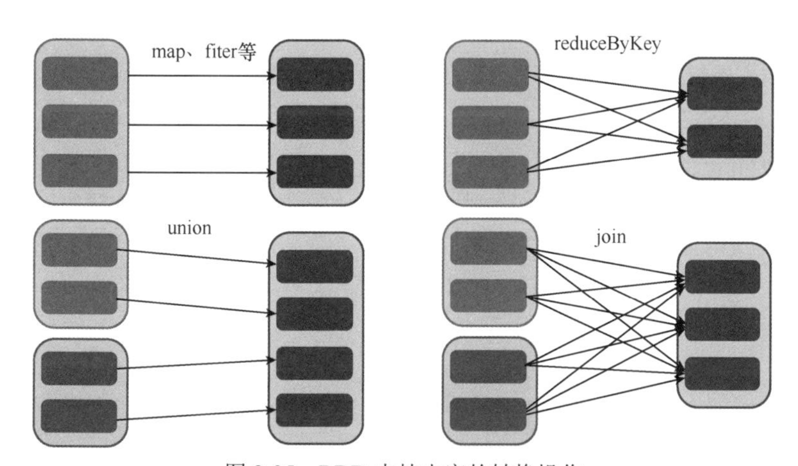


图 2-35 RDD 支持丰富的转换操作

（3）基于 RDD 之间的依赖关系可以生成 DAG（有向无环图），DAG 既描述了 RDD 之间的数据依赖关系，也描述了 RDD 之间的计算依赖关系。也就是说，DAG 描述了 Spark 应用程序内的计算流程。这种依赖关系又称为“血缘关系”，基于“血缘关系”，当出现丢失分区数据的情况时，Spark 就可以快速进行分区重建。如果“血缘关系”较长，那么可以通过持久化 RDD 来切断“血缘关系”，以提高应用程序的健壮性。RDD 的执行是按照“血缘关系”延时计算的。

（4）RDD 可以缓存在内存中，这极大提高了 RDD 的读取效率。RDD 对于迭代性计算（数学计算、机器学习、图计算）十分友好，这也是 Spark 要比 Hadoop 快的原因所在。

这里需要强调的是，RDD 是只读的，要想改变 RDD 中的数据，就只能基于现有的 RDD 执行转换操作，这会生成新的 RDD，如图 2-36 所示。

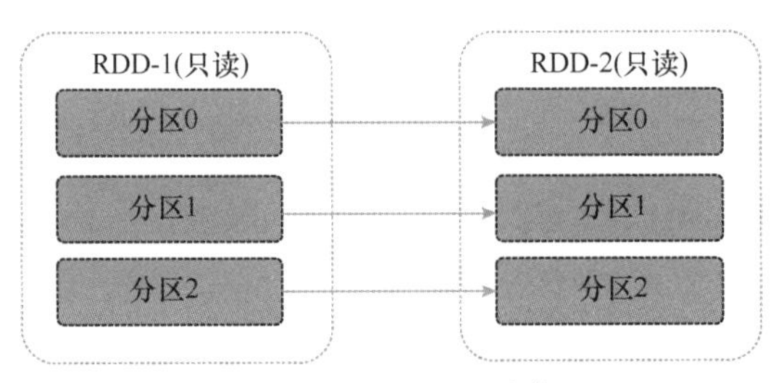


图 2-36　RDD 是只读的

在 Spark 中，每个 RDD 的数据都以数据块的形式存储在多台机器上。另外，每个执行器都会启动一个 BlockManager 并管理一部分数据块。数据块的元数据由驱动器节点上的 BlockManagerMaster 保存，BlockManager 在生成数据块后，会向 BlockManagerMaster 注册这些数据块，BlockManagerMaster 负责管理 RDD 与数据块的关系。当 RDD 不再需要存储数据块的时候，就会向 BlockManager 发送指令以删除相应的数据块。具体存储方式如图 2-37 所示。

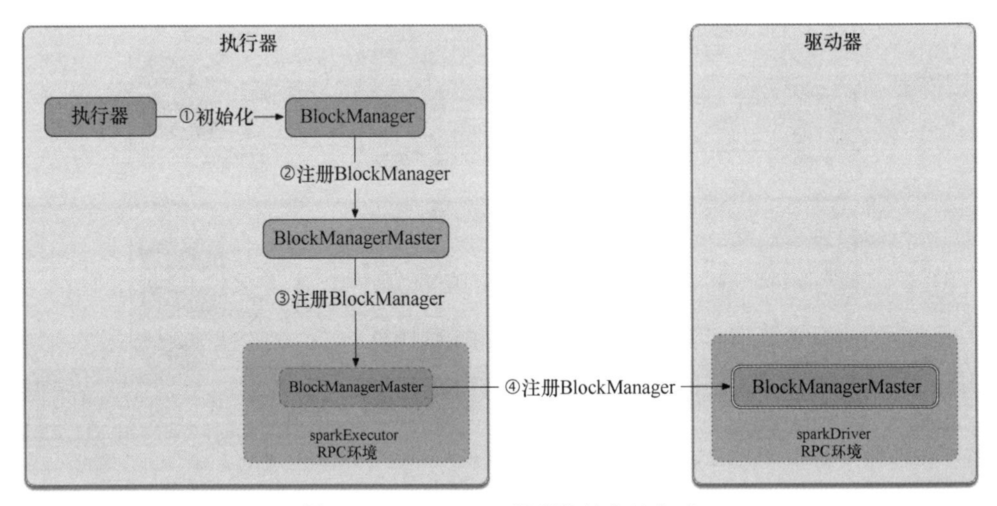


图 2-37　Spark RDD 数据块的存储方式

要想更全面地深入理解 RDD，建议直接阅读伯克利大学在 2012 年发表的有关 Spark RDD 设计的论文 nsdi_spark.pdf，这对于理解 Spark RDD 十分有效，论文的详细内容参见伯克利大学官网。

# 2.4 RDD 分区

## 2.4.1 分区的概念

RDD 在逻辑上分为多个分区，每个分区的数据都是抽象存在的，在计算的时候，我们可通过算子（计算函数）计算得到每个分区的数据，如图 2-38 所示。

如果 RDD 是通过读取文件系统中的文件构建的，那么算子是对应读取数据的那些算子；如果 RDD 是通过其他 RDD 转换而来的，那么算子是这两个 RDD 之间的逻辑转换函数。

分区用于完成并行计算并提高数据计算效率。RDD 内部的数据集在逻辑上会被划分为多个分区，而在物理上则会被分配到多个任务中，以提高数据计算效率。分区的个数决定了计算的并行度，每一个分区内的数据都在一个单独的任务上执行。如果在计算过程中没有指定分区数，那么 Spark 会采用默认的分区数，默认的分区数为程序运行时分配到的 CPU 核心数，如图 2-39 所示。

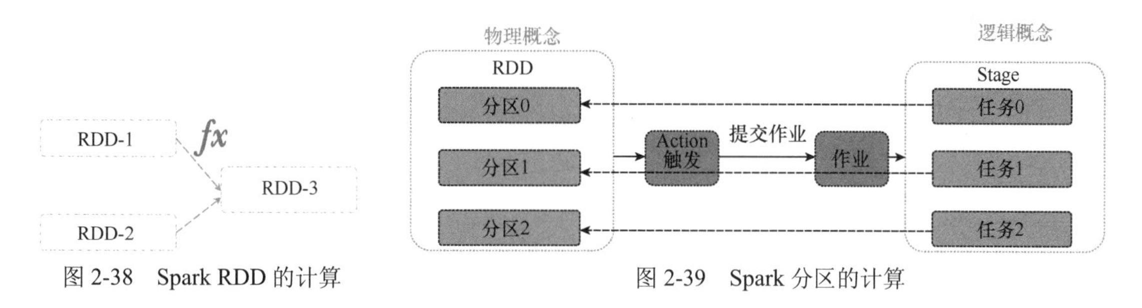


图 2-38 Spark RDD 的计算

图 2-39 Spark 分区的计算

## 2.4.2 分区器

在 RDD 中，数据的分区是通过分区器的分区函数来实现的，分区函数决定了 RDD 的分区数。Spark 实现了哈希分区器和范围分区器。

哈希分区器实现在 HashPartitioner 中，其 getPartition()方法的实现很简单，取键值的 hashCode，然后除以子 RDD 的分区数并取余数即可，具体源码实现如下：

```
def getPartition(key: Any): Int = key match {
   case null => 0
   case _ => Utils.nonNegativeMod(key.hashCode, numPartitions)
}
```

哈希分区函数虽然实现简单，但是运行速度很快。哈希分区的明显缺点就是，由于不关心键值的分布情况，并且散列到不同分区的数据量由数据的键值决定，因此如果某个键值的数据特别多，就会引起数据倾斜问题。

范围分区器则在一定程度上避免了数据倾斜问题。范围分区器会使所有分区尽可能分配到相同多的数据，并且在所有分区内，数据的上界都是有序的。范围分区器要做的事情只有两件：其一，根据父RDD的数据特征确定子RDD分区的边界；其二，给定键值对数据后，能够根据键值对定位到数据应该分配的分区编号。

注意，仅键值对RDD才有分区器，非键值对RDD的分区器取值为None。

下面分别通过HashPartitioner和RangePartitioner对数据进行分区，并查看数据的分布情况，代码实现如下：

```
def main(args: Array[String]): Unit = {
  //初始化SparkContext
  val conf = new SparkConf().setAppName("partitioner").setMaster("local")
  val sc = new SparkContext(conf)
  val list = List("1","2","3","4","5","6");
  //将数据初始化到RDD中，执行map计算，构造键值对数据
  val rdd = sc.parallelize(list).map(x=>(x,"value_"+x))
  //输出原始RDD的分区及其数据
  rdd.foreachPartition(t => {
    val id = TaskContext.get.partitionId
    println("base partitionNum:" + id)
    t.foreach( data => {
      println(data)
    })
  })
  //对数据进行哈希分区
    rdd.partitionBy(new HashPartitioner(3)).foreachPartition(t => {
    val id = TaskContext.get.partitionId
    println("HashPartitioner partitionNum:" + id)
    t.foreach( data => {
      println(data)
    })
  })
  //对数据进行范围分区
  rdd.partitionBy(new RangePartitioner(3,rdd,true,3)).foreachPartition(t => {
    val id = TaskContext.get.partitionId
    println("RangePartitioner partitionNum:" + id)
    t.foreach( data => {
      println(data)
    })
  })
  //停止SparkContext
  sc.stop()
```

下面对上述代码进行解释。首先，使用sc.parallelize(list).map(x=>(x,"value_"+x))将List("1","2","3","4","5","6")转换成一个RDD，这个RDD只有分区0，其中包含如下数据：

```
(1,value_1)
(2,value_2)
(3,value_3)
```

```
(4,value_4)
(5,value_5)
(6,value_6)
```

然后，使用 partitionBy(new HashPartitioner(3))将 RDD 中的数据通过哈希分区器重分区到 3 个分区中。其中，参数 3 代表分区数为 3。分区结果如图 2-40 右上角所示，RDD 中的数据已按照键的哈希值被分配到分区 0、分区 1 和分区 2 中。其中，分区 0 包含(3,value_3)和(6,value_6)，分区 1 包含(1,value_1)和(4,value_4)，分区 2 包含(2,value_2)和(5,value_5)。从分区结果可以明显看出，哈希分区器可以根据键的哈希值将数据分配到不同的分区中。

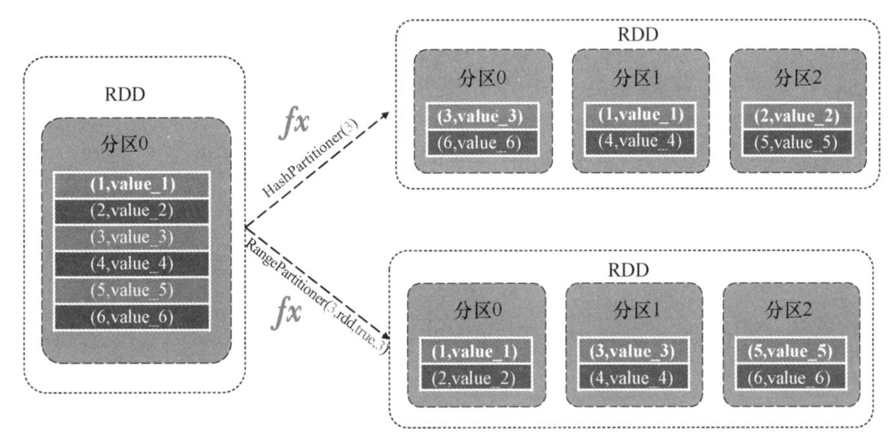


图 2-40 哈希分区和范围分区的结果

最后，使用 partitionBy(new RangePartitioner(3,rdd,true,3))将 RDD 中的数据通过范围分区器重分区到 3 个分区中。其中，第一个参数 3 代表分区数为 3；第二个参数 true 代表 ascending 为 true，这意味着按升序方式进行范围分区；第三个参数 3 代表 samplePointsPerPartitionHint 为 3，这意味着每个分区的数据采样数为 3。分区结果如图 2-40 右下角所示，RDD 中的数据已按照键的范围被分配到分区 0、分区 1 和分区 2 中。其中，分区 0 包含(1,value_1)和(2,value_2)，分区 1 包含(3,value_3)和(4,value_4)，分区 2 包含(5,value_5)和(6,value_6)。从分区结果可以明显看出，范围分区器可以根据键的范围以升序方式将数据分配到不同的分区中。

## 2.4.3 自定义分区器

在实践中，若使用 Spark 自带的分区器满足不了需求，就需要自定义分区器，从而按照指定的分区函数进行分区。

下面实现一个自定义的分区函数，这个分区函数能将前缀相同的数据划分到同一个分区中。

首先，定义分区函数。

```
class SelfPartitioner(numParts:Int) extends Partitioner {
  //覆写分区数
```

```
  override def numPartitions: Int = numParts
  //覆写分区编号获取函数
  override def getPartition(key: Any): Int = {
    //以"-"划分数据，将前缀相同的数据划分到同一个分区中
    val prex = key.toString.split("-").apply(0)
    val code = (prex.hashCode % numPartitions)
    if (code < 0) {
         code + numPartitions //返回分区结果
    } else {
         code                 //返回分区结果
    }
 }
}
```

上述代码首先定义了分区器类 SelfPartitioner，自定义的分区器类需要继承自 Spark 的 Partitioner 类；然后覆写了分区函数 getPartition()，从而将前缀相同的数据划分到同一个分区中以进行计算。

然后，使用自定义的分区函数对数据进行分区。

```
object SparkSelfPartitioner {
  def main(args: Array[String]): Unit = {
    //初始化 SparkContext
    val conf=new SparkConf().setAppName("partitioner").setMaster("local")
    val sc=new SparkContext(conf)
    var list = List("beijing-1","beijing-2","beijing-3","shanghai-1","shanghai-2",
                "tianjing-1","tianjing-2");
    //将数据初始化到 RDD 中
    val rdd: RDD[String] = sc.parallelize(list)
    //执行 map 计算，使用自定义的分区函数将前缀相同的数据划分到同一个分区中以进行计算
    rdd.map((_,1)).partitionBy(new SelfPartitioner(3)).foreachPartition(t => {
          val id =  TaskContext.get.partitionId
          println("partitionNum:" + id)
          t.foreach( data => {
               println(data)
          })
    })
    //停止 SparkContext
    sc.stop()
  }
```

上述代码通过 partitionBy(new SelfPartitioner(3))，使用自定义的分区函数 SelfPartitioner()对数据进行了分区。其中，参数 3 代表将数据分配到 3 个分区中。运行结果如下：

```
partitionNum:0 (tianjing-1,1) (tianjing-2,1)
partitionNum:1 (shanghai-1,1) (shanghai-2,1)
partitionNum:2 (beijing-1,1) (beijing-2,1) (beijing-3,1)
```

从运行结果可以看出，前缀相同的数据已划分到同一个分区中，如图 2-41 所示。

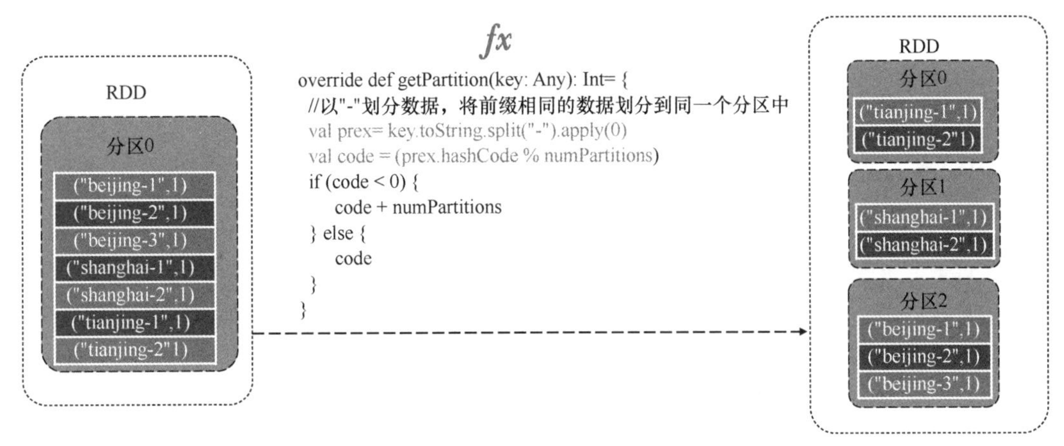


图 2-41　自定义的分区函数

## 2.5 RDD 依赖关系

RDD 在每次转换后都会生成一个新的 RDD，因此 RDD 之间存在前后依赖关系。当计算过程中出现的异常情况导致部分分区数据丢失时，Spark 可通过依赖关系从父 RDD 中重新计算丢失的分区数据，而不需要重新计算 RDD 的所有分区。RDD 依赖关系分为窄依赖和宽依赖两种，如图 2-42 所示。

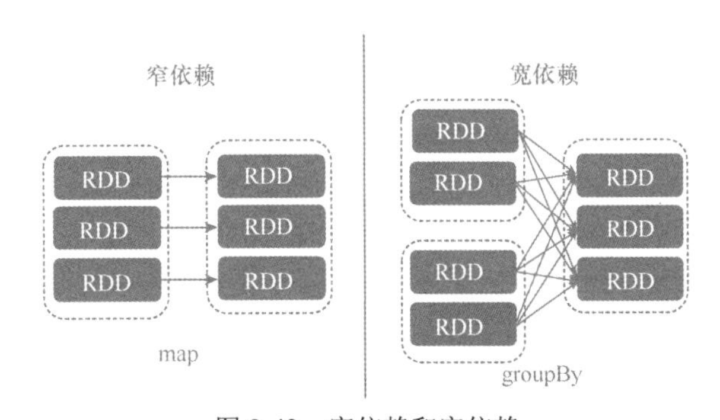


图 2-42　窄依赖和宽依赖

- 窄依赖：如果父 RDD 的每个分区最多只能被子 RDD 的一个分区使用，则称为窄依赖。
- 宽依赖：如果父 RDD 的每个分区都可以被子 RDD 的多个分区使用，则称为宽依赖。

在窄依赖中，父子 RDD 对应的分区数据的计算操作可以并行进行；而在宽依赖中，子 RDD 需要等待父 RDD 的分区数据的 Shuffle 操作执行完之后才能执行。这里需要重点说明的是，Spark 在遇到宽依赖（Shuffle 操作）时，会将任务划分到另一个 Stage 中。

在 Spark 应用程序中，若能使用窄依赖来实现，就尽量不要使用宽依赖。也就是说，Spark 应用程序“更喜欢窄依赖”，原因主要有两点。

（1）在窄依赖中，RDD 对应分区上的数据计算是并行的，不需要等到父 RDD 的所有分区操作执行完才执行；而在宽依赖中，由于父子 RDD 之间存在数据的 Shuffle 操作，因此子 RDD 必须等待父 RDD 执行完才能执行。在计算效率上，窄依赖一般优于宽依赖。例如，map 和 filter 就属于窄依赖，而 groupByKey 属于宽依赖。

（2）对于窄依赖，在计算过程中，如果出现故障，那么只需要重新计算故障节点上 RDD 对应分区上的数据即可，而不用重新计算整个 RDD。另外，由于这个重新计算的过程是完全并行的，因此故障恢复效率较高。对于宽依赖，我们可及时将中间数据写入节点的磁盘上以便快速从错误中恢复。

## 2.6　Stage

Stage 是由一组 RDD 组成的可进行优化的执行计划。如果 RDD 依赖关系都是窄依赖，那么可以将 RDD 计算划分到同一个 Stage 中执行；如果 RDD 依赖关系都是宽依赖，那么需要将 RDD 计算划分到不同的 Stage 中执行。这样 Spark 在执行作业时，就会按照 Stage 生成一个完整且最优的执行计划，从而使每个 Stage 内的 RDD 计算尽可能都在各个节点上并行执行。如图 2-43 所示，Stage 3 包含 Stage 1 和 Stage 2，其中，Stage 1 中的 RDD 依赖关系为宽依赖，Stage 2 中的 RDD 依赖关系为窄依赖，因此 Stage 2 中的 RDD 计算可以并行执行。

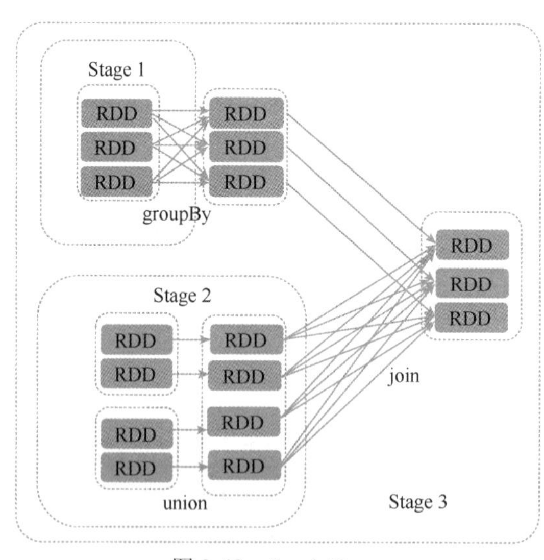


图 2-43　Spark Stage

# 2.7 RDD 持久化

## 2.7.1 RDD 持久化的概念

Spark 可以跨节点在内存中持久化 RDD。当持久化 RDD 时，每个节点都会在内存中缓存计算后的分区数据。当其他操作需要使用 RDD 中的数据时，就可以直接重用缓存的分区数据，这极大提高了 RDD 的计算效率。RDD 缓存数据是提高迭代计算和交互式计算效率的关键。

在 Spark 中，RDD 缓存数据并非一直存储在内存中。为了在有限的内存中存储更多有用的数据，Spark 采用 LRU（Least Recently Used，最近最少使用）策略对 RDD 缓存数据进行回收。同时，在淘汰 RDD 缓存数据的时候，Spark 会根据 RDD 依赖关系尽可能将以后可能用到的 RDD 缓存数据保留下来，以提高缓存使用率，如图 2-44 所示。

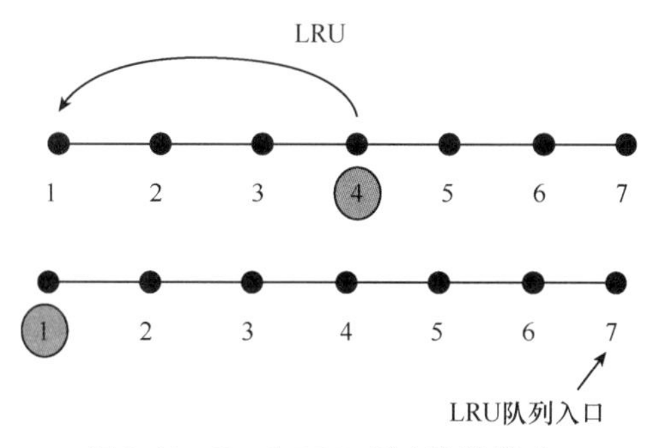


图 2-44 Spark RDD 缓存淘汰策略

## 2.7.2 RDD 持久化的使用

Spark 应用程序可以使用 cache()或 persist()方法将 RDD 数据持久化到缓存中。cache()只支持在内存中缓存数据，persist()则可以根据持久化级别配置不同的缓存级别。

```
rdd.cache()
rdd.persist(StorageLevel.MEMORY_ONLY())
```

当通过调用 Action 操作执行完计算之后，计算结果将缓存在节点的内存中。Spark 缓存具有容错性，如果 RDD 的某个分区丢失，那么 RDD 计算将自动重新进行。

RDD 的持久化结果可以使用不同的存储级别进行存储，Spark 允许将数据集存储在内存中或磁盘上。在数据持久化过程中，我们需要将缓存的数据序列化为 Java 对象（序列化有助于节省磁盘空间或内存空间），然后将它们跨节点复制到其他节点上，以便其他节点重用这些数据。在 Spark 中，RDD 持久化级别是通过 StorageLevel 来设置的。

```
rdd.persist(StorageLevel.MEMORY_ONLY())
```

如图 2-45 所示，RDD-0 经 reduceByKey 操作后，得到 RDD-1，RDD-1 在经过一系列 Transformation 操作后，最终得到 RDD-*n*，可将 RDD-*n* 的最终结果保存到 HDFS 中。

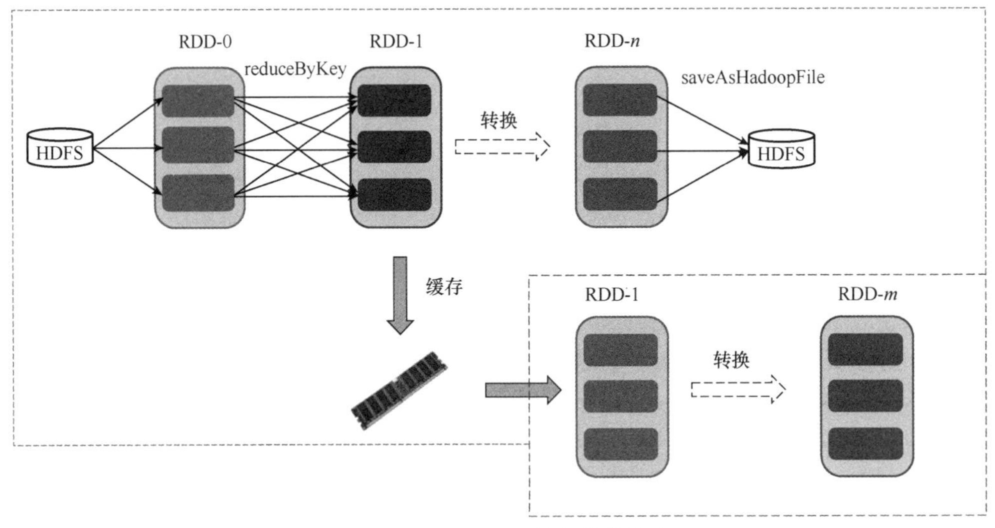


图 2-45　Spark RDD 持久化的优点

在计算过程中，如果将 RDD-1 的中间结果缓存在内存中，那么在之后 RDD-1～RDD-*m* 的计算过程中，就会重用 RDD-1 的缓存数据，因此就不用重新执行 RDD-0 和 RDD-1 的 reduceByKey 操作了，从而有效提高了 Spark 应用程序的整体执行效率。

## 2.7.3　RDD 持久化级别

RDD 持久化有不同的级别，RDD 既可持久化到内存中，也可持久化到磁盘上。此外，在持久化过程中，我们还可以选择是否进行序列化，以及是否以多副本的形式进行持久化。MEMORY_ONLY 与 MEMORY_AND_DISK 持久化级别如图 2-46 所示。

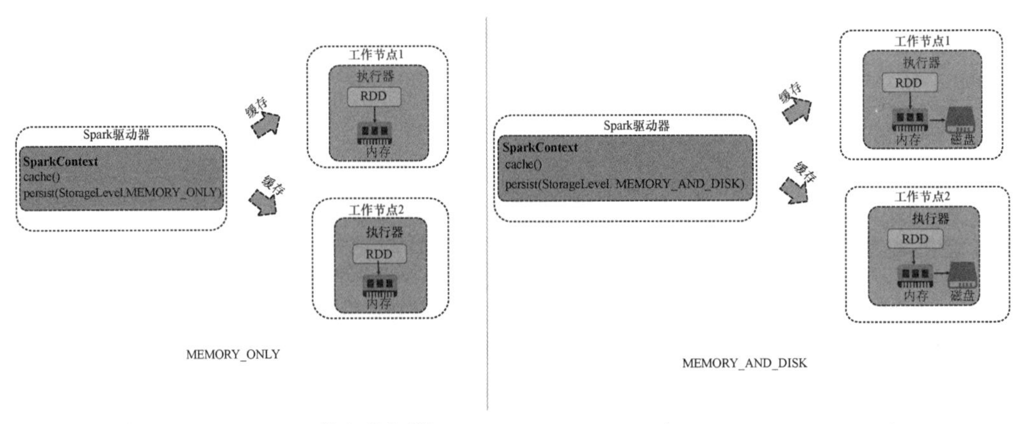


图 2-46　Spark RDD 持久化级别——MEMORY_ONLY 与 MEMORY_AND_DISK

Spark 提供了如下 RDD 持久化级别。

- MEMORY_ONLY：将 RDD 以未序列化的方式持久化到内存中，当内存不足时放弃持久化。这是默认的 RDD 持久化级别，使用 cache()方法可将持久化级别设置为 MEMORY_ONLY。
- MEMORY_AND_DISK：将 RDD 以未序列化的方式持久化到内存中或磁盘上，但优先尝试将 RDD 持久化到内存中，仅当内存不足时才将 RDD 持久化到磁盘上。
- MEMORY_ONLY_SER：将 RDD 以序列化方式持久化到内存中。在序列化过程中，RDD 的每个分区将被序列化为一个字节数组，这样做主要是为了节省内存，避免持久化的 RDD 占用过多内存导致 JVM 频繁 GC（Garbage Collection，垃圾回收）。
- MEMORY_AND_DISK_SER：将 RDD 以序列化的方式持久化到内存中或磁盘上。
- DISK_ONLY：使用未序列化的 Java 对象将 RDD 全部持久化到磁盘上。
- MEMORY_ONLY_2 和 MEMORY_AND_DISK_2：这两个级别与 MEMORY_ONLY 和 MEMORY_AND_DISK 的唯一差别是多了后缀“_2”，这表示对所有持久化的数据都复制一份，并将副本保存到其他节点上。MEMORY_ONLY_2 和 MEMORY_AND_DISK_2 持久化级别主要用于容错。如果某个节点宕掉，这个节点的内存中或磁盘上保存的持久化数据将会丢失，后续执行 RDD 计算时，就可以使用这些数据在其他节点上的副本。如果没有副本，就只能重新计算这些数据了。
- OFF_HEAP：将 RDD 以序列化方式持久化到堆外内存中，这种持久化级别需要 Spark 启用堆外内存。

### 2.7.4 RDD 持久化原则

Spark 提供了丰富的存储级别，旨在实现提高内存使用率和 CPU 效率的折中。在实际开发中，如何选择持久化级别呢？以下为 Spark 官方提供的持久化级别选择流程。

（1）如果 RDD 在默认级别（MEMORY_ONLY）下运行良好，那么建议使用 MEMORY_ONLY。MEMORY_ONLY 是 CPU 效率最高的持久化级别，基于 CPU 快速计算的特性能使 RDD 上的操作尽可能快地进行。

（2）如果系统显示内存使用量过高，那么建议尝试 MEMORY_ONLY_SER 持久化级别，并选择更快的序列化库，以加快序列化速度并节省对象的存储空间。

（3）如果需要快速恢复故障，那么建议使用复制类型的持久化级别。其他的持久化级别需要通过重新计算丢失的数据来保障缓存的完整性，而复制类型的持久化级别可在缓存对应的副本节点上直接执行任务，无须等待重新计算丢失的分区数据。

（4）释放持久化缓存。Spark 会自动监视每个节点上缓存的使用情况，并以 LRU 策略删除旧的数据分区。如果想手动释放 RDD，可通过 unpersist()方法来完成。

## 2.8　RDD 检查点

检查点是 Spark 提供的一种基于快照的缓存机制。当需要计算的 RDD 过于复杂时，为了避免任务执行失败后重新计算之前的 RDD，可对 RDD 进行快照，将结果持久化到磁盘上或 HDFS 中，如图 2-47 所示。

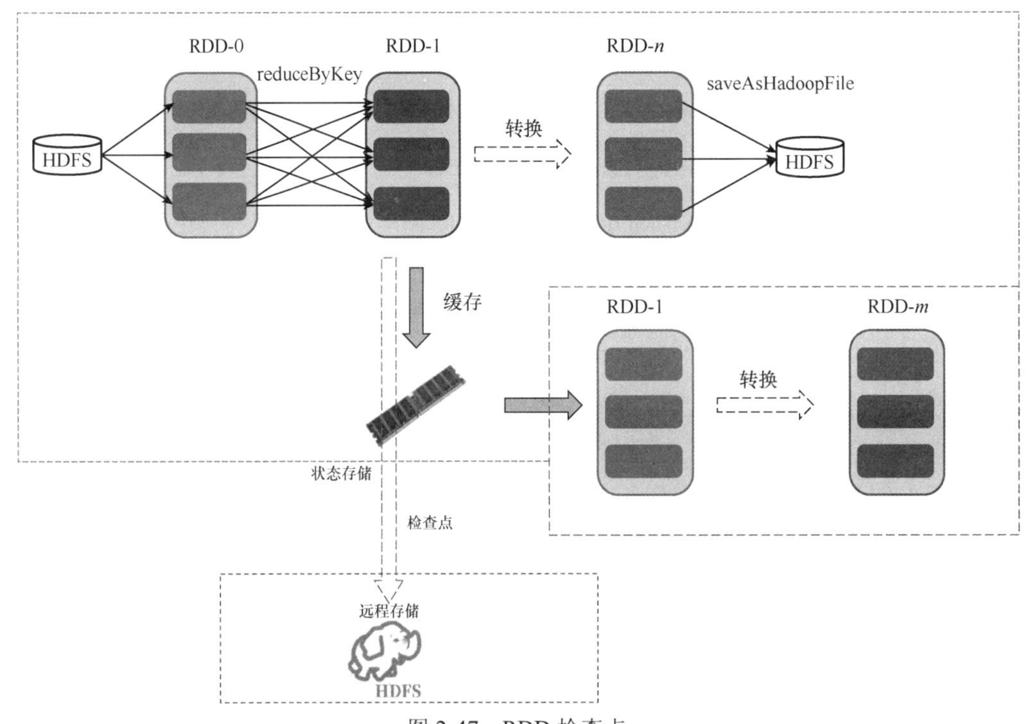


图 2-47　RDD 检查点

检查点持久化和缓存的区别如下：缓存的数据由执行器管理，当执行器消失时，缓存的数据将被清除；而检查点会将数据保存到永久性磁盘上或 HDFS 中，当计算出现运行错误时，作业可从检查点继续计算。

## 2.9　RDD 实战

### 2.9.1　编写一个简单的 RDD 演示程序

介绍完 RDD 后，下面我们通过一个完整的例子学习编写 Spark 应用程序的基本方法。一般情况下，为了编写一个完整的 Spark 应用程序，需要执行以下 5 个步骤。

（1）初始化 SparkContext。

（2）加载数据并转换为 RDD。

（3）对 RDD 执行 Transformation 操作，这里是懒加载。然后在 Spark 内部构建 RDD 算子的依赖关系，也就是 DAG，但不执行。

（4）对 RDD 执行 Action 操作，触发执行后，当 Spark 遇到 Action 操作时，就会从任务中划分出一个作业并提交和执行这个作业。

（5）若任务执行完毕，则停止 SparkContext，释放资源。

将列表数据转换为 RDD，对 RDD 执行 map 和 reduceByKey 操作并最终将结果输出的实现代码如下：

```
//初始化 SparkContext
val conf = new SparkConf().setAppName("SparkRDDDemo").setMaster("local")
val sc = new SparkContext(conf)
var list = List("beijing", "beijing", "beijing", "shanghai", "shanghai", "tianjing",
                "tianjing");
//将数据初始化到 RDD 中
val rdd: RDD[String] = sc.parallelize(list)
//执行 map 操作(Transformation 操作)
val mapResult = rdd.map((_, 1))
//执行 reduceByKey 操作(Transformation 操作)
val reduceResult = mapResult.reduceByKey((pre, after) => pre + after)
//执行 collect 操作(Action 操作)
reduceResult.collect().foreach( x => print(x) )
// reduceResult.saveAsTextFile("/spark/out/put/path")
//停止 SparkContext
sc.stop()
```

上述代码首先利用 SparkContext 的 parallelize()方法将已经存在的一个集合转换成了 RDD，这个集合中的数据将被复制到 RDD 中并参与并行计算，并行计算中的一个重要参数就是分区数。Spark 会为集群中的每个分区运行一个任务。我们一般希望集群中的每个 CPU 有 2～4 个分区任务，这样既能良好地利用 CPU，又不至于任务太多导致任务阻塞等待。通常情况下，Spark 会尝试根据集群的 CPU 核心数自动设置分区数，当然，也可以手动设置分区数。例如，上述代码通过 sc.parallelize(data,8)将分区数设置成了 8。

## 2.9.2 利用外部存储系统生成 RDD

Spark 可从 Hadoop 或其他外部存储系统创建 RDD，如图 2-48 所示，具体包括本地文件系统、HDFS、Cassandra、HBase、Amazon S3 等。Spark RDD 支持多种文件格式，具体包括文本文件、序列文件、JSON、CSV、Parquet、ORC 等。

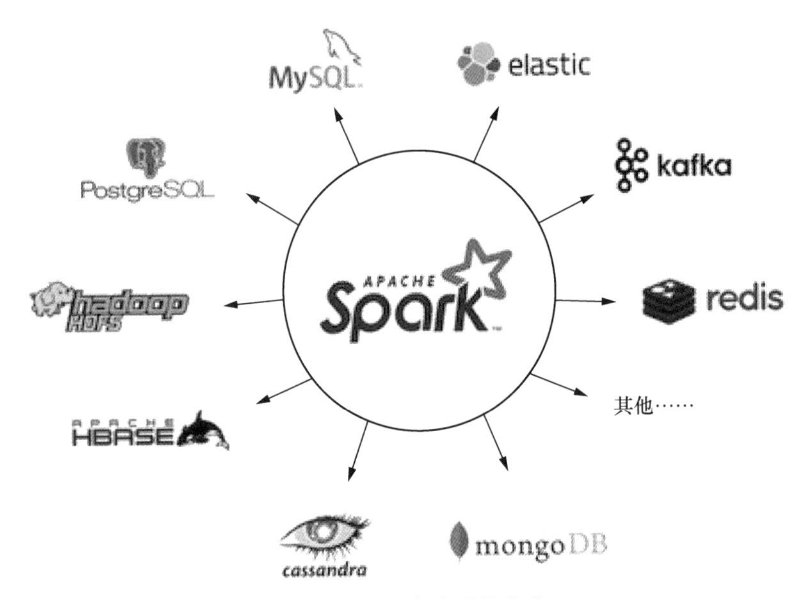


图 2-48　利用外部存储系统生成 RDD

下面通过代码实战介绍如何使用 SparkContext 的 textFile()方法读取文本文件以创建 RDD。

```
object SparkRDDSource {
  def main(args: Array[String]): Unit = {
    try {
      //初始化 SparkContext
      val conf = new SparkConf().setAppName("SparkRDDSource").setMaster("local")
      val sc = new SparkContext(conf)
      val basePath = "/Users/wangleigis163.com/Documents/alex/dev/code/private/system-
                    architecture/spark/src/main/resources/"
      //加载数据到 RDD 中
      //val rdd = sc.textFile(basePath+"people.txt")
      //val rdd = sc.textFile(basePath+"subdata/")
      //val rdd = sc.textFile(basePath+"subdata/*.txt")
      //val rdd = sc.textFile(basePath+"subdata/people.txt.gz")
      val hdfsSourcePath = "hdfs://127.0.0.1:9000/input/people.json"
      val rdd = sc.textFile(hdfsSourcePath)
      //执行 Transformation 操作
      val filterResult =  rdd.filter( x => x.length>7)
      //执行 collect 操作(Action 操作)
      filterResult.collect().foreach( x => println(x) )
      //停止 SparkContext
      sc.stop()
    } catch {
      case e: Exception => {
        e.printStackTrace()
      }
    }
  }
}
```

上述代码使用 textFile()方法读取文件并将数据加载到 RDD 中，textFile()方法的 URL 参数可以是本地文件、本地路径、HDFS 路径、Amazon S3 路径等。如果 URL 参数的输入值是具体的文件，那么 Spark 会读取该文件；如果是路径，那么 Spark 会读取该路径下的所有文件，并最终将它们作为数据源加载到内存中以生成对应的 RDD。

在 Spark 中加载数据时的注意事项如下。

（1）如果访问的是本地文件路径，那么我们必须在工作节点上以相同的路径访问文件。一般做法是，将数据文件远程复制到所有工作节点对应的路径下或使用共享文件系统。

（2）Spark 除了支持以基于文件名的方式加载文件之外，还支持以基于目录、压缩文件和通配符的方式加载文件。例如，使用 textFile("/my/directory")加载“/my/directory”路径下的所有文件，使用 textFile("/my/directory/*.txt")加载“/my/directory”路径下所有以“.txt”为扩展名的文件，使用 textFile("/my/directory/*.gz")加载并解压“/my/directory”路径下所有以“.gz”为扩展名的文件。

（3）在 Spark 中加载文件时可以设置分区数。Spark 默认情况下会为每个文件块创建一个分区（在 HDFS 中，默认的文件块大小为 128MB），也可通过传递更大的值来设置更多的分区。然而，分区数不能小于文件块的数量。

### 2.9.3 RDD 支持 Transformation 操作和 Action 操作

Transformation 操作是指从现有 RDD 创建新的 RDD，Action 操作是指在 RDD 上进行计算并将计算结果返回给驱动程序。

例如，map()函数是一个 Transformation 算子，可以对 RDD 的所有元素调用 map()函数以进行转换处理，并返回一个新的表示转换结果的 RDD。再如，reduce()函数是一个 Action 算子，可以对 RDD 的所有元素调用 reduce()函数以进行聚合操作，并将最终的计算结果返回给驱动程序。除 reduce()函数外，表示聚合操作的函数还有 reduceByKey()等。

### 2.9.4 RDD 懒加载

Spark 中的所有 Transformation 操作都是懒加载的。换言之，Transformation 操作不会立即执行，而是先记录 RDD 之间的转换关系，仅当 Action 触发时才执行 RDD 的 Transformation 操作并进行计算。

这种懒加载的设计能使 Spark 更好地对任务进行优化，避免不必要的计算，从而使 Spark 的运行更加合理、高效。Spark 将从文本文件中加载数据，并分别对数据执行 map 和 reduce 操作，代码实现如下：

```
//textFile 是 Transformation 操作，不会立刻执行
val lines = sc.textFile("your_file_path/simple.txt")
```

```
//map是Transformation操作，不会立刻执行
val linesLength = lines.map(x=>x.length)
//reduce是Action操作，会立刻触发执行
val totalLength = linesLength.reduce((x,y)=>x+y)
```

## 2.9.5 Spark函数的3种实现方式

Spark的API依赖于驱动程序中的传递函数来完成在集群上执行RDD函数的操作并进行数据的计算。Spark为创建函数提供了3种方式。

（1）通过Lambda表达式创建函数。使用Lambda表达式可简明地定义函数的实现，例如，以下代码将在map()函数中使用Lambda表达式简单地计算数据的长度。

```
val lineLengths = lines.map(s -> s.length());
```

（2）自定义函数。用户也可以自定义函数并进行调用。虽然Lambda表达式语法简洁、使用方便，但在复杂的应用中，我们仍然需要自定义函数。例如，以下代码定义了getLength()和myReduce()函数，getLength()函数用于计算数据的长度，myReduce()函数用于将前后两个元素相加。

```
def getLength(s: String): Int = {
   s.length
}
def myReduce(a: Int, b: Int): Int = {
   a + b;
}
val linesLength = lines.map(x => getLength(x))               //调用自定义函数getLength()
val totalLength = linesLength.reduce((x, y) => myReduce(x, y)) //调用自定义函数myReduce()
```

（3）通过自定义类创建函数。自定义类可以是匿名内部类，也可以是命名接口。将自定义类的实例传递给Spark即可创建函数，具体实现如下：

```
class MyClass {                                  //自定义MyClass类
   def getLength(s: String): Int = {              //自定义getLength()函数
   s.length
 }
 def myReduce(a: Int, b: Int): Int = {{           //自定义myReduce()函数
   a + b;
  }
 }
 //调用自定义类MyClass的getLength()函数
 val linesLength = lines.map(x => new MyClass().getLength(x))
 val totalLength = linesLength.reduce((x, y) => new MyClass().myReduce(x, y))
```

## 2.9.6 RDD操作中常用Transformation算子的原理及使用

RDD操作是Spark应用开发中最基础、最常见的操作，下面分别对RDD操作中常用Transformation算子的原理及使用进行介绍。

首先，按分区加载数据。

假设有一个名为 data.txt 的文件位于 your_file_path 目录下，其中的数据如下：

```
alex
bob bob
charlie charlie charlie
```

基于以上数据，下面通过 sc.textFile("your_file_path/data.txt").repartition(2)将 data.txt 文件中的内容加载到 RDD 的两个分区中。加载结果如图 2-49 所示，数据源中的数据已分别被加载到分区 0 和分区 1 中。其中，分区 0 中的数据包括“alex”和“charlie charlie charlie”，分区 1 中的数据包括“bill bill”。

```
//将数据加载到 RDD 中，分区有两个
val rdd = sc.textFile("your_file_path/data.txt").repartition(2)
rdd.foreachPartition(t => {
  val id =  TaskContext.get.partitionId  //获取 RDD 的分区 ID
  println("partitionNum:" + id)
  t.foreach( data => {
    println(data)
  })
})
```

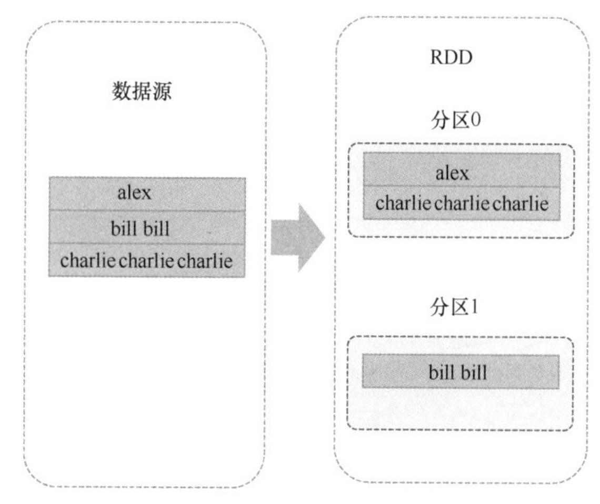


图 2-49 按分区加载数据的结果

flatMap(func)能将每一个输入项映射到零个或多个输出项。如下代码能通过 x=>{x.split(" ")}将每个数据项按照空格分隔开，运行结果如图 2-50 所示。可以看到，“charlie charlie charlie”按照中间的空格已被拆分为三个相同的元素“charlie”。

```
rdd.flatMap(x=> {x.split(" ")}).collect().foreach(x => println(x))
```

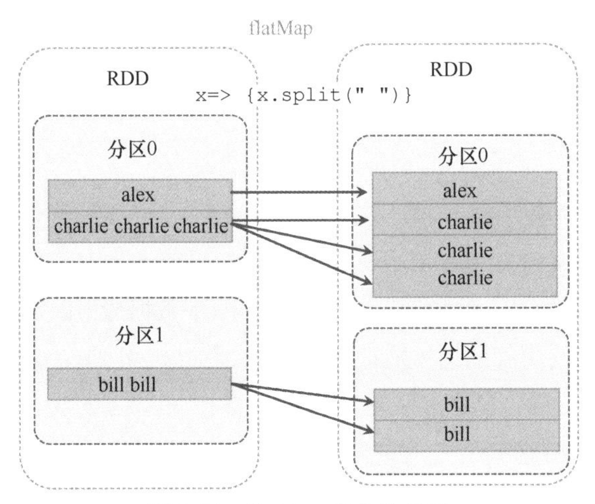


图 2-50　flatMap 操作的结果

map(func)能返回每个元素经 func()方法处理后生成的新元素组成的数据集合。在这里，输入的参数为一个数据对象，输出可以是另一个数据对象，它们既可以是 Tuple 对象，也可以是 List 对象等。如下代码首先对每行数据执行 flatMap 操作，然后执行 map 操作，运行结果如图 2-51 所示。可以看到，RDD 中的每个元素在经过 `x=>(x,1)` 这样的 map 操作后，都变成了 Tuple 对象。

```
rdd.flatMap(x=> {x.split(" ")}).map(x => (x,1)).foreach( x => println(x))
```

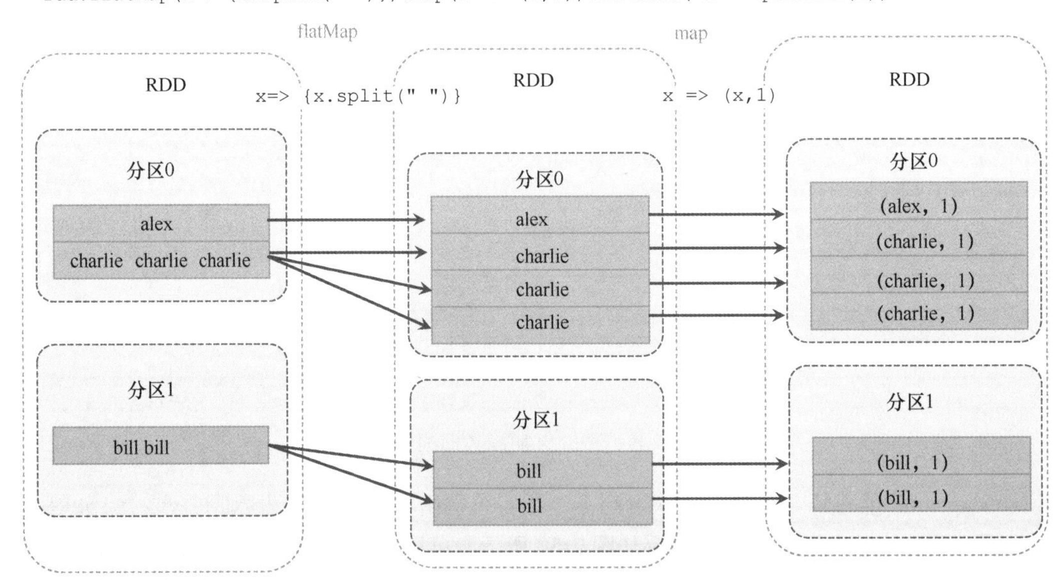


图 2-51　map 操作的结果

filter(func)能返回经 func()方法筛选后的元素组成的数据集合，func()会返回 true，这表示已经筛选过。如下代码能通过 filter(x=>x!="charlie")操作将数据“charlie”过滤掉，运行结果如图 2-52 所示。可以看到，分区 0 中的数据“charlie”被过滤掉了。

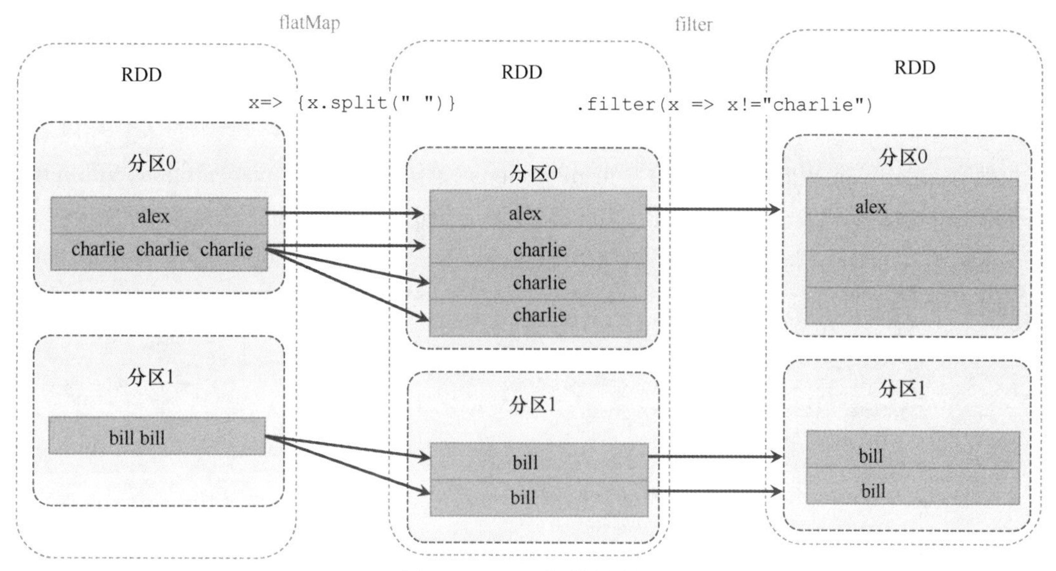


图 2-52 filter 操作的结果

虽然 mapPartitions(func)与 map 操作类似，但是 mapPartitions 操作单独运行在 RDD 的每个分区上。如下代码能通过调用 mapPartitions 操作对每个分区上的数据量进行统计。其中，Iterator (partitionData.length)用于返回分区的长度，参数 partitionData 则代表每个分区上的所有数据。运行结果如图 2-53 所示，可以看到，分区 0 中数据个数的统计结果为 4，分区 1 中数据个数的统计结果为 2。

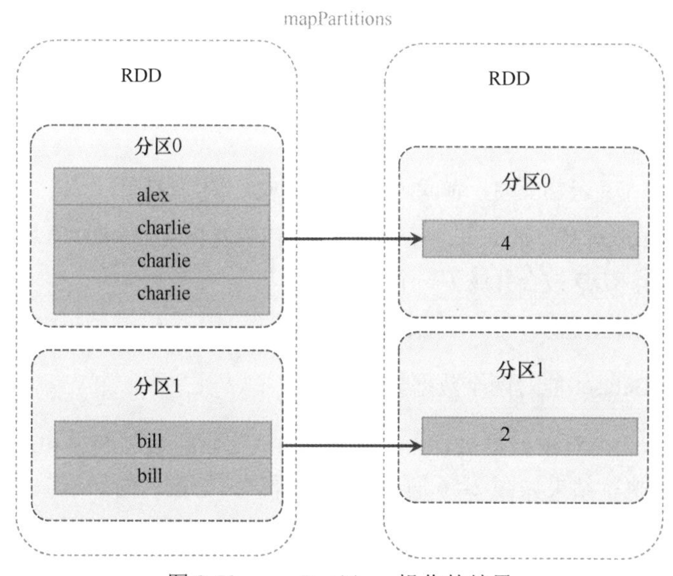


图 2-53 mapPartitions 操作的结果

```
rdd.flatMap(x=> {x.split(" ")})
.mapPartitions( partitionData =>{
 println(TaskContext.getPartitionId())
 Iterator(partitionData.length)})
.collect() .foreach(x => println(x))
```

虽然 mapPartitionsWithIndex(func)与 mapPartitions 操作相似，但是 mapPartitionsWithIndex 操作提供了一个整数来代表分区的下标。如下代码能调用 mapPartitionsWithIndex 操作并在该操作中返回分区编号（index），运行结果如图 2-54 所示。可以看到，分区 0 返回的分区编号为 0，分区 1 返回的分区编号为 1。

```
rdd.flatMap(x=> {x.split(" ")})
        .mapPartitionsWithIndex( (index,data) => {
          println("index:"+index)
          println("data:"+data)
          Iterator(index)
          }).foreach(x=>println("index:"+x))
```

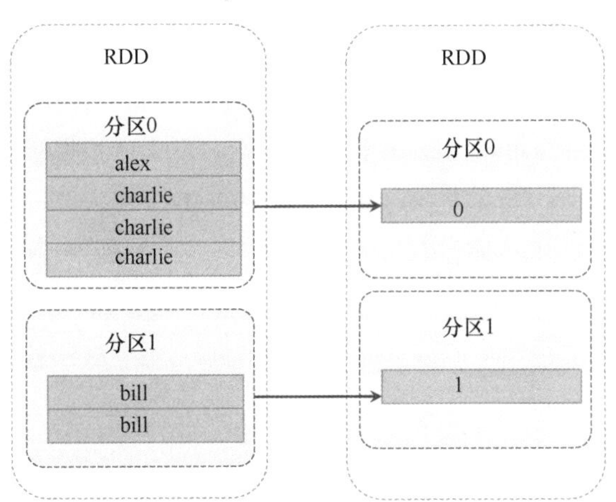


图 2-54　mapPartitionsWithIndex 操作的结果

union(otherDataset)能对两个数据集进行合并。如下代码能将两个 RDD 合并，执行结果如图 2-55 所示。可以看到，两个 RDD 被合并成了一个 RDD。

```
rdd.union(rdd).foreach(x => println(x))
```

intersection(otherDataset)能对两个数据集求交集。

distinct([numTasks])能对数据集执行去重操作。如下代码能通过调用 distinct 操作对 rdd 中的元素执行去重操作，执行结果如图 2-56 所示。可以看到，去重后的 charlie 和 bill 分别只剩下一个元素。

```
rdd.flatMap(x=> {x.split(" ")}).distinct().foreach(x => println(x))
```

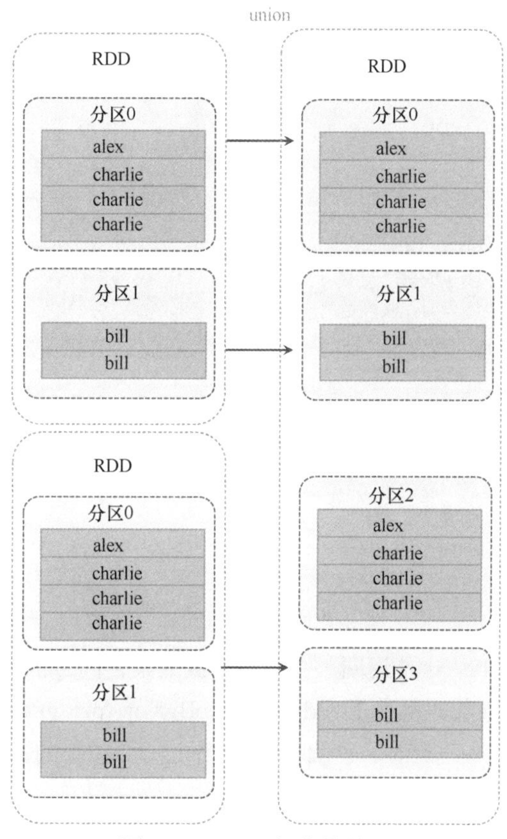


图 2-55 union 操作的结果

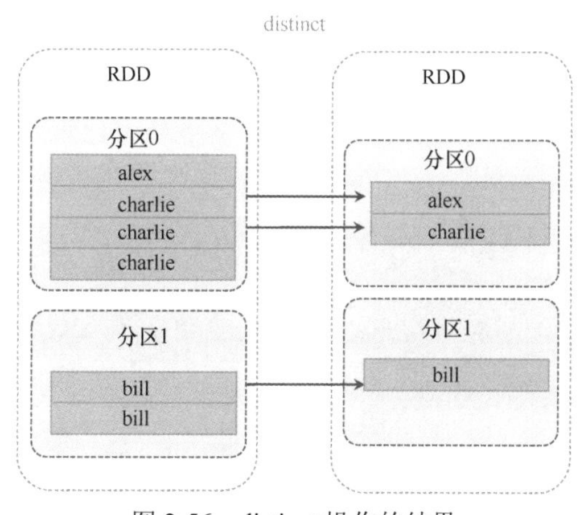


图 2-56 distinct 操作的结果

groupByKey([numTasks])能返回一个根据键进行分组的数据集。如下代码对 rdd 执行了 groupByKey 操作，该操作执行完之后，alex 对应的分组数据集为(alex,(1))，3 个 charlie 分组的结果是(charlie, (1, 1, 1))，两个 bill 分组的结果是(bill,(1, 1))，如图 2-57 所示。

```
rdd.flatMap(x=> {x.split(" ")}).map(x => (x,1)).groupByKey().foreach(x => println(x))
```

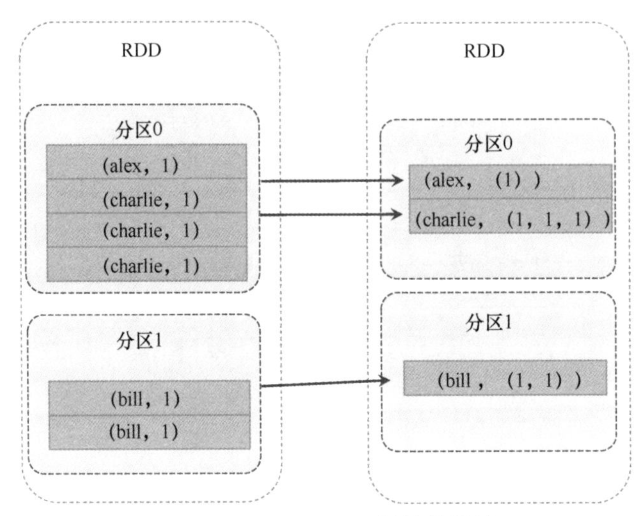


图 2-57　groupByKey 操作的结果

reduceByKey(func,[numTasks])能返回一个在不同键上聚合值的新的<Key,Value>数据集，聚合方式由 func()方法指定。如下代码触发了 rdd 的 reduceByKey((pre, after) => pre + after)操作，具体的操作逻辑为(pre, after) => pre + after，也就是将键相同的元素对应的值相加。执行结果如图 2-58 所示。例如，(bill,1)+(bill,1)的结果为(bill,2)。

```
val map=  rdd.flatMap(x=> {x.split(" ")})
.map(x => (x,1))
map.reduceByKey((pre, after) => pre + after)
.foreach(x => println(x))
```

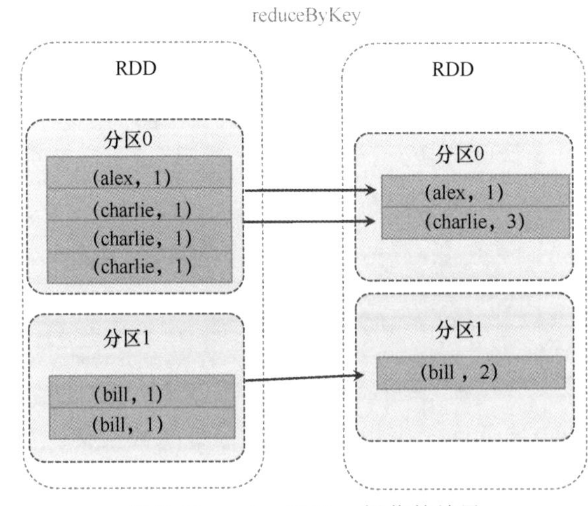


图 2-58　reduceByKey 操作的结果

sortByKey([ascending],[numTasks])能返回排序后的键值对。如下代码能对 reduceByKey 操作的执行结果执行 sortByKey 操作，结果如图 2-59 所示。可以看到，分区 0 中的(alex, 1)、(charlie, 3)与分区 1 中的(bill, 2)经过排序后，被分配到下一个 RDD 的分区 0 中，排序结果为(alex, 1)、(bill, 2)、(charlie, 3)。

```
map.reduceByKey((pre, after) => pre + after)
.sortByKey()
.collect
.foreach(x => println(x))
```

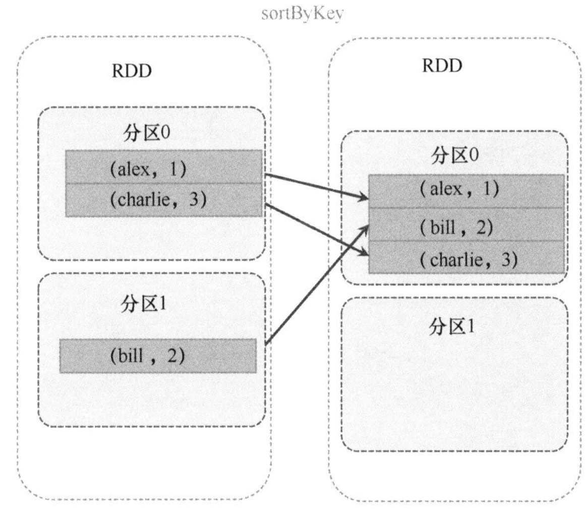


图 2-59 sortByKey 操作的结果

join(otherDataset,[numTasks])能按照键对某数据集与另一数据集执行连接操作。例如，<Key, Value1 > 和 < Key,Value2 > 的连接结果是 < Key, < Value1,Value2 > > 。如下代码能对 reduceByKeyResult 操作的执行结果执行连接操作，结果如图 2-60 所示。可以看到，(alex,1)和(alex,1)的连接结果为(alex,(1,1))。

```
.var reduceByKeyResult = map.reduceByKey((pre, after) => pre + after)
reduceByKeyResult.join(reduceByKeyResult)
.foreach(x => println(x))
```

repartition(numPartitions)能通过修改分区数对 RDD 中的数据重新进行分区平衡，repartition 操作在调优时会经常用到。如下代码使用 rdd.repartition(1)将 rdd 的分区 0 和分区 1 中的数据重新分到了另一个分区中，结果如图 2-61 所示。

```
rdd.repartition(1)
        .foreachPartition(t => {
          val id =  TaskContext.get.partitionId
          println("partitionNum:" + id)
          t.foreach( data => {
            println(data)
          })
        })
```

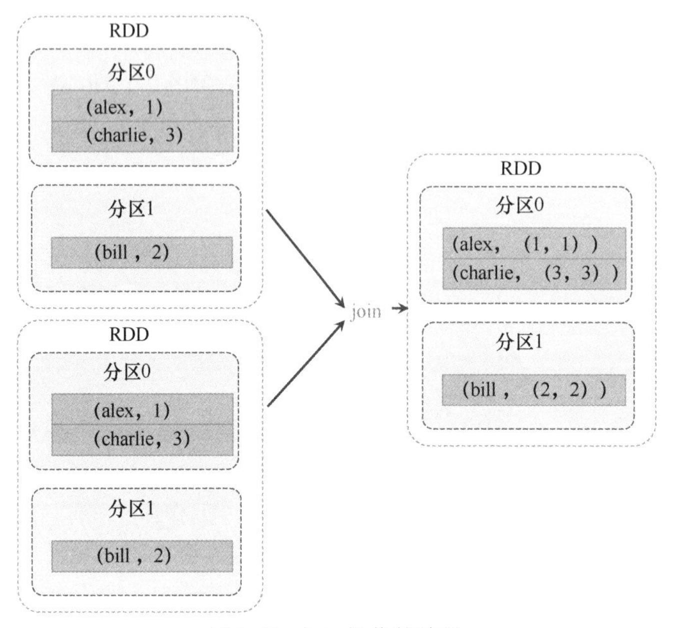


图 2-60　join 操作的结果

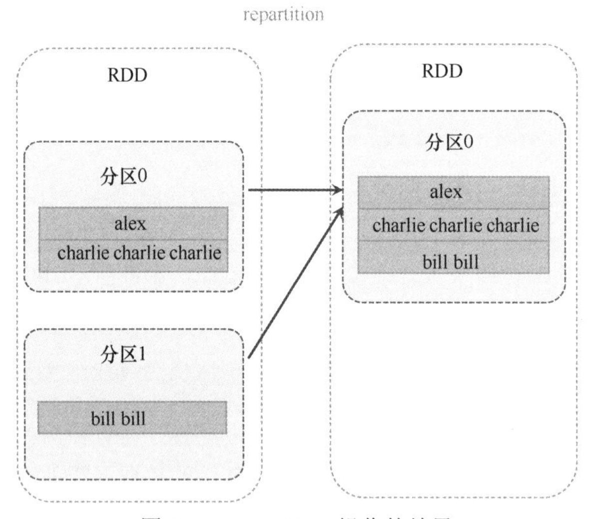


图 2-61　repartition 操作的结果

sample(withReplacement:Boolean,fraction:Double,seed:Long = Utils.random.nextLong) 能根据采样因子指定的比例对数据进行采样，我们可以选择是否使用随机数进行替换，seed 参数用于指定随机数生成器的种子。如下代码使用 sample(false,0.5,5)对 rdd 中的数据进行了采样。

```
rdd.flatMap(x=> {x.split(" ")})
.sample(false,0.5,5)
.foreach(x=>println(x))
```

sample(false,0.5,5)中的第 1 个参数表示是否放回抽样，第 2 个参数表示抽样比例，第 3 个参数表示随机数 seed。运行结果如图 2-62 所示，可以看出，这里已经对 RDD 中的数据进行了采样。

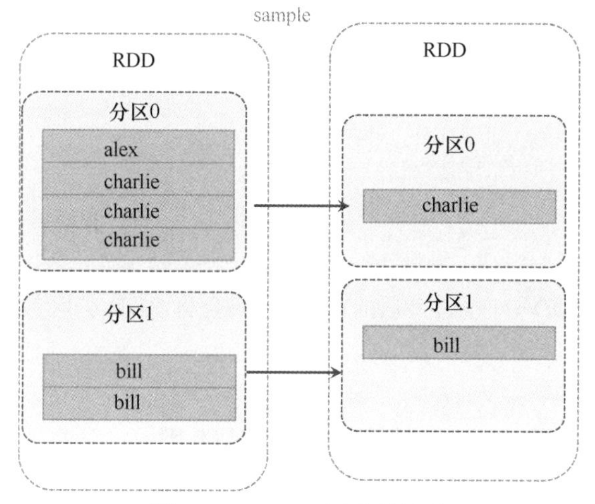


图 2-62 sample 操作的结果

cogroup 操作在类型为（K,V）和（K,W）的数据集上触发后，将返回一个由(K, (Seq[V], Seq[W]))元组构成的数据集。cogroup 操作也可以称为 groupwith 操作。如下代码能对两个 reduceByKeyResult 执行 cogroup 操作，结果如图 2-63 所示。可以看到，对(alex,1)和(alex,1)执行 cogroup 操作后的结果为(alex,(1,1))。

```
reduceByKeyResult
.cogroup(reduceByKeyResult)
.collect().foreach(x => println(x))
```

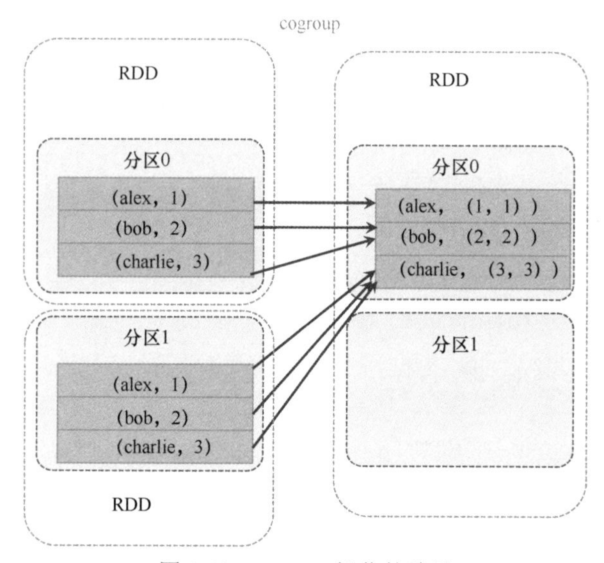


图 2-63 cogroup 操作的结果

当在类型为 T 和 U 的数据集上触发 cartesian（笛卡儿积）操作时，将返回一个由(T, U)元组构成的数据集（里面是元素对）。

```
reduceByKeyResult.cartesian(reduceByKeyResult)
.repartition(4)
.foreachPartition(t => {
        val id =  TaskContext.get.partitionId
        println(" cartesian partitionNum:" + id)
        t.foreach( data => {
          println(data)
        })
      })
```

coalesce()用于减少 RDD 分区数。例如，以下代码会将 RDD 分区数减少为 1。

```
rdd.coalesce(1)
```

## 2.9.7　RDD 操作中常用 Action 算子的原理及使用

Action 算子主要用于对分布式环境中 RDD 的转换操作结果进行统一处理，比如结果收集、数据保存等。常用的 Action 操作有 reduce、collect、countByKey、foreach、first、take、takeOrdered、saveAsTextFile、saveAsObjectFile 等。下面分别对它们进行介绍。

reduce(func)使用 func 聚合数据集。如下代码会对 RDD 中的每个数据执行 reduce((x, y)=> x + " " + y)操作，其中，(x, y) => x + " " + y 为基于 Lambda 的 reduce 聚合函数，作用是将前后两个元素使用空格（" "）连接起来，运行结果如图 2-64 所示。

```
rdd.reduce((x, y) => x + " " + y)
```

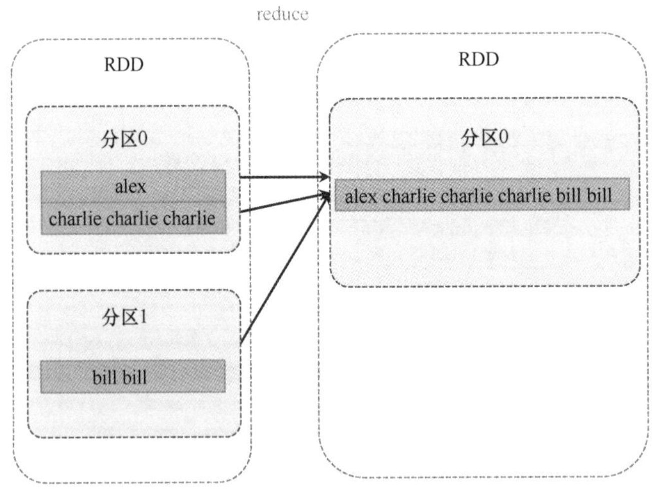


图 2-64　reduce 操作的结果

collect()能以数组的形式向驱动器返回数据集中的所有元素。

```
rdd.collect().foreach(x =>println(x))
```

countByKey()能按照数据集中的键对元素进行分组，计算各个键对应的元素个数。对 RDD 执行 countByKey 操作的过程如图 2-65 所示。

```
rdd.flatMap(x=> {x.split(" ")})
.map(x => (x,1))
.countByKey()
.foreach(x =>println(x))
```

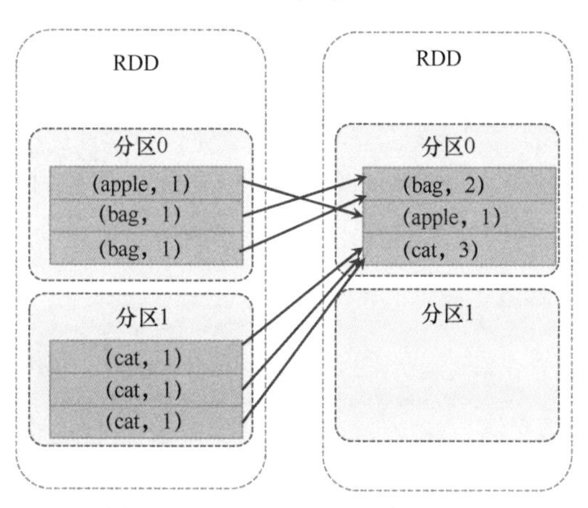


图 2-65 countByKey 操作的过程

foreach(func)能对数据集的每个元素调用 func()方法。

```
rdd.foreach(x => println(x))
```

first()能返回数据集中的第一个元素。

```
println(rdd.first())
```

take(*n*)能以数组的形式返回数据集中的前 *n* 个元素。

```
println(rdd.take(2).toList)
```

takeOrdered(*n*,[ordering])能返回 RDD 排序后的前 *n* 个元素，要么使用原生的排序方式，要么使用自定义的比较器进行排序。

```
intln(rdd.takeOrdered(2).toList)
```

saveAsTextFile(path)能将数据集中的元素写成一个或多个文本文件。参数就是文件路径，可以写入本地文件系统、HDFS 或 Hadoop 支持的其他文件系统。

```
rdd.saveAsTextFile(basePath+"simple_res")
```

saveAsObjectFile(path)能使用 Java 序列化方式对 RDD 中的数据进行序列化并存储到文件系统中。可使用 SparkContext.objectFile()方法加载这些数据。

```
rdd.saveAsObjectFile("your_file_path/simple_object")
```

此外，一些写出操作也属于 Action 操作。

## 2.9.8 Spark 广播变量的概念、好处和使用

### 1. 广播变量的概念

广播变量允许应用程序在每台服务器上保留一个只读副本，从而使每个节点能快速获取副本数据集以进行计算。Spark 支持使用有效的广播算法来分发广播变量，以降低通信成本。

Spark 广播变量会自动广播每个阶段的任务所需的公共数据，这些数据已经以序列化形式缓存在系统中。在任务运行期间，当需要这些数据时，对它们进行反序列化操作即可。如图 2-66 所示，在 Spark 驱动程序中使用 sc.broadcast(*m*)将广播变量 *m* 广播到每个工作节点，这样当工作节点的执行器上的任务需要使用 *m* 变量时，便可以直接从当前服务器获取，从而有效提高了数据读取效率。

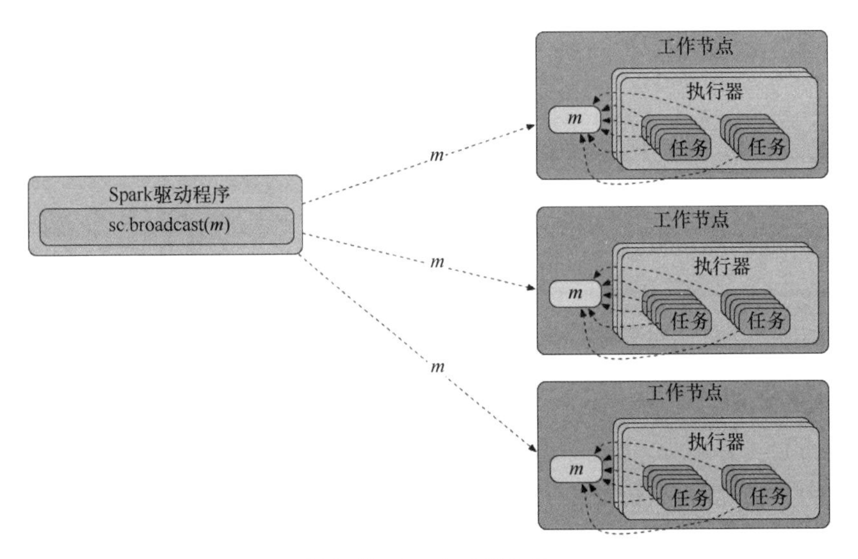


图 2-66 Spark 广播变量

### 2. 广播变量的好处

广播变量除能有效提高 Spark 应用程序的执行效率之外，还可以节省内存，减少网络上传输的数据。

广播变量可以节省内存，避免一些 OOM（内存溢出）问题。如果没有广播变量，不同任务需要的相同数据就会在每个任务内存储一份。假设数据量为 10MB，如果有 100 个任务同时运行，那么至少需要 10×100MB = 1000MB 的内存，这很容易引起 OOM 问题。如果使用了广播变量，

那么每个节点上只需要一份数据即可。

广播变量可以减少网络上传输的数据。在没有广播变量时，数据需要通过网络传输到每个任务，100 个任务至少需要进行 100 次网络传输。有了广播变量以后，数据只需要传输一次即可。

广播变量把数据缓存在内存中，因而提高了计算速度，避免了没有广播变量时，数据溢出到磁盘而从磁盘加载数据导致的效率降低问题的产生。

在使用广播变量之前，最好预估数据占用的内存大小，以防止数据过多而在内存中引起 OOM 问题。

Spark 无广播变量和有广播变量的差别如图 2-67 所示。其中，*M* 代表 Spark 中的变量。

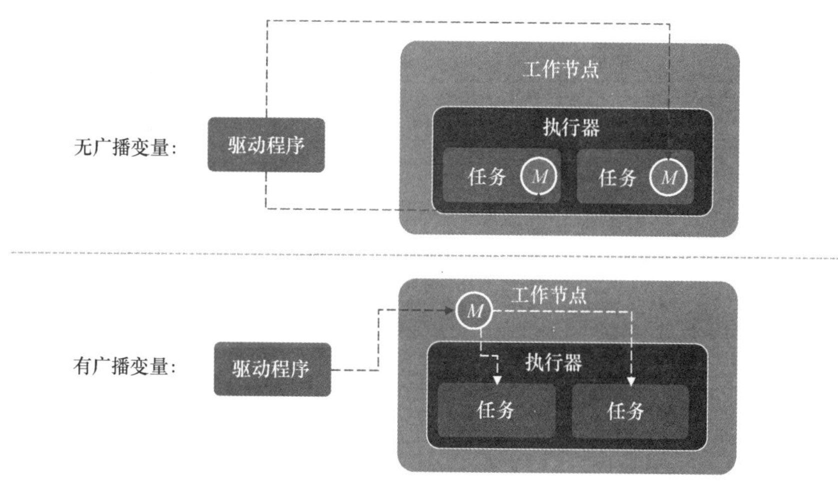


图 2-67 Spark 无广播变量和有广播变量的差别

### 3. 广播变量的使用

SparkContext 通过 newBroadcast()方法来创建广播变量，并通过 BroadcastManager 将广播变量发送到每个节点。当广播变量不再使用时，使用 registerBroadcastForCleanup 清理广播变量。Spark 广播变量的创建和清理过程如图 2-68 所示。

Spark 广播变量的使用方法如下：

```
import org.apache.spark.broadcast.Broadcast
    val broadcastVar: Broadcast[Array[Int]] = sc.broadcast(Array[Int](1, 2, 3))
    rdd.foreach(x=>{
      val bc = broadcastVar.value
      val result = bc.mkString("-")+"-"+x
      println(result)
    })
    broadcastVar.unpersist()
    broadcastVar.destroy()
```

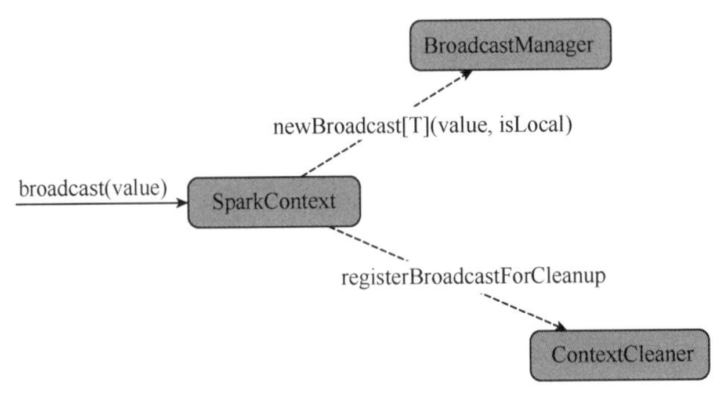


图2-68　Spark广播变量的创建和清理

上述代码首先通过调用 sc.broadcast()方法创建了广播变量 broadcastVar，然后通过调用 broadcastVar.value()方法访问了广播变量 broadcastVar 的值。广播变量使用完之后，调用 unpersist()方法以释放广播变量。最后，上述代码通过调用 destroy()方法永久释放了广播变量 broadcastVar 占用的所有资源，此后广播变量 broadcastVar 就不能再使用了。

# 第 3 章
# Spark SQL、DataFrame、Dataset 原理和实战

## 3.1 Spark SQL 基础概念

### 3.1.1 Spark SQL 介绍

Spark SQL 的底层是基于 DataFrame 实现的，DataFrame 是结构化的数据集。基于 Spark SQL，开发人员可以通过简单的 SQL 实现复杂的大数据计算。在内部，Spark SQL 会将 SQL 语句的语义转换为 RDD 之间的操作，然后提交到集群并执行。

### 3.1.2 Spark SQL 查询语句介绍

在进行 Spark SQL 查询时，既可以使用 Spark 提供的 SQL 语法，也可以使用 Hive SQL 语法，执行流程如图 3-1 所示。在实际开发中，如果使用的是 Hive SQL 语法，那么 Hive 查询语言（HiveQL）会通过 Hive 解析器将 SQL 语句转换为针对 DataFrame 的操作；如果使用的是 Spark SQL，那么 SQL 语句会通过 Spark 解析器转换为针对 DataFrame 的操作。另外，我们也可以使用数据框领域专用语言（DataFrame DSL）对 DataFrame 进行操作。Spark 在接收到转换后的 DataFrame 操作后，还需要使用 Spark Catalyst 优化器将执行过程优化为底层的 Spark 操作。

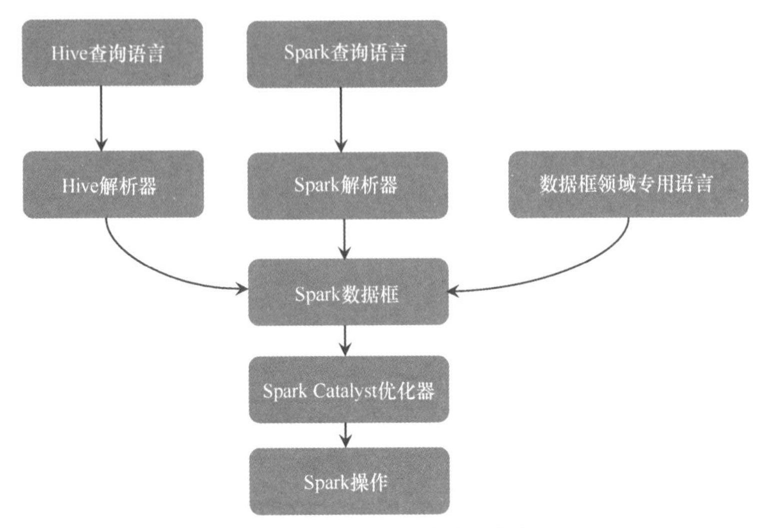


图 3-1　Spark SQL 查询的执行流程

### 3.1.3　DataFrame 的概念

DataFrame 是一种分布式数据集合，其中的每一条数据都由多个字段组成。Spark 中的 DataFrame 与关系数据库中的表以及 R 和 Python 中的 DataFrame 类似，它们都包含了数据以及元数据信息。但是，Spark 在使用 DataFrame 对数据集进行操作时会进行一系列的优化，因此查询性能较好。

DataFrame 可以从很多数据源（如结构化数据文件、Hive 表、关系数据库、NoSQL 数据库或已有的 RDD）加载数据，DataFrame 支持的格式有 JSON、Parquet、TEXT、CSV、ORC、AVRO 等，如图 3-2 所示。

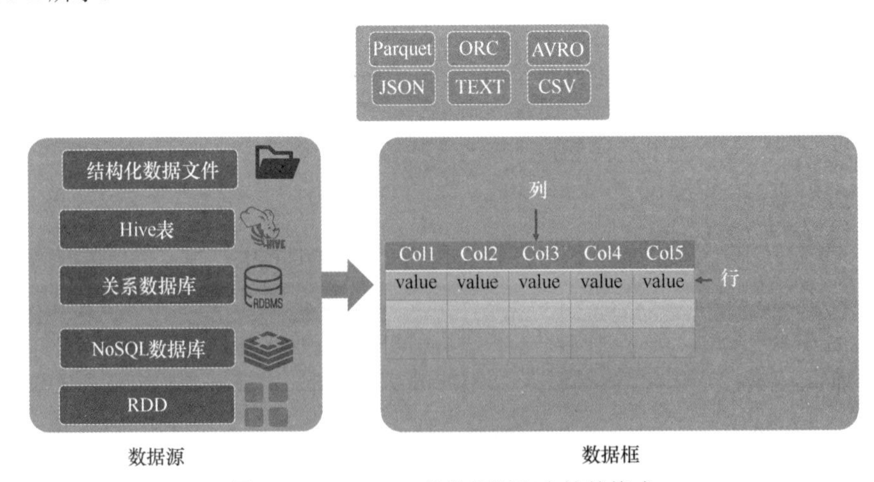


图 3-2　DataFrame 的数据源和支持的格式

### 3.1.4 Dataset 的概念

Dataset 旨在把 RDD 的优势（强类型，可以使用 Lambda 表达式函数）以及 Spark SQL 的优化执行引擎的优势结合在一起。Dataset 是由 Java 对象构建的，在 Dataset 上，我们可以使用各种 Transformation 操作（如 map、flatMap、filter 操作等）和 Action 操作完成数据的交互式计算。

## 3.2 创建一个 Spark SQL 应用

下面我们来看看如何创建一个 Spark SQL 应用。

首先，添加 Maven 依赖。打开 pom.xml 文件，将 Spark SQL 依赖添加到项目中。

```
<dependency>
   <groupId>org.apache.spark</groupId>
   <artifactId>spark-sql_${scala.binary.version}</artifactId>
   <version>${spark.version}</version>
</dependency>
```

然后，创建 SQLSimple 类，初始化 SparkContext 并创建 DataFrame，然后在 DataFrame 上执行 SQL 操作，代码如下：

```
import org.apache.spark.sql.SparkSession
object SQLSimple {
  def main(args: Array[String]): Unit = {
    val basePath = "your_file_parth_dir/"
    //初始化 SparkContext
    val spark = SparkSession.builder().master("local")
              .appName("SQLSimple").config("truncate","false").getOrCreate()
    //创建 DataFrame
    val df_json = spark.read.json("your_file_path/people.json")
    df_json.show()
    println(df_json.schema)
    df_json.select("name","time").show()
    df_json.groupBy("name").count().show()
  }
}
```

假设 people.json 文件中的内容如下：

```
{"name":"Michael","time":"2019-06-22 01:45:52.478"}
{"name":"Andy", "age":30,"time":"2019-06-22 01:45:52.478"}
{"name":"Justin", "age":19,"time":"2019-06-22 01:45:52.478"}
{"name":"Andy", "age":29,"time":"2019-06-22 01:45:52.478"}
```

下面对上述 SQL 代码进行解释。首先，使用 spark.read.json("your_file_path/people.json")将 people.json 文件加载到 Spark 中并转换成名为 df_json 的 DataFrame，然后执行 df_json.select ("name").show()操作以查询 name 列中的数据，输出结果如下：

```
+-------+--------------------+
|   name|                time|
+-------+--------------------+
|Michael|2019-06-22 01:45:...|
|   Andy|2019-06-22 01:45:...|
| Justin|2019-06-22 01:45:...|
|   Andy|2019-06-22 01:45:...|
+-------+--------------------+
```

最后，执行 df_json.groupBy("name").count().show()操作，从而基于 name 列执行 groupBy 分组操作和 count 统计操作，输出结果如下：

```
+---------+-----+
|   name  |count|
+---------+-----+
| Michael |    1|
|   Andy  |    2|
| Justin  |    1|
+---------+-----+
```

除提供上述简单的字段引用和表达式支持之外，DataFrame 还提供了丰富的工具函数库，里面包括字符串组装函数、日期处理函数以及常见的数学函数等。

## 3.3 Spark SQL 视图操作

上述 Spark SQL 应用是通过执行 DataFrame 封装好的 SQL 代码来对 DataFrame 数据进行操作的，但这种方式比较烦琐，尤其是在计算逻辑较复杂的情况下，使用起来更不便。在实际开发中，若将 DataFrame 映射为视图，就可以直接在视图上执行 SQL 操作了。下面我们看看如何执行 Spark SQL 视图操作。

在使用层面上，Spark SQL 视图与数据库视图类似，只不过数据库视图是对数据表所做的抽象，而 Spark SQL 视图是对 DataFrame 所做的抽象。Spark SQL 视图分为临时视图和全局临时视图两种。

### 1. 临时视图

Spark SQL 视图中的临时视图仅限于会话范围。如果创建临时视图的会话终止，临时视图就会消失。临时视图的创建代码如下：

```
df_json.createOrReplaceTempView("people")
sparkSession.sql("SELECT * FROM people where age > 20").show()
```

上述代码首先通过调用 DataFrame 的 createOrReplaceTempView()方法将名为 df_json 的 DataFrame 映射为 people 视图，然后调用 sparkSession 的 sql()方法并将 SQL 语句作为参数传入以完成对视图的操作，运行结果仍然是 DataFrame。由此可以看出，当通过 Spark SQL 视图分析数据时，只需要使用简单的 SQL 语句即可完成数据操作，十分简单。

### 2. 全局临时视图

如果想要拥有一个能在所有会话之间共享的临时视图并使其保持活动状态，直到 Spark 应用程序终止，那么只能通过创建全局临时视图的方式来实现。全局临时视图将与系统保留的数据库 global_temp 绑定在一起，应用程序必须使用限定的名称来引用全局临时视图，如下所示：

```
df_json.createOrReplaceGlobalTempView("people")
spark.sql("SELECT * FROM global_temp.people ").show()
```

上述代码首先通过 createOrReplaceGlobalTempView()方法创建了一个全局视图，然后对这个全局视图进行了一些操作。需要注意的是，全局视图在调用的时候必须加上前缀 global_temp。例如，全局视图 people 的调用方式为 SELECT * FROM global_temp.people。

## 3.4 Spark Dataset 操作

Spark SQL Dataset API 提供的 API 与 RDD 类似，但是 Dataset 并没有使用 Kryo 来实现序列化，而是使用 Spark 提供的编码器来序列化对象。虽然编码器和标准序列化都负责将对象转换为字节，但是编码器能动态生成代码，并且允许 Spark 执行更多操作（如过滤、排序和散列），而无须将字节反序列化为对象。通过编码器创建数据集的方式有 3 种。

（1）使用基础数据类型创建 Dataset。

```
import spark.implicits._
val primitiveDS = Seq(1,2,3).toDS()
println(primitiveDS.map(_ + 1).collect())  //返回 Array(2, 3, 4)
```

在上述代码中，Seq(1,2,3)中的数据 1、2、3 是基础类型，因此可以使用系统提供的 implicits 进行序列化。

（2）通过 bean 创建 Dataset。

```
case class Person(name: String, age: Long)
val caseClassDS =  Seq(Person("alex", 32)).toDS()
caseClassDS.show()
```

上述代码首先定义了 Person 类，然后初始化一个 Person 对象并将这个 Person 对象添加到了 Seq 序列中，最后调用 Seq 序列的 toSD()方法，从而将数据转换成了一个 Dataset。

（3）通过读取文件的方式创建 Dataset。

```
val ds_json = spark.read.json("your_file_path/people.json")
ds_json.printSchema()
ds_json.show()
```

上述代码首先通过 spark.read.json("your_file_path/people.json")将一个 JSON 文件加载为 Dataset，然后通过调用 ds_json.printSchema()输出了 Dataset 的 Schema 信息，最后通过调用 ds_json.show()显示了 Dataset 中的前 20 行数据。

# 3.5　Spark DataFrame 操作

## 3.5.1　DataFrame Schema 设置

Spark DataFrame 之所以能直接执行结构化的 SQL 语句，是因为 DataFrame 记录了数据的 Schema。Schema 描述了数据的结构，那么 Schema 应如何设置呢？DataFrame 支持两种 Schema 设置方式——自动推断和声明式设置。

自动推断是指通过反射机制解析数据中的字段名称和字段类型并将它们作为数据的 Schema 信息。Spark 会在内部自动完成推断，而不需要在开发中做任何配置。加载 JSON 文件并自动推断 Schema 的代码实现如下：

```
val ds_json = spark.read.json("your_file_path/people.json")
ds_json.printSchema()
```

输出结果如下：

```
root
|-- age: long (nullable = true)
|-- name: string (nullable = true)
|-- time: string (nullable = true)
```

在把数据加载到 Spark 中之后，我们就可以基于 ds_json 构建视图并执行 SQL 语句了，代码实现如下：

```
ds_json.createOrReplaceTempView("people")
//使用 Spark 提供的 sql()方法运行 SQL 语句
val filterDF = spark.sql("SELECT name, age FROM people WHERE age>20")
filterDF.printSchema()
```

在上述代码中，使用 filterDF.printSchema()输出的就是对数据进行过滤后的 Schema 信息，运行结果如下。可以看到，在过滤 time 字段后，新生成的 DataFrame 的 Schema 中已经不再包含这个字段。

```
root
  |-- name: string (nullable = true)
  |-- age: long (nullable = true)
```

声明式设置 Schema 的方法是首先创建一个 StructType，并在这个 StructType 中设置每个字段的名称、类型及其是否可空。然后在读取数据的时候，设置 Schema 信息。实现代码如下：

```
//定义 Schema 信息
val schema = StructType {
  List(
    StructField("name", StringType, true),
    StructField("age", IntegerType, true),
    StructField("time", StringType, true)
  )
}
//使用 Schema 信息
val ds_json_1 = spark.read.schema(schema).json(basePath + "people.json")
ds_json_1.printSchema()
ds_json_1.show()
```

上述代码首先定义了 Schema 信息，然后在读取数据的时候，通过 read.schema(schema)将定义的 Schema 信息设置到 DataFrame 上了。

## 3.5.2 DataFrame 数据加载

DataFrame 支持以文本文件、JSON 文件、Parquet 文件、ORC 文件等多种数据源的方式加载和保存数据。

### 1. 读取文件

如下代码将从文本文件、CSV 文件、JSON 文件、Parquet 文件、ORC 文件中加载数据。

```
//Spark 将 CSV 文件加载为 DataFrame
val df_text = spark.read.text("your_file_path/kv1.txt")
val df_csv = spark.read.format("csv").option("sep", ";")  //指定 CSV 文件的分隔符为逗号
  .option("inferSchema", "true")
  .option("header", "true")                       //对 CSV 文件的第一行进行检查并推断其 Scheme 信息
  .load(basePath + "people.csv")
//Spark 将 JSON 文件加载为 DataFrame
val df_json = spark.read.json( "your_file_path/people.json")
//Spark 将 Parquet 文件加载为 DataFrame
val df_parquet = spark.read.parquet( "your_file_path/users.parquet")
//Spark 将 ORC 文件加载为 DataFrame
val df_orc = spark.read.orc( "your_file_path/users.orc")
```

### 2. 手动指定文件类型

除通过直接调用 read()方法加载数据源之外，Spark 应用程序还支持手动指定想要加载的数据源，常见的数据格式有 JSON、Parquet、JDBC、ORC、LibSVM、CSV、TEXT 等。另外，由于 AVRO 属于扩展格式，且 Spark 原生并不支持 AVRO 格式，因此我们必须使用 format()方法设置数据格式为 AVRO，代码实现如下：

```
val df_avro = spark.read.format("avro").load(basePath + "users.avro")
```

#### 3. 在 DataFrame 上运行 SQL

如下代码将基于 df_json 构建视图并基于视图文件执行 SQL 查询语句，查询出 age>20 的数据。

```
df_json.createOrReplaceTempView("people")
spark.sql("SELECT * FROM people where age > 20").show()
```

#### 4. 把数据写出到文件中

如下代码将数据写出到文本文件、CSV 文件、JSON 文件、Parquet 文件、ORC 文件中。

```
df_text.write.text("your_file_path/text_result")
df_csv.write.csv("your_file_path/csv_result")
df_json.write.json("your_file_path/json_result")
df_parquet.write.parquet("your_file_path/parquet_result")
df_orc.write.orc("your_file_path/orc_result")
```

### 3.5.3 DataFrame 数据保存

在基于 DataFrame 完成计算后，计算结果即可保存到内存或外部存储系统中。DataFrame 允许使用 SaveMode 来设置数据保存模式，常用的数据保存模式有如下几种。

- SaveMode.ErrorIfExists(default)：默认模式，当从 DataFrame 向数据源保存数据时，如果数据已经存在，就抛出异常。
- SaveMode.Append：如果数据或表已经存在，就将 DataFrame 数据追加到已有数据的末尾。
- SaveMode.Overwrite：如果数据或表已经存在，就使用 DataFrame 数据覆盖之前的数据。
- SaveMode.Ignore：如果数据已经存在，就放弃保存 DataFrame 数据，作用与 SQL 语言中的 CREATE TABLE IF NOT EXISTS 类似。

在使用 HiveContext 时，DataFrame 支持使用 saveAsTable()方法将数据保存成持久化的表。saveAsTable()方法与 registerTempTable()方法的区别是：saveAsTable()方法会将 DataFrame 中的实际数据保存下来，并且还会在 Hive Metastore 中创建游标指针。持久化的表会一直保留，即使 Spark 应用程序重启也不会丢失。只要将 Spark 应用程序连接到同一个 Metastore，就可以读取其中的数据。当读取持久化的表时，只需要将表名作为参数，调用 SQLContext.table()方法即可得到对应的 DataFrame。

## 3.6 Spark SQL 操作

### 3.6.1 Spark SQL 表关联操作

在 Spark SQL 中，进行表关联是十分常见的操作。下面简单通过一个例子介绍 Spark SQL 表关联操作。

```
//初始化 SparkContext
val spark = SparkSession.builder().master("local").appName("SQLSimple")
          .config("truncate","false").getOrCreate()
//以读取文件的方式获取 DataFrame
val df_json = spark.read.json("your_file_path/people.json")
df_json.createOrReplaceTempView("people")  //基于 df_json 构造视图 people
import spark.implicits._
//自定义 Seq 序列并将其转换为 DataFrame
val df = Seq( ("alex", "shanghai"), ("Andy", "beijing" )).toDF("name", "city")
df.createOrReplaceTempView("people_1")     //基于 df 构造视图 people_1
//对视图 people 和 people_1 执行连接操作
spark.sql("select a.*,b.city from people a ,people_1 b where a.name=b.name").show()
```

上述代码分别通过读取 JSON 文件和自定义 Seq 序列的方式得到两个 DataFrame，然后将得到的 DataFrame 转换为两个视图，最后对这两个视图执行了表关联操作。Spark SQL 表关联操作和关系数据库中的表关联操作在使用上十分相似。

## 3.6.2 Spark SQL 函数操作

Spark SQL 提供了内置函数和用户自定义函数（UDF）两种函数以满足用户的广泛需求。其中，内置函数在 SQL 中经常用，内置函数包括常用的高级函数和聚合类函数，常用的高级函数又有数组函数、map 函数、时间日期函数、JOSN 函数等。当内置函数满足不了需求时，用户可以自定义函数。

### 1. Spark SQL 常用的高级函数

下面通过代码实战介绍 Spark SQL 常用的高级函数。Spark 内置函数的使用方法和 MySQL 函数非常相似，这里不做过多解释，读者在使用时从官网查询即可。

```
//数组函数
spark.sql("SELECT array(1, 2, 3);").show()                            //定义数组
spark.sql("SELECT array_contains(array(1, 2, 3), 2);").show()         //判断数组是否包含元素
spark.sql("SELECT array_distinct(array(1, 2, 3, null, 3));").show()  //数组去除操作
//返回第一个数组中与第二个数组不重复的元素
spark.sql("SELECT  array_except(array(1, 2, 3), array(1, 3, 5));").show()
//返回两个数组的交集
spark.sql("SELECT array_intersect(array(1, 2, 3), array(1, 3, 5));").show()
spark.sql("SELECT array_max(array(1, 20, null, 3));").show()          //返回数组中最大的元素
spark.sql("SELECT array_min(array(1, 20, null, 3));").show()          //返回数组中最小的元素
spark.sql("SELECT array_remove(array(1, 2, 3, null, 3), 3);").show() //删除数组中的元素
spark.sql("SELECT array_sort(array('b', 'd', null, 'c', 'a'));").show() //排序数组
spark.sql("SELECT array_union(array(1, 2, 3), array(1, 3, 5));").show() //合并数组并去除重复
                                                                        //元素
spark.sql("SELECT arrays_zip(array(1, 2, 3), array(2, 3, 4));").show()  //合并数组
spark.sql("SELECT concat('Spark', 'SQL')").show()                       //连接字符串
spark.sql("SELECT concat(array(1, 2, 3), array(4, 5), array(6));").show()//连接数组
```

```
//将多个数组中的元素装载到一个数组中
spark.sql("SELECT flatten(array(array(1, 2), array(3, 4)));").show()
spark.sql("SELECT reverse('Spark SQL');").show()                        //反转字符串中字符的顺序
spark.sql("SELECT reverse(array(2, 1, 4, 3));").show()                  //反转数组中元素的顺序
//返回一个序列，其中的数据由数组中从 start 索引位置开始到 end 索引位置结束的元素构成（第一个参数为 start，
//第二个参数为 end）
spark.sql("SELECT sequence(1, 5);").show()
spark.sql("SELECT sequence(5, 1);").show()
spark.sql("SELECT shuffle(array(1, 20, 3, 5));").show()      //将数组元素打散（洗牌）
spark.sql("SELECT slice(array(1, 2, 3, 4), 2, 2);").show()  //截取数组
spark.sql("SELECT slice(array(1, 2, 3, 4), -2, 2);").show()
//map 函数
spark.sql("SELECT map_concat(map(1, 'a', 2, 'b'), map(3, 'c')); ").show()//对两个 map 进行合并
spark.sql("SELECT map_entries(map(1, 'a', 2, 'b'));").show()          //将 map 转换为无序数组
//将 struct 转换为 map
spark.sql("SELECT map_from_entries(array(struct(1, 'a'), struct(2, 'b')));").show()
spark.sql("SELECT map_keys(map(1, 'a', 2, 'b'));").show()     //返回 map 中的 key
spark.sql("SELECT map_values(map(1, 'a', 2, 'b'));").show()   //返回 map 中的 value
//日期时间函数
spark.sql("SELECT current_date();").show()                    //获取当前日期
spark.sql("SELECT current_timestamp();").show()               //获取当前时间戳
spark.sql("SELECT date_add('2016-07-30', 1); ").show()        //对日期加 1 天
spark.sql("SELECT date_format('2016-04-08', 'y'); ").show()   //获取年份
spark.sql("SELECT date_sub('2016-07-30', 1);").show()         //对日期减 1 天
spark.sql("SELECT datediff('2009-07-31', '2009-07-30');").show()     //计算两个日期相差多少天
spark.sql("SELECT minute('2009-07-30 12:58:59');").show()     //获取时间中的分钟
spark.sql("SELECT month('2009-07-30 12:58:59');").show()      //获取日期中的月份
spark.sql("SELECT now(); ").show()                            //获取当前时间
spark.sql("SELECT to_date('2009-07-30 04:17:52');").show()    //将字符串转换为时间类型
spark.sql("SELECT to_timestamp('2016-12-31 00:12:00');").show()     //将字符串转换为时间戳
//将字符串按照格式转换为时间戳
spark.sql("SELECT to_timestamp('2016-12-31', 'yyyy-MM-dd'); ").show()
//将字符串转换为 UNIX 时间戳，单位为秒
spark.sql("SELECT to_unix_timestamp('2016-04-08', 'yyyy-MM-dd');").show()
spark.sql("SELECT unix_timestamp();").show()   //获取当前 UNIX 时间戳
//JOSN 函数
//返回 JSON 对象中的 value
spark.sql("SELECT from_json('{\"a\":1, \"b\":0.8}', 'a INT, b DOUBLE');").show()
//抽取 JSON 中对应 key 的 value，返回值为一个字符串
spark.sql("SELECT get_json_object('{\"a\":\"b\"}', '$.a');").show()
//抽取 JSON 中多个 key 的 value，返回值为一个元组
spark.sql("SELECT json_tuple('{\"a\":1, \"b\":2}', 'a', 'b');").show()
spark.sql("SELECT to_json(named_struct('a', 1, 'b', 2));").show()//将 named_struct 转换为 JSON
spark.sql("SELECT to_json(array(named_struct('a', 1, 'b', 2)));").show()//将数组转换为 JSON
spark.sql("SELECT to_json(map('a', named_struct('b', 1)));").show()      //将 map 转换为 JSON
spark.sql("SELECT to_json(map(named_struct('a', 1),named_struct('b', 2)));").show()
spark.sql("SELECT to_json(map('a', 1));").show()
spark.sql("SELECT to_json(array((map('a', 1))));").show()
//统计相关函数
spark.sql("SELECT count(name),name from people group by name order by name desc").show()
spark.sql("SELECT sum(col) FROM VALUES (NULL), (10), (15) AS tab(col);").show()
spark.sql("SELECT max(col) FROM VALUES (NULL), (10), (15) AS tab(col);").show()
spark.sql("SELECT min(col) FROM VALUES (10), (-1), (20) AS tab(col);").show()
```

```
spark.sql("SELECT count(DISTINCT col) FROM VALUES (NULL), (5), (5), (10) AS tab(col);").
      show()
spark.sql("SELECT count(col) FROM VALUES (NULL), (5), (5), (20) AS tab(col);").show()
```

### 2. 用户自定义函数（UDF）

除使用 Spark 内置函数之外，用户也可以自定义函数，进而满足更复杂的函数需求。下面使用用户自定义函数实现简单的 age++功能。

```
val plusOne = udf((x: Int) => x + 1)
spark.udf.register("plusOne", plusOne)
spark.sql("select age, plusOne(age) age_1,name from people").show()
```

上述代码实现了一个用户自定义函数并演示了如何在Spark SQL中使用这个用户自定义函数，具体过程如下。

（1）定义一个用户自定义函数 plusOne()，plusOne()函数和普通函数没有差别。

（2）使用 spark.udf.register("plusOne", plusOne)将 plusOne()函数注册到 Spark 的 UDF 中。

（3）在 Spark SQL 中使用注册的 plusOne()函数。

plusOne()函数的功能是对传入该函数的每个值加 1，但不足之处是每次只能加 1。接下来，我们定义一个稍微复杂些的函数，以便根据传入的步长对数据进行操作，具体实现如下：

```
spark.udf.register("age_plus", (age:Int,step:Int) =>  {
  age+step
})
spark.sql("select age , age_plus(age,10) age_1,name from people").show()
```

### 3. 一般 SQL 执行过程

在传统的关系数据库中，最基本的 SQL 查询语句由 projection(field a, field b, field c)、datasource(table A)和 filter(field a > x)三部分组成，它们分别对应 SQL 查询过程中的结果、数据源和操作。也就是说，SQL 语句是按照“结果”→“数据源”→“操作”的顺序来描述的，如图 3-3 所示。

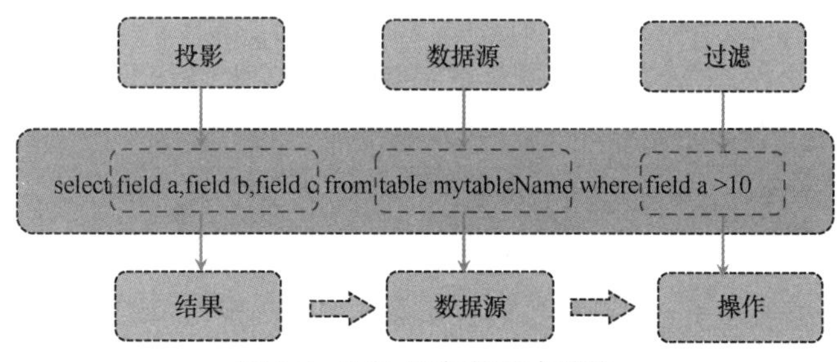


图 3-3 SQL 语句的基本结构

SQL 语句虽然是按照“结果”→“数据源”→“操作”的顺序来描述的，但实际是按照“操作”→“数据源”→“结果”的顺序来执行的，与 SQL 语法正好相反，具体的执行流程如图 3-4 所示。

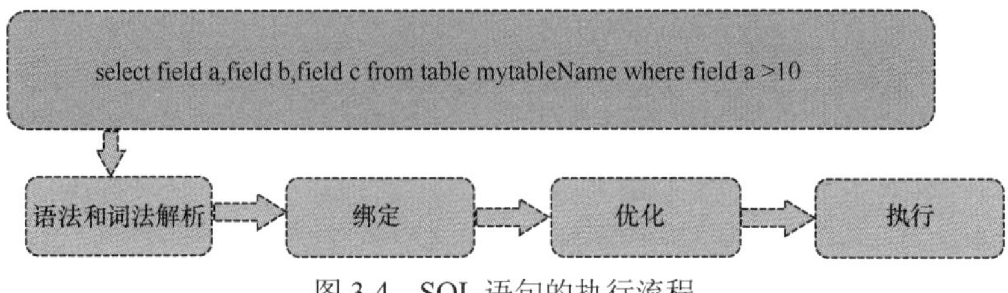


图 3-4　SQL 语句的执行流程

（1）语法和词法解析：对写入的 SQL 语句进行词法和语法解析，分析出 SQL 语句中的哪些是关键词（如 select、from 和 where），哪些是表达式，哪些是投影，哪些是数据源等，从而判断 SQL 语法是否规范并形成逻辑计划。

（2）绑定：对 SQL 语句和数据库中的对象（列、表、视图等）进行绑定。如果相关的投影和数据源等都存在，就表示这条 SQL 语句是可以执行的。

（3）优化：数据库通常都会提供一些执行计划，这些执行计划一般都有运行统计数据，数据库会从这些执行计划中选择最优执行计划来执行 SQL。

（4）执行：执行最优执行计划，返回查询到的数据集。

### 4. Spark SQL 执行过程

Spark SQL 对 SQL 语句的处理过程和普通关系数据库对 SQL 语句的处理过程类似。Spark SQL 会首先对 SQL 语句进行语法解析并生成语法树，然后使用规则对语法树进行绑定，最后进行优化和处理。Spark 能通过模式匹配对语法树的不同节点执行不同的操作，具体过程是通过 Spark 的查询优化器 Catalyst 来实现的。

作为 Spark SQL 的查询优化器，Catalyst 是 Spark SQL 最核心的部分，主要负责 SQL 语句的解析、绑定、优化以及生成物理的执行计划等。Catalyst 主要由解析器、分析器、优化器和计划器 4 个模块组成。

- 解析器：同时兼容 ANSI SQL 2003 标准和 HiveQL，用于将 SQL、Dataset 和 DataFrame 转换成一棵未经解析（unresolved）的树，这棵树在 Spark 中被称为逻辑计划，它是对用户程序的一种抽象。
- 分析器：作用是利用目录树中的信息，对解析器生成的树进行解析。分析器由一系列规则组成，每一条规则负责一项检查或转换操作，例如解析 SQL 中的表名、列名，同时判断它们是否存在。通过分析器，我们可以得到解析后的逻辑计划。
- 优化器：作用是对解析完的逻辑计划进行结构优化。优化过程是通过一系列的规则来完成的，常用的规则有谓词下推（predicate pushdown）、列裁剪（column pruning）、连接重排序（join reordering）等。此外，Spark SQL 还提供了基于成本的优化器（cost-based optimizer），以基于数据分布情况自动生成最优的执行计划。

- 计划器：作用是将优化后的逻辑计划转换成物理计划。计划器由一系列的策略组成，每个策略都能将某个逻辑算子转换成对应的物理执行算子，并最终转换成 RDD 操作。需要说明的是，在转换过程中，一个逻辑算子可能对应多个物理算子的实现，例如连接的实现就有 SortMergeJoin 和 BroadcastHashJoin。在实践中，我们需要基于成本模型（cost model）来选择最优的算子。

整个 Catalyst 框架拥有良好的可扩展性，开发人员可以根据不同的需求，灵活地添加自己的语法、解析规则、优化规则和转换策略。

介绍完 Catalyst 的模块组成后，接下来介绍 Catalyst 执行流程，如图 3-5 所示。

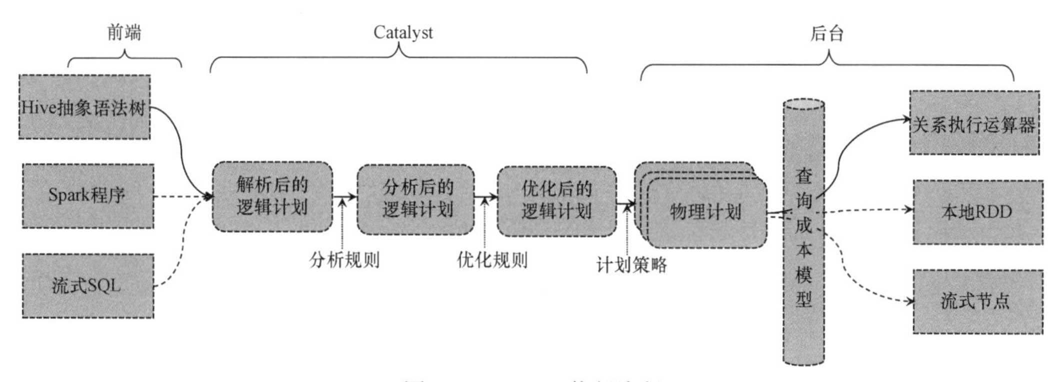


图 3-5 Catalyst 执行流程

（1）使用解析器将 SQL 语句解析为语法树，语法树又称为解析后的逻辑计划。

（2）使用分析器和目录树中的表信息分析解析后的逻辑计划。

（3）使用各种基于规则的优化策略进行深入优化，得到优化后的逻辑计划。优化后的逻辑计划依然是逻辑计划，Spark 不能直接执行。

（4）将优化后的逻辑计划转换为物理计划，然后基于物理计划将 SQL 语句转换为 RDD 计算并执行。

经过上述操作后，我们就完成了从用户编写的 SQL 语句到 Spark 内部 RDD 的具体操作逻辑的转换。

下面基于代码分析 Spark SQL 执行计划。观察如下代码：

```
spark.sql("sespark.sql("SELECT * FROM people where age>=20").explain(true)
```

上述代码将执行一条 SQL 语句并通过 explain(true)输出执行计划，如图 3-6 所示。

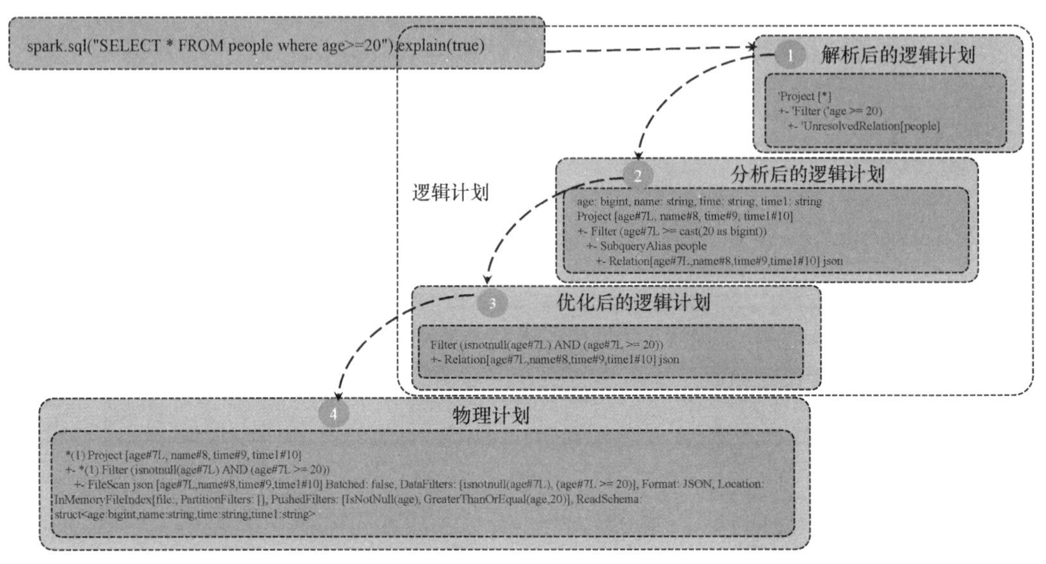


图 3-6 Spark SQL 执行计划

下面对上述代码中的 SQL 执行计划进行分析。

Parsed Logical Plan 的执行逻辑如下：

```
== Parsed Logical Plan ==
'Project [*]
+- 'Filter ('age >= 20)
   +- 'UnresolvedRelation [people]
```

上述代码会将 SQL 语句解析为一棵语法树，这棵语法树用于从表 people 中过滤出 age 大于或等于 20 的数据并返回全部列信息，Project [*]用于投影出全部列。

Analyzed Logical Plan 的执行逻辑如下：

```
== Analyzed Logical Plan ==
age: bigint, name: string, time: string, time1: string
Project [age#7L, name#8, time#9, time1#10]
+- Filter (age#7L >= cast(20 as bigint))
   +- SubqueryAlias people
      +- Relation[age#7L,name#8,time#9,time1#10] json
```

上述执行计划会利用目录树中的表源数据信息构建逻辑计划，我们可以看到，这里不仅明确指定了要返回的列信息（Relation[age#7L,name#8,time#9,time1#10] json），而且指明了每一列的数据类型（age: bigint, name: string, time: string, time1: string）。

Optimized Logical Plan 的执行逻辑如下：

```
== Optimized Logical Plan ==
```

```
Filter (isnotnull(age#7L) AND (age#7L >= 20))
+- Relation[age#7L,name#8,time#9,time1#10] json
```

上述执行计划表示对逻辑计划进行优化，我们可以看到，过滤条件得到了优化，优化逻辑为 Filter (isnotnull(age#7L) AND (age#7L >= 20))。

Physical Plan 的执行逻辑如下：

```
== Physical Plan ==
*(1) Project [age#7L, name#8, time#9, time1#10]
+- *(1) Filter (isnotnull(age#7L) AND (age#7L >= 20))
 +- FileScan json [age#7L,name#8,time#9,time1#10] Batched: false, DataFilters: [isnotnull
(age#7L), (age#7L >= 20)], Format: JSON, Location: InMemoryFileIndex[file:/ u...,
PartitionFilters: [], PushedFilters: [IsNotNull(age), GreaterThanOrEqual(age,20)],
ReadSchema: struct<age:bigint,name:string,time:string,time1:string>
```

上述执行计划用于生成具体的物理计划。我们可以看到，逻辑计划中的 Relation 被换成了物理计划中的 FileScan json。物理计划中的 FileScan json 则包括了 InMemoryFileIndex、PartitionFilters、PushedFilters、ReadSchema 等与 RDD 相关的操作。物理计划就是 Spark SQL 将 SQL 语句转换为 RDD 操作并最终要在各个节点上执行的任务。

# 第 4 章
# 深入理解 Spark 数据源

Spark 数据源从大的方向上可分为 3 类——文件系统、数据库系统和消息系统。首先，Spark 从 HDFS、Amazon S3 等服务中获取数据并加载到 Spark 中进行处理；然后，Spark 将所要分析的数据存储在 MySQL、HBase、MongoDB 等数据库中，再针对不同的数据库使用不同的 Spark Connector，从对应的数据库中读取数据到 Spark 中并进行处理；最后，Spark 从类似于 Kafka 的消息系统中实时获取数据并进行计算，通常用于 Spark 流式计算方面的应用。

## 4.1 Spark 文件读写原理

在 Spark 输出的数据读取结果和计算结果中，大部分基于文件系统，比如常见的 HDFS 和 Amazon S3、OSS、OBS 对象存储等；而在 TB 级别的数据处理过程中，Spark 的数据读取和写出也十分耗时。因此，Spark 读取和写出数据的并行度对于 Spark 应用程序的性能至关重要。为了合理地设置 Spark 文件读写的并行度，我们首先需要了解 Spark 文件读写原理。下面就来介绍 Spark 数据分布、Spark 数据读取过程和 Spark 数据写出过程。

这里需要说明的是，Spark 文件的格式会影响 Spark 文件的读写方式、大小和存储空间，从而进一步影响 Spark 数据读取的性能。在 Spark 中，常用的文件格式分为列式存储和行式存储两种。其中，列式存储格式包括 Parquet、ORC，行式存储格式包括 AVRO、JSON、CSV、TEXT、Binary，如图 4-1 所示。

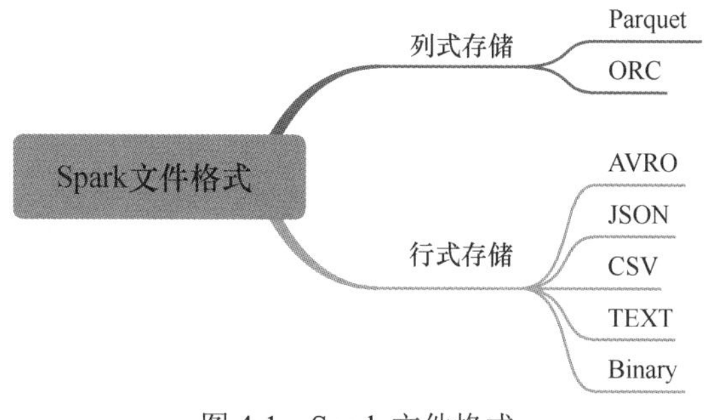


图 4-1 Spark 文件格式

## 4.1.1 Spark 数据分布

### 1. 目录树概述

Spark 按照类似于目录分层的方式组织数据，这样当查询数据时，我们就能够基于目录树以粗粒度的方式对不符合条件的数据进行过滤。基于目录树的 Spark SQL 查询往往能过滤掉很大一部分数据，如图 4-2 所示。当仅查询 day 等于 2021-01-01、country 等于 China 的数据时，基于目录树的过滤功能，Spark 能够快速定位到需要查询的文件。

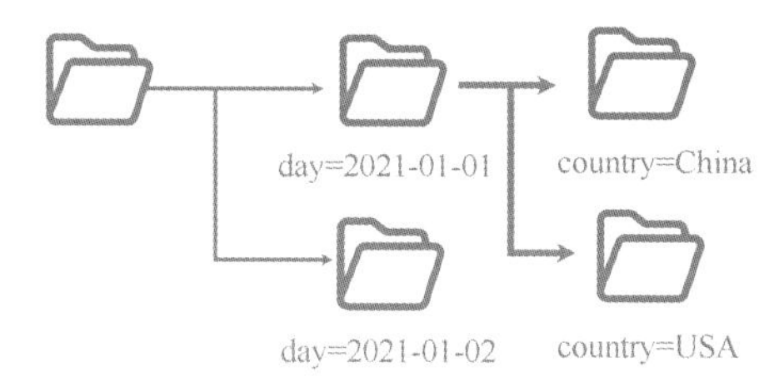


图 4-2 使用 Spark 目录树以粗粒度方式过滤数据

假设有一个从 GPS 设备上实时接收的 gps_data 事件数据集，里面的数据是按照日期存放的，并且同一天的数据已根据设备类型做了分类存储，数据存储格式为 Parquet，里面包含 imei、timestamp、day、device_type、longitude、latitude 等字段。其中，imei 表示设备的唯一标识号；timestamp 表示 GPS 数据采集的时间戳；day 表示数据采集的日期（如 2021-02-21）；device_type 表示设备类型，常见的有车载设备（vehicle）、电子手表（watch）等；longitude 与 latitude 分别表示经度和纬度。具体的数据结构如图 4-3 所示。

下面基于上述 GPS 数据介绍 Spark 数据读取过程。当使用 Spark DataFrame 从磁盘上加载数据到 Spark 中时，如果执行如下 Spark 语句，就会分别对数据完成目录树级别过滤、行组级别过滤和列级别过滤。

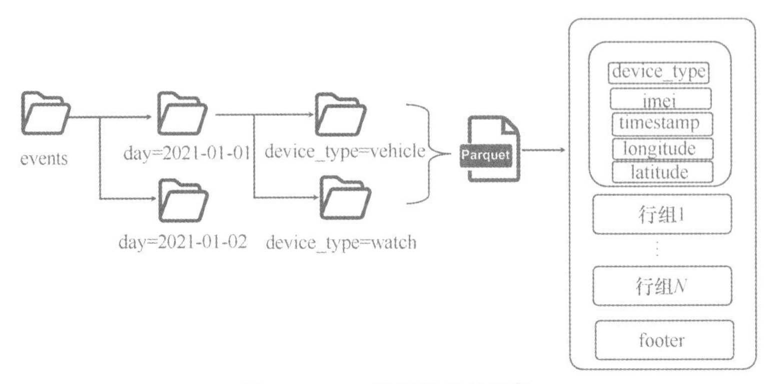


图 4-3　GPS 数据的具体结构

```
spark
.read.parquet("/data/events")      //加载数据的路径
.where("day = '2021-01-01'")       //第一个目录级别过滤
.where("device_type = 'watch' ")   //第二个目录级别过滤
.where("imei = '123' ")            //基于列式存储的行组级别过滤
.select("timestamp")               //基于列式存储的列级别过滤
.collect()
```

## 2. 目录树级别过滤

我们首先来看目录树级别过滤。在 Spark 执行上述代码的过程中，当执行到 where("day = '2021-01-01' ")和 where("device_type = 'watch' ")时，就会根据条件将 day 不等于 2021-01-01 和 device_type 不等于 watch 的数据过滤掉，也就是按照目录树进行过滤，如图 4-4 所示。

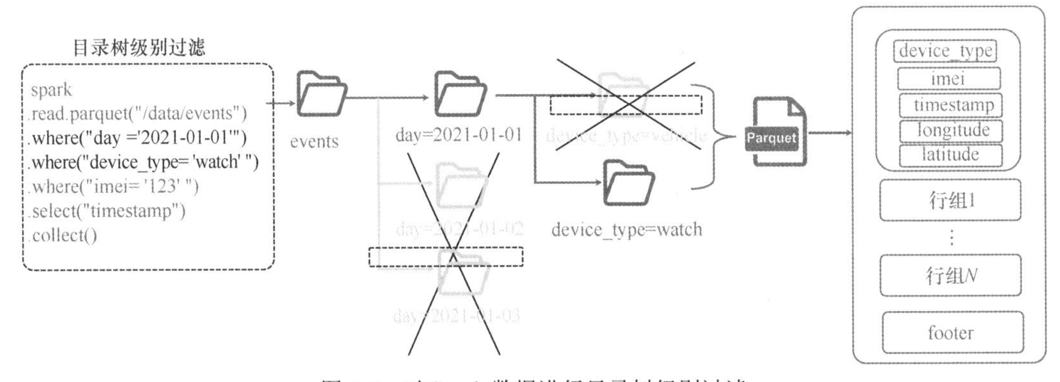


图 4-4　对 Spark 数据进行目录树级别过滤

## 3. 行组级别过滤

当执行到 where("imei = '123' ")时，Spark 就会根据 Parquet 的列式存储原理，逐行从 Parquet 文件中过滤出 imei 等于 123 的数据，如图 4-5 所示。

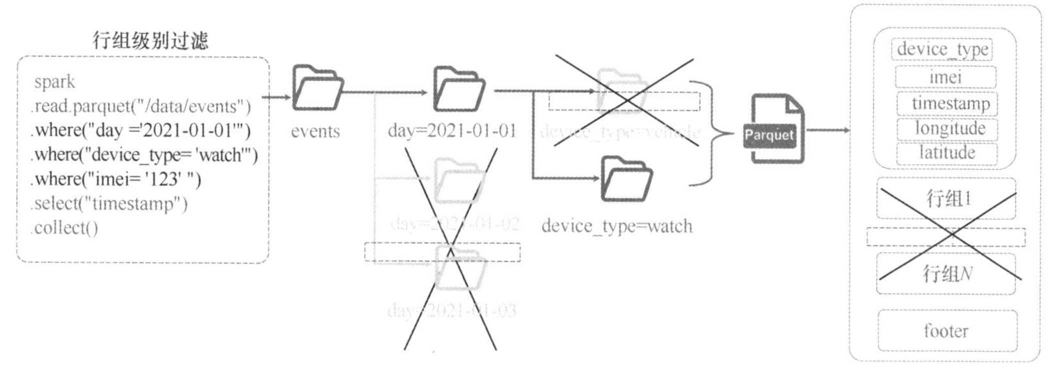


图 4-5 对 Spark 数据进行行组级别过滤

### 4. 列级别过滤

当执行到 select("timestamp")时，Spark 同样会根据 Parquet 的列式存储原理，逐列过滤出 Parquet 文件的 timestamp 列中的数据，如图 4-6 所示。

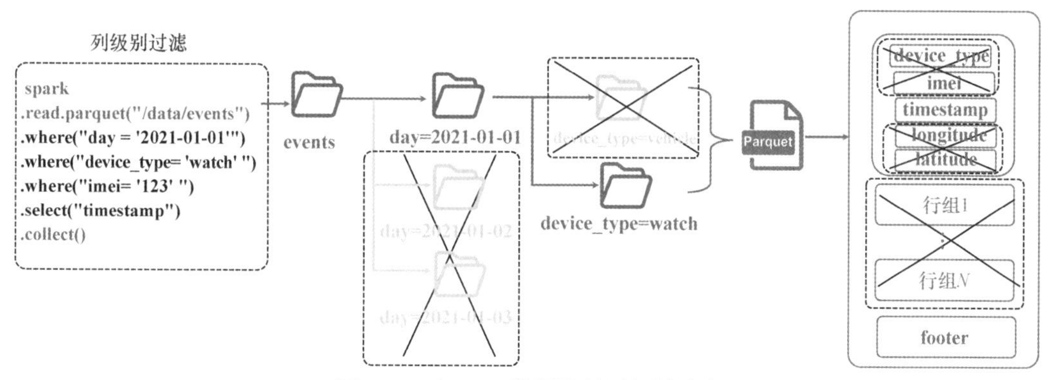


图 4-6 对 Spark 数据进行列级别过滤

通过进行目录树级别过滤、行组级别过滤和列级别过滤，看似数据量很大的 Spark 数据查询，在具体的数据扫描过程中，其实只会扫描自己“关心”的数据，这对于数据读取性能的优化有着很大的帮助。因此，根据数据分布对数据查询进行优化是 Spark 调优中首先需要考虑的事项，这一点与在关系数据库中进行索引调优时，首先需要考虑优化方向十分相似。

## 4.1.2 Spark 数据读取过程

Spark 在读取数据的过程中，会按照文件中文件块的大小和分区的个数，尽可能将文件块平均地分配到每个分区上以进行并行读取。其中，每个分区上的数据对应 Spark 中的一个任务，每个任务在物理上则对应一个线程。具体读取过程如图 4-7 所示。

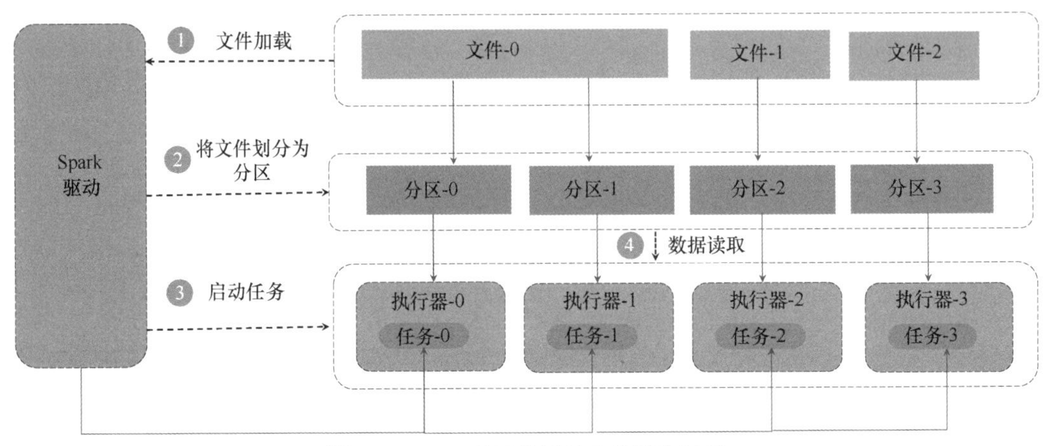


图 4-7　Spark 基于分区的文件读取过程

如果有 3 个文件，分别为文件-0、文件-1、文件-2，并且其中的文件-0 为大文件，那么 Spark 读取文件的过程如下。

（1）加载文件：Spark 根据分区读取文件信息，包括文件的个数和大小等信息。

（2）按照分区划分文件：Spark 在接收到加载文件的命令后，就会按照文件块的大小将文件划分到多个分区中。从图 4-7 中可以看到，由于文件-0 是大文件，因此它被分到分区-0 和分区-1 这两个分区中，而文件-1 和文件-2 则分别被分到分区-3 和分区-4 中。

（3）启动任务：Spark 会为每个分区分配一个任务来读取对应分区上的数据，一个任务对应一个线程。

（4）读取数据：任务启动后，Spark 即可从对应的分区上并行地读取文件。因此，这里的分区数通常指的是 Spark 数据读取的并行度。

## 4.1.3　Spark 数据写出过程

### 1. Spark 文件写出原则（temporary 机制）

Spark 文件的写出是利用 temporary 机制来完成的，具体需要遵守 3 条原则。

（1）每个作业对应的文件夹都是相互独立的临时（temporary）目录。

（2）作业中的每个任务对应的文件夹也是相互独立的临时目录。

（3）若数据写完，就将临时目录修改为最终目录，这在 HDFS 中是通过 move 命令来实现的，如图 4-8 所示。

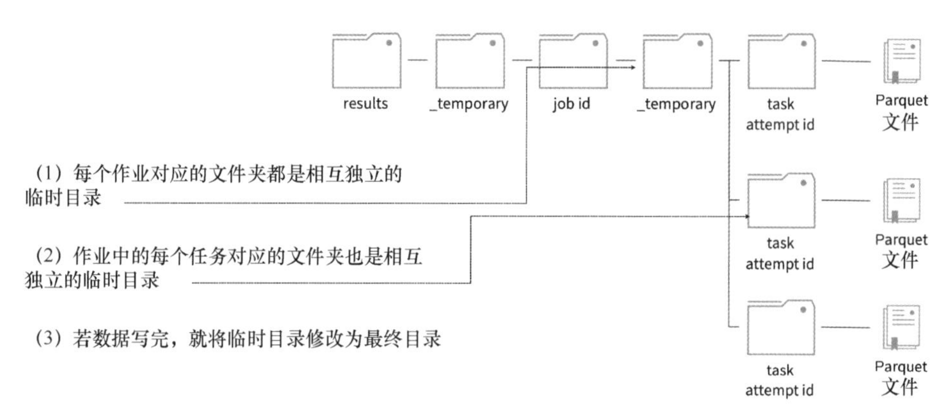


图 4-8 Spark 基于 temporary 机制来实现文件的写出

下面详细介绍 Spark 利用 temporary 机制将文件写出的过程。

### 2. Spark 按照分区将数据写出的过程

Spark 在写出数据的时候，会为每个分区分配一个任务并将文件以并行方式写出；Spark 在写出文件的时候，会为每个任务建立一个临时目录并将数据写到这个临时目录中；等到所有任务的写操作都完成时，Spark 会将临时目录修改为最终目录。具体的写出过程如图 4-9 所示。

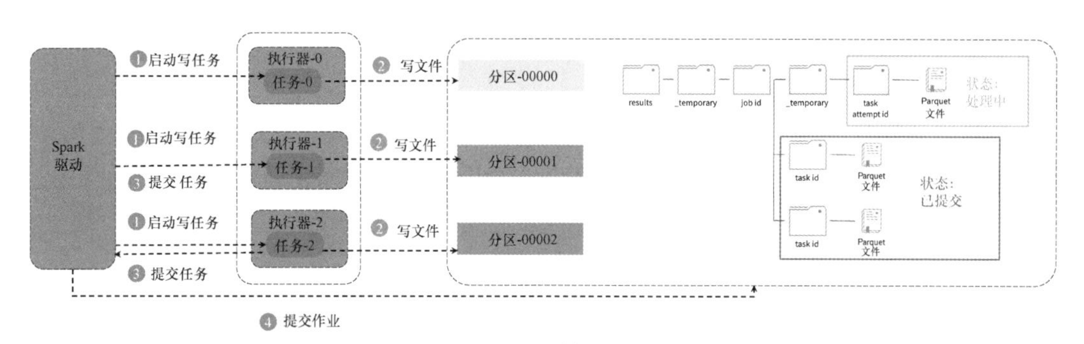


图 4-9 Spark 文件的写出过程

（1）Spark 启动写任务。

（2）对于每个任务，并行地将数据写入临时文件。

（3）若写操作完成，则提交任务到 Spark 驱动节点，这表示写任务已经完成。

（4）若 Spark 驱动节点接收到所有写任务的“写成功”状态，便认为所有的写文件操作都已经完成，于是提交写文件作业，并将临时目录修改为最终目录，这样写文件的过程就完成了。

### 3. 在写任务失败时重试

在写 TB 级别的文件时，网络不稳定、磁盘资源不足等问题经常会导致某些写任务失败。在这种情况下，Spark 如何保障写任务失败情况下的容错性和数据最终的一致性呢？具体过程如下：当 Spark 中的某个写任务失败时，就向 Spark 驱动节点发出终止任务的请求，同时删除写路径下的文件；然后重新启动一个写任务，在新的写任务完成后，再次提交任务；当所有写任务完成后，Spark 驱动节点就会提交作业，并将临时目录修改为最终目录。写任务失败时的重试机制如图 4-10 所示。

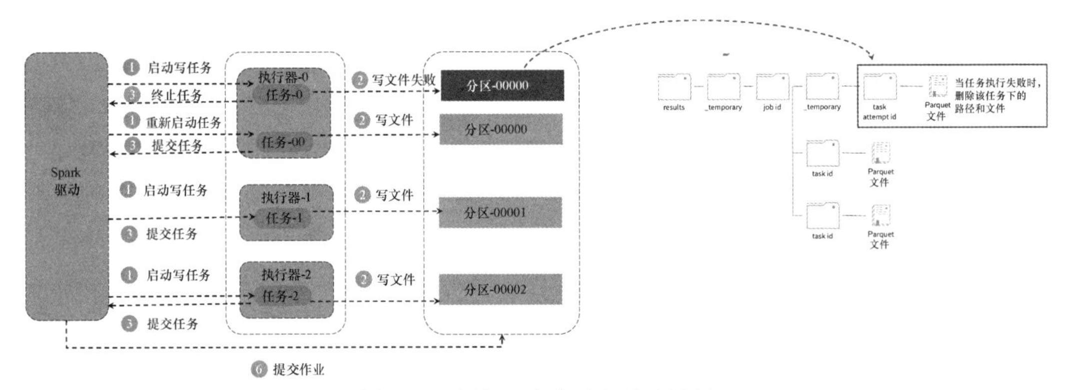


图 4-10　写任务失败时的重试机制

## 4.2 Spark 数据格式

Spark 支持读写 TEXT、CSV、JSON、Parquet、ORC、AVRO 等多种格式的数据。本节介绍 TEXT、CSV、JSON、Parquet 格式的特点、使用场景以及如何在 Spark 中使用它们。

### 4.2.1 TEXT

TEXT 是最常见的文本格式。下面从代码实战角度介绍如何通过 Spark 读写 TEXT 文件。

```
//读 TEXT 文件
val df_text = spark.read.text("your_file_path/kv1.txt")
df_text.show()
//写 TEXT 文件
df_text.write.text("your_file_path /text_result/")
```

上述代码首先通过 spark.read.text()读取了 TEXT 文件，然后通过 df_text.write.text()将一个 DataFrame 写成了 TEXT 文件。

## 4.2.2 CSV

### 1. CSV 的概念

CSV 是一种通用的、相对简单的文件格式，这种格式在商务智能和数据科学中得到了广泛应用。CSV 最广泛的应用是在不同的应用或者不同的程序之间进行数据交换，而这些应用或程序本身是使用不兼容的格式（往往是私有的或不规范的格式）进行操作的。

### 2. CSV 编辑规则

CSV 编辑规则如下。

（1）开头不留空，以行为单位。

（2）可含或不含列名，当含列名时，位于文件第一行。

（3）一行数据不跨行，无空行。

（4）以半角逗号作为分隔符，当列为空列时也要表达分隔符的存在性。

（5）若列的内容中存在半角引号，就替换成半角双引号并进行转义。

（6）在读写文件时，引号、逗号的操作规则互逆。

（7）内码格式不限，可为 ASCII、Unicode 或其他格式。

（8）不支持特殊字符。

### 3. CSV 数据示例

假设有一个名为 user 的 CSV 文件，使用工具打开后，其中的内容如图 4-11 所示。

| name | age | job |
|---|---|---|
| Jorge | 30 | Developer |
| Bob | 32 | Developer |

图 4-11 使用工具打开 CSV 文件 user

接下来，我们使用文本工具打开并查看 CSV 文件的存储格式。可以看到，CSV 文件的第一行是表头，接下来是数据，并且每个数据项都用分号分隔。以 CSV 文件 user 为例，其中的第一行“name;age;job”表示列头，后面的则是具体的数据。

```
name;age;job
Jorge;30;Developer
Bob;32;Developer
```

### 4. CSV 的特点

在大数据开发中，我们之所以经常使用 CSV 作为数据的存储格式，是因为 CSV 具有如下特点。

（1）格式简单，易于理解。

（2）数据格式较通用，尤其适用于从各个业务系统中收集原始数据。

（3）相对于 TEXT 和 JSON 格式来说比较节省空间。

#### 5．CSV 的使用

下面通过代码展示 Spark 是如何读写 CSV 文件的。

```
//读取 CSV 数据
val df_csv = spark.read.format("csv").option("sep", ";")
  .option("inferSchema", "true").option("header", "true")  //对第一行进行检查并推断 Schema
  .load("your_file_path/people.csv")
df_csv.show()
df_csv.write.csv("your_file_pat/csv_result")                //将数据写出为 CSV 格式
```

下面对上述代码进行解释。首先，通过 spark.read.format("csv")读取 CSV 文件到 Spark 中。在读取数据的过程中，通过 option("sep", ";")设置 CSV 数据之间以逗号进行分隔，通过 option("inferSchema", "true")开启 Schema 自动推断功能，通过 option("header", "true")对第一行进行检查并推断 Schema。然后调用 load()方法，将 CSV 文件加载到 Spark 中。CSV 文件的写出比较简单，直接调用 DataFrame 的 write.csv()方法即可。

### 4.2.3　JSON

#### 1．JSON 的概念

JSON（JavaScript object notation）是一种轻量级的数据交换格式，它采用完全独立于语言的文本格式，这一特性使 JSON 成了各种语言最理想的数据交换格式。JSON 数据既易于阅读和编写，也易于机器解析和生成。

#### 2．JSON 结构

JSON 构建于“键/值”对的集合和值的有序列表两种结构之上。

- “键/值”对的集合：在不同的编程语言中，“键/值”对会被理解为对象（object）、记录（record）、结构体（struct）、字典（dictionary）、哈希表（hash table）、有键列表（keyed list）或关联数组（associative array）等。
- 值的有序列表：在大部分编程语言中，值的有序列表会被理解为数组。

#### 3．JSON 数据示例

下面展示了包含 name 和 age 字段的 JSON 数据示例。

```
{"name":"Michael","age":30}
{"name":"Andy", "age":30 }
{"name":"Justin", "age":19 }
{"name":"Andy", "age":29}
```

#### 4. JSON 的特点

在大数据开发中，我们之所以使用 JSON 格式，主要是因为这种格式具有如下特点。

（1）JSON 在前后端开发中使用广泛，易于理解。

（2）JSON 格式较灵活，尤其是在字段大小及字段类型都不确定的场景下，应用十分广泛。

（3）JSON 是轻量级的文本数据交换格式。

但是，相对于 CSV 文件来说，JSON 文件需要对大量重复的键进行存储，因此有些浪费存储空间。

#### 5. JSON 的使用

在 Spark 中，读写 JSON 数据十分简单。我们可通过 read.json()读取 JSON 数据到 Spark 中，并通过 write.json()将数据写出为 JSON 文件。

```
//读取 JSON 数据
val df_json = spark.read.json("your_file_path/people.json")
df_json.show()
//写出 JSON 数据
df_json.write.json("your_file_path/json_result")
```

### 4.2.4 Parquet

Parquet 是一种列式存储格式，因此在介绍 Parquet 格式之前，我们首先介绍一下列式存储的概念。

#### 1. 列式存储的概念

列式存储是相对于行式存储而言的，传统的关系数据库 Oracle、MySQL、SQL Server 都是以行来存储数据的，而与大数据相关的数据库 HBase、Cassandra 等是以列的方式存储数据的。列式存储最大的好处是，由于查询数据时查询条件是通过列来定义的，因此整个数据库是自动索引化的。

行式存储以行的形式在磁盘上存储数据，由于大部分查询基于某个字段来查询和输出结果，因此行式存储中存在大量需要通过转动磁盘来寻址的操作，磁臂的转动距离长，性能相对较低。如图 4-12 所示，对于用户表 User 来说，假设要查询男性用户的用户名，由于 gender 属性值是跳跃地存储在磁盘上的，因此在查询的时候，磁头需要多次长距离地转动才能查找完数据并将结果返回。

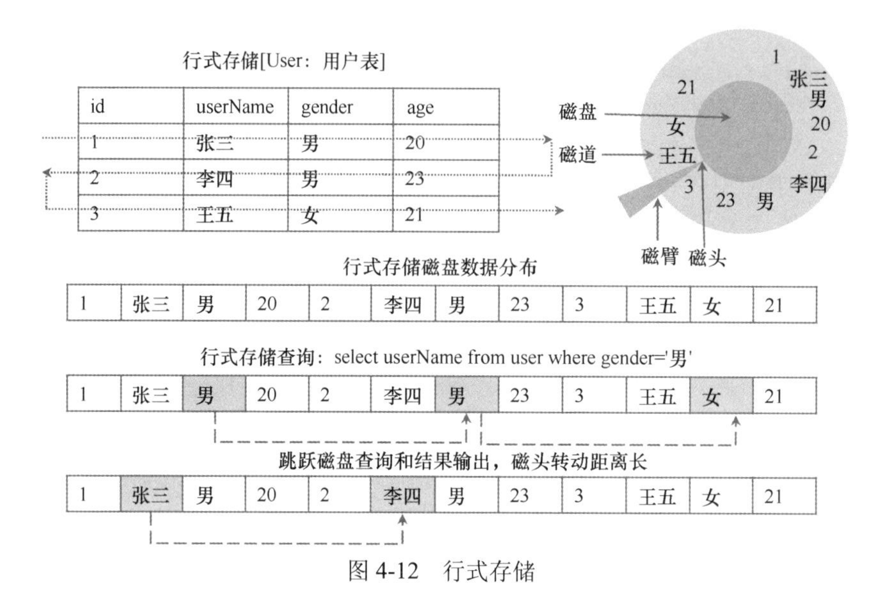


图 4-12　行式存储

列式存储以列的形式在磁盘上存储数据，由于大部分查询基于某个字段来查询和输出结果，因此列式存储能够十分方便地找到需要的数据，磁臂的转动距离短，性能相对较高。如图 4-13 所示，对于用户表 User 来说，假设要查询男性用户的用户名，由于 gender 属性值顺序地存储在磁盘上，因此在查询的时候，磁头只需要转动很短的距离就能查找完数据并将结果返回。

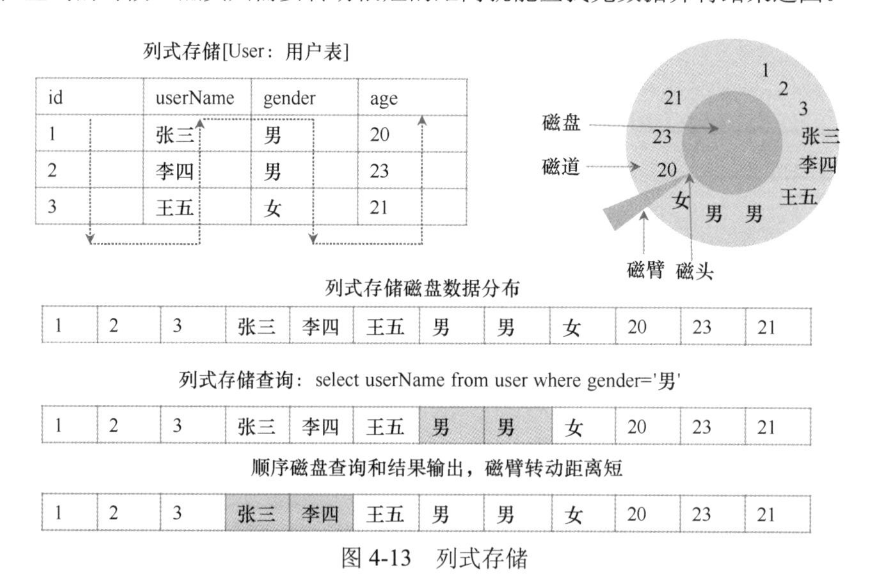


图 4-13　列式存储

列式存储适用于批量数据处理和即时查询。大数据主流产品 HBase、Cassandra 等都采用列时存储的方式存储数据。列式存储的特点如下。

（1）列式存储以列的形式在磁盘上存储数据，并且数据也是以列的形式进行读取的。因此，这种存储方式能够保证在最少的磁盘转动次数下，快速找到数据并返回，从而有效降低了 I/O 开销，提高了系统查询效率。

（2）由于数据是以列的形式来存储的，每个数据包中的数据都是同构的，数据内容的相关性也很强，因此这种存储方式能够极大提高数据压缩的比例。

### 2. Parquet 的概念

Parquet 是一种通用的列式存储格式，设计的初衷主要是提升大数据的查询性能。Parquet 最初是由 Twitter 和 Cloudera 联合开发的，2015 年 5 月，Parquet 从 Apache 的孵化器中独立出来，成为 Apache 顶级项目。Parquet 已广泛应用于 Hadoop 生态圈（MapReduce、Spark、Hive、Impala），是离线数据仓库的主要数据格式。

### 3. Parquet 文件结构

Parquet 文件结构如图 4-14 所示，从中可以看出，Parquet 文件主要包括文件、行组、列块、数据页 4 个部分。

- 文件：Parquet 文件是以二进制形式存储的，其中包含了数据和元数据信息。由于 Parquet 文件包含了数据和元数据信息，因此 Parquet 文件是自解析的。当把 Parquet 文件存储到 HDFS 中时，数据将分散存储在多个 HDFS 块中。
- 行组：Parquet 文件在水平上将被拆分为多个存储单元，也就是拆分为多个行组，行组则包含了多行数据。Parquet 在数据读写过程中会将行组中的数据缓存到内存中并对数据进行操作。
- 列块：行组中的一列数据将被保存到一个列块中。行组中的所有列块都将连续地存储在行组中，在每一个列块中，数据的类型都是相同的。列块的数据类型由列中数据的类型决定。因此，基于列块中数据的类型，Parquet 可以使用不同的压缩算法对数据进行压缩。
- 数据页：每一个列块都可以划分为多个数据页，数据页是最小的编码单位，同一列块中的不同数据页有可能使用不同的编码方式。

如图 4-14 所示，一个 Parquet 文件可以存储多个行组，一个行组则包含多个列块，而一个列块又可以包含多个数据页。Parquet 在文件的首位存储了一个 4 字节的校验码（magic number），用于校验文件的完整性。同时，Parquet 还通过 4 字节的页脚长度来存储文件元数据的大小，并通过页脚长度和文件长度来计算文件元数据的偏移量。Parquet 通过 FileMetaData 来存储文件的元数据信息，其中包含了 Version（版本信息）、Schema（模式信息）和 key/value pairs（键/值对）；而通过 RowGroupMetaData 来存储行组的元数据信息；并通过 ColumnMetaData 来存储列块的源数据信息，列块的元数据信息则包含列块中数据的长度、压缩格式、编码格式等。

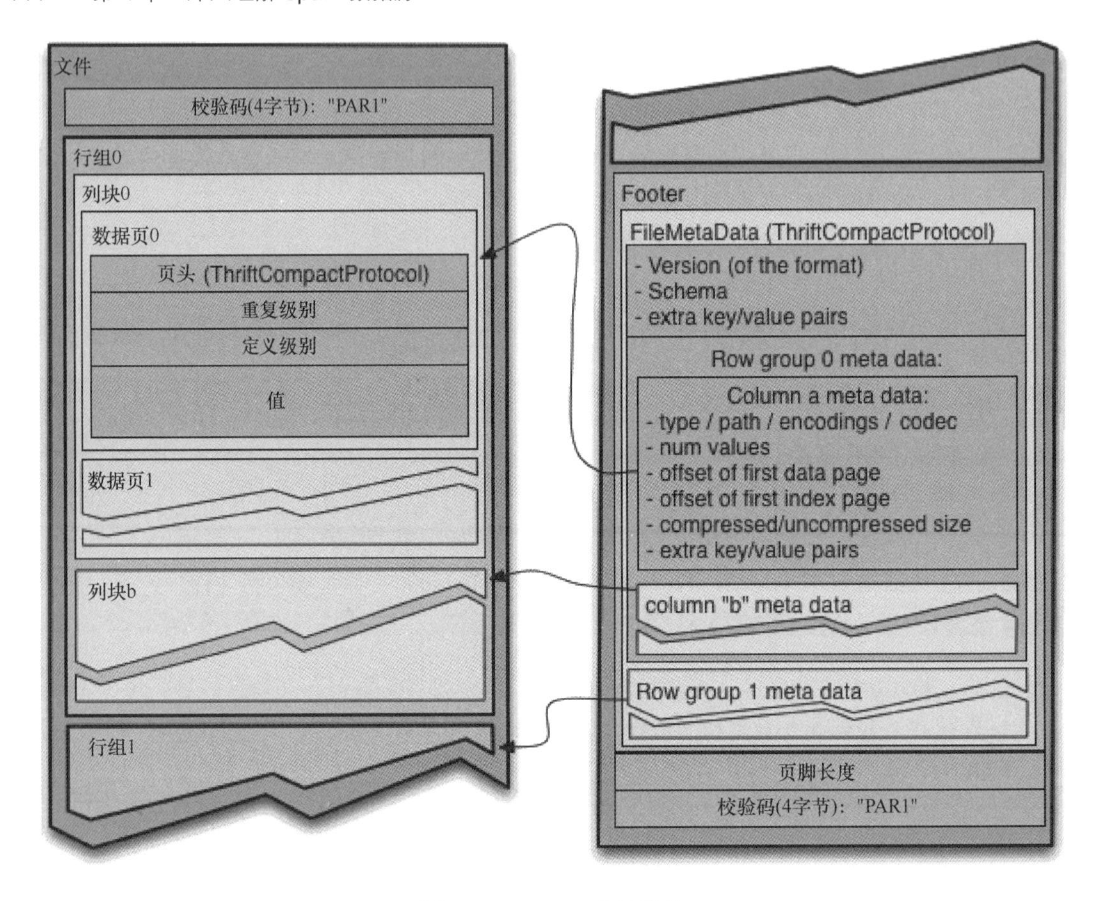


图 4-14　Parquet 文件结构

### 4．Parquet 的特点

Parquet 的特点如下。

- 列裁剪与谓词下推：列裁剪指的是只读取需要的列，从而实现了高效的列数据扫描并减少了 I/O 操作；谓词下推指的是将过滤表达式尽可能移至靠近数据源的位置，从而当真正执行时能直接跳过无关的数据，只读取需要的数据以减少 I/O 操作。Parquet 由于支持列裁剪与谓词下推，因此数据读取效率很高。
- 压缩与编码更高效：在 Parquet 文件中，由于同一列中数据的类型相同，因此我们可以针对不同列的数据类型使用更适合的压缩与编码方式来减少占用的磁盘存储空间。

### 5．Parquet 的使用

Spark 支持读写 Parquet 文件，并且操作十分简单，只需要在读取和写出时指定文件格式为 Parquet 即可，例如：

```
val df_parquet = spark.read.parquet("your_file_path/users.parquet")
df_parquet.show()
df_parquet.write.parquet("your_file_path/parquet_result")
```

上述代码首先通过 spark.read.parquet 将 Parquet 文件读取到了 Spark 中，然后通过 df_parquet.write.parquet 将 df_parquet 中的数据写出为 Parquet 文件。

### 4.2.5 ORC

#### 1. ORC 的概念

ORC（optimized row columnar）是 RC（record columnar）的优化版，属于列式存储结构。ORC 最早产生于 Apache Hive，用于减小 Hadoop 文件的存储空间和加速 Hive 查询。ORC 文件是自描述的，其元数据允许使用 Protocol Buffer 进行序列化，可将 ORC 文件中的数据尽可能压缩以减少占用的存储空间。和 Parquet 类似，ORC 也已广泛应用于 Hadoop 生态圈。

#### 2. ORC 文件结构

ORC 文件以二进制形式存储。如图 4-15 所示，ORC 文件将首先被水平划分为多个 Stripe，每个 Stripe 内的数据是以列的方式进行存储的，所有列的数据都保存在同一个文件中。ORC 文件主要包括 ORC 文件、Stripe、行组、Stream、文件级元数据和 Stripe 元数据 6 个核心部分。

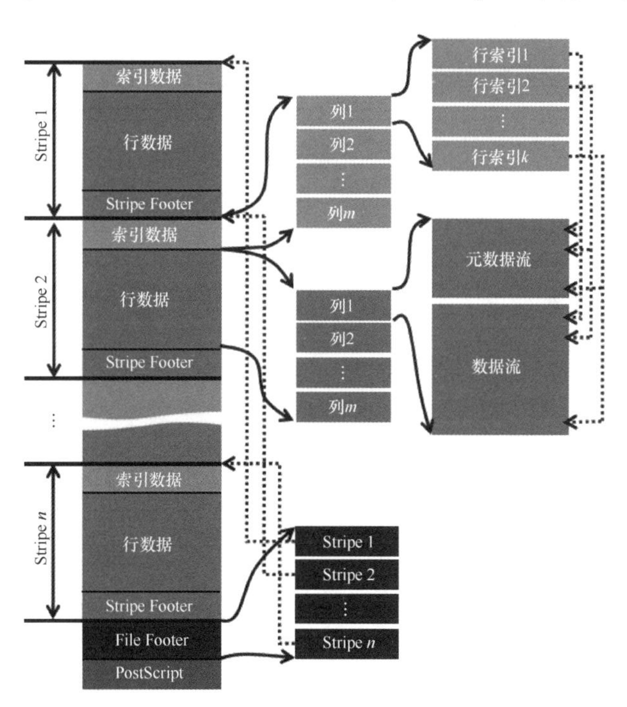


图 4-15　ORC 文件结构

ORC 文件是以二进制形式存储的。一个 ORC 文件包含了多个 Stripe，每个 Stripe 则包含多条数据，Stripe 内的数据是以列的形式独立存储的。

一个 Stripe 包含多个行组（默认为 10 000 个行组）。

ORC 文件是以行组为单位进行读取的，行组的大小一般为 HDFS 块的大小。行组中保存了每一列的索引和数据。

Stream 表示文件中一段有效的数据。Stream 存储了数据和索引信息：其中的数据有多种类型，具体由列的数据类型和编码方式决定；索引则存储了每个行组的位置和统计信息。

文件级元数据包括文件的 PostScript 描述信息、文件的元数据信息（包括整个文件的统计信息）、所有 Stripe 的信息以及文件的 Schema 信息。

Stripe 元数据包括 Stripe 的位置、每一列在 Stripe 上的统计信息以及所有 Stream 的类型。

### 3．ORC 索引统计信息

ORC 文件通过索引来提高数据的读取效率，具体则是通过稀疏索引（sparse index）来实现的。ORC 文件中有两种比较重要的索引，它们分别是数据统计（data statistics）索引和位置指针（position pointer）索引。

下面首先介绍数据统计索引。

ORC 数据统计索引是在 ORC Writer 写文件时生成的，里面记录了文件中数据的条数、记录的最大值（max）、最小值（min）、求和（sum）以及 text 和 binary 的字段与长度。对于复杂结构（如 Array、Map、Struct），则在它们的子字段中记录这些统计信息。ORC Reader 能通过数据统计索引跳过不必要的数据，从而提高数据查询效率。ORC 数据统计信息有 3 个等级。

- 文件级统计信息（file level statistics）：存储在文件的末尾，用于记录文件中列的统计信息。这些统计信息不但能够用于查询的优化，而且可以在一些聚合查询（如 max、min、sum）中输出结果。
- Stripe 级别的统计信息（Stripe level statistics）：Stripe 级索引用于保存每个字段中 Stripe 级别的统计信息，ORC Reader 能通过 Stripe 级索引判断对于一次查询来说需要读取哪些 Stripe 数据。例如，假设 Stripe 级别的统计信息为“max($a$)=10，min($a$)=3”，那么当 where 条件为 $a$>10 或 $a$<3 时，Stripe 中的数据将不会被读取。
- 索引组级统计信息（index group level statistics）：ORC 会在逻辑上将列的索引划分为多个索引组（index group），并对数据进行统计。ORC Reader 能根据索引组级别的索引过滤掉不需要的数据。索引组的大小默认为 10 000，如果设置的值太小，就会有更多的索引组级统计信息，具体可根据 ORC 文件中数据的多少来进行设置。

接下来，我们讲述位置指针索引。

当读取 ORC 文件时，需要提供起始和结束位置信息，这样 ORC Reader 才能准确地执行数据读取操作。

由于每个 Stripe 中都有多个行组，因此 ORC Reader 需要知道每个行组中元数据流和数据流的起始位置。

由于一个 ORC 文件可以包含多个 Stripe，并且一个 HDFS 块也可能包含多个 Stripe，因此为了快速定位 Stripe，我们需要知道每个 Stripe 的起始位置。这些统计信息保存在 ORC 文件的 file footer 中。

#### 4. ORC 文件压缩

ORC 文件使用了两级压缩机制：首先对数据流使用流式编码器进行编码，然后使用可选的压缩器对数据流再次进行压缩。注意，ORC 文件中的一列数据有可能保存在一个或多个数据流中。数据流分为以下 4 种类型。

- 字节流：用于保存一系列的字节数据，不对数据进行编码。
- 字节长度字节流：用于保存一系列的字节数据。对于相同的字节，仅保存一个重复值以及这个重复值在字节长度字节流中出现的位置。
- 整型流：用于保存一系列整型数据。我们可对数据量进行字节长度编码和 Delta 编码，具体使用何种编码方式，则需要根据整型流中的子序列模式来确定。
- 比特流：用于保存使用布尔值构成的序列，1 字节代表一个布尔值。比特流的底层是采用字节长度字节流来实现的。

下面以 Integer 和 String 类型为例，介绍 ORC 文件压缩。

对于 Integer 类型的字段，ORC 会使用比特流和整型流存储其中的数据：比特流用于标记数据是否为 null，整型流用于保存非空字段中的整型值。对于 String 类型的字段，ORC Writer 会检查字符串中不同字符所占的百分比，并根据百分比确定是否启用字典编码。当启用字典编码时，字段中的数据会保存到一个比特流、一个字节流和两个整型流中。比特流用于标记数据是否为 null，字节流用于存储字典的值，两个整型流中的其中一个用于存储字典中每个字段的长度，另一个用于记录字段的值。如果不同字符串的重复度不高，就不必启动字典编码，ORC Writer 会使用一个字节流保存字符串的值，而使用一个整型流来保存每个字段的字节长度。

#### 5. ORC 文件的优势

ORC 文件相对于其他格式的文件具有如下优势，如图 4-16 所示。

（1）ORC 文件采用的是列式存储，压缩率高。

（2）ORC 文件可切分，这不仅节省 HDFS 存储空间，而且对查询友好。

（3）ORC 文件提供了行组索引、布隆过滤器索引（bloom filter index）等多种索引。

（4）OCR 文件支持复杂的数据结构，比如 Array、Map、Struct 等。

如图 4-17 所示，我们可以看到，同样一份数据以 TEXT 文件存储时为 192GB，以 ORC 文件存储时为 56GB；在使用 TEXT 与 LZO 压缩后，数据仅为 42.9GB；而在使用 ORC 与 Snappy 压缩后，数据进一步减小为 34GB。由此可见，ORC 文件的压缩率很高，当优化 TB 级数据时，ORC 一般都是首选的文件格式。

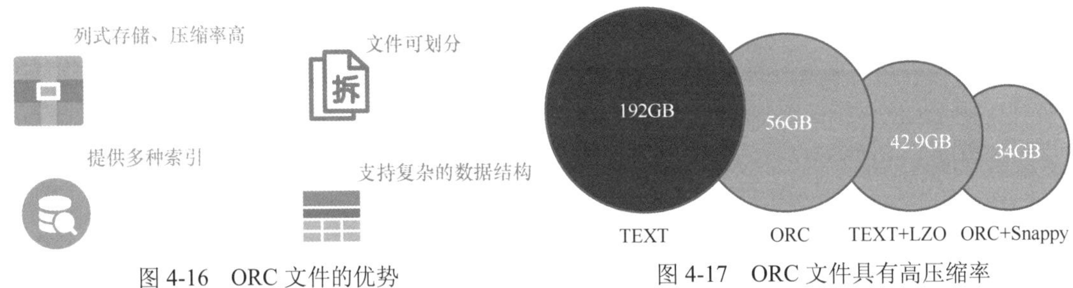


图 4-16　ORC 文件的优势　　图 4-17　ORC 文件具有高压缩率

### 6. ORC 文件的读写

在 Spark 中读写 ORC 文件的示例代码如下：

```
val df_orc = spark.read.orc("your_file_path/users.orc")
df_orc.show()
df_orc.write.orc("your_file_path/orc_result")
```

上述代码首先通过 spark.read.orc()将 ORC 文件读取到了 Spark 中，然后通过 df_orc.write.orc()将名为 df_orc 的 DataFrame 数据写出为 ORC 文件。

## 4.2.6 AVRO

### 1. AVRO 的概念

AVRO 是一种序列化框架，由 Hadoop 之父 Doug Cutting 创建，设计初衷是解决 Hadoop Writable 类型无法在多种语言之间移植的问题。AVRO 的 Schema 信息采用 JSON 格式来记录，数据则采用二进制编码或 JSON 编码的方式。

### 2. AVRO 的特点

AVRO 具有如下特点。

（1）具有丰富的数据结构。

（2）使用快速的二进制数据压缩格式。

（3）提供容器文件，用于持久化数据。

（4）支持 RPC（Remote Procedure Call，远程过程调用）。

（5）可以和简单的动态语言结合。AVRO 在和动态语言结合后，读写数据文件和使用 RPC 协议时都不需要生成代码，代码生成作为一种可选的优化，只需要在静态类型的语言中实现即可。

### 3. AVRO 数据类型

AVRO 的 Schema 可用 JSON 来表示。AVRO 的 Schema 定义了简单数据类型和复杂数据类型。AVRO 提供的简单数据类型如表 4-1 所示。

表 4-1 AVRO 提供的简单数据类型

| 类型 | 含义 |
| --- | --- |
| null | 没有值 |
| boolean | 布尔值 |
| int | 32 位的有符号整数 |
| long | 64 位的有符号整数 |
| float | 单精度（32 位）的 IEEE 754 浮点数 |
| double | 双精度（64 位）的 IEEE 754 浮点数 |
| byte | 8 位的无符号字节序列 |
| string | 字符串 |

AVRO 提供了 6 种复杂类型，它们分别是 Record、Enum、Array、Map、Union 和 Fixed。以下是包含了复杂数据类型的数据示例：

```
{
"namespace": "example.avro",
 "type": "record",
 "name": "User",
 "fields": [
     {"name": "name", "type": "string"},
     {"name": "favorite_number",  "type": "int"},
     {"name": "favorite_color", "type": "string"}
 ]
}
```

上述代码中的 User 有 3 个属性，分别是 name、favorite_number 和 favorite_color。其中，name 属性是字符串类型，favorite_number 属性是整数类型，favorite_color 属性是字符串类型。

#### 4．AVRO 数据的读写

Spark 原生不支持 AVRO 格式，因此需要引入如下依赖包才能支持 AVRO 数据的读写。

```
<dependency>
    <groupId>org.apache.spark</groupId>
    <artifactId>spark-avro_${scala.binary.version}</artifactId>
    <version>${spark.version}</version>
</dependency>
```

在 Spark 中，读写 AVRO 数据和读写 Parquet 数据类似；所不同的是，在读写 AVRO 数据时需要在 read()和 write()方法前声明 format 为"avro"，具体代码实现如下。

```
val df_avro = spark.read.format("avro").load("your_file_path/users.avro")
df_avro.write.format("avro").save("your_file_path/avro_result")
```

### 4.2.7　到底应该使用哪种数据格式

Spark 支持的数据类型十分丰富，但在实践中，到底使用哪种数据格式合适呢？下面对 Spark 中常见的数据格式进行对比。

TEXT、CSV、JSON 是 3 种十分易于阅读的数据格式。其中，TEXT 格式最常用，尤其在收集日志信息时，经常使用这种格式；CSV 格式在数据导入、导出以及进行多系统数据交换时比较常用，特点是相对来说占用的存储空间比较小；JSON 格式的特点是数据的描述性强。有时候，我们会将数据格式化并发送到 Kafka 集群，然后使用 Spark 读取 Kafka 集群中的数据并对它们进行实时流处理。

Parquet 和 ORC 则是大数据领域的列式存储格式，它们的特点是占用的存储空间小并且对数据读取友好。其中，Parquet 是 Spark 默认支持的格式。如果要获取更高的数据压缩率以减小占用的存储空间，那么可以考虑使用 ORC 格式。

AVRO 是一种数据序列化框架。

上面从实战的角度对各种数据格式进行了对比，在实际使用中，读者可根据项目的具体需求选用合适的数据格式。

## 4.3　Spark 读写 HDFS

### 4.3.1　HDFS 的概念和特点

作为 GFS（Google File System）的实现，HDFS（Hadoop 分布式文件系统）是运行在通用硬件上的分布式文件系统（distributed file system）。HDFS 所具有的高容错性、高可靠性、高可扩展性、高吞吐率等特征，使其为海量数据提供了可靠的存储方案。

HDFS 具有如下特点。

- 高容错，可构建在廉价机器上。
- 适合批处理海量数据（TB、PB 级数据）。
- 支持访问流式文件。

HDFS 在使用时具有如下局限性。

- 不支持低延迟访问。
- 不适合小文件存储。
- 不支持修改。

## 4.3.2 HDFS 架构

HDFS 是 Hadoop 的存储系统。HDFS 架构中包含了 HDFS 客户端、NameNode（元数据节点）、Secondary NameNode（备份节点）和数据节点，如图 4-18 所示。

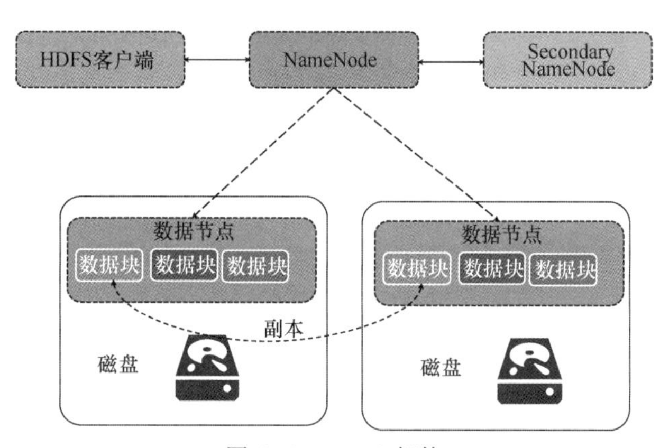


图 4-18 HDFS 架构

- HDFS 客户端：提供了一个文件系统接口。借助 HDFS 客户端，用户可以对 NameNode 和数据节点进行交互访问以操作 HDFS 中的文件。
- NameNode：一个 Hadoop 集群中只有一个 NameNode，NameNode 是 HDFS 的管理节点，负责 HDFS 的目录树以及相关的文件元数据的存储。这些元数据以 HDFS 元数据镜像文件（fsimage）和 HDFS 文件改动日志（editlog）两种形式存放在本地磁盘上。HDFS 元数据镜像文件和 HDFS 文件改动日志是在 HDFS 启动时产生的。此外，NameNode 还负责监控集群中数据节点的健康状态，一旦发现某个数据节点宕掉，就将该数据节点从 HDFS 集群中移除并在其他数据节点上重新备份该数据节点上的数据，此过程被称为数据重平衡

（rebalance），目的是保障数据副本的完整性和集群的高可用性。

- Secondary NameNode：NameNode 元数据的备份，在 NameNode 宕机后，Secondary NameNode 会接替 NameNode，负责整个集群的管理。另外，为了减小自身的压力，NameNode 并不会合并 HDFS 元数据镜像文件和 HDFS 文件改动日志，而是将合并任务交由 Secondary NameNode 完成。Secondary NameNode 在完成合并后，会将结果发送到 NameNode，由 NameNode 将合并结果存储到本地磁盘上。
- 数据节点：一个 Hadoop 集群往往会有多个数据节点。通常情况下，我们会在一个 Hadoop Slave 节点上部署一个数据节点，数据节点负责具体的数据存储并将数据的元信息定期汇报给 NameNode。数据节点以固定大小的块（block）为基本单位组织和存储文件的内容（块的大小可通过 dfs.blocksize 进行设置，默认为 64MB）。

## 4.3.3 HDFS 数据的写入和读取流程

HDFS 数据的写入流程如图 4-19 所示。当应用程序调用客户端 API 以上传文件到 HDFS 时，请求首先会到达 NameNode，NameNode 检查文件的状态和权限。如果能通过检查，就写有关本地文件的改动日志并返回可写的数据节点列表。客户端收到数据节点列表后，将文件划分为固定大小的多个块并发送到最近的数据节点。等到每个数据节点上的数据块写完并返回确认信息后，文件写操作就完成了。在写文件的过程中，文件会被划分成若干小块并分别存储到不同的数据节点上。

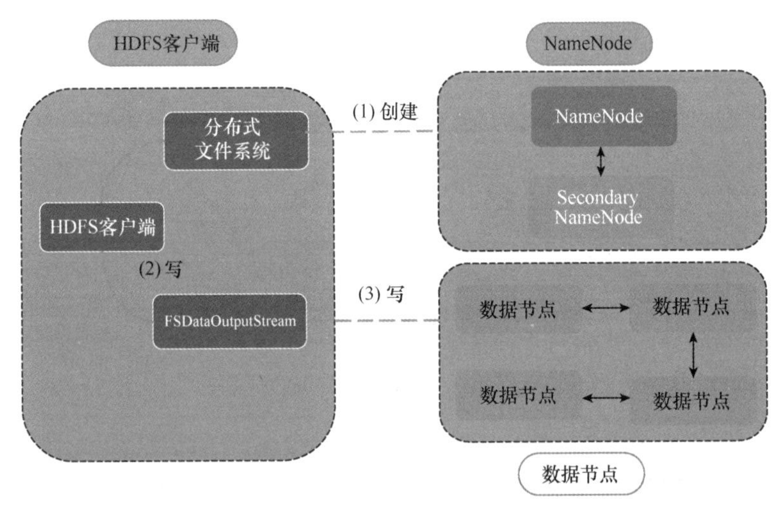


图 4-19 HDFS 数据的写入流程

HDFS 数据的读取流程如图 4-20 所示。当应用程序读取文件时，首先会将请求发送给 NameNode，NameNode 则返回文件块所处的数据节点列表（数据节点列表已按照客户端距离数据节点网络拓扑的远近排好序），应用程序可从每个数据节点上获取数据并将它们读取到本地。

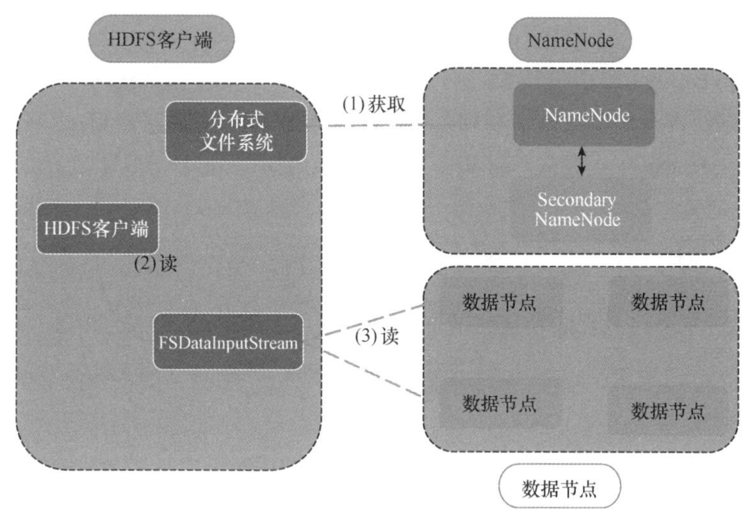


图 4-20 HDFS 数据的读取流程

为了保障数据的可靠性，HDFS 会将同一个块以数据副本的形式（数据副本的个数默认为 3）存储到多个不同的数据节点上。当某个数据节点宕机后，HDFS 就会将这个数据节点上的数据存储到其他可用的数据节点上，以保障数据安全。

### 4.3.4 HDFS 的使用

下面通过代码实战演示 HDFS 的使用。

```
//初始化 SparkContext
val spark = SparkSession.builder().master("local").appName("SparkDataFormat").getOrCreate()
//从 HDFS 中读取数据
val hdfsSourcePath = "hdfs://127.0.0.1:9000/input/people.json"
val df = spark.read.json(hdfsSourcePath)
df.show()
val hdfsTargetPath = "hdfs://127.0.0.1:9000/input/people_result.json"
//将计算结果写入 HDFS
df.write.mode(SaveMode.Overwrite) json (hdfsTargetPath)
```

上述代码比较简单，从中可以看出，读取 HDFS 数据和读取本地数据的唯一区别就在于数据地址不同：读取本地数据时使用的是本地地址，而读取 HDFS 数据时使用的是 HDFS 服务器的地址。例如，hdfs://127.0.0.1:9000/input/people.json 就是一个本地的 HDFS 服务器的地址。

## 4.4 Spark 读写 HBase

### 4.4.1 HBase 的概念

HBase 是面向列式存储的分布式数据库。HBase 的数据模型与 BigTable 十分相似。在 HBase

表中，一条数据拥有全局唯一的键（RowKey）和任意数量的列（column）。使用一列或多列可以组成列族（column family）。在同一列族中，列数据在物理上都将存储在同一个 HFile 中，这种基于列式存储的数据结构有利于数据缓存和查询。HBase 既可以将数据存储在本地文件系统中，也可以将它们存储在 HDFS 中。在生产环境中，HBase 一般运行在 HDFS 上，并以 HDFS 作为基础存储设施。

HBase 的特点如下。

- 海量存储：单表可以存储百亿字节的数据，而不用担心读取性能下降。
- 面向列：数据在表中按某列聚集存储，数据即索引。当只访问查询涉及的列时，HBase 可以大量减少系统 I/O。
- 稀疏性：传统上，采用行式存储的数据存在大量的空列，它们也需要占用存储空间，这会造成存储空间的浪费；而在 HBase 中，空列不占用存储空间，因此表可以设计得很稀疏。
- 扩展性：HBase 在底层基于 HDFS，支持扩展，并且可以随时添加或减少节点。
- 高可靠性：基于 ZooKeeper 的协调服务，使得 HBase 能够保证服务的高可用性。另外，HBase 使用了预写日志和副本机制，前者能保证在写入数据时不会因为集群异常而丢失写入的数据；后者能保证当集群出现严重问题时，数据不会丢失和损坏。
- 高性能：底层的 LSM 数据结构使得 HBase 具备非常高的写入性能。RowKey 的有序排列、主键索引和缓存机制，使得 HBase 具备一定的随机读写性能。

但是，HBase 在使用上会受到一些限制。

- 不支持二级索引，单一 RowKey 所固有的局限性决定了 HBase 不可能有效地支持多条件查询。
- 不适用于大范围扫描查询。
- 不直接支持 SQL 的语句查询。

## 4.4.2　HBase 架构

HBase 架构由 HBase 客户端、ZooKeeper、HMaster、Region 服务器和 HDFS 组成，如图 4-21 所示。其中，HBase 客户端为用户提供 API 操作；ZooKeeper 负责 HBase 集群的管理；HMaster 是集群的主节点，用于管理 Region 服务器上数据的分配和节点的运行，同时接收 HBase 客户端的请求并将请求分发到 Region 服务器；Region 服务器是具体的数据存储和计算节点；HDFS 是 HBase 的底层数据存储引擎。

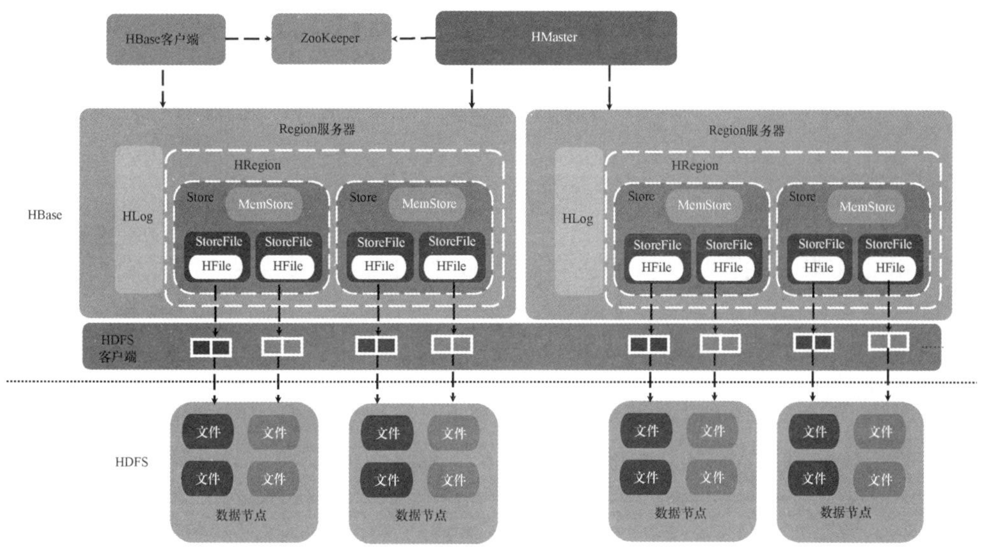


图 4-21 HBase 架构

一个 Region 服务器往往包含多个 HRegion，每个 HRegion 又包含多个 Store，每个 Store 则对应一个列族，Store 还包含了 MemStore 和 StoreFile，这便构成了 Region 服务器数据存储的基本结构。它们的主要功能如下。

- HRegion：用来保存表中某段连续的数据，每个表刚开始都只有一个 HRegion。随着数据不断增加，当某个 HRegion 的大小达到阈值时，这个 HRegion 就会被 Region 服务器水平划分成两个新的 HRegion。当 HRegion 很多时，HMaster 会将 HRegion 保存到其他 Region 服务器上。

- Store：一个 HRegion 由多个 Store 组成，而每一个 Store 都对应一个列族，Store 包含了 MemStore 和 StoreFile。

- MemStore：HBase 的内存数据存储。数据会首先被写到 MemStore 中，当 MemStore 中的数据增长到阈值后，Region 服务器就会启动 flashcatch 进程，将 MemStore 中的数据写入 StoreFile 持久化存储，而每次写入后，都会形成一个单独的 StoreFile。客户端在检索数据时，会先从 MemStore 中查找，如果 MemStore 中没有，就从 StoreFile 中继续查找。

- StoreFile：用来存储具体的 HBase 数据。当 StoreFile 的数量增长到阈值后，系统就会自动对它们进行合并（minor compaction 和 major compaction），在合并过程中，还会进行版本的合并和删除工作，从而形成更大的 StoreFile。当一个 HRegion 中所有 StoreFile 的大小和数量都增长并超过阈值后，HMaster 就会把当前的 HRegion 划分为两个并将它们分配到其他的 Region 服务器上，从而实现负载均衡。

HFile 和 StoreFile 是同一个文件。站在 HDFS 的角度，这个文件称为 HFile；而站在 HBase 的角度，这个文件称为 StoreFile。

HLog 是普通的 Hadoop 序列文件，里面记录着数据的操作日志，主要用来在 HBase 出现故障时进行日志重放和故障恢复。例如，当磁盘掉电导致 MemStore 中的数据没有持久化到 StoreFile 中时，我们就可以通过重放 HLog 来恢复数据。

HDFS 用于为 HBase 提供底层的数据存储服务，同时为 HBase 提供高可用支持。HBase 会将 HLog 存储在 HDFS 中，当服务器发生异常并宕机时，我们就可以通过重放 HLog 来恢复数据。

## 4.4.3 HBase 数据模型

本节介绍 HBase 列式存储的数据模型，如图 4-22 所示。HBase 根据列族来存储数据，列族包含多列，一个列族对应物理存储上的一个 HFile，列族可在创建表的时候指定。下面我们对图 4-22 中的一些概念进行解释。

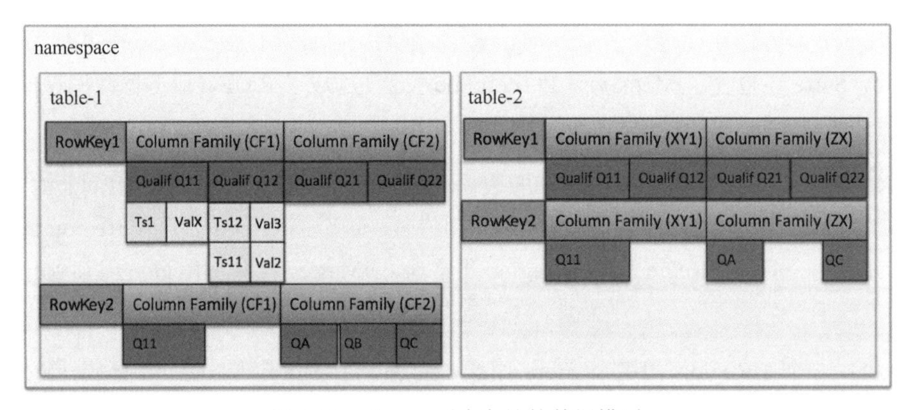


图 4-22　HBase 列式存储的数据模型

- namespace 类似于关系数据库中命名空间的概念。
- table 类似于关系数据库中表的概念。
- Column Family 即列族，HBase 基于列族来划分数据的物理存储，一个列族可以包含任意多列。HBase 在创建表的时候就必须指定列族。但是，HBase 中的列族不是越多越好，官方建议一个表的列族最好小于或等于 3 个，过多的列族不利于 HBase 数据的管理和索引。HBase 中的列族在表结构上与关系数据库中的列类似，但它们是两个完全不同的概念。HBase 基于列族完成列式数据的存储，而关系数据库基于行完成数据的存储，列只是一种数据结构上的表示。
- RowKey 的概念与关系数据库中的主键相似。HBase 使用 RowKey 来唯一标识一行数据。

HBase 只支持 3 种查询方式——基于 RowKey 的单行查询、范围扫描和全表扫描。

- timestamp 是实现 HBase 多版本的关键。HBase 使用不同的 timestamp 来标识相同 RowKey 对应的不同版本的数据。在写入数据的时候，如果没有指定对应的 timestamp，HBase 就会自动添加 timestamp，timestamp 必须与服务器时间保持一致。在 HBase 中，相同 RowKey 的数据将按照 timestamp 倒序排列。另外，默认查询的是最新版本，但用户可以通过指定 timestamp 来读取指定版本的数据。

HRegion 的概念与关系数据库中的横向分区相似（比如，MySQL 会根据 ID 的一致性将数据存储到不同的数据库中）。HBase 会将表中的数据基于 RowKey 的范围划分到不同的 HRegion 中，每个 HRegion 都负责一定范围数据的存储和访问。

HBase 中的数据分区过程与其他数据库中的分片过程类似。对于一张包含上百亿条数据的表，由于数据会被划分到不同的 HRegion 中，因此每个 HRegion 都可以独立地进行写入和查询。HBase 在进行写入或查询的时候，可基于多个 HRegion 分布式地执行并发操作，因而在访问上不会有太大的延迟。

### 4.4.4 HBase 的使用

在 Spark 中，读写 HBase 需要使用 Spark-HBase Connecter 来完成，过程如下。

第 1 步，添加依赖。

```
<dependency>
    <groupId>org.apache.hbase</groupId>
    <artifactId>hbase-server</artifactId>
    <version>1.4.10</version>
</dependency>
```

第 2 步，将数据写入 HBase。一段实现了将 RDD 数据转换为 HBase 的 Put 对象并写入 HBase 的代码如下。

```
//这里省去了引入类的代码
object SparkHBase {
  val HBASE_ZOOKEEPER_QUORUM = "localhost"    //HBase 使用的 ZooKeeper 地址
  val tableName = "person"                    //HBase 表名
  //作为入口的主函数
  def main(args: Array[String]) {
    //设置 Spark 的访问入口 SparkContext
    val conf = new SparkConf().setAppName("SparkHBase ").setMaster("local")    //调试
    val sc = new SparkContext(conf)
    //将数组转换成名为 indataRDD 的 RDD
    val indataRDD: RDD[String] = sc.makeRDD(Array("1,jack,15","2,Lily,16","3,mike,16"))
    //初始化 jobConf，TableOutputFormat 必须是 org.apache.hadoop.hbase.mapred 包里的才行
    val jobConf = new JobConf(getHbaseConf())
    jobConf.setOutputFormat(classOf[TableOutputFormat])
```

```
    jobConf.set(TableOutputFormat.OUTPUT_TABLE, tableName)
    //将indataRDD中的数据转换为HBase的记录格式（Put对象）
     val rdd = indataRDD.map(_.split(',')).map{arr=>{
      /*一个Put对象就是一行记录，可在构造方法中指定主键
       *插入的所有数据都必须使用org.apache.hadoop.hbase.util.Bytes.toBytes()方法进行转换
       *put.add()方法接收3个参数——列族、列名和数据
       */
      val put = new Put(Bytes.toBytes(arr(0)))              //指定主键
      put.add(Bytes.toBytes("info"),Bytes.toBytes("name"),Bytes.toBytes(arr(1)))
      put.add(Bytes.toBytes("info"),Bytes.toBytes("age"),Bytes.toBytes(arr(2)))
      //转换成RDD[(ImmutableBytesWritable,Put)]类型才能调用saveAsHadoopDataset()方法
      (new ImmutableBytesWritable, put)
    }}
    //通过Spark将数据写入HBase
    rdd.saveAsHadoopDataset(jobConf)
  }
  //构造HBase配置信息
  def getHbaseConf(): Configuration = {
    val conf: Configuration = HBaseConfiguration.create()    //定义Configuration
    //设置ZooKeeper的服务器地址
    conf.set("hbase.zookeeper.quorum", HBASE_ZOOKEEPER_QUORUM)
    conf.set("hbase.zookeeper.property.clientPort", "2181")  //设置ZooKeeper的端口号
    conf.set("zookeeper.znode.parent", "/hbase")     //设置HBase在ZooKeeper上的根目录
    //设置想要查询的表名
    conf.set(TableInputFormat.INPUT_TABLE, tableName)
    conf        //返回conf
  }
}
```

下面对上述代码进行解释。首先，定义操作Spark的访问入口SparkContext和写入HBase的数据indataRDD。然后，定义jobConf并通过setOutputFormat(classOf[TableOutputFormat])为jobConf设置输出格式，同时通过set(TableOutputFormat.OUTPUT_TABLE, tableName)为jobConf设置输出的表。

接下来，将indataRDD中的数据转换为HBase的记录格式（Put对象）。在HBase中，一个Put对象就是一行记录。val put = new Put(Bytes.toBytes(arr(0)))用于构造Put对象，其中，Put构造函数中的参数为主键，这意味着构造一个主键为Bytes.toBytes(arr(0))的Put对象。

再接下来，通过put.add(Bytes.toBytes("info"),Bytes.toBytes("name"),Bytes.toBytes(arr(1)))将数据插入Put对象。Put.add()方法接收3个参数——列族（例如Bytes.toBytes("info")为列族）、列名（例如Bytes.toBytes("name")为列名）和数据（例如Bytes.toBytes(arr(1))为数据）。

最后，将数据转换成RDD[(ImmutableBytesWritable,Put)]类型以便调用saveAsHadoopDataset()方法。数据构造好之后，调用rdd.saveAsHadoopDataset(jobConf)将数据写入HBase，这里的jobConf参数用于指定在将数据以Hadoop MapReduce作业的方式写入HBase时每个作业所需的配置信息。

第 3 步，从 HBase 中读取数据，具体的代码实现如下。

```
//将 HBase 表中的数据读取为 Spark RDD
val hbaseRDD = sc.newAPIHadoopRDD(getHbaseConf(), classOf[TableInputFormat],
    classOf[org.apache.hadoop.hbase.io.ImmutableBytesWritable],
    classOf[org.apache.hadoop.hbase.client.Result])
hbaseRDD.map(_._2).map(result2Map(_)).foreach( x=>println(x.toList))
//将 HBase 表中的数据转换为 Map 对象以便操作和查看
def result2Map(result: org.apache.hadoop.hbase.client.Result): Map[String,String] = {
    val rowkey =Bytes.toString(result.getRow())
    val name = Bytes.toString(result.getValue("info".getBytes,"name".getBytes))
    val age = Bytes.toString(result.getValue("info".getBytes,"age".getBytes))
    Map("rowkey"->rowkey,"name" ->name, "age" -> age)
  }
```

下面对上述代码进行解释。首先，通过调用 sc.newAPIHadoopRDD()将 HBase 表中的数据读取为 Spark RDD。其中，参数 HBaseConf 用于告诉 Spark 将哪个 HBase 表读取到 Spark 中。

然后，通过调用 map(_._2).map(result2Map(_))将 HBase 中的字节数据转换为可读取的 Map 对象。其中，Bytes.toString(result.getRow())用于获取 Put 对象的主键并将其转换为字符串，Bytes.toString(result.getValue("info".getBytes,"name".getBytes))用于获取 info 列族中 name 列的数据并将它们转换为字符串。

## 4.5 Spark 读写 MongoDB

### 4.5.1 MongoDB 的概念

MongoDB 是采用 C++编写的分布式文档系统。MongoDB 中的数据称为文档，并且采用了类似于 JSON 数据的 BSON 结构。由于使用了键值对数据结构，因此 MongoDB 中的文档可以存储复杂、未知的数据。MongoDB 的查询语法类似于对象查询语言，可实现大部分关系数据库中的常用功能。另外，MongoDB 还支持索引的创建和基于索引的查询。MongoDB 是非关系数据库中查询功能十分丰富的数据库之一。存储结构灵活且易于使用，是很多工程师选择使用 MongoDB 的主要原因。

MongoDB 的优点如下。

- 高可用：MongoDB 支持数据副本和故障恢复。
- 高性能：MongoDB 基于内存映射文件技术实现了数据的快速读写，同时 MongoDB 支持索引并允许将索引存放在内存中，保障了索引的高速访问。MongoDB 还支持自动处理碎片，从而有效降低了在集群数据变多后，碎片文件过多对查询性能产生的影响。
- 存储结构灵活：MongoDB 面向集合，易于存储对象类型的数据，可存储大型对象、文件、视频等，存储模式自由。

- 易于使用：MongoDB 支持动态查询，支持完全索引，支持 Golang、Ruby、Python、Java、C++、PHP、C#等语言。MongoDB 文件的存储格式为 BSON（JSON 的一种扩展），使用起来十分简单。

但是，MongoDB 在追求灵活性和高性能的过程中也存在一定的局限性。

（1）MongoDB 不支持事务操作，因此，如果应用程序（例如账单系统）对事务操作有要求，就不适合使用 MongoDB。

（2）MongoDB 占用的磁盘空间大。

① 磁盘空间预分配：为了避免产生过多的碎文件，每当内存不足时，MongoDB 就会申请一块较大的磁盘空间，并且每次申请的磁盘容量都以 64MB、128MB、255MB 的大小增长，直到单个文件的大小达到 2GB 为止。

② 字段名占用过多磁盘空间：由于使用的是 BSON 格式，因此 MongoDB 中的每一条数据都会存储所有的键和值。在 BSON 格式下，数据（例如数值型和布尔型数据结构）的键（MongoDB 中的字段名）一般会比较占用空间，而值往往占用的空间很小。以数据{"deleteStatus":"1"}为例，键是长度为 12 位的字符串，而值仅是长度为 1 位的字符串。简化键的命名可减少对磁盘空间的占用，但这会牺牲数据的可读性。

（3）MongoDB 占用的内存多：MongoDB 会将索引数据存储在内存中，因此对节点内存的要求较高。

## 4.5.2　MongoDB 数据模型

MongoDB 数据模型自上而下分为数据库、集合、文档和 GridFS。

MongoDB 数据模型中的数据库和 MySQL 中数据库的概念十分类似，一个 MongoDB 实例可以包含多个数据库。

集合则没有固定模式，它可以存储结构不同的各种各样的文档。集合类似于 MySQL 中的表。

文档是 MongoDB 保存数据的基本单元。数据的存储结构使用了 BSON 格式，内部格式为键值对。键值对中的值也可以包含其他文档、数组或文档数组，并且支持丰富灵活的数据结构。图 4-23 中的 users 集合只有一个文档，其中的数据如下：

```
{
  name:"sue",
  age:26,
  status:"pending"
}
```

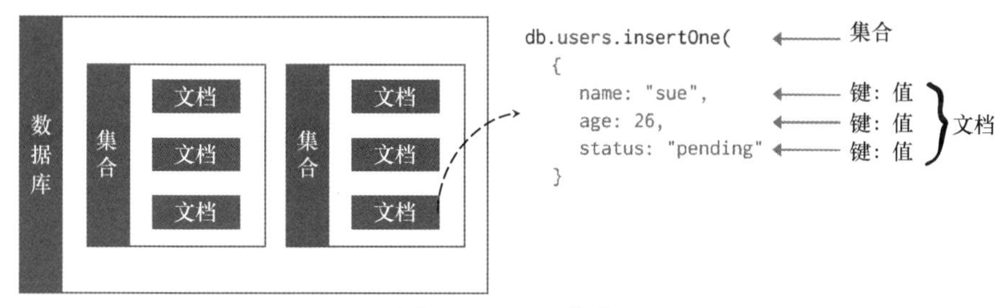


图 4-23 users 集合

文档中保存的数据可以是 null 值、布尔值、字符串、对象、32 位整数、64 位整数、64 位浮点数、日期、二进制数据、数组、正则表达式、JavaScript 代码、内嵌文档、最大值、最小值等。

BSON 对象由于在大小上有限制，因此不适合存储大型文件。GridFS 为大型文件提供了存储方案，GridFS 中保存的是图片、视频等大文件。

无论是 BSON 对象还是 GridFS 中存储的大文件，在添加文档时，MongoDB 都会为每条数据自动添加_id。

## 4.5.3 MongoDB 架构

MongoDB 支持单机方式、主从方式、双主方式和 Shard 集群方式。

- 单机方式：单机、单进程部署。
- 主从方式（非对称方式）：主机工作，备机处于备份状态，数据更新操作实时从主节点备份到从节点；当主机宕机时，备机接管主机的一切工作，待主机恢复正常后，再按照设定自动或手动将服务切换到主机上。
- 双主方式（互备互援）：两台主机同时运行并相互监控数据的更新操作，当发现对方有更新操作时，就在本地也执行更新操作。这样两台主机的状态和数据就会完全一致，当其中一台主机宕机时，另一台主机立即接管服务。
- Shard 集群方式（多服务器互备方式）：多台主机一起工作，它们各自运行一个或多个服务，为各个服务定义一台或多台备用主机，当其中一台主机发生故障时，运行在这台主机上的服务就可以由其他备用主机接管。

### 1. MongoDB 主从架构

MongoDB 主从架构一般用于数据备份或读写分离场景，如图 4-24 所示，MongoDB 主从架构由如下两种角色构成。

- 主节点：可读可写，当数据发生修改的时候，就将操作日志（oplog）同步到所有从节点上。

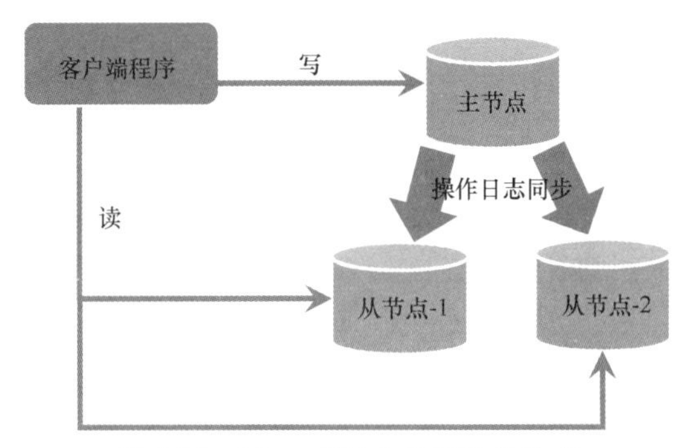


图 4-24　MongoDB 主从架构的构成

- 从节点：只读不可写，从节点会自动从主节点同步操作日志并在本地执行，这样从节点上的数据和主节点上的数据就能实时一致了。

## 2．MongoDB 双主架构

MongoDB 双主架构的工作原理如图 4-25 所示。两个主节点上的服务（简称主服务）同时运行并接收客户端的读写操作。当接收到写操作时，其中一个主服务就将写操作日志同步到另一个主服务。也就是说，这两个主服务能够相互备份、实时同步。当其中一个主服务宕掉后，另一个主服务可以立刻接管所有操作。

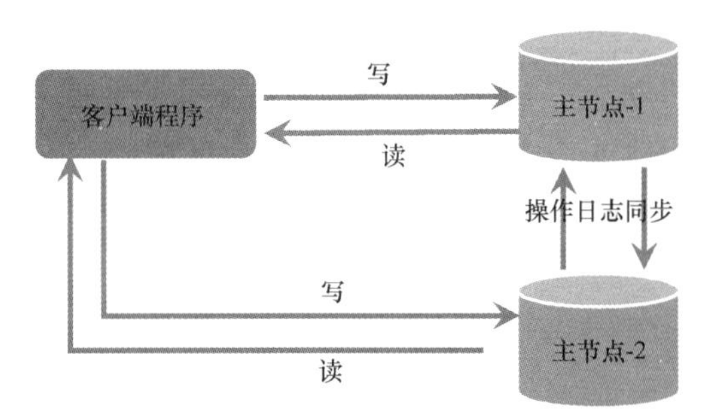


图 4-25　MongoDB 双主架构的工作原理

## 3．MongoDB 副本集架构

为了防止单点故障，需要引入副本的概念。这样当发生硬件故障或其他原因造成宕机时，我们就可以使用副本进行恢复。当然，最好能够实现自动故障转移。有时，引入副本是为了实现读写分离，将读请求分流到副本上可减轻主节点上的读压力。MongoDB 副本集（Replica Set）架构能够很好地满足数据备份要求。

MongoDB 副本集架构是很多 MongoDB 实例的集合，这些 MongoDB 实例有着同样的数据内容。如图 4-26 所示，MongoDB 副本集架构包含 3 种角色。

- 主节点：接收所有的写请求，然后把修改日志同步到所有副本节点。一个 Replica Set 只能有一个主节点，主节点宕掉后，其他副本节点或仲裁节点会重新选出主节点（简称选主）。读请求默认也是发送到主节点处理的，当需要转发到副本节点时，在客户端修改连接配置即可实现。

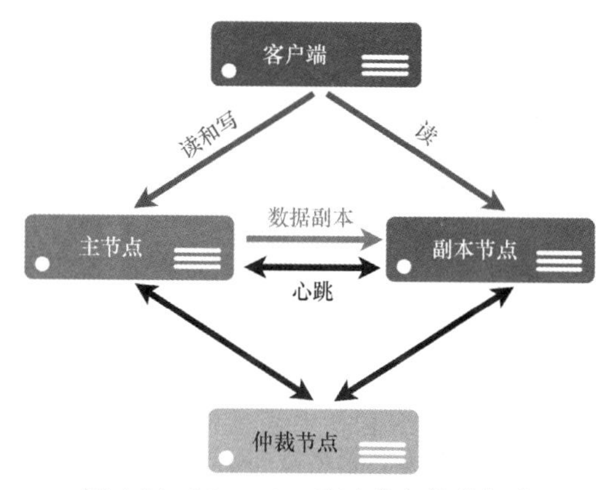


图 4-26 MongoDB 副本集架构的组成

- 副本节点：与主节点保持同样的数据集，当主节点宕掉时，参与选主。
- 仲裁节点：不持有数据，只进行选主投票。仲裁节点可以减少数据存储方面的硬件需求，仲裁节点在运行时几乎没有硬件资源上的需求。但需要注意的是，在生产环境中，为了提高集群的可靠性，请不要将仲裁节点和其他数据节点部署在同一台机器上。

注意，进行自动故障转移的集群节点必须是奇数，原因是在进行选主投票时，只有当半数以上的节点同意后，选举才算完成。

### 4. MongoDB Shard 集群架构

在 MongoDB Shard 集群架构中，使用路由规则可将一个数据量很大的集合分片运行在不同的机器上，以降低 CPU、内存和 I/O 方面的压力，如图 4-27 所示。

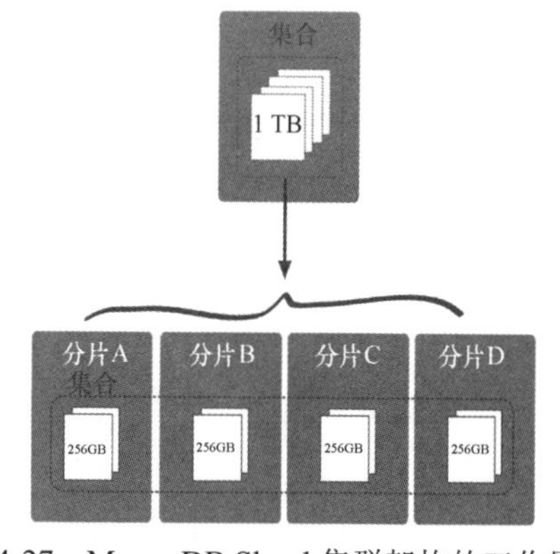


图 4-27 MongoDB Shard 集群架构的工作原理

MongoDB Shard 集群架构中的角色主要有数据分片、查询路由和配置服务器，如图 4-28 所示。

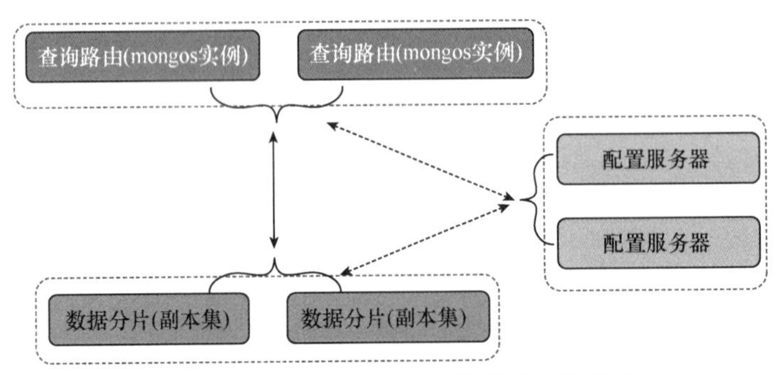


图 4-28　MongoDB Shard 集群架构中的角色

上述角色的功能如下。

- 数据分片：用于保存数据并保证数据的高可用性和一致性。数据分片可以是单独的 mongos（MongoDB 的进程名）实例，也可以是副本集。在生产环境中，数据分片是副本集，作用是防止单点故障。但在所有数据分片中，只有一个主分片。
- 查询路由：一些 mongos 实例。客户端可以直接连接 mongos 实例，由 mongos 实例把读写请求路由到指定的数据分片。分片集群可以有一个 mongos 实例，也可以有多个 mongos 实例，使用多个 mongos 实例可以减轻客户端请求的压力。
- 配置服务器：配置服务器上保存了集群的元数据，比如各个数据分片的路由规则等。

### 4.5.4　MongoDB 的使用

下面通过代码实战演示 MongoDB 的使用。

（1）从官网下载 MongoDB，解压后，执行如下命令以启动 MongoDB。

```
mongod --dbpath  /your_data_path/mongodb/data/
--logpath  /your_data_path/mongodblog//mongo.log --fork
```

在上述命令中，mongod 用于启动 MongoDB 数据库服务。其中，dbpath 参数用于指定数据的存储地址，logpath 参数用于指定日志信息的存储地址，fork 参数表示后台启动。

（2）执行如下命令，在 MongoDB 中创建数据库和集合，然后向集合中写入数据。

```
use spark_test;  //使用 use 命令切换到指定的数据库，如果指定的数据库不存在，就创建并进入该数据库
db.createCollection('test_collection')   //创建名为 test_collection 的集合
//在 test_collection 集合中插入一条数据
db.test_collection.insert({"uid":1,"name":"mongodb","age":30,"date":new Date()})
db.test_collection.find()              //查询 test_collection 集合中的所有数据
db.stats()                             //查询 MongoDB 数据库的状态
```

（3）添加 mongo-spark-connector 依赖。

```
<dependency>
    <groupId>org.mongodb.spark</groupId>
    <artifactId>mongo-spark-connector_2.12</artifactId>
    <version>${spark.version}</version>
</dependency>
```

（4）将 Spark 中的 RDD 构造为 MongoDB 文档并写入 MongoDB 数据库的代码如下。

```
object SparkMongo {
  def main(args: Array[String]): Unit = {
    //定义 SparkConf，设置读写 MongoDB 的服务器地址
    val conf = new SparkConf().setAppName("MongoSparkConnectorIntro ").setMaster("local")
      .set("spark.mongodb.input.uri", "mongodb://127.0.0.1/spark_test.test_collection")
      .set("spark.mongodb.output.uri", "mongodb://127.0.0.1/spark_test.test_collection")
    val sc = new SparkContext(conf)
    import org.bson.Document
   //初始化 10~20 的一个序列，并将其解析构造为 MongoDB 中的 Document 数据类型
    val documents = sc.parallelize((10 to 12).map(i => Document.parse(s"{spark_test: $i}")))
    //调用 MongoSpark.save()，使用 SparkConf 中配置的 MongoDB 服务器地址，将数据写入 MongoDB 数据库
     MongoSpark.save(documents)
    //调用 documents.saveToMongoDB()，在 WriteConfig 中配置 MongoDB 服务器地址并将
    //数据写入 MongoDB 数据库
     documents.saveToMongoDB(
              WriteConfig (Map("uri" -> "mongodb://127.0.0.1/spark_test.test_collection")))
     //当调用 Documents.saveToMongoDB()时，如果不设置参数，就会默认使用 SparkConf 中的配置
    documents.saveToMongoDB()
    //Scala 不支持直接插入序列，我们需要调用 asJava()，将序列转换为 Java 列表并存储
    val documentsWithList = sc.parallelize(
      Seq(new Document("fruits", List("apples", "oranges", "pears").asJava))
    )
    MongoSpark.save(documentsWithList)      //将数据写入 MongoDB
  }
}
```

下面对上述代码进行解释。首先，在定义 SparkConf 时设置读写 MongoDB 的服务器地址。然后，初始化 10～20 的一个序列，并将其解析构造为 MongoDB 中的 Document 数据类型，Document.parse(s"{spark_test: $i}")表示将 JSON 数据解析为 MongoDB 中的文档。最后，调用 MongoSpark.save(documents)将文档列表写入 MongoDB。另外，调用 saveToMongoDB()也可以将文档列表写入 MongoDB。当传入 WriteConfig 时，saveToMongoDB()会将数据写入指定的 MongoDB 数据库；否则，写入 SparkConf 中配置的 MongoDB 数据库。

（5）从 MongoDB 数据库读取数据到 Spark 中。

```
//将 SparkConf 中配置的与 spark.mongodb.output.uri 对应的 MongoDB 数据库中的集合数据读取为 Spark RDD
val rdd = MongoSpark.load(sc)
import com.mongodb.spark.config._
//通过 SparkConf 中的配置读取数据
val rdd1= sc.loadFromMongoDB()
//定义需要读取 MongoDB 的 ReadConfig
```

```
val rdd2= sc.loadFromMongoDB(
    ReadConfig(Map("uri" -> "mongodb://127.0.0.1/spark_test.test_collection")))
//读取 ReadConfig 中的集合数据为 RDD
val rdd3 = MongoSpark.load(sc, readConfig)
//对 RDD 中的数据进行过滤
val filteredRdd = rdd.filter(doc => doc.getInteger("spark_test") > 5)
//使用 JSON 查询语法对 RDD 数据进行过滤
val aggregatedRdd = rdd.withPipeline(Seq(Document.parse("{ $match: { spark_test :
                    { $gt : 5 } } }")))
//读取备库中的数据，"readPreference.name" -> "secondaryPreferred"表示首先从备库中读取数据
val readConfig = ReadConfig(Map("collection" -> "test_collection","readPreference.name" ->
                "secondaryPreferred"), Some(ReadConfig(sc)))
val customRdd = MongoSpark.load(sc, readConfig)
```

上述代码是通过 MongoSpark.load(sc)将数据读取到 Spark 中的，我们也可以通过 sc.loadFromMongoDB()将数据读取到 Spark 中。当传入 ReadConfig 时，就将指定配置的 MongoDB 数据库中的数据读取到 Spark 中；否则，就从 SparkConf 配置的 MongoDB 数据库中读取数据。另外，我们还可以使用 Spark 的 filter 算子对数据进行过滤。

当需要读取备库中的数据时，我们可以通过设置 readPreference.name 为 secondaryPreferred，让 Spark 首先从备库中读取数据。

（6）执行基于 SQL 的 MongoDB 操作，具体实现代码如下。

```
object SparkMongoSQL {
  def main(args: Array[String]): Unit = {
    val mongoURl = "mongodb://127.0.0.1/spark_test.test_collection"
    val sparkSession = SparkSession.builder()
      .master("local").appName("MongoSparkConnectorSQL")
      .config("spark.mongodb.input.uri", "mongodb://127.0.0.1/spark_test.test_collection")
      .config("spark.mongodb.output.uri", "mongodb://127.0.0.1/spark_test.test_collection")
      .getOrCreate()
    //需要进行隐式转换
    implicit val formats: AnyRef with Formats = Serialization.formats(NoTypeHints)
    val docs= List(("name"->"alex"),("name"->"vic")).map(x=>write(x))
    //使用 sparkSession 将列表转换为文档并写入 MongoDB
    sparkSession.sparkContext.parallelize(docs.map(Document.parse)).saveToMongoDB()
    //使用 sparkSession 将 MongoDB 数据读取为 DataFrame
    val rdd_data = MongoSpark.load(sparkSession)
    rdd_data.createOrReplaceTempView("characters")   //将 DataFrame 构造为视图
    val rdd_data_sql = sparkSession.sql("SELECT name, age FROM characters WHERE age >= 100")
    rdd_data_sql.show()
  }
}
```

上述代码通过 sparkSession 实现了对 MongoDB 数据的操作。需要重点说明的是，可以调用 MongoSpark.load(sparkSession)方法并使用 sparkSession 将 MongoDB 数据读取为 DataFrame，然后将 DataFrame 构造为视图，这样基于视图就可以直接执行 SQL 语句，从而对数据进行复杂查询了，这相比通过 Spark 的 filter 算子和 JSON 参数查询数据方便多了。

# 4.6 Spark 读写 Cassandra

## 4.6.1 Cassandra 的概念

Cassandra 是一套开源的分布式 NoSQL 数据库，最初由 Facebook 开发，并于 2008 年开源。由于具备良好的可扩展性和高性能，并且支持 P2P 去中心化设计，因此 Cassandra 迅速成为分布式存储中十分流行的数据存储方案。

Cassandra 的特点如下。

- 基于列式存储：Cassandra 和 HBase 一样，也是基于列式存储的数据库。由于查询中的选择规则是通过列来定义的，因此整个数据库是自动索引化的，查询效率很高。
- 支持 P2P 去中心化设计：Cassandra 采用了 P2P 去中心化设计的思想，整个集群中没有主节点，因此既不存在主节点宕机导致集群不可用的情况，也不存在主节点性能瓶颈，Cassandra 会自动将数据和请求均衡地分配到每个节点上。
- 可扩展：Cassandra 支持纯粹意义上的水平扩展。当需要给集群添加更多容量时，动态增加节点即可。Cassandra 在内部会自动进行数据迁移，因此不必重启任何进程或手动迁移任何数据。
- 支持多数据中心识别和异地容灾：Cassandra 支持机架和数据中心的识别。在执行异地容灾时，只需要为数据库配置不同的数据中心，Cassandra 就会保障每个数据中心都有全量数据。因此，当主数据中心宕机时，备数据中心能够完全支撑起业务请求。同时，当地震、火灾等不可抗拒因素导致主数据中心丢失时，基于备数据中心较容易在主数据中心重建集群并完成数据的自动恢复。
- 支持二级索引：除支持键值查询和基于键的范围查询之外，Cassandra 还支持二级索引。在二级索引上，我们可以方便地使用 SQL 执行分组和计数操作。
- 支持分布式写操作：由于 Cassandra 是使用 P2P 架构设计的，因此用户可以在任何地点和任何时间，集中读写任何数据，而不用担心单点失败问题。

## 4.6.2 Gossip 协议

Gossip 协议的灵感来自办公室消息的传播，只要一个人谈论某消息，办公室里的其他人在很短时间内就会知道这条消息的内容，这种消息传播方式与病毒传播类似，因此 Gossip 有众多的别名，比如“闲话算法”“疫情传播算法”“病毒感染算法”“谣言传播算法”。

Gossip 协议由于不要求节点知道所有其他节点的状态，因此具有去中心化的特点，各节点之间的角色完全对等，集群不需要中心节点。实际上，Gossip 协议可用于众多能够接受“最终一致性”的领域，如失败检测、路由同步、订阅发布、动态负载均衡等。

Cassandra 使用 Gossip 协议来同步节点之间的状态。Cassandra 内部有一个 Gossip 进程，该进程每秒至多会与 3 个节点交换状态信息。这样每个节点都会和其他节点相互交换集群节点的状态信息，于是集群中的每个节点很快就知道了整个集群的状态信息。

Gossip 算法在信息交换中会携带信息的版本号，在每一次信息交换中，新的版本号将会覆盖旧的版本号。

## 4.6.3　Cassandra 数据模型

Cassandra 数据模型由 Key Space、Column Family、Key 和 Column 组成，如图 4-29 所示。

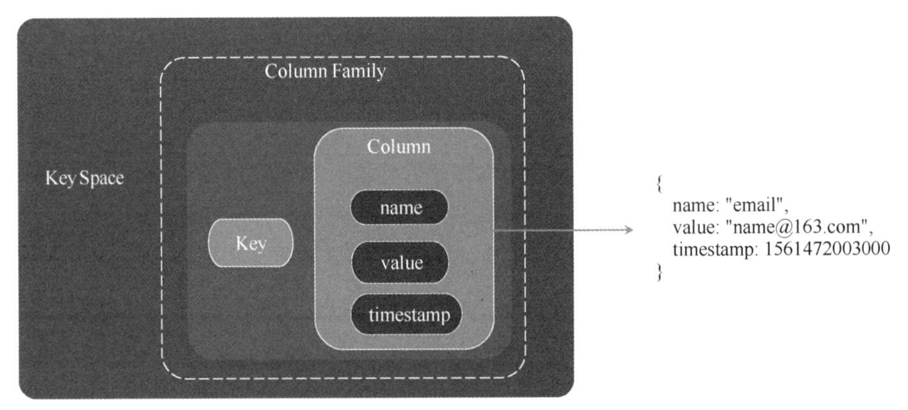


图 4-29　Cassandra 数据模型

Key Space 类似于关系数据库中的数据库。一个 Key Space 可包含若干 Column Family。

当创建 Key Space 时，需要设置的核心参数有复制因子和副本存储策略。复制因子指的是集群中同一数据的副本数。副本存储策略指的是将副本以何种策略分布在集群的服务器上。副本存储策略有简单策略（单数据中心存储策略）、旧网络拓扑策略（机架感知策略）和网络拓扑策略（数据中心共享策略）3 种。创建 Key Space 的命令如下：

```
CREATE KEYSPACE Keyspace tableName WITH replication = {'class': 'SimpleStrategy',
'replication_factor' : 3};
```

Key 类似于关系数据库中的主键。在 Cassandra 中，每一条数据记录都是以 Key-Value 的形式存储的，其中，Key 是唯一标识。

Column Family 是一种包含了许多 Row 的结构，类似于关系数据库中的表。每一个 Row 都包含为客户端提供的 Key 以及与这个 Key 关联的一系列 Column。Column Family 的类型可以是 Standard Column Family，也可以是 Super Column Family。

Column 类似于关系数据库中的列。在 Cassandra 中，每个 Key-Value 中的 Value 又称为 Column，Column 是 Cassandra 中最小的数据单元。Column 是一种三元的数据类型，里面包含了 name、value 和 timestamp。其中，name 和 value 都是 byte[]类型，长度不限。

## 4.6.4 Cassandra 架构

### 1. 一致性哈希算法

Cassandra 在数据分布上采用"一致性哈希算法+虚拟节点"的设计方案来实现数据在集群中的分布。一致性哈希算法（consistent hashing algorithm）是一种分布式算法，通常用于负载均衡。一致性哈希算法的原理是，首先将整个哈希空间虚拟成一个范围为 $0\sim2^{32}-1$ 的哈希环，然后将数据和服务器分别映射到这个哈希环以实现数据在各个服务器上的哈希分布，如图 4-30 所示。

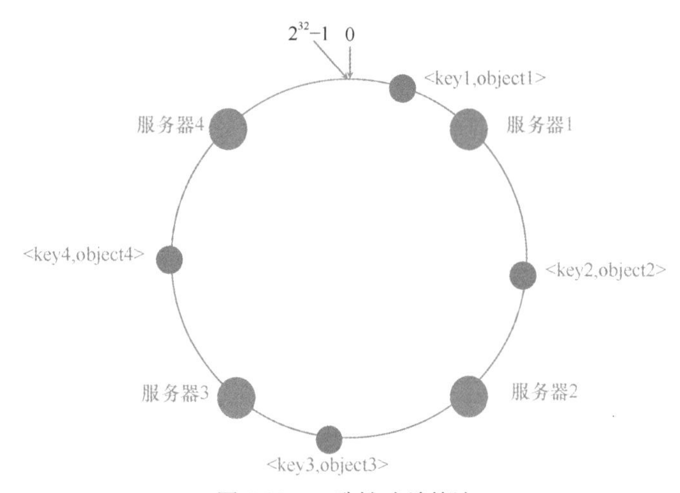


图 4-30 一致性哈希算法

### 2. 虚拟节点

一致性哈希算法无法保证数据的绝对平衡，在数据较少的情况下，集群对象并不能均匀映射到各个服务器上。为了解决数据分布不均的问题，一致性哈希算法引入了"虚拟节点"的概念。虚拟节点是实际节点在哈希空间中的副本，一个实际节点有可能对应若干虚拟节点，对应的个数又称为副本个数，虚拟节点在哈希空间中是按哈希值排列的。

Cassandra 虚拟节点的数据分布如图 4-31 所示，每个虚拟节点不再负责连续的部分。另外，整个一致性哈希环还分成了更多的部分。如果节点 2 突然宕掉，那么节点 2 负责的数据不是全部托管给节点 1，而是托管给多个节点（例如 A 区间的数据分布在节点 1、节点 2、节点 5 这 3 个不连续的节点上）。

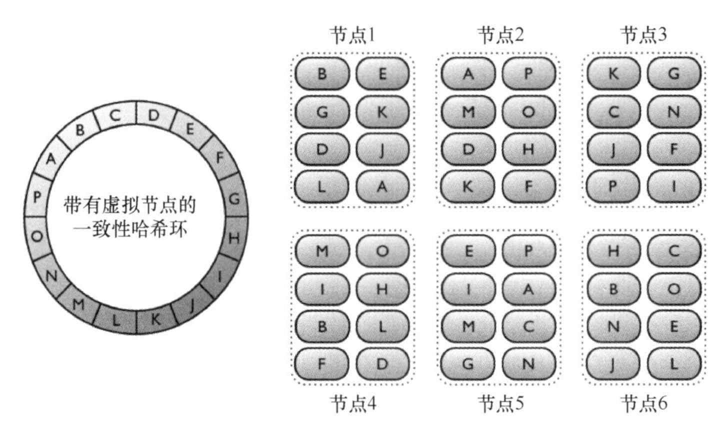


图 4-31　Cassandra 虚拟节点的数据分布

### 3. Cassandra 的数据写入流程

在 Cassandra 集群中，接收客户端请求的节点称为协调者（coordinator），Cassandra 中的任何服务器都可能是协调者。在写请求到达协调者后，协调者会将请求发送到拥有对应行数据的所有副本（replica）节点，只要副本节点可用，就在节点上响应写请求。当副本节点上的写请求达到写一致性级别时，便认为写入成功（写入成功意味着数据被正确写入 Commit Log 和 MemTable），并将结果反馈给客户端，如图 4-32 所示。

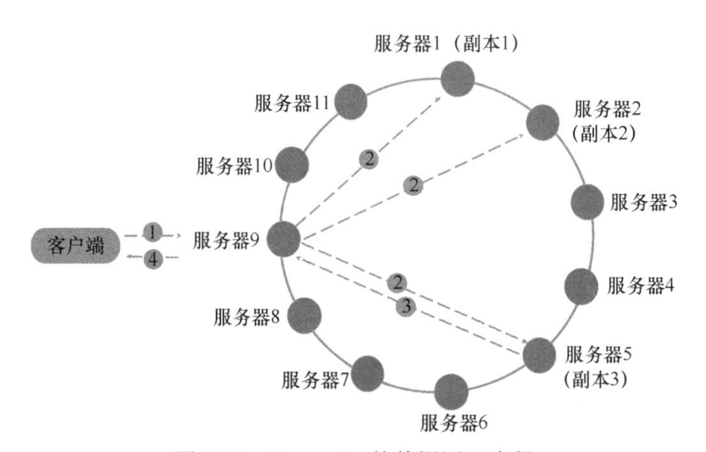


图 4-32　Cassandra 的数据写入流程

### 4. Cassandra 数据读取和后台修复

Cassandra 集群中的协调者在接收客户端的读请求后，就会将请求发送到集群中数据所在的节点并等待节点的反馈。当各个节点对同一行数据返回的数据不一致时，协调者节点将探知到内部数据不一致，于是将最新的数据返回给客户端，并在后台以最新数据为依据对其他服务器进行数据修复。Cassandra 数据读取和后台修复的示意图如图 4-33 所示。

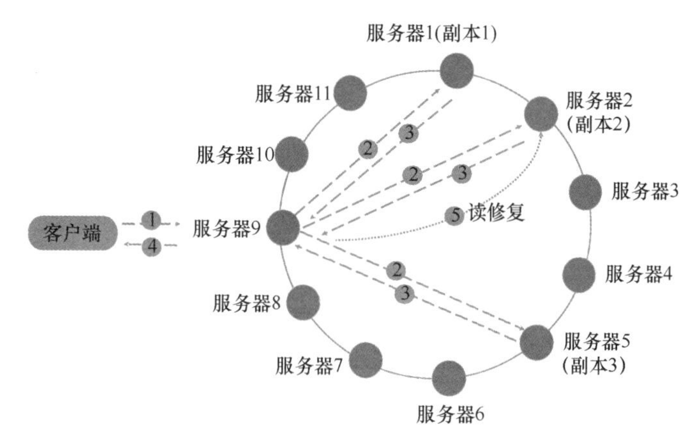


图 4-33 Cassandra 数据读取和后台修复的示意图

## 4.6.5 Cassandra 的使用

下面通过代码实战演示 Cassandra 的使用。

（1）从官网下载 Cassandra 并解压，然后执行如下命令以启动 Cassandra。

```
cd apache-cassandra-3.11.4/bin && ./cassandra          #启动 Cassandra
```

（2）登录 Cassandra，查看集群信息。

```
./cqlsh                                                #登录 Cassandra
SELECT cluster_name, listen_address FROM system.local; #查看集群信息
```

（3）创建 Key Space 和表。

```
#创建 Key Space
create KEYSPACE sparkdb WITH replication = {'class': 'SimpleStrategy', 'replication_factor': 1};
#在 sparkdb 中创建表 people，其中 id 为主键
create table sparkdb.people(id text, name text, age int,job text, primary key (id));
#查询表 people 中的数据
select * from sparkdb.people;
```

（4）添加 spark-cassandra-connector 依赖。

```
<dependency>
    <groupId>com.datastax.spark</groupId>
    <artifactId>spark-cassandra-connector_2.12</artifactId>
    <version>${spark.version}-beta</version>
</dependency>
```

（5）将 Spark 数据写入 Cassandra。

```
object SparkCassandra {
  def main(args: Array[String]): Unit = {
   //定义 SparkSession 实例 spark
   val spark = SparkSession.builder().master("local").appName("SparkCassandra").getOrCreate()
   //将 CSV 数据读取到 Spark 中
  val peopleDF = spark.read.format("csv").option("sep", ";")
      .option("inferSchema", "true")
      .option("header", "true")         //对第一行进行检查并推断其 Schema
      .load("your_file_path/people-cassandra.csv")
  //将 DataFrame 数据写入 Cassandra
  peopleDF.write.format("org.apache.spark.sql.cassandra")
      .mode("overwrite")                                       //使用覆写模式
      .option("confirm.truncate", "true")                      //写入前清空表数据
      .option("spark.cassandra.connection.host", "127.0.0.1") //Cassandra 数据库的地址
      .option("spark.cassandra.connection.port", "9042")       //Cassandra 数据库服务器的端口号
      .option("keyspace", "sparkdb")                           //定义想要写入的 Key Space
      .option("table", "people")                               //定义想要写入的表
      .save()
  }
}
```

上述代码首先将 CSV 文件读取为 DataFrame，然后将 DataFrame 数据写入 Cassandra。write.format("org.apache.spark.sql.cassandra")表示写出格式为 Cassandra；mode("overwrite")表示采用覆写模式；option("confirm.truncate", "true")表示写入前清空表数据；option("spark.cassandra.connection.host", "127.0.0.1")用于配置 Cassandra 数据库的地址；option("spark.cassandra.connection.port", "9042")用于配置 Cassandra 数据库服务器的端口号；option("keyspace", "sparkdb")用于定义想要写入的 Key Space，这里将数据写入之前创建的 sparkdb；option("table", "people")用于定义想要写入的表。Cassandra 配置完之后，调用 save()方法，将 DataFrame 数据写入 Cassandra 即可。

（6）读取 Cassandra 中的数据。

```
val df_read = spark.read
  .format("org.apache.spark.sql.cassandra")
  .option("spark.cassandra.connection.host", "127.0.0.1")
  .option("spark.cassandra.connection.port", "9042")
  .option("keyspace", "sparkdb")
  .option("table", "people")
  .load()
df_read.createTempView("view_cassadra_people")
spark.sql("select * from view_cassadra_people where id>1").show()
```

在 Spark 中，读取 Cassandra 中的数据十分简单：只需要在读取的时候，设置好想要读取的数据库、Key Space 和表，然后调用 load()方法，将 Cassandra 中的数据读取为 DataFrame 即可。在将 Cassandra 中的数据读取到 Spark 之后，我们就可以将 DataFrame 映射到视图，基于视图执行 SQL 操作了。

## 4.7 Spark 读写 MySQL

在日常开发中，我们经常需要使用 Spark 对历史数据进行统计，并将统计结果写到 MySQL 中作为报表统计的数据源。在数据量不大的情况下，十分灵活的查询，使得 MySQL 成为统计报表数据时常用的数据库之一。本节介绍如何在 Spark 中对 MySQL 数据库进行读写。

（1）引入依赖。

```
<dependency>
    <groupId>mysql</groupId>
    <artifactId>mysql-connector-java</artifactId>
    <version>8.0.21</version>
</dependency>
```

（2）使用 read.jdbc()方法读取 MySQL 数据库。

```
val url = "jdbc:mysql://127.0.0.1:3306/spark_mysql_test"
def readMysqlFirstWay(): Unit = {
  val spark = SparkSession.builder().appName("sparksql").master("local").getOrCreate()
  val prop = new Properties()
  prop.put("user", "root")
  prop.put("password", "root")
  val dataFrame = spark.read.jdbc(url, "user", prop).select("id").where("id = 1").show()
  spark.stop()
}
```

read.jdbc()方法的参数 url 表示数据库的地址，参数 user 表示想要查询的表，参数 prop 表示访问数据库时的用户名和密码等配置信息。也就是说，上述代码实现了以用户名为 root、密码也为 root 的账号登录地址为 127.0.0.1:3306 的 MySQL 数据库 spark_mysql_test，同时读取 user 表中 id 等于 1 的数据。

（3）使用 read.format.option.load()方法读取 MySQL 数据库。

```
def readMysqlSecondWay(): Unit = {
  val spark = SparkSession.builder().appName("sparksql").master("local").getOrCreate()
  val dataDF = spark.read.format("jdbc")
     .option("url", url).option("dbtable", "user")
                       .option("user", "root")
                       .option("password", "root")
     .load()
  dataDF.createOrReplaceTempView("tmptable")
  val sql = "select * from tmptable where id = 1"
  spark.sql(sql).show()
  spark.stop()
}
```

上述代码首先使用 read.format.option.load()方法将 MySQL 数据库中的数据读取成 DataFrame，然后将 DataFrame 映射到视图，这样我们就可以在视图中执行 SQL 语句以进行数据分析了。

（4）使用write.mode.jdbc()方法将数据写到MySQL数据库中。

```
def writeMysqlFirstWay(): Unit = {
  val spark = SparkSession.builder().appName("sparksql").master("local").getOrCreate()
  val prop = new Properties()
  prop.put("user", "root")
  prop.put("password", "root")
  val dataFrame = spark.read.jdbc(url, "user", prop).where("id = 1")
  dataFrame.write.mode(SaveMode.Append).jdbc(url, "user_1", prop)
  spark.stop()
}
```

write.mode.jdbc()方法的参数url表示想要写入的数据库的地址，参数user_1表示想要写入的表，参数prop表示访问数据库时的用户名和密码等配置信息。

（5）将来自其他数据源的数据写入MySQL数据库。

```
def writeMysqlSecondWay(): Unit = {
  val spark = SparkSession.builder().appName("test").master("local").getOrCreate()
 //读取CSV数据到Spark中
  val userDF = spark.read.format("csv").option("sep", ";").option("inferSchema", "true")
      .option("header", "true").load("your_file_path/user.csv")
  val prop = new Properties()
  prop.put("user", "root")
  prop.put("password", "root")
  //userDF.write.mode(SaveMode.Overwrite).jdbc(url,"user",prop)
  //过滤userDF中id大于2的数据并将它们写入MySQL数据库
  val userDFFilter = userDF.filter(" id >2")
  userDFFilter.write.mode(SaveMode.Overwrite).jdbc(url, "user_1", prop)
  spark.stop()
}
```

上述代码首先从CSV文件中读取数据到Spark中，然后对数据进行过滤并将过滤后的数据写入MySQL数据库。其中，write.mode(SaveMode.Overwrite).jdbc(url, "user_1", prop)表示将数据以覆写（SaveMode.Overwrite）模式写入url对应的数据库的user_1表中。

## 4.8　Spark读写Kafka

### 4.8.1　Kafka的概念

Kafka是一种高吞吐、分布式、基于发布和订阅模型的消息系统。Kafka会将消息数据顺序保存在磁盘上，并将它们在集群中以副本的形式存储以防止数据丢失。Kafka依赖于ZooKeeper进行集群的管理，在大数据应用中，Kafka经常和Spark一起用来完成实时的流式计算任务。

Kafka的特点如下。

- 高性能：由于采用了零复制技术、分布式存储、顺序读/顺序写、批量读/批量写等技术，

Kafka 能够在单节点上支持上千个客户端，吞吐量很大。

- 高可用：对于集群之间的数据，Kafka 采用了副本机制，从而保障了写节点在宕机后仍能对外提供服务，并且数据不丢失。
- 持久化：消息直接持久化在普通磁盘上。
- 分布式：数据副本冗余，流量负载均衡，可扩展。

## 4.8.2 Kafka 集群架构

Kafka 集群中的各个节点称为 Broker，用于消息的接收、存储和发送。同时，Kafka 集群需要使用 ZooKeeper 来进行集群的管理，ZooKeeper 不仅负责保存集群的 Broker、Topic、分区等元数据，还负责 Broker 故障发现、主节点选举、负载均衡等。Kafka 集群架构中的角色如图 4-34 所示。

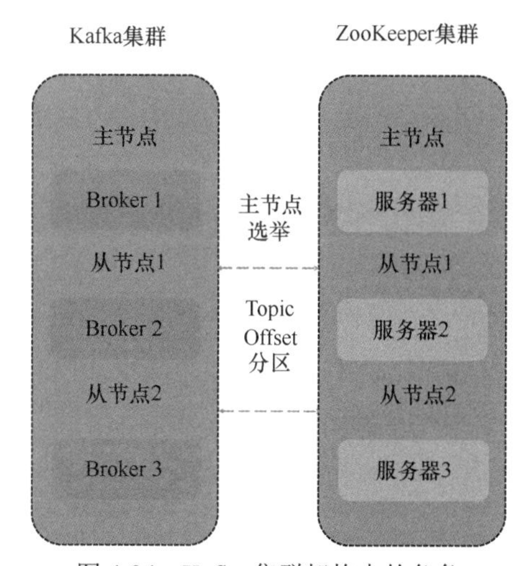


图 4-34 Kafka 集群架构中的角色

Kafka 消息分区（见图 4-35）中的核心概念有生产者、消费者、Broker 和 Topic。其中，生产者产生消息；消费者使用消息；Broker 是 Kafka 的消息服务端，负责消息的存储和转发；Topic 为消息类别，Kafka 将按照 Topic 对消息进行分类。Broker 集群的状态由 ZooKeeper 负责管理。

为了提高集群的并发度，Kafka 还设计了分区用于 Topic 数据。一个 Topic 数据可以分为多个分区，每个分区负责保存和处理其中的一部分消息数据。分区的个数对应消费者和生产者的并发度。例如，如果分区的个数为 3，那么集群中最多同时有 3 个线程的消费者并发处理数据。

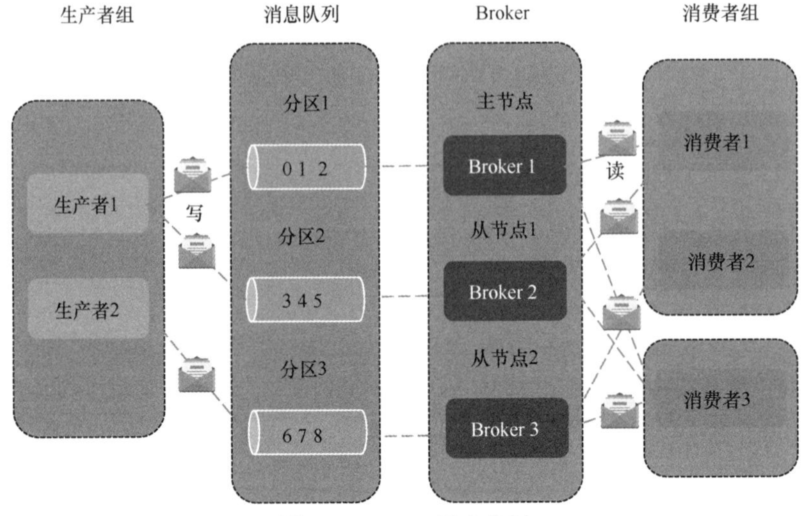

图4-35　Kafka消息分区

## 4.8.3　Kafka数据存储设计

### 1. 分区数据文件

分区中的每条消息包含3个属性，它们分别是Offset、MessageSize和Data，如图4-36所示。其中，Offset为消息在分区中的偏移量，它在逻辑上是一个值，用于唯一确定分区中的一条消息；MessageSize表示消息内容的大小；Data表示消息的具体内容。

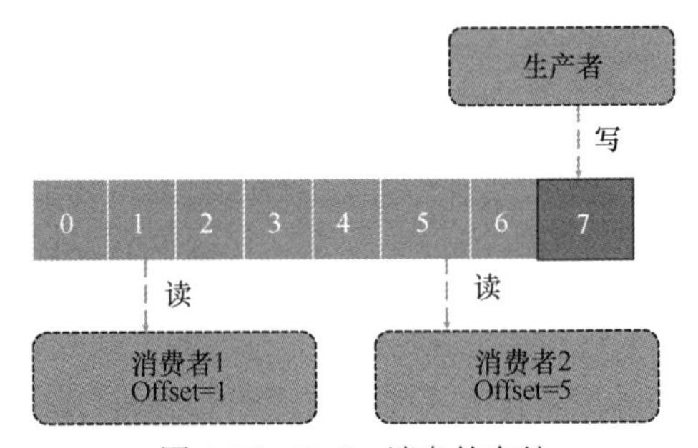

图4-36　Kafka消息的存储

### 2. 分段数据文件

分区在物理上由多个分段数据文件组成，每个分段数据文件的大小相等并按顺序读写。另外，每个分段数据文件以相应分段中最小的Offset命名，文件扩展名为.log，如图4-37所示。这样在查找指定偏移量的消息时，使用二分查找法就可以定位到消息在哪个分段数据文件中。

分段数据文件首先会存储在内存中，当分段数据文件中的消息数达到配置的值或者当消息的发送时间超过阈值时，消息就会被刷新到磁盘，只有刷新到磁盘的消息才能被消费者使用。

当分段数据文件达到一定的大小（可通过配置文件进行设定，默认为1GB）后，就不能再向该分段数据文件中写入数据了，Broker会创建新的分段数据文件。

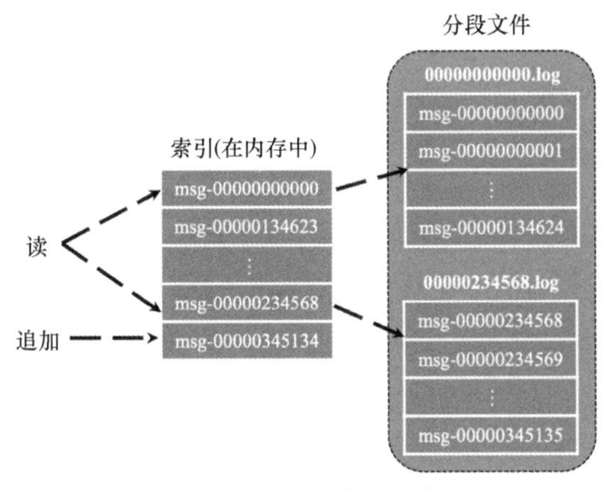


图 4-37 分段数据文件

如图 4-38 所示，Kafka 为每个分段数据文件建立了索引文件以方便数据寻址。索引文件的文件名与分段数据文件的文件名一致，所不同的是，索引文件的扩展名为.index。Kafka 中的索引文件并不会为分段数据文件中的每一条消息都建立索引，而采用建立稀疏索引的思路，每隔一定的字节数建立一个索引。这样可以有效减少索引文件占用的内存空间，从而方便将索引文件加载到内存中以提高集群的吞吐量。索引文件中的第一位表示索引对应的消息的编号，第二位表示索引对应的消息的数据位置。例如，00000368769.index 索引文件采用稀疏索引的方式记录了第 1 条消息、第 3 条消息和第 6 条消息的索引，它们分别为(1, 0)、(3, 479)和(6, 1407)。

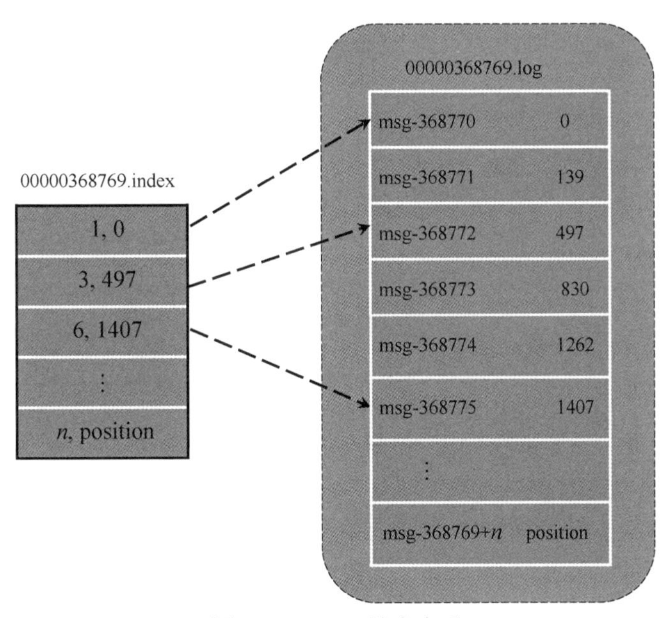


图 4-38 Kafka 消息索引

## 4.8.4　Kafka 消息并发设计

### 1. 多生产者并发地产生消息

Kafka 会将一个 Topic 分为多个分区，每个分区上的数据则均衡地分布在不同的 Broker 上，这样一个 Topic 上的数据就可以被多个 Broker 并发地读取或写入。

在实际应用中，为了提高消息的吞吐量，应用程序会将分区设置为多个（分区不宜太多，数量一般由集群大小和 Topic 上的数据量决定）。生产者可以通过随机策略或哈希策略将消息平均发送到多个分区以实现负载均衡。例如，在图 4-39 中，TopicA 分为 3 个分区并分布在 3 个 Broker 上。另外，每个分区上的数据在其他的 Broker 上都有备份，3 个生产者能够并发地给 Kafka 集群发送数据。

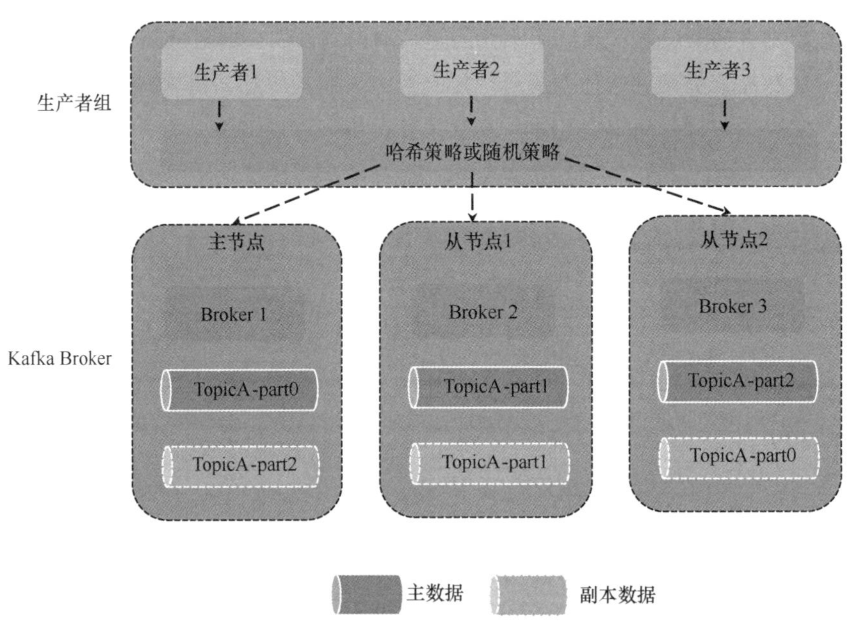


图 4-39　TopicA 的分区

### 2. 多消费者并发地使用消息

由于 Topic 上的消息以分区的形式存在于多个 Broker 上，因此应用程序可以启动多个消费者，从而并行地使用 Topic 上的数据以提高消息的处理效率，如图 4-40 所示。需要注意的是，虽然单个分区上的消息是时间有序的，但多个分区之间消息的顺序无法保证。例如，启动 3 个消费者（因为分区的个数为 3，所以消费者的个数也应该设置为 3），然后并发地使用 TopicA 上的消息，此时 TopicA 上的数据将以分区的形式存在于 3 个 Broker 上。

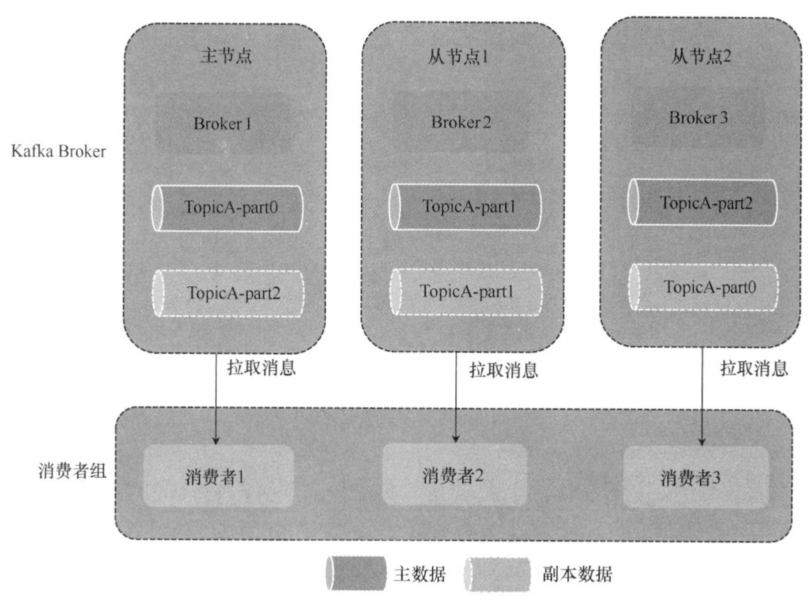


图 4-40　多消费者并发地使用消息

在同一消费者组中，多个消费者可以并发地使用 Topic 上的消息，消费者的线程并发数一般等于分区的个数。但是，在同一消费者组中，多个消费者不能同时使用同一分区上的数据。不同消费者组中的消费者对同一 Topic 上数据的使用互不影响。消费者组和消费者分别是用 group.id 与 client.id 唯一标识的。每个消费者的每一条使用记录都将以 Offset 的形式提交到 Kafka 集群的 Broker 上，以记录消息的使用位置。

虽然同一分区上的数据是时间有序的，但多个分区上的数据无法保证时间的有序性。消费者可通过拉取方式使用消息。Kafka 不会删除已使用的消息。在分区内部，Kafka 能够顺序读写磁盘数据，并以时间复杂度为 $O(1)$的方式提供消息的持久化功能。

## 4.8.5　Kafka 的使用

Kafka 通常作为 Spark 流式计算的数据源，为 Spark 实时流计算提供数据。Spark 对 Kafka 的使用包括：使用 Kafka 消息以及将实时消息发送到 Kafka。

为了使用 Kafka 消息，编写以下代码。

```
def creatConsumer(): Unit = {
  try {
  //定义 Kafka 消费者的客户端参数配置
    val kafkaParams = Map[String, Object](
      "bootstrap.servers" -> "localhost:9092",              //配置 Kafka 地址
      "key.deserializer" -> classOf[StringDeserializer],    //定义 Kafka 中 Key 的序列化方式
      "value.deserializer" -> classOf[StringDeserializer],  //定义 Kafka 中 Value 的序列化方式
      "group.id" -> "spark_stream_cg",                      //定义消费者组
```

```
      "auto.offset.reset" -> "latest",                    //从最新消息开始使用
      "enable.auto.commit" -> (false: java.lang.Boolean))  //不自动提交 Offset
    val topics = Array("spark_topic_1", "spark_topic_2")
    val conf = new SparkConf().setAppName("SparkStreamingDemo").setMaster("local")
    //定义 StreamingContext
    val streamingContext = new StreamingContext(conf, Seconds(30))
    //实时接收 Kafka 消息，并将流式数据转换为 Spark Stream
    val stream = KafkaUtils.createDirectStream[String, String](
      streamingContext,
      PreferConsistent,
      Subscribe[String, String](topics, kafkaParams)
    )
   //对 Spark Stream 中的数据进行处理
    val kafkaMessage = stream.map(record => (record.value().toString))
                    .filter(message => None != JSON.parseFull(message)).print()
    streamingContext.start()                     //调用 start()以启动实时流计算
    streamingContext.awaitTermination()          //等待流计算完成
  } catch {
    case ex: Exception => {
      ex.printStackTrace()                       //输出到标准 err
      System.err.println("exception===>: ...")   //输出到标准 err
    }
  }
}
```

下面对上述代码进行解释。首先定义 Kafka 消费者的客户端参数配置信息 kafkaParams，然后定义 StreamingContext 用于实时流计算，接下来通过 KafkaUtils.createDirectStream 将实时接收的 Kafka 消息转换为 Spark Stream，这样便完成了从 Kafka 中接收实时消息到 Spark。Stream 创建好之后，我们就可以对 Stream 中的数据进行处理，这里一般为流式计算的业务逻辑部分。例如，上述代码会对消息流中的消息使用 JSON 格式进行解析，如果解析失败，就说明是一条“脏数据”（不符合数据要求的数据），需要将“脏数据”过滤掉。接下来，调用 StreamingContext 的 start()方法以启动实时流计算，并调用 StreamingContext 的 awaitTermination()方法以等待流计算完成。最后，Spark 发送消息到 Kafka。

Spark 在发送消息到 Kafka 时，需要编写生产者工具类 KafkaSink。KafkaSink 中定义了 KafkaProducer 和 send()方法，用于将消息实时发送到 Kafka。

```
import java.util.concurrent.Future
import org.apache.kafka.clients.producer.{KafkaProducer, ProducerRecord, RecordMetadata}
class KafkaSink[K, V](createProducer: () => KafkaProducer[K, V]) extends Serializable {
  lazy val producer = createProducer()
  def send(topic: String, key: K, value: V): Future[RecordMetadata] = {
    producer.send(new ProducerRecord[K, V](topic, key, value))
  }
  def send(topic: String, value: V): Future[RecordMetadata] = {
    producer.send(new ProducerRecord[K, V](topic, value))
  }
}
object KafkaSink {
```

```
  import scala.collection.JavaConversions._
  def apply[K, V](config: Map[String, Object]): KafkaSink[K, V] = {
    val createProducerFunc = () => {
      val producer = new KafkaProducer[K, V](config)
      sys.addShutdownHook {
       //用于确保在将所有消息都发送到 Kafka 之后才关闭执行器的 JVM 进程
        producer.close()
      }
      producer
    }
    new KafkaSink(createProducerFunc)
  }
  def apply[K, V](config: java.util.Properties): KafkaSink[K, V] = apply(config.toMap)
}
```

接下来，我们看看 Spark 如何通过 KafkaSink 将消息发送到 Kafka。为了将实时消息发送到 Kafka，Spark 读取文本文件中的数据并将这些数据发送到 Kafka。

```
def sendToKafka(): Unit = {
  try {
    //初始化 SparkContext
    val conf = new SparkConf().setAppName("ScalaKafkaStream").setMaster("local[3]")
    val sc = new SparkContext(conf)
    val bootstrapServers = "127.0.0.1:9092"
    val topicName = "spark_topic_1"
    //初始化 KafkaSink 并广播出去
    val kafkaProducerBroadcast[: Broadcast[KafkaSink[String, String]] = {
      val kafkaProducerConfig = {
        val p = new Properties()
        p.setProperty("bootstrap.servers", bootstrapServers)
        p.setProperty("key.serializer", classOf[StringSerializer].getName)
        p.setProperty("value.serializer", classOf[StringSerializer].getName)
        p
      }
      sc.broadcast(KafkaSink[String, String](kafkaProducerConfig))  //定义 KafkaSink 并广播
    }
  //读取文本文件中的数据，并将数据发送到 Kafka
   val localMessageRDD = sc.textFile("your_file_path/message.txt")
    localMessageRDD.foreachPartition( rdd =>{
      if(!rdd.isEmpty){
         rdd.foreach( record => {
         //获取 kafkaProducerBroadcast 中的 KafkaSink 并调用 send()方法，将消息发送到 Kafka
          kafkaProducerBroadcast.value.send(topicName, record)
          println("send Message %s".format(record))
        })
      }
    })
  } catch {
    case ex: Exception => {
      ex.printStackTrace()                          //输出到标准 err
      System.err.println("exception===>: ...")      //输出到标准 err
    }
  }
}
```

上述代码首先初始化 SparkContext，然后初始化 KafkaSink 并广播出去，具体的代码实现为 sc.broadcast(KafkaSink[String, String](kafkaProducerConfig))。其中，KafkaSink[String, String](kafkaProducerConfig)表示根据 kafkaProducerConfig 初始化 KafkaSink，sc.broadcast()用于将 KafkaSink 广播出去。

消息发送代码为 kafkaProducerBroadcast.value.send(topicName, record)，这表示将 record 数据发送到 Kafka 的 topicName。

# 4.9　Spark 读写 ElasticSearch

## 4.9.1　ElasticSearch 的概念

ElasticSearch 是分布式、基于 RESTful 风格的数据搜索和分析引擎，由 Elastic 公司开发并基于 Apache 许可条款发布源码。ElasticSearch 的底层是基于 Lucene 实现的。灵活的数据存取和分析方式，以及良好的性能和稳定性，使得 ElasticSearch 在大数据存储和分析领域得到广泛应用。

ElasticSearch 为大数据提供了稳定、可靠、快速的数据存储和查询服务，是大数据开发中常用的数据库组件之一。ElasticSearch 的主要特点如下。

- 高容量：ElasticSearch 集群支持 PB 级数据的存储和查询。
- 高吞吐：ElasticSearch 支持对海量数据近实时的数据处理。
- 高可用：ElasticSearch 基于副本机制支持部分服务宕机后仍可正常运行和使用。
- 支持多维数据分析和处理：除支持全文检索外，ElasticSearch 还支持基于单字段精确查询和基于多字段联合查询等复杂的数据查询操作。
- 简单易用：ElasticSearch 简单易用，除支持 REST API 外，还支持 Java、Python 等多种客户端形式，并且查询方式简单灵活。
- 支持插件机制：ElasticSearch 支持插件式开发，基于 ElasticSearch 可以开发自己的分词插件、同步插件、Hadoop 插件、可视化插件等。

ElasticSearch 的应用场景十分广泛，不但可以用于全文检索、分布式存储，还可用于系统运维、日志监控和 BI 系统。以下为常见的 ElasticSearch 应用场景。

- 全文检索：ElasticSearch 的底层是基于 Lucene 实现的，十分适合类似于百度百科、维基百科等全文检索这样的应用场景。
- 分布式数据库：ElasticSearch 可作为分布式数据库，为大数据、云计算提供数据存储和查询服务，已广泛应用于淘宝、京东等电商平台的商品管理和检索服务中。

- 日志分析：通过 Logstash 等日志采集组件，ElasticSearch 可实现复杂的日志数据存储分析和查询，最常用的组合是 ELK（ElasticSearch + Logstash + Kibana）技术组合。
- 运维监控：运维平台可以基于 ElasticSearch 实现大规模服务的监控和管理。
- BI 系统：ElasticSearch 已广泛应用于 BI（Business Intelligence，商务智能）系统，例如按照区域统计用户的操作习惯等。

## 4.9.2 ElasticSearch 数据模型

ElasticSearch 数据模型由索引、类型和文档组成。索引是一组具有共同特征的文档的集合。每个索引都包含多个类型，每个类型都包含多个文档，每个文档都包含多个字段，如图 4-41 所示。

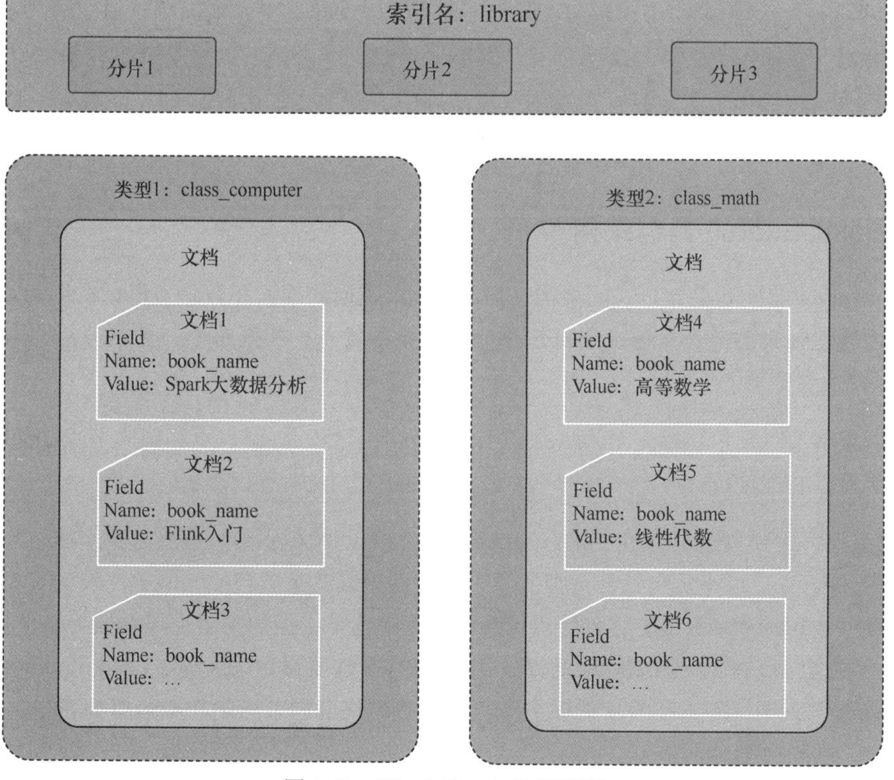


图 4-41 ElasticSearch 数据模型

每个索引都有自己的映射，映射用于定义所包含文档的字段名和字段类型。同一索引中的数据在物理上将分散到多个分片上以实现负载均衡。

类型用于在索引中提供逻辑分区，以表示具有类似结构的文档。一个索引可以有多个类型。例如，图书馆里的所有图书可看成一个索引，这个索引包含多种类型（计算机、天文、地理、医学、数学等）的图书，这些类型都有相似的数据结构，比如都有书名、出版社、作者等。注意，类型的概念只在 ElasticSearch 的 6.x 及之前版本中存在，而在 7.x 及之后版本中已移除。

ElasticSearch 是面向文档的，文档是 ElasticSearch 数据存储和索引的最小单位。文档以序列化的 JSON 格式保存在 ElasticSearch 中。每个文档都有文档类型和文档 ID，文档 ID 是文档的唯一标识。

字段是文档内容的基本单位，以键值对的形式存在（例如“book_name:Spark 大数据分析”）。

映射用于设置文档的每个字段及对应的数据类型（例如字符串、整数、浮点数、双精度数、日期等）。在创建索引的过程中，ElasticSearch 会自动创建针对字段的映射，根据特定的数据类型，可以很容易地查询或修改这些映射。

ElasticSearch 会将大的索引数据拆分为多个小的分片，并分布在不同的物理服务器上，以实现数据的分布式存储和查询。分片分为主分片与副本分片。主分片和副本分片通常分布在不同的节点上，用于故障转移和负载均衡。当发生节点故障或有新节点加入时，分片可以从一个节点移到另一个节点。一个索引可以有多个主分片和副本分片。

### 4.9.3　ElasticSearch 集群架构

ElasticSearch 能够基于分布式的架构支撑起 PB 级数据的搜索和分析。ElasticSearch 分布式架构的核心内容包括集群节点角色、集群选举流程、集群状态、数据路由、数据分片、副本、数据过期等。

其中，集群节点角色包括主节点、数据节点、提取节点、协调节点和部落节点，如图 4-42 所示。这些节点的功能如下。

- 主节点：主要负责集群节点状态的维护、索引的创建和删除、数据的重平衡、分片的分配等工作。主节点不负责具体数据的索引和检索，因此负载较低，服务比较稳定。当主节点宕掉后，ElasticSearch 集群会自动从其他节点中选举出新的主节点以继续为集群提供服务。为了防止在选举过程中出现“脑裂”现象，常常需要设置 discovery.zen.minimum_master_nodes=$N$/2+1，其中 $N$ 为集群中主节点的个数。集群中节点的个数最好为奇数，比如 3 个或 5 个。
- 数据节点：主要负责为集群中的数据创建索引以及检索数据，具体操作包括数据的索引、搜索、聚合等。数据节点属于 I/O、内存和 CPU 密集型操作，需要的计算资源较多。如果资源允许，建议使用 SSD（Solid State Disk，固态硬盘）以加快数据读写速度。

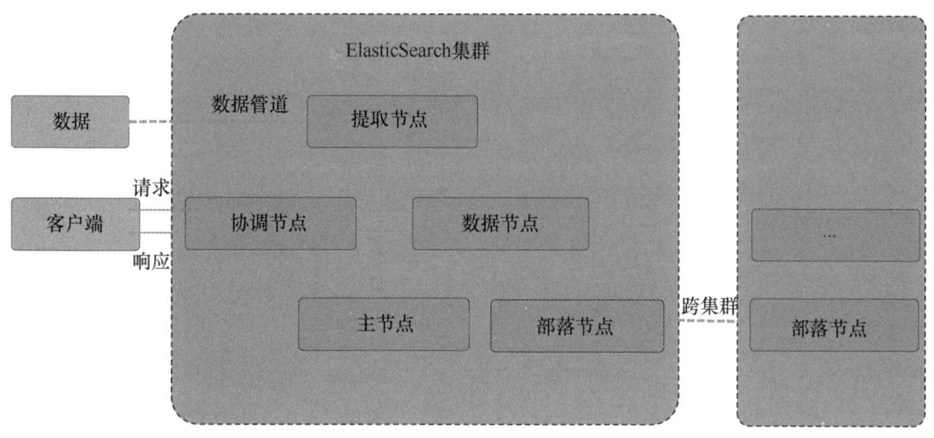


图 4-42　集群节点角色

- 提取节点：执行数据预处理的管道，主要负责在索引之前预处理文档。提取节点能通过拦截文档的 Bulk 和 Index 请求，然后加以转换，最终将文档传回 Bulk 和 Index API。用户可以定义一条管道并指定一系列的预处理器。如果集群含有复杂的数据预处理逻辑，那么提取节点属于高负载节点，建议使用专用服务器。
- 协调节点：用于接收客户端请求并将请求转发到各个数据节点上。数据节点在接收到请求后，就在本地执行请求操作，并将请求结果反馈给协调节点。协调节点接收到所有数据节点发来的反馈后，对结果进行合并，并将合并结果返回给客户端。
- 部落节点：部落节点可在多个集群之间充当联合客户端，用于实现跨集群访问。在 ElasticSearch 的 5.4.0 及之后版本中，部落节点已废弃，不建议使用，替代方案为跨集群查询。

## 4.9.4　ElasticSearch 副本架构

ElasticSearch 文档的分片原则如下。

- ElasticSearch 中的每个索引都由一个或多个分片组成，文档将根据路由规则被分配到不同的分片上。
- 每个分片都对应一个 Lucene 实例，一个分片最多存放的文档数为 Integer.MAX_VALUE −128 = 2 147 483 647−128 = 2 147 483 519。
- 分片主要用于数据的横向分布。ElasticSearch 中的分片将尽可能平均分配到不同的节点上。当有新的节点加入时，ElasticSearch 能自动感知并对数据执行数据重分片操作。例如，假设有两个节点和 4 个主分片，那么每个节点都将分到两个分片。如果增加两个节点，那么 ElasticSearch 会自动执行数据重分片操作，这时每个节点将分到 1 个分片。数据重分片操作保障了集群内数据分布的均衡。

ElasticSearch 文档副本的策略如下。

- ElasticSearch 文档副本表示主分片所对应数据的副本分片。
- 为了防止单节点服务器故障，ElasticSearch 会将主分片和副本分片分到不同的节点上。ElasticSearch 的默认配置是，1 个索引包含 5 个分片，而每个分片都有 1 个副本（5 个主分片+5 个副本分片=10 个分片）。

图 4-43 显示了一个包含 3 个节点的 ElasticSearch 集群，其中有一个名为“索引 1”的索引，这个索引有两个分片，分别为 S-0 和 S-1。这两个分片对应的主分片分别为 P-0 和 P-1，副本分片分别为 R-0 和 R-1，各个分片都已均匀地分布在 3 个节点上。其中，节点 1 上分配的分片为 P-0 和 R-1，节点 2 上分配的分片为 R-0 和 R-1，节点 3 上分配的分片为 R-0 和 P-1。当节点 1 宕掉后，S-0 的主分片 P-0 将不可用，这时 ElasticSearch 会将节点 2 或节点 3 上的副本分片 R-0 升级为主分片并对外提供服务，以实现集群的高可用。

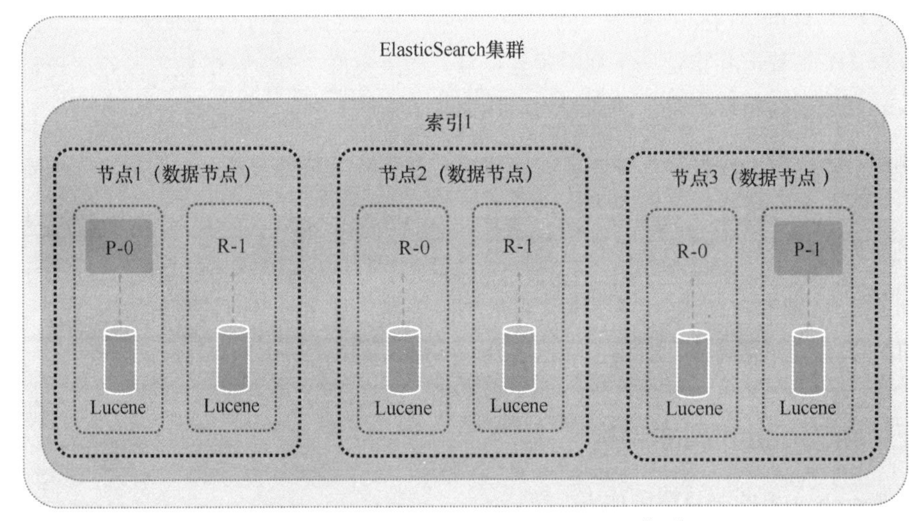


图 4-43　包含 3 个节点的 ElasticSearch 集群

### 4.9.5　ElasticSearch 的使用

下面基于代码实战介绍 ElasticSearch 的使用。需要说明的是，在撰写本书时，ElasticSearch 官方只支持 Spark 2.x，所以我们需要将 Spark 切换到 2.x 版本，因为 Spark 3.x 是基于 Scala 2.12 编译的。

首先，从官网下载 ElasticSearch，解压后执行如下命令以启动 ElasticSearch。

```
cd elasticsearch-7.4.2 && bin/elasticsearch
```

然后，添加 elasticsearch-spark 依赖。

```
<dependency>
    <groupId>org.elasticsearch</groupId>
    <artifactId>elasticsearch-spark-20_2.11</artifactId>
    <version>7.4.2</version>
</dependency>
```

接下来，使用 Spark 将数据写入 ElasticSearch。

```
object SparkES {
  def main(args: Array[String]): Unit = {
    //定义 SparkContext
    val sparkConf = new SparkConf().setAppName("SparkES").setMaster("local")
     .set("cluster.name", "es")                        //设置 ElasticSearch 集群的名称
     .set("es.index.auto.create", "true")              //设置是否自动创建索引
     .set("es.nodes", "127.0.0.1")                     //设置 ElasticSearch 服务器的地址
     .set("es.port", "9200")                           //设置 ElasticSearch 服务器的端口号
     .set("es.index.read.missing.as.empty","true")
     .set("es.net.http.auth.user", "elastic")          //设置访问 es 的用户名
     .set("es.net.http.auth.pass", "changeme")         //设置访问 es 的密码
     .set("es.nodes.wan.only","true")
    val sc = new SparkContext(sparkConf)
     writeToEs(sc)    //调用 writeToEs()，将数据写入 ElasticSearch
     readFromEs(sc);  //调用 readFromEs()，从 ElasticSearch 读取数据
  }
    def writeToEs(sc: SparkContext) = {
      val user1 = Map("name" -> "alex", "age" -> 30, "city" -> "beijing")
      val user2 = Map("name" -> "vic", "age" -> 31, "city" -> "xian")
      var rdd = sc.makeRDD(Seq(user1, user2))
      //初始化 rdd 并将 rdd 数据写入索引为 user、类型为 manager 的 ElasticSearch 集群
      EsSpark.saveToEs(rdd, "user/manager")
    }
}
```

上述代码在 SparkConf 中定义了连接 ElasticSearch 集群的配置信息，其中包括 ElasticSearch 集群的名称 cluster.name，是否自动创建索引的参数 es.index.auto.create，ElasticSearch 服务器的地址 es.nodes，ElasticSearch 服务器的端口号 es.port，以及访问 es 的用户名 es.net.http.auth.user 和密码 es.net.http.auth.pass。

集成了 ElasticSearch 的 Spark 应用程序构建起来之后，当需要将数据写入 ElasticSearch 集群时，只需要调用 EsSpark.saveToEs()方法即可。例如，上述代码直接调用 EsSpark.saveToEs(rdd, "user/manager")将 rdd 数据写入索引为 user、类型为 manager 的 ElasticSearch 集群。

最后，使用 Spark 从 ElasticSearch 读取数据。

```
def readFromEs(sc: SparkContext) {
     //定义从 ElasticSearch 读取数据的查询条件
     val query ="{\"query\":{\"bool\":{\"must\":[{\"match_all\":{}}],\"must_not\":[],
                \"should\":[]}}, \"from\":0,\"size\":10,\"sort\":[],\"aggs\":{}}";
     //从 ElasticSearch 中读取数据，读取的结果为 rdd
     val rdd = EsSpark.esRDD(sc, "user/manager",query)
```

```
        //将 ElasticSearch 中的数据写入本地文件
        rdd.saveAsTextFile("your_fike_path/es_data.txt")
    }
```

上述代码通过调用 EsSpark.esRDD()方法，将 ElasticSearch 中的数据读取到 Spark 中。其中，EsSpark.esRDD()方法的第 1 个参数为 SparkContext，用于定义集群的连接信息；第 2 个参数表示读取哪个索引上的数据，例如 user/manager 表示读取索引为 user、类型为 manager 的数据；第 3 个参数为查询条件，在这里，查询条件的语法和原生的 ElasticSearch 语法相同。

需要说明的是，Spark 在从 ElasticSearch 中读取数据时，默认是按照分区来读取的。如图 4-44 所示，ElasticSearch 的 user 索引上的数据有 5 个分区（分区编号为 0、1、2、3、4），数据在读取出来并写入本地文件后，也有 5 个分区（part-00000、part-00001、part-00002、part-00003、part-00004）。将数据写入本地文件后，之所以有 5 个分区，是因为在从 ElasticSearch 读取数据到 RDD 后，RDD 中的数据也有 5 个分区。也就是说，Spark 在从 ElasticSearch 中读取数据时，默认是按照分区来读取的。

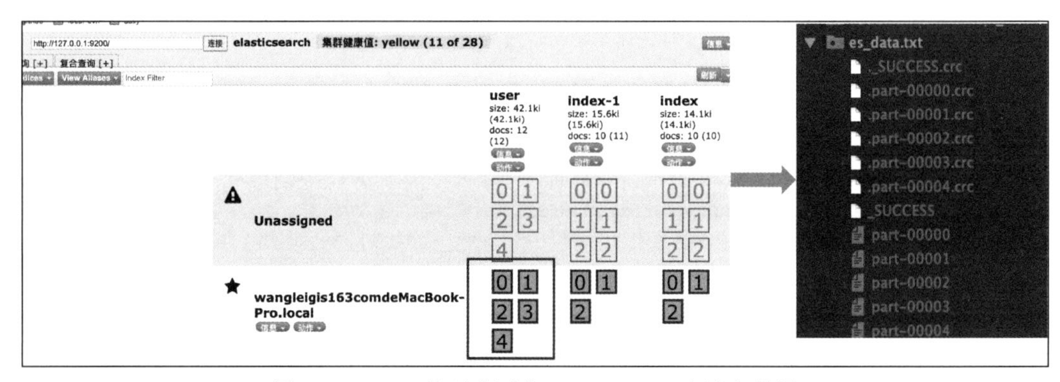


图 4-44　Spark 按照分区从 ElasticSearch 中读取数据

# 第 5 章
# 流式计算原理和实战

## 5.1 Spark Streaming

### 5.1.1 Spark Streaming 介绍

Spark Streaming 是基于 Spark API 的流式计算扩展，它实现了一个高吞吐量且高容错的流式计算引擎。Spark Streaming 能从多种数据源（如 Kafka、Flume、Kinesis 或 TCP 服务等）获取数据，之后即可使用高级函数（如 map、reduce、join、window 函数）组成的计算逻辑单元对数据进行计算，最终将计算结果实时推送到消息服务、文件系统、数据库等。除基本的流式计算外，我们还可以在数据流上应用 Spark 的机器学习和图形处理算法。Spark 流式处理框架如图 5-1 所示。

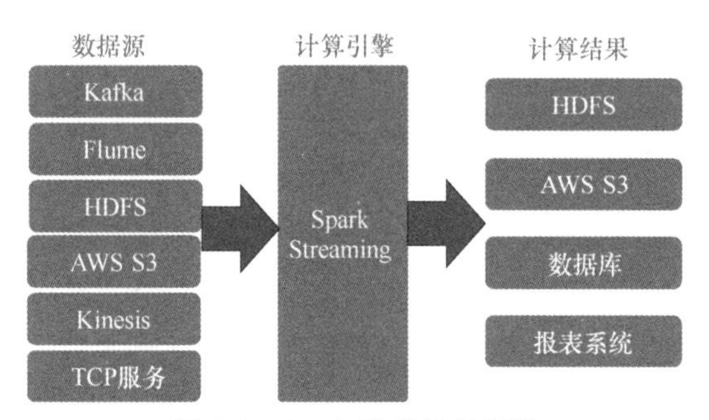


图 5-1　Spark 流式处理框架

Spark Streaming会首先接收实时数据流并将数据分成很小的batch，然后将这些batch交给Spark引擎并以微批量数据的形式进行实时处理，生成最终的结果流，如图5-2所示。在API层面，Spark Streaming则将实时数据流封装为DStream（discretized stream）的高级抽象以表示连续的数据流。DStream可基于Kafka、Flume和Kinesis等实时数据流来创建，也可通过在其他DStream上应用高级操作来创建。在内部，DStream表示为一系列RDD。Spark Streaming内部的流计算过程即为Spark RDD的转换过程。

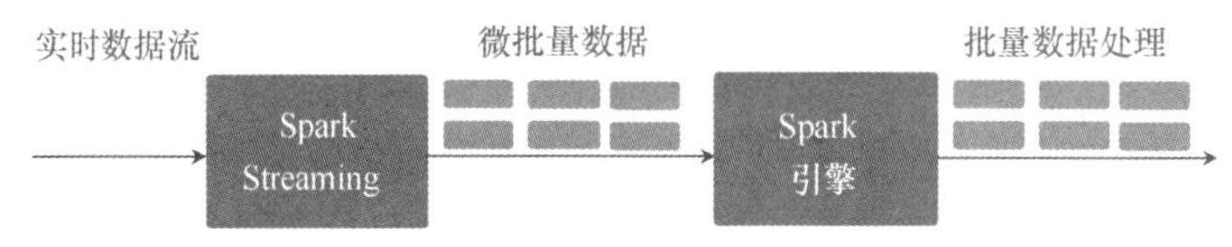


图5-2　Spark Streaming对流式数据的处理

## 5.1.2　Spark Streaming入门实战

在详细介绍Spark Streaming的原理之前，我们先通过两个简单的Spark Streaming实例介绍一下Spark Streaming如何上手并进行实战。

### 1．创建一个基于Socket数据源的Spark Streaming应用

下面创建一个基于Socket数据源的Spark Streaming应用。为此，首先在项目目录下新建一个名为SimpleStreaming的Scala对象，然后执行如下步骤。

（1）定义Scala对象SimpleStreaming，编写Spark Streaming应用。

```
def main(args: Array[String]): Unit = {
  try {
    //创建一个本地SparkConf
    val conf = new SparkConf().setMaster("local[2]").setAppName("NetworkWordCount")
    //创建一个StreamingContext，每秒处理一次数据
    val ssc = new StreamingContext(conf, Seconds(10))
    //创建一个DStream并监听localhost的9999端口
     val lines = ssc.socketTextStream("localhost", 9999)
    //调用flatMap()、map()、reduceByKey()方法
    val words = lines.flatMap(_.split(" "))
    val pairs = words.map(word => (word, 1))
    val wordCounts = pairs.reduceByKey(_ + _)
    //输出DStream中每个RDD的前10行数据
    wordCounts.print()
    System.out.println("wordCounts:" + wordCounts)
    wordCounts.print()
    //调用start()方法以启动流计算
    ssc.start()
    //等待流计算执行完
    ssc.awaitTermination()
  }
  catch {
```

```
      case e: Exception =>
        e.printStackTrace()
    }
  }
```

上述代码定义了一个名为 SimpleStreaming 的 Spark Streaming 计算引擎以实时监听 localhost 的 9999 端口。当有数据输入时，Spark Streaming 将实时接收 9999 端口上的数据并计算词频，然后将结果输出。Spark Streaming 应用的创建过程包括以下核心步骤。

① 定义 SparkStreamingContext。为此，我们需要传入 SparkConf 集群配置信息。在创建 Spark Streaming 应用时，我们可以设置 Spark Streaming 多久计算一次实时流数据，这里设置为 10s，这在一般意义上可理解为数据延迟 10s 后才计算。

```
val ssc = new StreamingContext(conf, Seconds(10))
```

② 定义实时数据源。Spark Streaming 中的数据源可以是实时 TCP 端口上的数据、Kafka 中的数据、文件目录中的数据等，通过调用 SparkStreamingContext 的转换函数可将这些数据转换为 Spark 的实时数据流，从而为后续流计算提供数据源。数据源可通过 JavaStreamingContext 来定义。如下代码通过创建一个名为 lines 的 ReceiverInputDStream 来表示监听 localhost 上 9999 端口的 TCP 数据源。

```
val lines = ssc.socketTextStream("localhost", 9999)
```

③ 定义 DStream 转换操作。DStream 表示从数据源接收到的实时数据流。在如下代码中，实时流为用户在 9999 端口上输入的每一行文本。下面对这些代码进行解释。首先，调用 flatMap()方法，按照空格将每行文档划分为单词，这个过程被称为数据源到 DStream 的转换；然后，调用 words.map()方法，将数据进一步转换为包含键值对的 DStream；接下来，调用 pairs.reduceByKey()方法，获得每批数据中单词的频率；最后，调用 wordCounts.print()方法，输出计算出来的词频。

```
val words = lines.flatMap(_.split(" "))
val pairs = words.map(word => (word, 1))
val wordCounts = pairs.reduceByKey(_ + _)
wordCounts.print()
```

④ 定义 DStream 结果输出。上述代码是通过调用 wordCounts.print()方法来输出结果的。当然，我们也可以将计算结果存储到数据库中或发送到消息队列中。我们还可以将计算结果存储到 HDFS 等文件系统中。

⑤ 启动 Spark Streaming。Spark Streaming 的启动可通过调用 SparkStreamingContext 的 start()方法来实现。

（2）启动 TCP 服务器端。

在 Linux 系统中使用 netcat（nc）启动 TCP 服务器端，具体代码如下：

```
nc -lk 9999
```

（3）运行 Spark 应用程序。

在 netcat 窗口中输入 hello java hello spark，查看 Spark 日志，统计结果如下：

```
-------------------------------------------
Time: 1559891429000 ms
-------------------------------------------
(hello,2)
(java,1)
(spark,1)
```

（4）打包和提交作业。

在项目的根目录下输入 mvn package 命令，对项目进行打包，打包后的程序位于 Target 目录下。

Spark Streaming 的作业提交与普通的作业提交类似，具体代码如下：

```
cd $SPARK_HOME && nohup ./bin/spark-submit --class "SimpleStreaming" --master yarn
 --deploy-mode cluster spark-1.0.jar &
```

### 2．创建一个基于 Kafka 数据源的 Spark Streaming 应用

下面创建一个实时从 Kafka 获取数据并将数据写出到 HDFS 中的 Spark Streaming 应用，过程如下。

（1）Kafka 服务依赖于 ZooKeeper 服务，因此我们需要从官网下载 ZooKeeper 并执行如下命令以启动 ZooKeeper。

```
cd apache-zookeeper-3.5.5-bin && bin/zkServer.sh start
```

（2）从官网下载 Kafka，解压后执行如下命令以启动 Kafka。

```
cd kafka_2.12-2.2.0 && nohup  bin/kafka-server-start.sh config/server.properties &
```

（3）在 Kafka 的根目录下执行如下命名，创建一个名为 spark_topic_1 的 Kafka Topic。

```
./bin/kafka-topics.sh --create --zookeeper 127.0.0.1:2181 --replication-factor 1
--partitions 1 --topic spark_topic_1
```

在上述命令中，replication-factor 为 Topic 的副本个数，partitions 为 Topic 的分区数，spark_topic_1 为 Topic 的名称。

（4）创建一个名为 SparkStreamingKafka 的 Scala 对象。

```
object SparkStreamingKafka {
  def main(args: Array[String]): Unit = {
    try {
      //定义 Kafka 连接参数
      val kafkaParams = Map[String, Object](
        "bootstrap.servers" -> "localhost:9092",
        "key.deserializer" -> classOf[StringDeserializer],
        "value.deserializer" -> classOf[StringDeserializer],
```

```
        "group.id" -> "spark_stream_cg",
        "auto.offset.reset" -> "latest",
        "enable.auto.commit" -> (false: java.lang.Boolean) )
      val topics = Array("spark_topic_1", "spark_topic_2")
      //定义流式计算的 StreamingContext
      val conf = new SparkConf().setAppName("SparkStreamingDemo").setMaster("yarn")
      val streamingContext = new StreamingContext(conf, Seconds(30))
      val checkPointDirectory = "hdfs://127.0.0.1:9000/spark/checkpoint"
      //为 StreamingContext 设置检查点，用于运行过程中状态的存储和故障恢复
      streamingContext.checkpoint(checkPointDirectory);
      //将 Kafka 实时消息构建为 Spark Stream
      val stream = KafkaUtils.createDirectStream[String, String](
        streamingContext,
        PreferConsistent,
        Subscribe[String, String](topics, kafkaParams)
      )
      val etlResultDirectory = "hdfs://127.0.0.1:9000/spark/etl/"
      //对 Stream 中的消息进行处理
      val etlRes = stream.map(record => (record.value().toString)).filter(message => None !=
                   JSON.parseFull(message))
      //将 Stream 的计算结果实时写出到 HDFS 中
      etlRes.saveAsTextFiles(etlResultDirectory)
      //启动流式计算
      streamingContext.start()
      //等待流式计算执行完
      streamingContext.awaitTermination()
    } catch {
      case ex: Exception => {
        ex.printStackTrace()                      //输出到标准 err
        System.err.println("exception===>: ...")  //输出到标准 err
      }
    }
  }
}
```

上述代码实现了从 Kafka 获取实时消息并进行处理，之后再将处理结果写出到 HDFS 中的功能。其中需要重点说明的是，可以使用 StreamingContext.checkpoint(checkPointDirectory)设置检查点，检查点用于运行过程中状态的存储和故障恢复，在生产环境中，我们一般都会设置检查点。

（5）在项目的根目录下执行 mvn install 命令，对项目进行打包。

（6）为了在 Spark 中集成 Kafka，我们需要一些 Jar 包（kafka-clients-2.4.1.jar、spark-streaming-kafka-0-10_2.12-3.0.0.jar 和 spark-token-provider-kafka-0-10_2.12-3.0.0.jar）的支持。因此，将这些 Jar 包从 mvn 仓库复制到 spark-3.0.0-bin-hadoop2.7/jars 目录下。Jar 包复制好之后，执行如下代码，将 Spark Streaming 应用程序提交到 YARN 上运行。

```
cd $SPARK_HOME && nohup ./bin/spark-submit --class "SparkStreamingKafka" --master yarn
  --deploy-mode cluster spark-1.0.jar &
```

（7）向 Kafka Topic 发送消息。执行如下命令，进入 Kafka 生产者控制台，其中，topic 参数用

于指定需要将消息发送到哪个 Topic。

```
./bin/kafka-console-producer.sh --broker-list 127.0.0.1:9092 --topic spark_topic_1
```

在 Kafka 生产者控制台输入如下数据并按 Enter 键，向 Kafka 发送消息。

```
{"name":"Justin", "age":19,"time":"2019-06-22 01:45:52.478","time1":"2019-06-22 02:45:52.478"}
```

（8）打开 HDFS 页面，查看 spark/etl/目录，我们发现已有数据写入 HDFS。

通过图 5-3 可以看出，我们向 Kafka 发送的消息已被实时写入 HDFS。通过 Size 列，我们可以看到一块大小为 285B 的数据，这块数据就是之前我们发送到 Kafka 的数据。我们同时还可以看到，HDFS 中的 Replication（数据副本数）为 3，Block Size（文件块大小）为 128MB，Name 分别为 part-00000 和 part-00001（这表明数据分到了两个分区）。

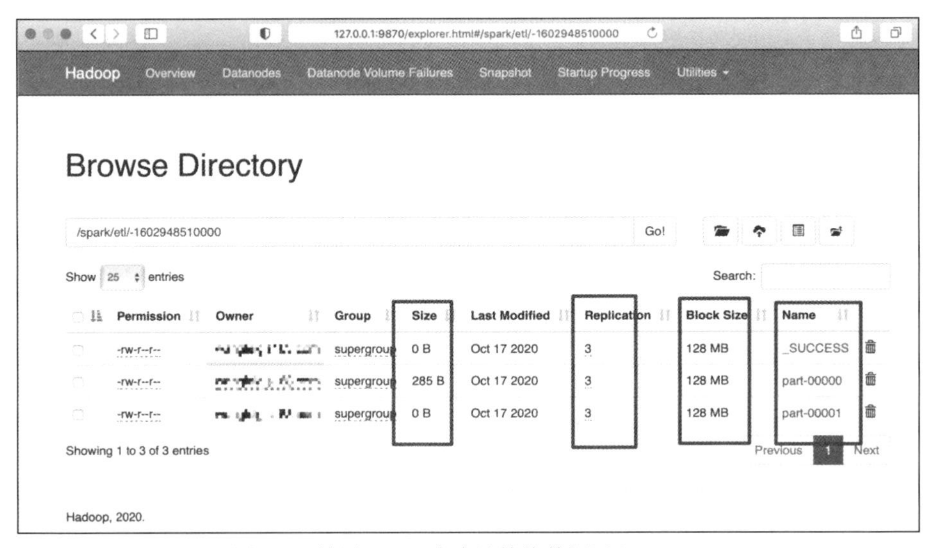


图 5-3　使用 Spark 流式计算将数据写入 HDFS

### 5.1.3　Spark Streaming 的数据源

Spark Streaming 提供了两种数据源，如图 5-4 所示。

- 基本数据源：StreamingContext API 原生支持的数据源，例如 Socket 连接、HDFS 文件流、简单文件流等。
- 高级数据源：例如 Kafka、Flume、Kinesis 等数据源，可通过扩展实现其他依赖。

我们可通过定义多个接收器在应用程序中并行地接收多个数据流，这些接收器将同时接收来自多个数据源的数据。需要注意的是，分配给 Spark Streaming 应用的核心数必须大于接收器的数量，因为系统在接收数据的同时，还需要有足够的线程资源来处理数据。

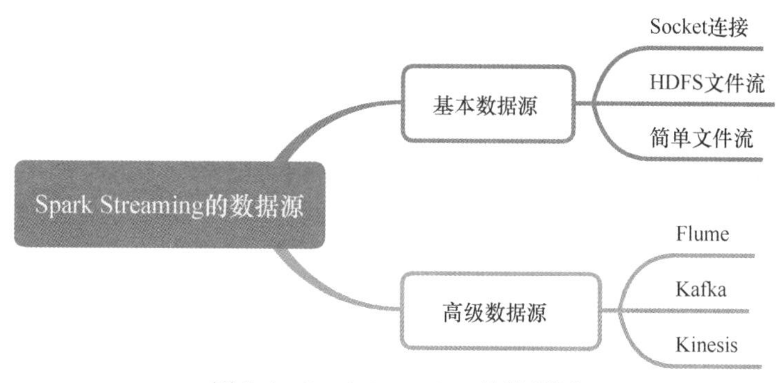


图 5-4 Spark Streaming 的数据源

常用的基本数据源如下。

- Socket 连接：Spark 能通过启动一个常驻内存的线程来实时监听 Socket 连接上数据的变化。具体应用时，可通过如下方法创建 DStream。

```
StreamingContext.socketTextStream("ip", port);
```

- HDFS 文件流：可从与 HDFS API 兼容的任何文件系统（HDFS、Amazon S3、NFS）中读取数据。具体应用时，可通过如下方法创建 DStream。

```
StreamingContext.fileStream [KeyClass, ValueClass, InputFormatClass]
```

- 简单文件流：可从简单的文件目录中读取数据。具体应用时，可通过如下方法创建 DStream。

```
StreamingContext.textFileStream(dataDirectory);
```

常用的高级数据源如下。

- Flume：利用 Flume Spark Streaming 从 Flume 中获取数据。
- Kafka：利用 Kafka Spark Streaming 从 Kafka 中获取数据。
- Kinesis：利用 Kinesis Spark Streaming 从 Kinesis 中获取数据。

## 5.1.4 DStream

### 1. DStream 和 RDD 的关系

DStream 表示连续的数据流。在 Spark 内部，DStream 由一系列前后依赖的 RDD 组成（见图 5-5）。针对 DStream 的任何操作最终都会转换为 RDD 操作。这些底层的 RDD 转换是由 Spark 计算引擎完成的。DStream 操作隐藏了大部分细节，并为开发人员提供了更高级别的 API 以便调用。DStream 既可从外部数据流接入生成，也可由其他 DStream 转换而来。

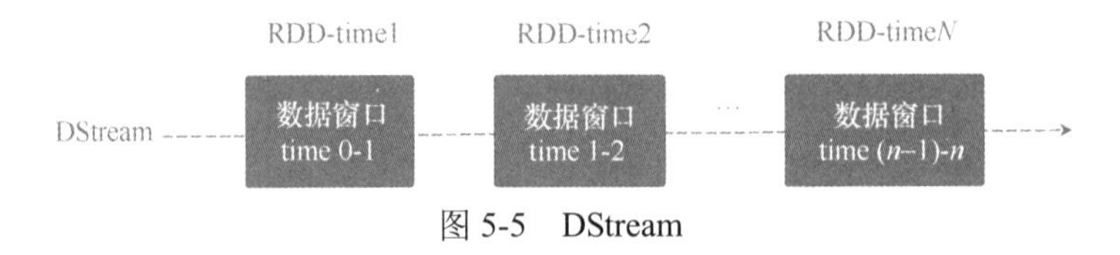


图 5-5 DStream

## 2. DStream 操作

DStream 操作可以分为普通转换操作、窗口转换操作和输出操作 3 种。

DStream 普通转换操作如下。

- map(func)：DStream 的每个元素都能通过 func()函数计算并返回一个新的 DStream。
- flatMap(func)：通过 func()函数从输入的每个元素中映射出零个或多个输出元素。
- filter(func)：从原来的 DStream 中过滤出 func()函数返回的仅为 true 的那些元素。
- repartition(numPartitions)：设置 DStream 的分区大小。
- union(otherStream)：将两个 DStream 合并。
- count()：对 DStream 中元素的数量进行统计。
- reduce(func)：使用 func()函数对 DStream 中的元素进行聚合。
- countByValue()：对 RDD 内元素的 Value 进行统计。
- reduceByKey(func,[numTasks])：对 DStream 内元素的 Key 进行聚合。
- join(otherStream,[numTasks])：当调用的两个 DStream 分别含有<Key,Value1>和<Key,Value2>键值对时，返回一个新的含有<Key,<Value1,Value2>>键值对的 DStream。
- cogroup(otherStream,[numTasks])：当调用的两个 DStream 分别含有<Key,Value1>和<Key,Value2>键值对时，返回一个新的(Key,Seq[Value1],Seq[Value2])类型的 DStream。

为了理解 DStream 窗口转换操作，我们首先需要理解批处理间隔、窗口间隔、滑动间隔等基础概念。

- 批处理间隔：虽然 Spark Streaming 中的数据是实时获取的，但数据是按照微批来处理的。Spark Streaming 在内部设置了批处理间隔（batch duration），Spark 会定时将批处理间隔内接收到的数据收集起来，组成新的微批数据并提交给 Spark 处理引擎。
- 窗口间隔：窗口的持续时间，只有当窗口间隔满足条件时才会触发窗口转换操作。
- 滑动间隔（slide duration）：表示经过多长时间窗口就滑动一次，从而形成新的窗口。这里必须注意的是，滑动间隔和窗口间隔的大小需要设置为批处理间隔的整数倍。

在图 5-6 中，批处理间隔是 1 个时间单位，窗口间隔是 3 个时间单位，滑动间隔是两个时间单位。只有当窗口间隔满足条件时，DStream 才触发窗口操作并进行数据处理。也就是说，DStream 会每隔 1 个时间单位收集一次数据并形成微批数据；然后每隔 3 个时间单位触发一次窗口操作，从而创建新的窗口并处理窗口中的数据；每次微批数据处理完之后，就向前滑动两个时间单位。因此，“窗口-time3”触发窗口操作时包含 time1、time2、time3 这 3 个时间单位的数据。再次经过滑动间隔后，换言之，再次经过两个时间单位后，就会在 time5 处触发下一次窗口操作，这时“窗口-time5”触发窗口操作时包含 time3、time4、time5 这 3 个时间单位的数据，以此类推。同时，由于窗口间隔是 3 个时间单位，而滑动间隔是两个时间单位，因此每次处理数据时，都有 1 个时间单位的重复数据需要处理。

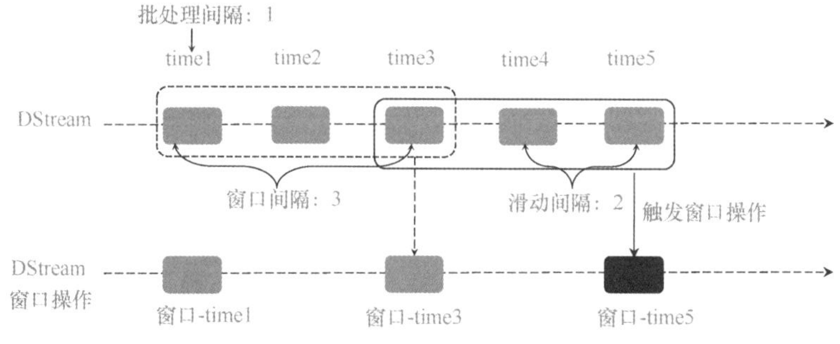


图 5-6 Spark 窗口操作

常用的窗口转换操作如下。

- window(windowLength,slideInterval)：返回一个新的基于原有 DStream 的经窗口批次计算后得到的 DStream。
- countByWindow(windowLength,slideInterval)：统计滑动窗口内 DStream 中元素的数量。
- reduceByWindow(func,windowLength,slideInterval)：基于滑动窗口对原有 DStream 中的元素进行聚合。
- reduceByKeyAndWindow(func,windowLength,slideInterval,[numTasks])：采用滑动窗口，针对键值对类型的 DStream 中的元素，按照键使用聚合函数 func()执行聚合操作。
- reduceByKeyAndWindow(func,invFunc,windowLength,slideInterval,[numTasks])：一个更高效的 reduceByKeyAndWindow()实现版本，作用是对滑动窗口中的数据进行增量聚合，并去除旧的统计数据。例如，为了计算（$t$+4）时刻过去 5s 后窗口的 WordCount，为（$t$+3）时刻过去 5s 的统计量加上[$t$+3, $t$+4]的统计量，再减去[$t$−2, $t$−1]的统计量，就可以复用中间 3s 的统计量，进而提高统计效率。
- countByValueAndWindow(windowLength,slideInterval,[numTasks])：使用滑动窗口对 DStream 中的 RDD 元素按照 Value 进行统计并返回 DStream[(Key,Long)]。与 countByValue 一样，

reduce 任务的并发数可通过可选参数进行配置。

Spark Streaming 在计算完数据之后，需要将计算结果输出到外部系统，如数据库或文件系统，常用的 DStream 输出方法如下。

- print()：在驱动程序中输出 DStream 中数据的前 10 个元素。
- saveAsTextFiles(prefix,[suffix])：将 DStream 中的数据以文本格式输出。
- saveAsObjectFiles(prefix,[suffix])：将 DStream 中的数据序列化并以序列文件格式保存。
- saveAsHadoopFiles(prefix,[suffix])：将 DStream 中的数据以文本格式保存到 Hadoop 文件中。
- foreachRDD(func)：对 DStream 中每个 RDD 的数据调用 func()函数。

除在 DStream 中的 RDD 上执行 RDD 算子之外，在实战中，我们还可以将 DStream 中的 RDD 转换为 DataFrame，然后基于 DataFrame 执行 SQL 操作，进而基于 SQL 操作进行流式计算。

```
object SimpleStreaming {
  def main(args: Array[String]): Unit = {
    //创建一个本地 SparkConf
    val conf = new SparkConf().setMaster("local[2]").setAppName("NetworkWordCount")
    //创建一个 StreamingContext，每 10s 处理一次数据
    val ssc = new StreamingContext(conf, Seconds(10))
    ssc.checkpoint(checkpointDir)
    //创建一个 DStream 并监听 localhost 的 9999 端口
    val lines = ssc.socketTextStream("localhost", 9999)
    //调用 flatMap()和 map()方法
    val words = lines.flatMap(_.split(" "))
    val pairs = words.map(word => (word, 1))
    //在 words 上调用 foreachRDD()方法，对每个 RDD 的数据进行 SQL 统计
    words.foreachRDD { rdd =>
      //创建 SparkSession
      val spark =SparkSession.builder.config(rdd.sparkContext.getConf).getOrCreate()
      import spark.implicits._
      //将 RDD 转换为 DataFrame
      val wordsDataFrame = rdd.toDF("word")
      //基于 DataFrame 创建临时视图
      wordsDataFrame.createOrReplaceTempView("words")
      //在 DataFrame 上基于 SQL 统计单词出现的频次
      val wordCountsDataFrame = spark.sql("select word, count(*) as total from words group
                                 by word")
      wordCountsDataFrame.show()
    }
    //调用 start()方法以启动流计算
    ssc.start()
    //等待流计算执行完
    ssc.awaitTermination()
  }
}
```

在上述代码中，需要重点介绍的是，当在名为 words 的 DStream 上调用 foreachRDD()方法以处理每个 RDD 的数据时，在每个 RDD 上并没有直接执行操作算子，而是在 RDD 内部定义 SparkSession；然后将 RDD 转换为 DataFrame，并基于 DataFrame 创建临时视图；最后直接在 DataFrame 上基于 SQL 统计单词出现的频次。

在 Spark 中，开发人员还可以对两个 Stream 进行连接，具体用法如下：

```
val windowedStream1 = stream1.window(Seconds(20))
val windowedStream2 = stream2.window(Minutes(1))
val joinedStream = windowedStream1.join(windowedStream2)
```

### 3. DStream 数据持久化

DStream 和 RDD 一样，也可以通过调用 persist()将数据流缓存在内存中，这样在有迭代任务时，就可以直接使用上一个任务缓存好的数据，进而提高任务的执行效率。DStream 默认采用序列化的方式（也就是 MEMORY_ONLY_SER 方式）将数据持久化到内存中。

对于 DStream 上的窗口操作（如 reduceByWindow 和 reduceByKeyAndWindow 操作）和状态操作（如 updateStateBykey 操作），Spark 默认会将它们持久化到内存中。

对于外部数据源（如 Kafka、Flume、Socket 连接等），Spark 默认使用的持久化策略是将数据副本保存在其他两台机器上。

对于窗口操作和涉及状态的操作，我们必须为 Spark 应用设置检查点。可通过 StreamingContext 设置检查点目录，并通过 DStream 设置检查点的间隔时间，间隔时间必须是滑动时间的倍数。

## 5.2 Spark Structured Streaming

### 5.2.1 Spark Structured Streaming 介绍

Spark Structured Streaming 并不是对 Spark Streaming 的改进，而是 Spark 团队在结合了 Spark SQL 和 Spark Streaming 开发过程中的经验教训后，根据用户的反馈，重新开发出来的全新流式引擎。Spark Structured Streaming 致力于实现“批流一体化”（为批处理和流处理提供统一的高性能 API）的解决方案。另外，使用 Spark Structured Streaming 很容易实现之前在 Spark Streaming 中很难实现的一些功能，比如对 Event Time 的支持、Stream 之间的连接以及流式计算的毫秒级延迟。

类似于 Dataset/DataFrame 的 SQL 计算代替 Spark Core 的 RDD 算子计算，成为 Spark 用户编写批处理程序的首选，Spark Structured Streaming 也将替代 Spark Streaming 的 DStream，成为编写流处理程序的首选。如图 5-7 所示，Spark Structured Streaming 是基于 Spark SQL 引擎扩展的流处理引擎，它使得用户可以基于 SQL 像处理静态数据那样进行流式计算。Spark SQL 引擎负责不断地运行 Spark Structured Streaming，并在流数据持续到达时更新最终结果。同时，Spark Structured

Streaming 能通过检查点和预写日志确保端到端的一次性容错。简而言之，Spark Structured Streaming 能提供快速、可扩展、高容错、端到端的精确一次性流处理，而不需要用户关心具体的复杂流处理是如何实现的。

默认情况下，Spark Structured Streaming 使用微批处理引擎进行数据处理，微批处理引擎会将数据流作为一系列的小批量作业进行处理，从而保证不超过 100ms 的数据延迟和端到端的一次性容错。

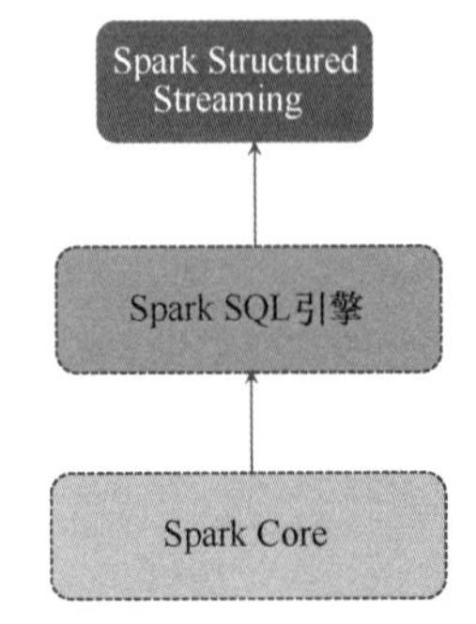

图 5-7　Spark Structured Streaming

Spark 2.3 引入了一种新的称为 continuous processing 的低延迟处理模式，可实现低至 1ms 的端到端延迟，并且能提供至少一次的容错性保证。

## 5.2.2　Spark Structured Streaming 的特点

Spark Structured Streaming 的特点如下（参见图 5-8）。

- 模型简洁：Spark Structured Streaming 的模型很简洁，十分易于理解。Spark Structured Streaming 会将不断流入的数据抽象为一张无界表，对应流式计算的操作也就是对这张“无界表”的操作。
- 具有一致的 API：Spark Structured Streaming 的 SQL 操作和 Spark SQL 共用大部分 API，因此使用 Spark SQL 进行离线计算的任务可以很快转移到流式计算上。
- 性能卓越：Spark Structured Streaming 在与 Spark SQL 共用 API 的同时，也会直接使用 Spark SQL 的 Catalyst 优化器和 Tungsten，数据处理性能十分出色。
- 支持多种语言：Spark Structured Streaming 支持目前 Spark SQL 支持的所有语言，包括 Scala、Java、Python、R 和 SQL。用户可以选择自己喜欢的语言进行开发。

图 5-8　Spark Structured Streaming 的特点

## 5.2.3 Spark Structured Streaming 的数据模型

Spark Structured Streaming 的核心思想是将持续不断的数据流看作一张不断追加行的无界表，这样流式数据计算就能够被抽象为基于增量数据表的 SQL 操作。用户只需要定义 SQL 操作的方法，Spark Structured Streaming 就会在有增量数据时将增量数据收集起来并组成微批数据，然后在微批数据上执行 SQL 操作，以完成基于 SQL 的流式计算。Spark Structured Streaming 的数据模型如图 5-9 所示。

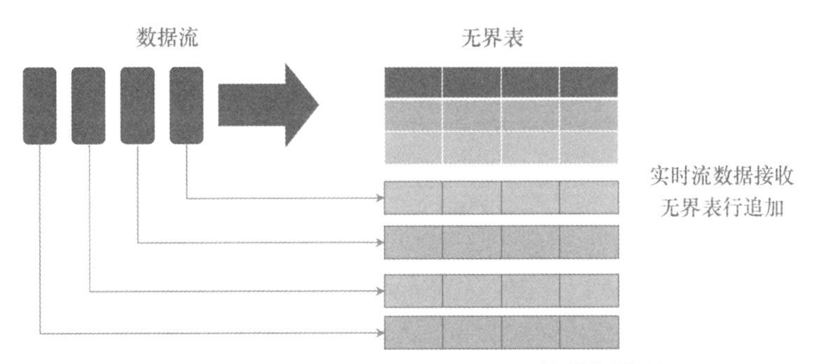


图 5-9 Spark Structured Streaming 的数据模型

Spark Structured Streaming 的数据流可看成表的行数据，我们可以连续地向表中追加数据。Spark Structured Streaming 将会产生一张结果表。如图 5-10 所示，第 1 行是时间线，每秒都会有一个触发器；第 2 行是输入流，对输入流进行查询后，产生的结果最终会被更新到第 3 行的结果表中；第 4 行是查询的输出结果。

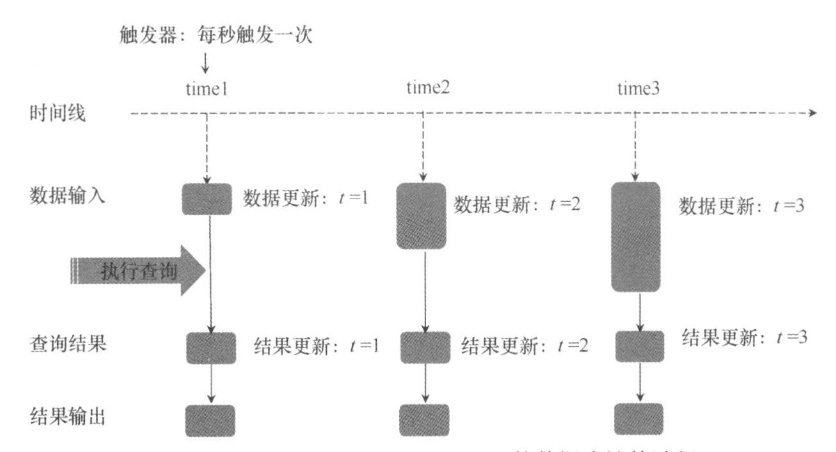


图 5-10 Spark Structured Streaming 的数据流计算过程

Spark Structured Streaming 的查询输出结果有 3 种不同的模式。

- 完全模式：用计算结果更新整个结果表。

- 追加模式：将上一次触发到当前时间段的数据追加到结果表的新行中，并写入外部存储。
- 更新模式：根据上一次触发到当前时间段的数据，在结果表中更新相应的行并写入外部存储。这种模式不同于完全模式，前者仅仅输出上一次触发后发生改变的数据。

在实际应用中，我们必须调用聚合函数才能使用完全模式，因为对于聚合操作来说，需要等待所有操作都执行完之后才能做统计，不然无法统计到所有数据。如果只简单使用了映射和过滤功能，那么我们可以使用追加模式。追加模式只对数据做解析处理，而不做复杂的聚合统计。

当我们对没有聚合操作的 DataFrame 或 Dataset 执行完全模式下的写操作时，系统会抛出如下异常信息：

```
Complete output mode not supported when there are no streaming aggregations on streaming
DataFrames/Datasets;
```

### 5.2.4　创建一个 Spark Structured Streaming 应用

下面在上述 Spark 项目的基础上创建一个 Spark Structured Streaming 应用，过程如下。

首先，新建 StructStreaming 类。

在 Spark 项目的目录下新建一个名为 StructStreaming 的类，然后在 StructStreaming 类的定义中输入如下代码以创建一个简单的 Spark Structured Streaming 应用，这个应用能监听 TCP 端口上的数据并进行实时处理。

```
object StructStreaming {
  def main(args: Array[String]): Unit = {
    //定义 SparkSession
    val spark = SparkSession.builder.appName("StructStreaming").master("local").getOrCreate()
    import spark.implicits._
    //使用 spark.readStream()监听 TCP 端口上的数据并实时转换为流式的 DataFrame
    val lines = spark.readStream.format("socket").option("host", "localhost")
                    .option("port", 9999).load()
    //对实时接收到的数据执行划分和分组操作
    val words = lines.as[String].flatMap(_.split(" "))
    val wordCounts = words.groupBy("value").count()
    wordCounts.printSchema()
    //定义数据流的输出模式并启动流计算
    val query = wordCounts.writeStream
      .outputMode("complete")
      .format("console")
      .start()
    query.awaitTermination()
  }
}
```

上述代码创建了一个简单的 Spark Structured Streaming 应用，涉及的核心操作如下。

- 定义 SparkSession。
- 定义 DataFrame，注意，这里使用 spark.readStream()来监听 TCP 端口上的数据并实时转换为 DataFrame。
- 定义 DataFrame 操作，这里基于 DataFrame 执行了 groupBy 操作。
- 定义数据流的输出模式并启动实时流计算。

下面对上述代码进行解释。首先，名为 lines 的 DataFrame 表示一张包含流文本数据的无界表，其中包含一列名为 value 的字符串，并且流式数据中的每一条数据都将映射为表中的一行数据。然后，使用 lines.as(String)将 DataFrame 转换为名为 words 的 Dataset<String>，以便应用程序可以通过执行 flatMap 操作将每行拆分为多个单词。Words 中包含了所有的单词。接下来，通过 words.groupBy("value").count()对 Dataset<String>中的 Value 值进行分组统计，并将统计结果定义成名为 wordCounts 的 DataFrame。注意，wordCounts 是流式 DataFrame，它实现了流式数据的实时查询。最后，通过调用 start()方法启动流计算。

接下来，启动 TCP 服务器。

在 Linux 系统中通过 netcat（nc）启动一个 TCP 服务器，具体代码如下：

```
nc -lk 9999
```

接下来，运行作业。

右击对应的类，使用弹出菜单中的命令运行应用程序。在 netcat 窗口中输入 spark spark flink，显示如下结果，默认每 10s 执行一次：

```
+-----+-----+
|value|count|
+-----+-----+
|spark|    2|
|flink|   -1|
+-----+-----+
```

同时，编译器中会展示如下日志。

```
INFO MicroBatchExecution: Streaming query made progress: {
  "id" : "95ea4102-8d5d-4141-af70-af7766fb7eb0",
  "runId" : "e341beae-ea63-4287-b60b-5b6d608f7557",
  "name" : null,
  "timestamp" : "2020-08-15T08:12:06.969Z",
  "batchId" : 1,
  "numInputRows" : 0,
  "inputRowsPerSecond" : 0.0,
  "processedRowsPerSecond" : 0.0,
  "durationMs" : {
    "latestOffset" : 0,
```

```
    "triggerExecution" : 0
  },
  "stateOperators" : [ {
    "numRowsTotal" : 0,
    "numRowsUpdated" : 0,
    "memoryUsedBytes" : 41600,
    "customMetrics" : {
      "loadedMapCacheHitCount" : 0,
      "loadedMapCacheMissCount" : 0,
      "stateOnCurrentVersionSizeBytes" : 12800
    }
  } ],
  "sources" : [ {
    "description" : "TextSocketV2[host: localhost, port: 9999]",
    "startOffset" : -1,
    "endOffset" : -1,
    "numInputRows" : 0,
    "inputRowsPerSecond" : 0.0,
    "processedRowsPerSecond" : 0.0
  } ],
  "sink" : {
    "description" : "org.apache.spark.sql.execution.streaming.ConsoleTable$@4f1a6fb5",
    "numOutputRows" : 0
  }
}
```

通过上述日志，我们不但能看到具体的执行结果，而且能明确地看到 Spark 内部 Streaming Query 的执行过程。在执行 Streaming Query 的过程中，系统不但记录了 runId 和 batchId 等流式计算的描述信息，而且定义了 stateOperators 列表用于状态监控，定义了 sources 来表示实时查询的数据源，定义了 sink 来表示最终的数据处理结果。

最后，分析执行过程。

在控制台连续输入 cat dog dog dog，统计结果如下。

```
+-----+-----+
|value|count|
+-----+-----+
| cat |    1|
| dog |    3|
+-----+-----+
```

再次输入 owl cat，统计结果如下。cat 的个数为 2，dog 的个数为 3，owl 的个数为 1。也就是说，Spark Structured Streaming 会根据完全模式对输入的所有数据进行统计并输出到结果表中。

```
+-----+-----+
|value|count|
+-----+-----+
|cat|    2|
|dog|    3|
|owl|    1|
+-----+-----+
```

继续输入 owl cat，统计结果如下。cat 的个数为 2，dog 的个数为 4，owl 的个数为 2。

```
+-----+-----+
|value|count|
+-----+-----+
|cat|    2|
|dog|    4|
|owl|    2|
+-----+-----+
```

图 5-11 展示了 Spark Structured Streaming 的计算过程。

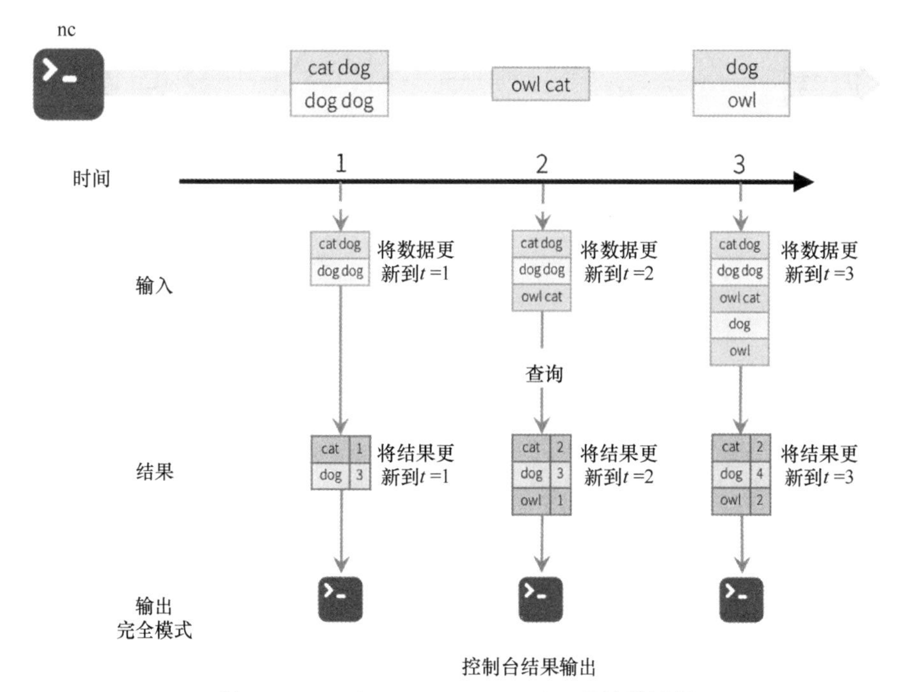


图 5-11　Spark Structured Streaming 的计算过程

需要注意的是，Spark Structured Streaming 不会物化整个表，而是对实时获取的数据进行增量处理并更新结果。结果更新完之后，清除数据。也就是说，Spark Structured Streaming 只保留计算所需的最少的中间状态数据。

Spark Structured Streaming 模型与许多其他流处理引擎明显不同。许多流系统要求用户自行维护运行中的聚合数据，因此用户必须考虑容错和数据一致性。常见的数据一致性有 at-least-once（至少一次）、at-most-once（最多一次）、exactly-once（恰好一次）。在 Spark Structured Streaming 的数据模型中，运行中聚合数据的维护以及结果表的更新都由 Spark 统一负责。

## 5.2.5 时间概念、延迟数据处理策略和容错语义

### 1. 时间概念

Spark Structured Streaming 中的时间概念如图 5-12 所示。其中，事件时间（event-time）指的是数据产生时间，而不是摄取时间（ingestion-time）。例如，对于车载 GPS 设备来说，事件时间一般指的是设备采集数据的时间。

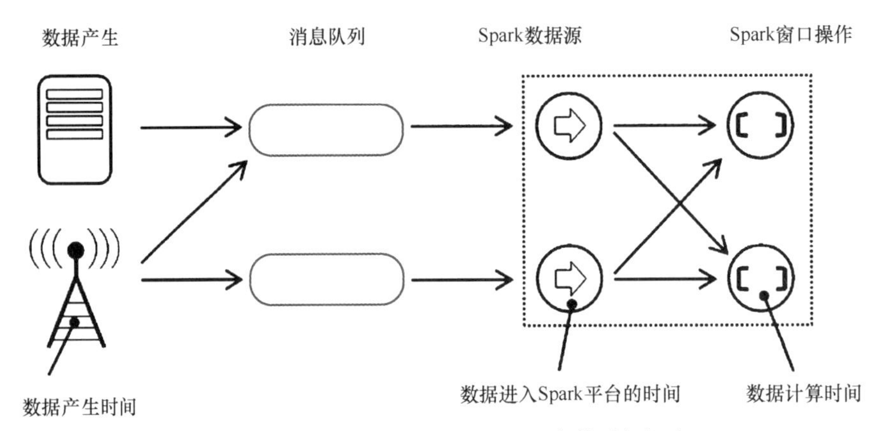


图 5-12　Spark Structured Streaming 中的时间概念

事件时间通常是一条数据中的一列，我们可以在事件时间上基于时间窗口进行聚合计算，比如计算每分钟内设备发送的错误数据的条数。

摄取时间指的是数据进入 Spark 平台的时间。

数据计算时间（window-processing-time）指的是数据进入计算节点并开始计算的时间，也就是数据触发窗口计算的时间。

### 2. 延迟数据处理策略

数据延迟指的是先产生的数据后到达，这说明数据并没有严格按照先产生的数据先到达的原则发送到服务器。Spark Structured Streaming 能够处理迟到的数据，如图 5-13 所示。Spark Structured Streaming 在 12:10 和 12:15 之间接收到 12:04 的一条数据，这条数据本来应该在 12:05 之前就到达，造成这种现象的原因可能是网络延迟、远程接口延迟、断网后补传等。

假设 Spark Structured Streaming 正在更新结果表，此时，如果有延迟数据到来，Spark Structured Streaming 就会将数据更新到旧的聚合，并清除旧的聚合以限制中间状态数据的大小。如图 5-13 所示，迟到的 12:04 的数据已更新到结果表中。更新前，12:00—12:10 的 dog 个数为 3；更新后，12:00—12:10 的 dog 个数为 4。Spark 2.1 及之后版本支持水印，水印可用于指定数据等待阈值，超过这个阈值的迟到数据会被丢弃。

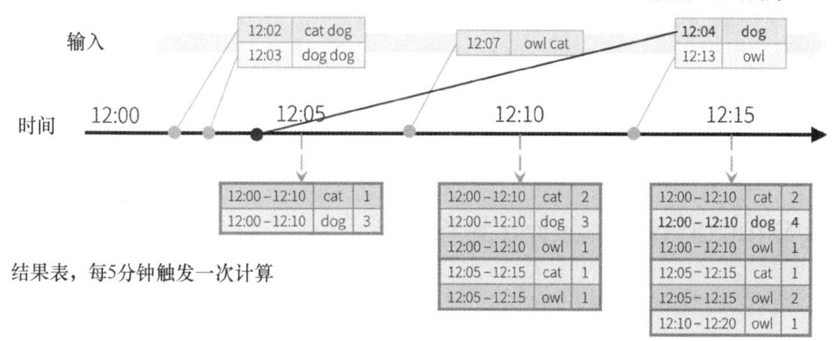


图 5-13　Spark Structured Streaming 的延迟数据处理策略

### 3．恰好一次性语义的实现原理

Spark Structured Streaming 提供了端到端的恰好一次性（exactly-once）语义。通过结构化数据源、接收器、执行引擎，Spark Structured Streaming 能够可靠地跟踪数据处理的确切进展，从而保证在故障中能够快速恢复计算并确保数据的一致性。

Spark Structured Streaming 的恰好一次性语义的实现方式如下：每个数据流都有一个数据的偏移量用来标识当前处理到哪条数据了，比如 Kafka 中的 OffSize。Spark Structured Streaming 能通过检查点和预写日志来记录每个触发器中正在处理的数据的偏移范围，并在数据处理完毕后提交偏移量。Spark Structured Streaming 的数据接收器具有幂等性。在发生故障后，可利用 Spark Structured Streaming 接收器的幂等性，通过重放数据（从故障点的偏移量重新使用数据或重放日志）来确保任何故障下端到端的一次性语义。

如图 5-14 所示，Topic-A 上有消息 msg1、msg2、msg3、msg4，它们对应的偏移量分别为 1、

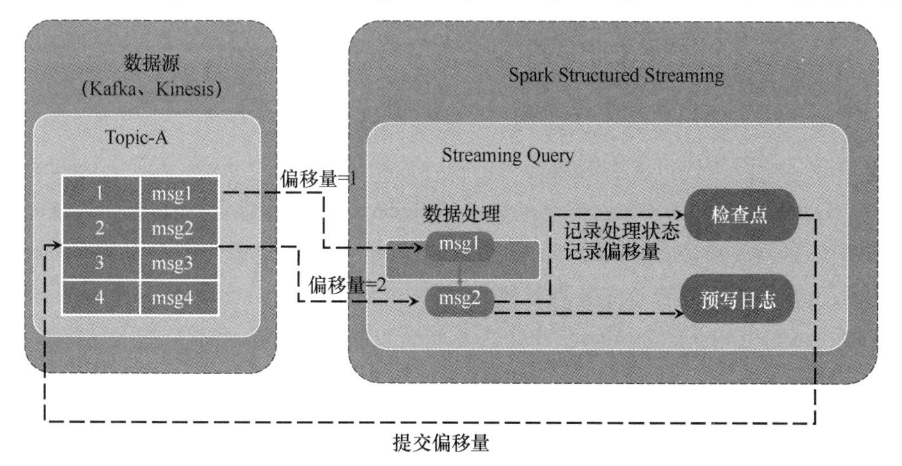


图 5-14　数据恰好一致性语义的实现原理

2、3、4。当 Spark Structured Streaming 接收到 msg1 时，偏移量为 1。当 Spark Structured Streaming 接收到 msg2 时，偏移量为 2。在数据处理过程中，Spark Structured Streaming 会不断记录处理状态和偏移量。此时，如果满足检查点条件，那么 Spark Structured Streaming 会将偏移量提交到 Kafka，以表明 msg1 和 msg2 都已经处理完。如果 msg2 接收正常，但处理时出现故障，那么 Spark Structured Streaming 会从上次提交的地方重新获取 msg2 并处理，从而很好地满足恰好一次性语义的要求。

## 5.2.6 Spark Structured Streaming 编程模型

自从 Spark 开始支持 Structured Streaming 后，DataFrame 和 Dataset 既可以表示有界的数据集，也可以表示无界的流式数据集。在 API 层面，它们都是通过 SparkSession 作为编程入口的。除在数据源上，离线的 DataFrame 和 Dataset 从离线数据中加载数据，而流式 DataFrame 和 Dataset 从流式数据源加载数据之外，它们在其他操作上并没有太大差别。

在具体使用时，流式 DataFrame 是通过 SparkSession.readStream()返回 DataStreamReader 并调用 load()方法来构建的。在创建流式 DataFrame 时，需要根据需求指定数据源、数据格式、数据的 Schema 信息以及 Spark Options 信息等。如图 5-15 所示，Spark Structured Streaming 支持从文件、Kafka、Socket 连接等数据源获取数据。

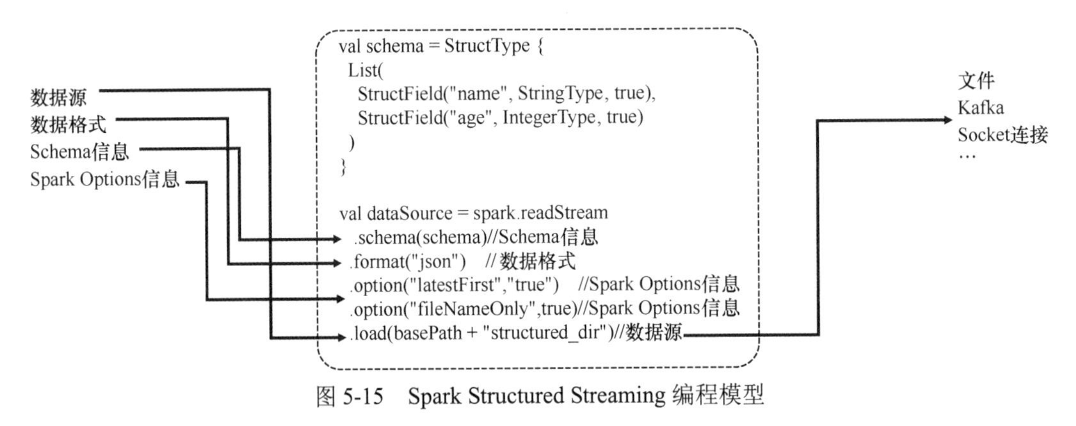


图 5-15 Spark Structured Streaming 编程模型

图 5-15 展示了一段监控目录实时数据变化并对数据进行分析的代码。其中，.schema(schema)用于设置流式 DataFrame 的 Schema 信息，这里的 Schema 信息为包含 StringType 的 name 字段和包含 IntegerType 的 age 字段；.format("json")表示数据格式为 JSON；.option("latestFirst","true")为 Spark Options 信息，表示是否首先处理最新的文件，当存在大量的积压文件时这很有用；.option("fileNameOnly",true)为 Spark Options 信息，表示是否仅基于文件名而不是基于完整路径检查新文件（默认值为 false）。

### 1. Spark Structured Streaming 中的文件数据源

Spark Structured Streaming 可以将写入目录的文件读取为数据流，支持的文件格式有 TEXT、

CSV、JSON、Parquet 等。既可以使用自定义推断，也可以自定义 Schema 信息。自定义的 Schema 信息可以很好地保障流式数据结构的稳定性，基于固定的 Schema 信息虽然便于流查询，但是不符合 Schema 信息的数据将被丢弃。对于临时数据，可以将 spark.sql.streaming.schemaInference 设置为 true 以重新启用模式推断，这样当新的、不同结构的实时数据到来时，这些数据便能够很好地得到解析并处理。

一个从文件数据源获取数据并进行处理的 Spark Structured Streaming 应用的实现代码如下：

```
object StructStreamingSource {
  def main(args: Array[String]): Unit = {
    //定义 SparkSession 实例 spark
    val spark = SparkSession.builder.appName("FileSource").master("local").getOrCreate()
    val schema = StructType {List(
        StructField("name", StringType, true),
        StructField("age", IntegerType, true)
      )
    }
    val dataSource = spark.readStream
      .schema(schema)                   //Schema 信息
      .format("json")                   //数据格式
      .option("latestFirst","true")     //Spark Options 信息，用于决定是否首先处理最新的文件
      //Spark Options 信息，用于决定是否仅基于文件名而不是完整路径检查新文件（默认值为 false）
      .option("fileNameOnly",true)
      .load("your_file_path/structured_dir")    //数据源目录
      dataSource.printSchema()
      val query = dataSource.writeStream.trigger(Trigger.ProcessingTime(10, TimeUnit.
            SECONDS))
      .outputMode("append")                     //输出模式为追加模式
      .format("console")                        //输出类型为控制台
      .start()                                  //定义输出流并启动
    query.awaitTermination()
  }
}
```

上述代码首先将写入目录的文件读取为结构化数据流，然后在结构化数据流上定义并启动输出流，如此一来，写入文件的实时数据将被加载到 Spark 中并在控制台输出。另外，上述代码通过 trigger(Trigger.ProcessingTime(10, TimeUnit.SECONDS))设置了每 10s 触发一次计算，并通过 outputMode("append")将输出模式设置成追加模式，还通过 format("console")将输出类型设置成控制台输出。

### 2. Kafka 数据源

对于实时数据仓库方案，我们经常采用 Kafka + Spark Structured Streaming 来实现，具体流程为：首先将原始数据收集到 Kafka 中，然后使用 Spark Structured Streaming 实时处理数据，并将处理结果写入 Kafka。Spark Structured Streaming 的 Kafka 数据源如图 5-16 所示。

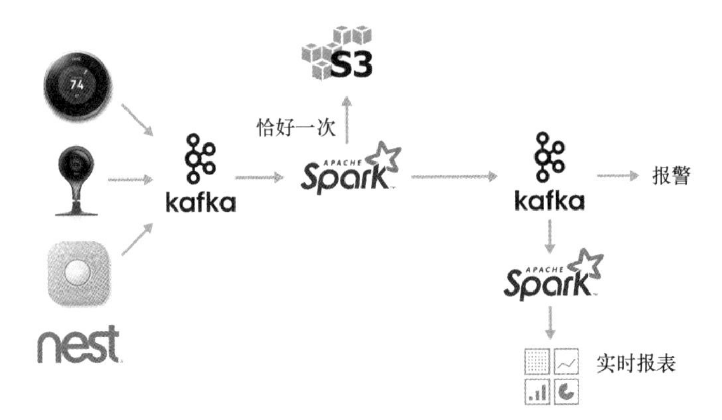


图 5-16　Spark Structured Streaming 的 Kafka 数据源

下面演示 Spark Structured Streaming 如何使用 Kafka 消息并发送消息到 Kafka。

（1）添加 spark-sql-kafka 依赖。

```
<dependency>
    <groupId>org.apache.spark</groupId>
    <artifactId>spark-sql-kafka-0-10_2.12</artifactId>
    <version>${spark.version}</version>
    <!--<scope>provided</scope>-->
</dependency>
```

（2）使用 Spark Structured Streaming 从 Kafka 接收消息。

```
//定义 SparkSession
val spark = SparkSession.builder.appName("StructStreamingKafka").master("local").getOrCreate()
//定义数据的 Schema 信息
val schema = StructType {
     List(
       StructField("name", StringType, true),
       StructField("age", IntegerType, true)
     )
   }
//将 Kafka 服务 localhost:9092 上 Topic 为 spark_topic_1 的消息转换为结构化数据流
val df = spark.readStream.format("kafka").option("kafka.bootstrap.servers", "localhost:9092")
     .option("subscribe", "spark_topic_1").load()
//将结构化数据流中的实时数据输出到控制台
val query = df.writeStream.trigger(Trigger.ProcessingTime(10, TimeUnit.SECONDS))
           .outputMode("append").format("console").start()
query.awaitTermination()
```

上述代码首先通过 readStream.format("kafka")将 Kafka 服务 localhost:9092 上 Topic 为 spark_topic_1 的消息转换为结构化数据流，然后使用 df.writeStream 将结构化数据流中的实时数据输出到控制台。

（3）解析结构化数据流中的数据。

```
//对 Kafka 中的数据进行 JSON 解析
 val kafka_value_stream = df.where("topic = 'spark_topic_1'")
   .select(functions.from_json(functions.col("value").cast("string"),schema).
          alias("parsed_value"))
   .select("parsed_value.name", "parsed_value.age")
//将解析后的结构化数据流输出
   val query = kafka_value_stream.writeStream
     .trigger(Trigger.ProcessingTime(10, TimeUnit.SECONDS))
     .outputMode("append").format("console").start()
```

上述代码通过 where("topic = 'spark_topic_1' ")查询了 Topic 为 spark_topic_1 的数据，并使用 functions.from_json(functions.col("value").cast("string"),schema)将 Kafka 中的 Value 数据先转换为字符串，再转换为与 Schema 对应的 JSON 数据，最后使用 select("parsed_value.name", "parsed_value.age")分别获取 JSON 数据中 name 和 age 字段的值。

（4）启动 ZooKeeper 和 Kafka，向 Kafka 中名为 spark_topic_1 的 Topic 发送数据。

```
//启动 ZooKeeper
cd apache-zookeeper-3.5.5-bin && bin/zkServer.sh start
//启动 Kafka
cd kafka_2.12-2.2.0 && nohup  bin/kafka-server-start.sh config/server.properties &
//创建 Topic
./bin/kafka-topics.sh --create --zookeeper 127.0.0.1:2181 --replication-factor 1
                      --partitions 1
                      --topic spark_topic_1
//进入 Kafka Producer 控制台
./bin/kafka-console-producer.sh --broker-list 127.0.0.1:9092 --topic spark_topic_1
```

（5）在控制台输入如下数据并按 Enter 键：

```
{"name":"Justin", "age":19}
{"name":"alex", "age":18}
```

（6）查看 Kafka 控制台，发现输出了如下数据：

```
Batch: 1
-------------------------------------------
+------+---+
| name |age|
+------+---+
|Justin| 19|
|alex  | 18|
+------+---+
```

（7）从文件系统实时读取数据流，并将数据流写到 Kafka。

```
def kafka_writer :Unit={
  //创建 SparkSession 实例 spark
  val spark = SparkSession.builder.appName("StructStreamingKafka")
    .master("local").getOrCreate()
```

```
    val schema = StructType {
      List(
        StructField("key", StringType, true),
        StructField("value", StringType, true)
      )
    }
    import spark.implicits._
    //从文件系统读取实时的流数据并过滤数据中键大于或等于 2 的数据
    val fileSource = spark.read.schema(schema).format("json")
                     .load("your_file_path/structured_dir_1").filter("key >= 2")
    //将结构化数据流中的数据转换为字符串并发送到 Kafka
    fileSource.selectExpr("CAST(key AS STRING)", "CAST(value AS STRING)")
       .write.format("kafka").option("kafka.bootstrap.servers", "localhost:9092")
       .option("topic", "spark_topic_2").save()
  }
```

上述代码首先从文件系统中读取实时的流数据并过滤数据中键大于或等于 2 的数据，然后将过滤后的结果转换为字符串并实时写入 Kafka。语句 write.format("kafka").option("kafka.bootstrap.servers","localhost:9092").option("topic","spark_topic_2").save()表示将结构化数据流写到（保存到）Kafka 服务 localhost:9092 的 spark_topic_2 上。

#### 3．Socket 数据源（测试用）

Socket 数据源允许从 Socket 连接上读取 UTF-8 文本数据。由于 Socket 不像 Kafka 消息系统那样通过 offset 标记位来记录对数据的使用，因此 Socket 数据源无法提供端容错保证，具体实现代码如下：

```
val dataSource = spark.readStream.format("socket")
                 .option("host", "localhost").option("port", 9999).load()
```

#### 4．rate source 数据源（测试用）

rate source 数据源允许以每秒指定的行数生成数据，每个输出行都包含 timestamp 和 value。其中，timestamp 指的是消息发送时间，value 指的是消息编号（编号从第一行的 0 开始）。rate source 数据源的主要目的是方便大家进行快速测试，具体实现代码如下：

```
val dataSource = spark.readStream.format("rate")
  .option("rowsPerSecond", 1)       //每秒 1 行数据
  .option("numPartitions", 1)       //1 个分区
  .load()
```

### 5.2.7　在结构化数据流上执行操作

#### 1．结构化数据流的基本操作

我们可以对结构化数据流执行各种基本操作，包括 SQL 操作（如 select、where、groupBy）和 RDD 类操作（如 map、filter、flatMap）等。

选择操作的示例如下：

```
//选择 age 大于 2 的数据中 name 属性的值
val sql_filter = kafka_value_stream.select("name").where("age > 2")
val select_filter = kafka_value_stream.filter(x => x.getAs[Int]("age")>2)
val select_filter_2 = kafka_value_stream.filter("age > 2")
```

聚合操作的示例如下：

```
//统计结构化数据流上的数据中每个 name 对应的数据条数
val group_by_name = kafka_value_stream.groupBy("name").count()
//对结构化数据流上的数据按照 name 统计并求平均值
val group_by_name = kafka_value_stream.groupBy("name").agg(ImmutableMap.of("age", "avg"))
```

注册流式 DataFrame/Dataset 为表的示例如下：

```
kafka_value_stream.createOrReplaceTempView("view_people")
val view_people = spark.sql("select name,count(name) from view_people group by name")
```

上述代码会将结构化数据流映射为临时视图 view_people 并在该视图上执行 SQL 操作。

### 2. 时间窗口操作

事件时间是数据产生的时间，许多应用程序希望根据事件时间执行聚合操作。为此，Spark 2.*x* 提供了基于滑动窗口的事件时间聚合操作。通过结构化数据流的滑动事件时间窗口进行聚合很简单，过程与分组聚合非常相似。在分组聚合中，我们依据用户指定的分组列中的每个唯一值维护聚合值（如计数）；而在基于窗口进行聚合的情况下，我们按照窗口时间对窗口内的数据执行聚合操作。

Spark Structured Streaming 中的滑动窗口主要包括窗口时间、滑动步长和触发时间 3 个核心概念。

- 窗口时间：窗口的大小，用于确定数据操作的长度。
- 滑动步长：窗口每次向前移动的时间长度。
- 触发时间：Spark Structured Streaming 将数据写入外部 DataStreamWriter 的时间间隔。

如图 5-17 所示，假设要在 10min 的时间窗口内计数单词，每 5min 更新一次，为此需要设置窗口时间为 10min、滑动步长为 5min 的窗口操作，以便对我们在时间窗口 12:00-12:10、12:05-12:15、12:10-12:20 等之间收到的单词进行计数。注意，12:00-12:10 表示 12 点到 12 点 10 分收到的数据。现在假设在 12:07 收到一个数据，那么这个数据应该分别统计在 12:00-12:10 和 12:05-12:15 这两个窗口时间为 10min、滑动步长为 5min 的时间窗口内。也就是说，在统计过程中以分组键（即单词）加时间窗口（可以从事件时间计算得到）的方式进行联合主键索引和统计。

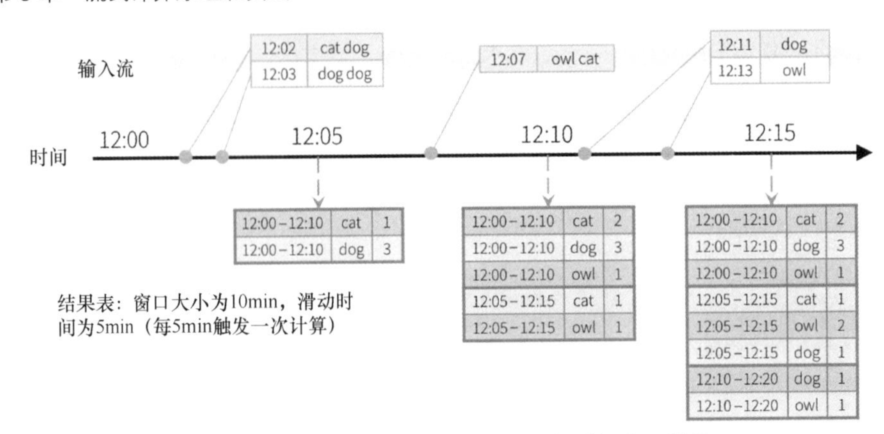


图 5-17　Spark Structured Streaming 的时间窗口操作

由于窗口类似于分组，因此在代码中使用 groupBy 和 window 操作来表达窗口聚合。具体的实现代码如下：

```
object StructStreamingWindowOperation {
  def main(args: Array[String]): Unit = {
    kafka_source
  }
  def kafka_source:Unit={
    //定义 SparkSession 实例 spark
    val spark = SparkSession.builder.appName("StructStreamingKafka")
              .master("local").getOrCreate()
    //将 Kafka 中的数据接收为结构化数据流
    val df = spark.readStream.format("kafka").
                option("kafka.bootstrap.servers", "localhost:9092")
                .option("subscribe", "spark_topic_1").load()
    //定义数据的 Schema 信息
    val schema = StructType {
      List(
        StructField("eventtimestamp", StringType, true),
        StructField("name", StringType, true)
      )
    }
   //获取 Kafka 中的 Value 并解析处理，注意 eventtimestamp 是对事件时间的解析
   val kafka_value_stream = df.where("topic = 'spark_topic_1'")
   .select(functions.from_json(functions.col("value").cast("string"),schema).
          alias("parsed_ value"))
   .select("parsed_value.eventtimestamp","parsed_value.name")
   //以事件时间 eventtimestamp 为基础，并以 10min 的窗口大小、5min 的滑动步长，按照 name
   //字段进行窗口统计
   val windowedCounts = kafka_value_stream.groupBy(
                   window($"eventtimestamp", "10 minutes", "5 minutes"),$"name")
                   .count().orderBy("window")
   //将统计结果在 10s 内输出一次
   val query = windowedCounts.writeStream
              .trigger(Trigger.ProcessingTime(10, TimeUnit.SECONDS))
              .outputMode("complete")
```

```
                .option("truncate", "false")
                .format("console")
                .start()
      query.awaitTermination()
    }
  }
```

注意，这里使用 eventtimestamp 字段是为了说明如何解析并使用数据中的事件时间。上述代码用于统计每 10min 接收到的不同单词的个数，语句 window($"eventtimestamp", "10minutes", "5minutes")的含义是，假设初始时间为 12:00，定义时间窗口的长度为 10min，每 5min 窗口滑动一次，也就是每 5min 对大小为 10min 的时间窗口执行一次聚合操作，聚合操作完成后，窗口向前滑动 5min，产生新的时间窗口。

如图 5-17 所示，在 12:00 启动流计算，由于窗口大小为 10min、滑动步长为 5min，因此可以看到，在 12:05 和 12:10 分别产生了 12:00-12:10 和 12:05-12:15 时间窗口内的统计数据。接下来我们详细分析数据的接收和统计过程。

在 12:02 输入{"eventtimestamp":"2020-08-16 12:02:00","name":"cat"}和{"eventtimestamp":"2020-08-16 12:02:00","name":"dog"}两条数据，在 12:03 输入{"eventtimestamp":"2020-08-16 12:03:00","name":"dog"}和{"eventtimestamp":"2020-08-16 12:03:00","name":"dog"}两条数据。在 12:05，可以看到如下统计信息：

```
|12:00-12:10|cat|1
|12:00-12:10|dog|3
```

通过上述统计结果可以看出，Spark 会首先按照时间窗口的大小创建出时间窗口 12:00-12:10，然后对这个时间窗口内的数据进行统计。

在 12:07 输入{"eventtimestamp":"2020-08-16 12:07:00","name":"owl"}和{"eventtimestamp": "2020-08-16 12:07:00","name":"cat"}两条数据，在 12:10，可以看到如下统计信息：

```
|12:00-12:10|cat|2
|12:00-12:10|dog|3
|12:00-12:10|owl|1
|12:05-12:15|cat|1
|12:05-12:15|owl|1
```

我们发现，Spark Structured Streaming 新创建了时间窗口 12:05-12:15 并将 owl 和 cat 分别统计到了 12:00-12:10 和 12:05-12:15 这两个时间窗口中。

在 12:11 输入{"eventtimestamp":"2020-08-16 12:11:00","name":"dog"}，在 12:13 输入{"eventtimestamp":"2020-08-16 12:13:00","name":"owl"}，在 12:15，可以看到如下统计信息：

```
|12:00-12:10|cat|2
|12:00-12:10|dog|3
|12:00-12:10|owl|1
```

```
|12:05-12:15|cat|1
|12:05-12:15|owl|2
|12:05-12:15|dog|1
|12:10-12:20|dog|1
|12:10-12:20|owl|1
```

我们发现，Spark Structured Streaming 新创建了时间窗口 12:10-12:20 并将 dog 和 owl 分别统计到了 12:05-12:15 和 12:10-12:20 这两个时间窗口中。

### 3. 延迟数据处理

流数据中的每个数据都包含两个时间——数据产生的时间和数据接收到的时间。例如，eventtimestamp 就是数据产生的时间。在很多情况下，数据产生后，可能延迟很久才被流接收。为了处理这种情况，Spark Structured Streaming 引入了水印功能，以保证正确地对流的聚合结构进行更新。考虑一下，如果某个数据延迟到达应用程序会发生什么情况？例如，于 12:04（事件时间）生成的数据直到 12:11 应用程序才接收到。此时，Spark 应用程序将使用事件时间（12:04）而不是数据摄取时间（12:11）更新时间窗口 12:00-12:10 中的计数。

结构化数据流可以长时间保持部分聚合的中间状态，这使得晚到的数据也可以正确地更新旧的时间窗口并进行聚合操作。换言之，结构化数据流允许把延迟到达的数据添加到它们本来应该在的位置。

如图 5-18 所示，假设在 12:10 和 12:15 之间收到一条内容为{"eventtimestamp":"2020-08-16 12:04:00","name":"dog"}的数据，这条数据产生的时间为 12:04，但当前系统时间已经是 12:13，因此这是一条延迟了 9min 的数据。但尽管如此，Spark 仍然可以将这条数据统计到时间窗口 12:00-12:10 内。也就是说，延迟到达的这条数据仍被统计到了它本来就应该在的时间窗口内。以上就是延迟数据的处理过程。

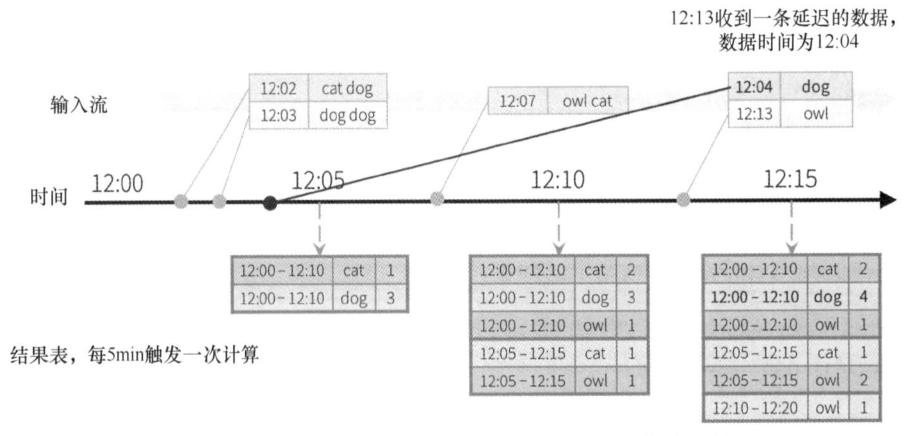


图 5-18 Spark Structured Streaming 对延迟数据的处理

### 4. 水印

为了保障有足够的内存资源不断处理到来的数据，Spark 必须限制积累到内存中的中间状态的数据量。因此，Spark 需要知道何时可以从内存状态中删除旧的聚合数据。为此，Spark 2.1 引入了水印的概念。通过水印，Spark 可以自动跟踪数据中的当前事件时间，并尝试清除相应的状态数据。在具体应用时，可通过指定事件时间列定义查询的水印，并根据事件时间预测数据的延迟时间。

对于特定的时间窗口，Spark Structured Streaming 将保持数据状态，并允许后期数据更新时间窗口的状态。在 Spark Structured Streaming 中，可通过水印设置数据延迟阈值，不晚于阈值的滞后数据将被聚合，但晚于阈值的数据将被丢弃。水印的使用是通过在结构化数据流上调用 withWatermark()方法来实现的。对上一个例子进行改造，加上水印后的代码如下：

```
val windowedCounts = kafka_value_stream
      .withWatermark("eventtimestamp", "10 minutes")
      .groupBy(
      window($"eventtimestamp", "10 minutes", "5 minutes"),
      $"name"
    ).count()
```

上述代码为 eventtimestamp 列定义了水印，同时还将 10min 定义为允许数据延迟的时间阈值。如果在追加模式下执行查询，那么 Spark Structured Streaming 将不断更新结果表中时间窗口内的计数，直到窗口时间短于水印（在 eventtimestamp 列中为 10min）为止，才清除过期的数据。

水印表示多长时间以前的数据将不再更新，也就是说，在每次窗口滑动之前会进行水印的计算。下面我们看看水印的计算逻辑。

当有数据到来时，首先计算这次聚合操作返回的最晚事件时间（例如，在当前时间接收到的数据中的最晚事件时间为 12:14）。

然后，使用最晚事件时间减去所能忍受的延迟时间（延迟阈值，比如 10min），得到的就是水印（12:04）。

当新接收数据的事件时间晚于水印（12:04）时，数据会被更新并维护中间状态；当新接收数据的事件时间早于水印（12:04）时，数据会被直接丢弃。

如图 5-19 所示，最晚事件时间为虚线，水印则被设置为“最晚事件时间−10min”，是实线。当 Spark Structured Streaming 的观察数据为(12:14，dog)时，水印为 12:14 −10min = 12:04。这时我们将收到一条延迟的数据(12:09，cat)，这条数据落在时间窗口 12:05-12:15 和 12:10-12:20 内。由于事件时间 12:09 仍在触发器的水印 12:04 之前，因此 Spark Structured Streaming 仍然进行数据统计，并正确更新相关时间窗口中的计数。然而，当水印更新到 12:11 时，就会清除最近时间窗口(12:00-12:10)的中间状态数据，并认为所有后续数据（例如(12:04，donkey)）“太晚”了，因此将它们丢弃。请注意，按照更新模式的规定，每次计算触发后，更新的计数都将被写入，作为触发器的输出。

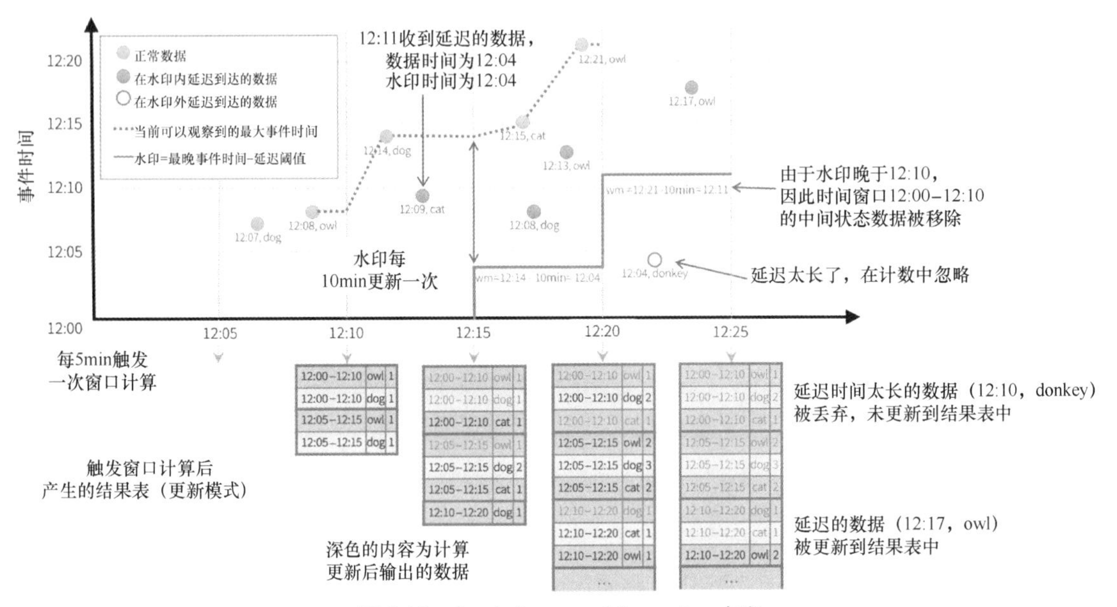


图 5-19　Spark Structured Streaming 水印

### 5．Spark Structured Streaming 的 3 种输出模式

接下来，我们看看 Spark Structured Streaming 的 3 种输出模式。

- 更新模式：删除不再更新的时间窗口，每次触发聚合操作时，输出更新的时间窗口。
- 追加模式：当确定不会更新时间窗口时，就输出时间窗口中的数据并删除，以保证每个时间窗口内的数据只输出一次。
- 完全模式：不删除任何数据，而是在结果表中保留所有数据，每次触发聚合操作时，就输出所有时间窗口中的数据。

更新模式是在 outputMode 中设置的，具体实现代码如下：

```
val query = windowedCounts.writeStream
      .trigger(Trigger.ProcessingTime(10, TimeUnit.SECONDS))
      //.outputMode("complete")
      //.outputMode("update")
      .outputMode("append")
      .format("console")
      .start()
```

### 6．使用水印清除聚合状态的条件

之前讲过，Spark Structured Streaming 支持通过水印定期清理中间状态数据，那么使用水印清除聚合状态都有哪些条件呢？

（1）输出模式必须是追加或更新模式。完全模式由于要求保留所有聚合数据，因此不能使用水印中断状态。

（2）聚合中必须包含事件时间（event-time）列或窗口（window）事件时间列。

（3）withWatermark()方法使用的时间戳列必须与聚合使用的时间戳列相同。例如，df.withWatermark ("time", "1min").groupBy("time2").count()在追加模式下无效，因为水印的时间戳列和聚合使用的时间戳列不同。

（4）withWatermark()方法必须在聚合之前调用，例如 df.groupBy("time").count().withWatermark ("time", "1min")在追加模式下无效。

### 7. Stream 以及 Stream 的连接操作

在 Spark 2.3 及其后续版本中，Spark 支持流之间的连接（join）操作。通过执行连接操作，可以连接两个流式的 Dataset 或 DataFrame。在所有的流式计算中，在两个数据流之间执行连接操作都是一项很大的挑战。在任何时候，对于连接的两边，Dataset 的视图都是不完整的，这使得在输入之间查找匹配变得更加困难。从一个输入流接收的任何数据，都可以与另一个输入流中的任何数据，抑或尚未接收到的未来可能数据相匹配。因此，对于这两个输入流，Spark 会将过去的输入作为流状态进行缓存，这样 Spark 就可以对未来的每个输入与过去的输入进行匹配，从而生成连接结果。

下面介绍 Stream 的连接类型。

1）内连接（inner join）

内连接支持任何类型的列之间的连接以及任何类型的连接条件。然而，当 Stream 正在运行时，Stream 的状态大小将无限增长，因为过去所有的输入都必须保存。此外，任何新的输入都可能与过去的任何输入相匹配。为了避免 Stream 的状态无限增长，执行内连接时必须满足如下两个条件。

（1）相互连接的两个 Stream 必须定义水印，以便 Spark 判断数据的最长延迟时间。超过最长延时时间的 Stream 状态将不再保留。内连接的执行结果中将包含这两个 Stream 中都存在的数据。

（2）相互连接的两个 Stream 必须定义事件时间约束，这样 Spark 就可以知道何时某行旧的数据不再需要。内连接的实现代码如下：

```
object StructStreamingJoin {
  def main(args: Array[String]): Unit = {
   //定义 SparkSession
    val spark = SparkSession.builder.appName("StructStreamingKafka").master("local")
                 .getOrCreate()
    //定义第一个数据流
    val df = spark.readStream.format("kafka").option("kafka.bootstrap.servers",
             "localhost:9092").option("subscribe", "spark_topic_1").load()
```

```
    //定义第一个数据流的 Schema 信息
    val schema = StructType {
      List(
        StructField("eventtimestamp_1", TimestampType, true),
        StructField("guid_1",StringType),
        StructField("name", StringType, true),
        StructField("age", IntegerType, true)
      )
    }
    //将第一个数据流中的 value 解析为 JSON 并查询 eventtimestamp_1、guid_1、name 和 age 字段
    val kafka_value_stream_1 = df
      .where("topic = 'spark_topic_1'")
      .select(functions.from_json(functions.col("value").cast("string"), schema).alias
             ("parsed_value"))
      .select("parsed_value.eventtimestamp_1","parsed_value.guid_1",
             "parsed_value.name", "parsed_value.age")
    //定义第二个数据流
   val df_2 = spark.readStream.format("kafka").option("kafka.bootstrap.servers",
              "localhost:9092").option("subscribe", "spark_topic_2").load()
   //定义第二个数据流的 Schema 信息
    val schema_2 = StructType {
      List(
        StructField("eventtimestamp_2", TimestampType, true),
        StructField("guid_2",StringType),
        StructField("city", StringType, true),
        StructField("job", StringType, true)
      )
    }
    //将第二个数据流中的 value 解析为 JSON
    val kafka_value_stream_2 = df_2.where("topic = 'spark_topic_2'")
         .select(functions.from_json(functions.col("value").cast("string"), schema_2)
         .alias("parsed_value"))
         .select("parsed_value.eventtimestamp_2","parsed_value.guid_2",
         "parsed_value.city", "parsed_value.job")
    //定义 stream1WithWatermark，水印字段为 eventtimestamp_1，时长为 10min
    val stream1WithWatermark = kafka_value_stream_1.
         withWatermark("eventtimestamp_1", "10 minutes")
    //定义 stream2WithWatermark，水印字段为 eventtimestamp_2，时长为 10min
    val stream2WithWatermark = kafka_value_stream_2.
         withWatermark("eventtimestamp_2", "10 minutes")
    //对两个 Stream 根据条件 guid_1 = guid_2 执行内连接操作
    val joinStream = stream1WithWatermark.join(stream2WithWatermark,
                     stream1WithWatermark("guid_1") ===  stream2WithWatermark("guid_2"))
    //将连接结果输出
    val query = joinStream.writeStream.
         trigger(Trigger.ProcessingTime(10, TimeUnit.SECONDS))
        .outputMode("append")
        .option("truncate", "false")
        .format("console")
        .start()
     query.awaitTermination()
  }
}
```

上述代码分别接入 spark_topic_1 和 spark_topic_2 上的数据流并以它们作为数据源。其中，spark_topic_1 包含 eventtimestamp_1、guid_1、name 和 age 字段，spark_topic_2 包含 eventtimestamp_2、guid_2、city 和 job 字段。在接收到这两个 Topic 上的数据并解析后，分别为这两个数据流设置水印并根据条件"guid_1"==="guid_2"对它们进行内连接。

在 spark_topic_1 中输入如下数据：

```
{"eventtimestamp_1":"2020-08-16 12:02:00","guid_1":"1","name":"alex", "age":20}
{"eventtimestamp_1":"2020-08-16 12:02:00","guid_1":"2","name":"vic", "age":30}
{"eventtimestamp_1":"2020-08-16 12:03:00","guid_1":"3","name":"terry", "age":25}
```

在 spark_topic_2 中输入如下数据：

```
{"eventtimestamp_2":"2020-08-16 12:02:00","guid_2":"1","city":"shanghai", "job":"dev"}
{"eventtimestamp_2":"2020-08-16 12:02:00","guid_2":"2","city":"xian", "job":"design"}
{"eventtimestamp_2":"2020-08-16 12:04:00","guid_2":"3","city":"beijing", "job":"manager"}
{"eventtimestamp_2":"2020-08-16 12:04:00","guid_2":"4","city":"beijing", "job":"manager"}
```

当接收到来自这两个数据流的数据并执行内连接操作后，结果如图 5-20 所示。

| eventtimestamp_1 | guid_1 | name | age | eventtimestamp_2 | guid_2 | city | job |
|---|---|---|---|---|---|---|---|
| 2020-08-16 12:03:00 | 3 | terry | 25 | 2020-08-16 12:04:00 | 3 | beijing | manager |
| 2020-08-16 12:02:00 | 1 | alex | 20 | 2020-08-16 12:02:00 | 1 | shanghai | dev |
| 2020-08-16 12:02:00 | 2 | vic | 30 | 2020-08-16 12:02:00 | 2 | xian | design |

图 5-20　内连接的执行结果

通过上述输出结果可以看出，内连接的执行结果中包含了这两个数据流中的所有字段。同时，由于 spark_topic_2 中的"guid_2":"4"在 spark_topic_1 中没有能够与之匹配的数据，因此输出结果不包含这条数据。

假设存在如下需求：左边数据流上的数据先产生，右边数据流上的数据在 10min 内延迟到达。上述需求通过内连接如何实现呢？具体的实现代码如下：

```
//定义 stream1WithWatermark，水印字段为 eventtimestamp_1，时长为 10min
val stream1WithWatermark = kafka_value_stream_1.
      withWatermark("eventtimestamp_1", "10 minutes")
//定义 stream2WithWatermark，水印字段为 eventtimestamp_2，时长为 20min
val stream2WithWatermark = kafka_value_stream_2.
      withWatermark("eventtimestamp_2", "20 minutes")
//根据条件 guid_1 = guid_2 对两个 Stream 执行内连接操作，stream2WithWatermark 数据延迟 10min 内有效
val joinStream = stream1WithWatermark.join(
      stream2WithWatermark,
      expr("""
    guid_1 = guid_2 AND
    eventtimestamp_2 >= eventtimestamp_1 AND
    eventtimestamp_2 <= eventtimestamp_1 + interval 10 minutes
    """)
    )
```

2）右外连接（outer join）

对于左连接和右外连接，水印和事件时间约束必须指定。这是因为，为了在外连接中生成 null 结果，Spark 必须知道输入行将在什么时候不再匹配。所以，只有指定水印和事件时间约束才能生成正确的结果。Spark 需要根据水印和事件时间约束来判断必须等待多长时间才能确保没有匹配项，并且保证将来也不会有更多匹配项。

在当前的微批（micro-batch）处理中，水印是在微批处理的末尾进行的。下一个微批处理将使用更新后的水印来清理状态并输出外部结果。因为仅当有新数据需要处理时才触发微批处理，所以如果数据流上没有新数据需要接收，那么外部结果的生成可能会发生延迟。也就是说，如果连接的两个输入流中的任何一个输入流在一段时间内没有接收到数据，那么外部输出可能会发生延迟。

外连接的使用和内连接相似，只是多了一个附加参数来指定连接为外连接。

```
val joinStream = stream1WithWatermark.join(stream2WithWatermark,
      stream1WithWatermark("guid_1") ===  stream2WithWatermark("guid_2"),joinType = "left")
```

Spark 3.0 对流式连接的支持是有限的，在使用过程中，我们需要参照官网来进行具体的分析和代码结构的设计。例如，如果在左边输入的是流数据，而在右边输入的是静态的非流数据，那么它们之间的右外连接和全连接是不受支持的。

### 8．处理重复数据

Spark 应用中经常出现重复的数据，比如客户端因为某些状况将一条消息发送了两次，这时就需要对重复的数据进行处理。常用的处理方法是根据 guid 进行数据去重，具体分为两种情况。

1）有水印的数据流

在水印的时间范围内，对相同 guid 和事件时间的数据进行去重，超过水印的数据将被丢弃，具体的实现代码如下：

```
val windowedCounts = kafka_value_stream
    .withWatermark("eventtimestamp", "10 minutes")
    .dropDuplicates("guid", "eventtimestamp")
    .groupBy(
       window($"eventtimestamp", "10 minutes", "5 minutes")
       $"name"
).count()
```

上述代码通过 dropDuplicates("guid", "eventtimestamp")根据 guid 对数据流上的数据进行了去重，且去重过程中水印字段为 eventtimestamp。源码实现如下：

```
def dropDuplicates(col1: String, cols: String*): Dataset[T] = {
  val colNames: Seq[String] = col1 +: cols
  dropDuplicates(colNames)
}
```

通过源码可以看出，Spark 在内部会将 guid 和 eventtimestamp 上的数据拼接起来作为唯一标识并进行去重。

2）无水印的数据流

在所有的时间范围内，根据 guid 对数据进行去重，具体的实现代码如下：

```
val schema = StructType {
  List(
    StructField("eventtimestamp", TimestampType, true),
    StructField("guid",StringType),
    StructField("name", StringType, true),
    StructField("age", IntegerType, true)
  )
}
val windowedCounts = kafka_value_stream.dropDuplicates("guid")
```

上述代码通过 dropDuplicates("guid")实现了无水印数据流的数据去重。在这种情况下，从启动流计算到现在，只要 guid 数据曾经出现过，就会对它们进行去重。

### 9. 执行数据流连接操作时的多水印处理策略

流式查询允许将多个数据流连接在一起。我们可以为每个数据流设置不同的数据延迟阈值，具体做法是在每个输入流上使用 withWatermarks("eventTime", delay)来指定这些阈值。例如，考虑如下在 inputStream1 和 inputStream2 之间使用流连接的查询。

```
inputStream1.withWatermark("eventTime1", "1 hour")
          .join(inputStream2.withWatermark("eventTime2", "2 hours"),joinCondition)
```

此时到底使用哪个数据流的水印呢？在执行查询时，Spark Structured Streaming 会分别跟踪从每个输入流观测到的最晚事件时间，并根据相应的延迟时间计算水印，最后选出一个全局水印用于有状态操作。Spark 默认使用最小值，例如，假设当前时间为 5 点，inputStream1 水印可容忍的最长延迟时间为 1 小时，inputStream2 水印可容忍的最长延迟时间为 2 小时。此时，如果数据中的事件时间晚于 3 点，则会加入计算；如果数据中的事件时间早于 3 点，则会被丢弃。我们也可以通过设置 spark.sql.streaming. multipleWatermarkPolicy=max 来使用最大值。

默认情况下，Spark 将选择水印的最小值作为全局水印，以确保如果其中一个流落后于其他流（例如，其中一个流由于上游故障而停止接收数据），则不会因为数据太晚到达而意外丢弃数据。换言之，全局水印将安全地以最慢的那个流的速度移动，同时查询输出也将相应地延迟。

设置水印策略的代码为 spark.sql.streaming.multipleWatermarkPolicy=max。

但在某些情况下，我们希望尽可能快地获取结果。从 Spark 2.4 开始，我们可通过 SQL 配置来设置多水印策略以选择最大值作为全局水印，方法是将 spark.sql.streaming.multipleWatermarkPolicy 设置为 max（默认值为 min）。具体处理策略如图 5-21 所示。这将使全局水印以最快的那个流的速度移动。然而，这样做的副作用是，来自较慢流的数据将被大量丢弃，因此可能存在数据丢失风险。

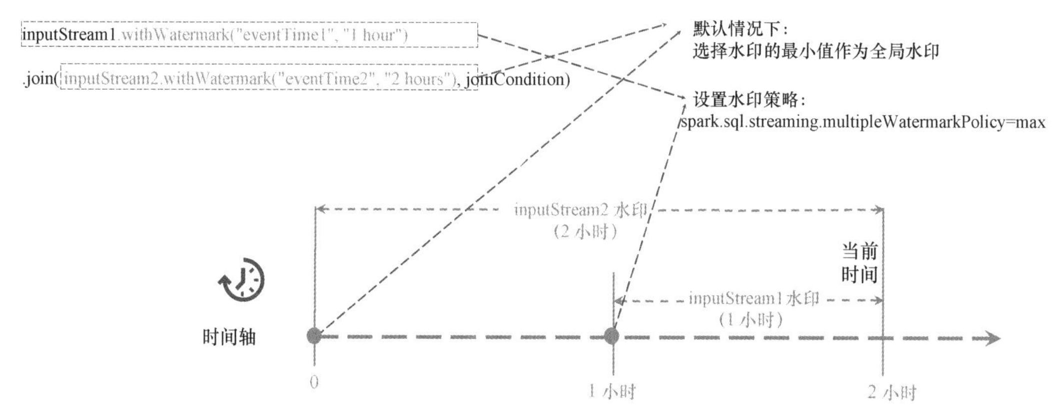


图 5-21　执行 Spark 数据流连接操作时的多水印处理策略

## 5.2.8　启动 Spark Structured Streaming

在启动 Spark Structured Streaming 时，需要定义以下内容。

- 输出操作的细节。
- 输出模式（追加、更新或完全模式）。
- 查询的名称。
- 多久触发一次输出操作，也就是多久触发一次计算。
- 为了实现端到端一致性容错机制的正确性，需要设置检查点，一般为 HDFS 路径。

具体代码如下。

```
noAggDF
  .writeStream
  .format("parquet")
  .option("checkpointLocation", "path/to/checkpoint/dir")
  .option("path", "path/to/destination/dir")
  .start()
```

## 5.2.9　Spark Structured Streaming 结果输出

Spark Structured Streaming 的输出操作支持 File Sink、Kafka Sink、foreach Sink、foreachBatch Sink、Console Sink、Memory Sink 等，如图 5-22 所示。

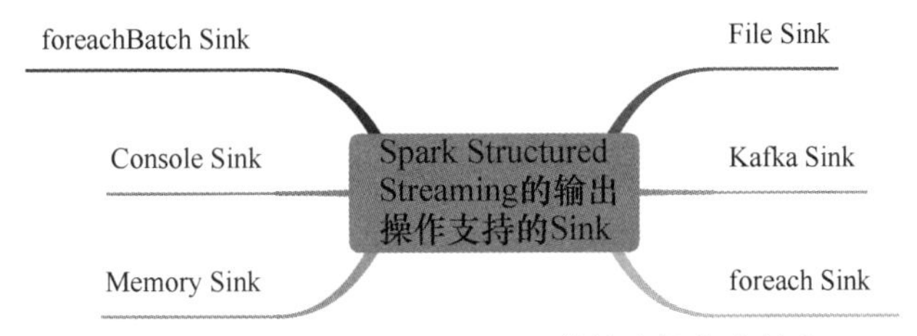


图 5-22 Spark Structured Streaming 的输出操作支持的 Sink

文件的输出格式支持 ORC、JSON、CSV 等，输出路径可在 path 中设置，具体的代码实现如下：

```
writeStream
    .format("parquet")
    //也可以是"orc"、"json"、"csv"等
    .option("path", "path/to/destination/dir")
    .start()
```

Kafka 的输出格式被固定为 kafka，输出的目的地址为 kafka.bootstrap.servers 对应的 Topic，具体的实现代码如下：

```
writeStream
    .format("kafka")
    .option("kafka.bootstrap.servers","host1:port1,host2:port2")
    .option("topic", "updates")
    .start()
```

foreach 用于对每条数据或每批数据执行自定义的输出函数。其中，open()方法用于在输出数据前打开需要初始化的资源，process()方法用于完成数据的处理过程，close()方法用于完成数据处理完之后资源的释放。例如，在一次写数据库的操作中，我们可以在 open()方法中打开连接，并在 process()方法中将接收到的数据写到连接的数据库中，数据写完之后，可在 close()方法中关闭连接。具体的实现代码如下：

```
streamingDatasetOfString.writeStream.foreach( new ForeachWriter[String] {
    def open(partitionId: Long, version: Long): Boolean = {
      //打开连接
    }
    def process(record: String): Unit = {
      //将字符串写入连接
    }
    def close(errorOrNull: Throwable): Unit = {
      //关闭连接
    }
  }
```

foreachBatch 用于批量地将结果输出，在性能上要比 foreach 好，具体的实现代码如下：

```
streamingDF.writeStream.foreachBatch { (batchDF: DataFrame, batchId: Long) =>
  batchDF.persist()
  batchDF.write.format(...).save(...)
  batchDF.write.format(...).save(...)
```

```
  batchDF.unpersist()
}
```

console 用于将计算结果输出到控制台，通常用在调试中，具体的实现代码如下：

```
writeStream
    .format("console")
    .start()
```

memory 用于将结果保存到一张内存表中，通常用于用户测试或用在数据量较小的集合中，这些数据将被收集到驱动节点上。内存输出只支持追加模式和完全模式，具体的实现代码如下：

```
writeStream
    .format("memory")
    .queryName("tableName")
    .start()
```

不同输出操作支持的输出模式和容错性也不同，如表 5-1 所示。

表 5-1　不同输出操作支持的输出模式和容错性

| 输出操作 | 支持的输出模式 | 容错性支持 |
| --- | --- | --- |
| File Sink | 追加模式 | 支持（exactly-once，准确一性） |
| Kafka Sink | 追加模式、更新模式、完全模式 | 支持（at-least-once，至少一次） |
| foreach Sink | 追加模式、更新模式、完全模式 | 支持（at-least-once，至少一次） |
| foreachBatch Sink | 追加模式、更新模式、完全模式 | 依赖于实现逻辑 |
| Console Sink | 追加模式、更新模式、完全模式 | 不支持 |
| Memory Sink | 追加模式、完全模式 | 不支持（但在完全模式下重启查询时会重建整个内存表） |

## 5.2.10　触发器

下面介绍 Spark Structured Streaming 的最后一个知识点——触发器（trigger）。流式查询的触发器设置定义了流式数据处理的时间，Spark Struct Streaming 支持基于 4 种策略的触发器。

### 1．未指定（默认）

Spark 默认使用不指定触发器的策略，查询将在微批模式下执行。上一个微批处理完成后，就尽可能快地执行下一个微批处理。

```
df.writeStream.format("console").start()
```

### 2．固定间隔微批

查询将以用户指定的间隔启动。如果上一个微批在指定的间隔内完成，Spark 将等待间隔结束，然后启动下一个微批。如果前一个微批没有在指定的间隔内完成，那么下一个微批将在上一个微批完成后立即开始，这种情况下存在批处理延迟。如果没有新数据可用，则不会启动微批处理。

```
df.writeStream.format("console").trigger(Trigger.ProcessingTime("2 seconds")).start()
```

### 3. 一次微批执行

查询只执行一个微批的所有可用数据，然后自行停止。这种策略常用于定期启动集群并处理自上一个周期以来可用的所有数据，然后关闭集群。

```
df.writeStream.format("console").trigger(Trigger.Once()).start()
```

### 4. 连续的固定检查点间隔

在这种策略下，Spark 将连续以异步方式处理微批数据。

```
df.writeStream.format("console").trigger(Trigger.Continuous("1 second")).start()
```

# 第 6 章 亿级数据处理平台 Spark 性能调优

根据需求完成一个 Spark 应用程序并使其运行起来相对比较容易，但要实现亿级甚至十亿级数据的快速处理，相对来说会有一定的挑战性。这不但需要具备 Spark 开发的基础知识，而且需要充分掌握 Spark 内核原理以及一些常见的调优思路。本书前面介绍了 Spark 流式计算的原理和实战，本章将开始进行亿级数据处理平台 Spark 性能调优，具体包括内存调优、任务调优、数据本地性调优、算子调优、Spark SQL 调优、Spark Shuffle 调优、Spark Streaming 调优以及 Spark 数据倾斜问题的处理。

## 6.1 内存调优

### 6.1.1 JVM 内存调优

Spark 是采用 Scala 语言实现的，而 Scala 语言基于 Java 语言，因此 Spark 应用程序无论是提交到 YARN 环境、Spark 的独立环境还是 Kubernetes，最终都将以驱动器的形式运行在 JVM 中。JVM 内存调优对 Spark 任务的运行来说至关重要。下面就介绍 JVM 堆内存调优、堆外内存设置以及 Spark 的 storageFraction 设置。

JVM 的运行时内存也叫作 JVM 堆内存，从垃圾回收（GC）的角度，JVM 堆内存可以分为新生代、老年代和元数据区，如图 6-1 所示。其中，新生代默认占用约 1/3 的堆内存空间，老年代默认占用约 2/3 的堆内存空间，元数据区则占用非常少的堆内存空间。

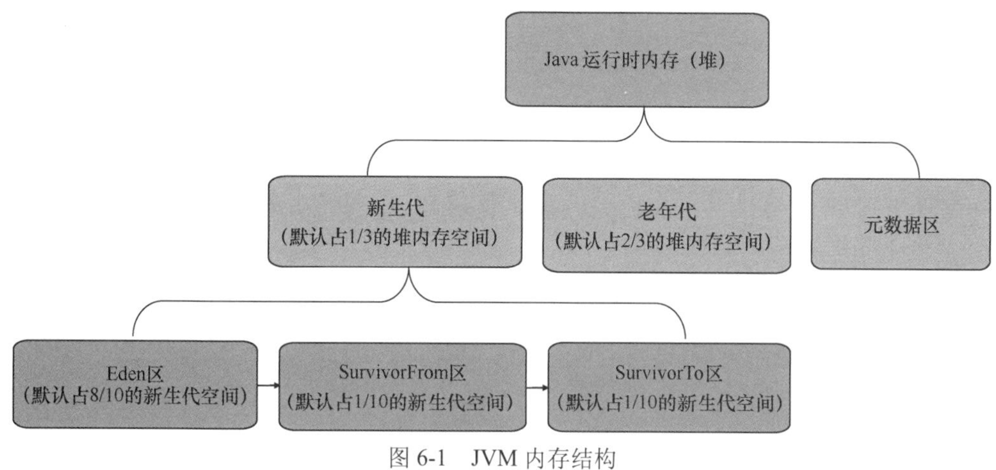


图 6-1 JVM 内存结构

新生代又分为 Eden 区、SurvivorFrom 区和 SurvivorTo 区，Eden 区默认占 80%的新生代空间，而 SurvivorFrom 区和 SurvivorTo 区默认分别占 10%的新生代空间。

### 1. 新生代

除大对象外，JVM 新创建的对象首先都会存放在新生代。由于 JVM 会频繁创建对象，因此新生代对象的创建和销毁是最频繁的，新生代会频繁触发 MinorGC 进行垃圾回收，新生代是垃圾回收的主要区域。由于新生代对象都有“朝生夕死”的特点，因此新生代内存的设置十分重要。

使用 Java 新创建的对象首先会存放在 Eden 区。但如果新创建的是大对象，就直接将其分配到老年代。当然，大对象的定义和具体的 JVM 版本、堆大小以及垃圾回收策略有关，一般为 2KB～128KB。

SurvivorFrom 区用于保留上一次 MinorGC 时的存活对象，SurvivorTo 区用于将保留到 SurvivorFrom 区的存活对象作为这一次 MinorGC 的被扫描者。由于 MinorGC 决定了新生代对象的生命周期，因此我们需要简单了解一下 MinorGC 的原理。MinorGC 采用的是复制算法，具体过程如图 6-2 所示。

首先，JVM 把 Eden 区和 SurvivorFrom 区中的存活对象复制到 SurvivorTo 区，同时将这些对象的年龄加 1。这时，如果有对象的年龄达到老年的标准，或者 SurvivorTo 区的内存不够，就将该对象放到老年代。

然后，JVM 清空 Eden 区和 SurvivorFrom 区中的对象。

最后，互换 SurvivorTo 区和 SurvivorFrom 区的内存，原来的 SurvivorTo 区便成为下一次垃圾回收时的 SurvivorFrom 区。

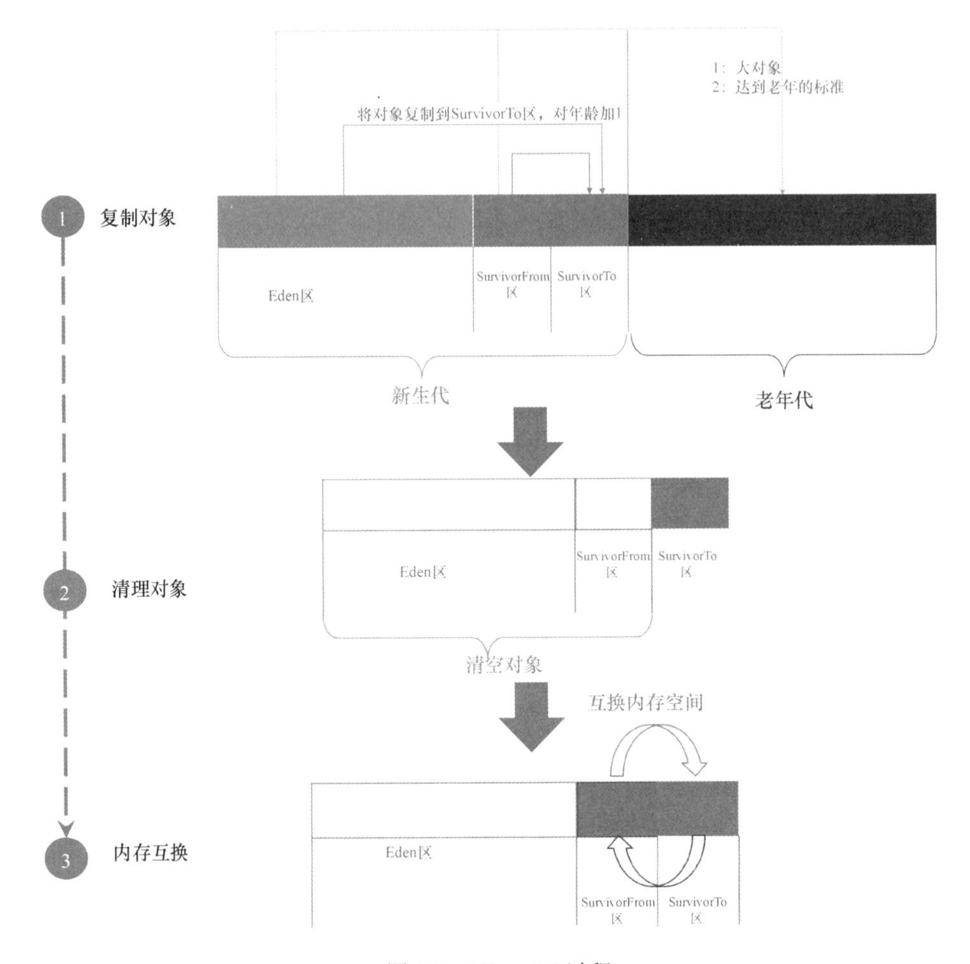


图 6-2　MinorGC 过程

### 2. 老年代

老年代主要存放生命周期较长的对象和大对象。老年代的 GC 过程又称为 MajorGC。老年代对象比较稳定，MajorGC 不会被频繁触发。当老年代没有内存空间可分配时，Spark 就会抛出常见的内存溢出异常，也就是 OOM 问题。

### 3. 元数据区

元数据区用于存放静态文件、Java 类、方法等。在 JVM 8 中，元数据存放在堆外内存中。

### 4. JVM 堆内存特点总结

JVM 新生代、老年代、元数据区的特点如下。

（1）新生代对象生命周期的特点是“朝生夕死”。

（2）老年代对象生命周期的特点是“长生命周期”。

（3）元数据区的对象则永久存在于 JVM 中。

### 5. JVM GC

GC 过程也就是 JVM 进行垃圾回收的过程，JVM GC 可简单分为 Scavenge GC 和 Full GC 两种。

1）新生代与 Scavenge GC

一般情况下，当新对象生成并且从 Eden 区申请空间失败时，就会触发 Scavenge GC，对 Eden 区进行垃圾回收，清除非存活对象，并把尚且存活的对象移到 Survivor 区。Scavenge GC 针对的是新生代的 Eden 区，不会影响到老年代。

2）Full GC

Full GC 会在整个 JVM 内存不足时对整个堆进行垃圾回收，运行成本高，效率低，并且在运行过程中会引起整个 JVM 停顿。因此，任何 Java 进程都需要尽可能减少 Full GC 的发生。在 Spark 任务中进行 JVM 调优时，很大一部分工作是对 Full GC 进行调节。发生 Full GC 的常见原因如下。

- 老年代被写满。
- System.GC()被显式调用。
- 上一次 GC 之后，堆内存中新生代、老年代的分配策略发生了动态变化。

### 6. JVM 内存调参

了解了 JVM 内存模型和基本原理后，下面我们通过一个例子来查看 JVM 内存调参，具体如图 6-3 所示。

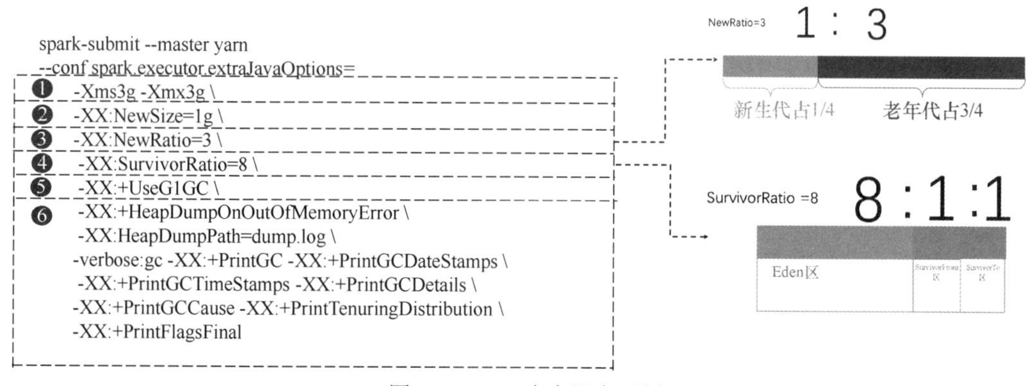


图 6-3 JVM 内存调参示例

-Xms 表示初始堆大小，-Xmx 表示最大堆大小。我们一般将 Xms 和 Xmx 设置为相同的值，以避免垃圾回收后因 JVM 重新分配内存空间引起的性能抖动。

图 6-3 中的-XX:NewSize=1g 用于设置新生代的大小为 1GB，一般建议设置为整个堆内存的 1/3。

图 6-3 中的-XX:NewRatio=3 用于设置老年代与新生代所占空间的比值为 3∶1，因此新生代与老年代所占空间的比值为 1∶3，新生代占整个堆内存的 1/4，老年代占整个堆内存的 3/4。

图 6-3 中的-XX:SurvivorRatio=8 表示两个 Survivor 区和 Eden 区占用的空间比值均为 8:1，因此每个 Survivor 区占 1/10 的新生代内存。

-XX:+UseG1GC 表示设置 JVM 垃圾回收器为 G1 垃圾回收器，也可通过-XX:+UseParNewGC 设置新生代使用 ParNewGC 垃圾回收器，以及通过-XX:+UseConcMarkSweepGC 设置老年代使用 ConcMarkSweepGC 垃圾回收器。

图 6-3 中的剩余参数为内存溢出后的 JVM 打印日志设置和 GC 过程中的 GC 打印日志设置，这部分参数在使用时参照图 6-3 进行设置即可，不需要进行过多调整。

## 6.1.2　堆外内存设置

默认情况下，JVM 堆外内存的上限为 300MB。当数据量较大时，堆外内存不足常常会导致 Spark 作业反复失败重试，无法正常运行。这时，可通过--conf spark.executor.memoryoverhead=2048MB 设置 Spark 任务运行时能够使用的堆外内存大小为 2GB。堆外内存的具体大小可根据服务器负载和 Spark 程序对内存的使用做适当调整。在生产环境中，通过将堆外内存调节为 1GB、2GB 甚至 4GB，可有效避免 JVM OOM 异常，保障程序的稳定、高效运行。

## 6.1.3　storageFraction 设置

Spark 任务运行时的堆内存分配如图 6-4 所示，需要设置的核心参数如下。

- spark.memory.fraction：Spark 任务执行计算和存储数据时使用的内存，默认占 60%，剩余的 40%用于存储 Spark 元数据和用户数据等。
- spark.memory.storageFraction：在 Spark RDD 运行过程中存储数据时需要使用的内存，默认占 50%。也就是说，50%的内存都给了 RDD 内存操作。

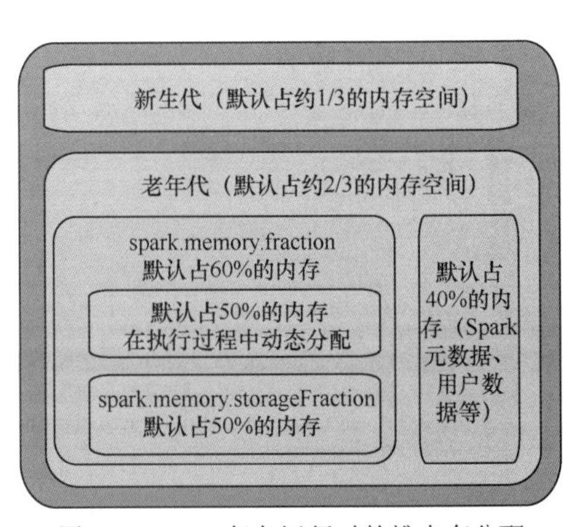

图 6-4　Spark 任务运行时的堆内存分配

在实际的调优过程中，减少缓存数据对内存的占用可提高程序运行的稳定性。具体流程如下。

（1）使用持久化操作，将一部分缓存的 RDD 数据持久化到磁盘上，从而减少内存的占用。

（2）使用 Kryo 序列化器序列化 RDD 缓存中的数据，以减少它们对内存的占用。

（3）通过 spark.memory.storageFraction 参数调整数据存储和执行算子的内存占比。例如，降低缓存数据在内存中的占比可提升对应的算子函数的内存占比，进而提高运算效率。

### 6.1.4 Spark JVM 调优的最佳实践

Spark JVM 调优的目标是确保老年代能够有足够的内存空间保存长生命周期的 RDD 对象，同时确保新生代也有足够的空间保存短生命周期的 RDD 对象，这样在任务执行期间就能尽可能避免出现 Full GC 的情况。基于 Spark 的 JVM 调优的主要流程如下。

（1）确定内存消耗：在程序中使用缓存的方法将 RDD 缓存到内存中，然后通过 Web UI 的 Storage 页面查看 RDD 占用了多少内存，也可通过查看驱动节点的日志来分析 RDD 使用的内存。由此，我们可以了解各种数据结构、广播变量等对内存的使用，从而确定 Spark 平稳运行所需的各个区域的内存空间大小。

（2）对数据结构进行调优：由于 Spark 任务优先在内存中存储数据，因此在开发中更需要注意使用对内存友好的数据结构，以减少内存消耗。

（3）采用 Kryo 序列化器序列化对象：Spark 默认的序列化器为 Serializer，和 Kryo 序列化器相比，Serializer 序列化器的性能和空间表现都比较差，因此在持久化 RDD 时，常常需要使用压缩率更高、更快的 Kryo 序列化器。

（4）设置合理的内存：在调优过程中，我们可以通过统计 GC 日志来观察 Full GC 的执行情况。如果在任务运行过程中多次启动了 Full GC，就表明在任务运行过程中多次出现了内存不足的情况。如果 GC 统计信息显示老年代的内存空间已经快用完，那么降低 spark.memory.storageFraction 的设置可以减少 RDD 缓存占用的内存；如果 Major GC 比较少但 Minor GC 很多，那么可以多分配一些内存到 Eden 区。

（5）设置 GC 日志如何打印：在启动任务的时候，可通过设置 JVM 参数-verbose:GC -XX:+PrintGCDetails 输出 GC 的详细日志。这样 Spark 作业的工作日志就会输出作业运行过程中详细的垃圾回收情况，通过观察和分析日志，我们就能分析出垃圾回收的次数和每次垃圾回收花费的时间，从而为 JVM 调优提供依据。

（6）采用 G1 垃圾回收器：G1（garbage first）垃圾回收器不再回收整个堆，而是将内存划分为多个区域，每次回收垃圾时，都会估计每个区域内垃圾的比例，并优先回收垃圾多的区域。这也是 G1 垃圾回收器可以控制 STW（Stop The Word）停顿时间的原因。因为 G1 垃圾回收器的延迟更低，所以当 JVM 垃圾回收存在瓶颈时，G1 垃圾回收器能够有效解决 Full GC 的情况。当任务频繁发生 Full GC，但新生代和老年代的内存调节比例没有明显改善时，可尝试使用 G1 垃圾回收器进行 JVM 垃圾回收以减少 GC 的次数。具体可通过 JVM 选项-XX:+UseG1GC 来设置垃圾回收器为 G1。Spark JVM GC 调优的最佳实践如图 6-5 所示。

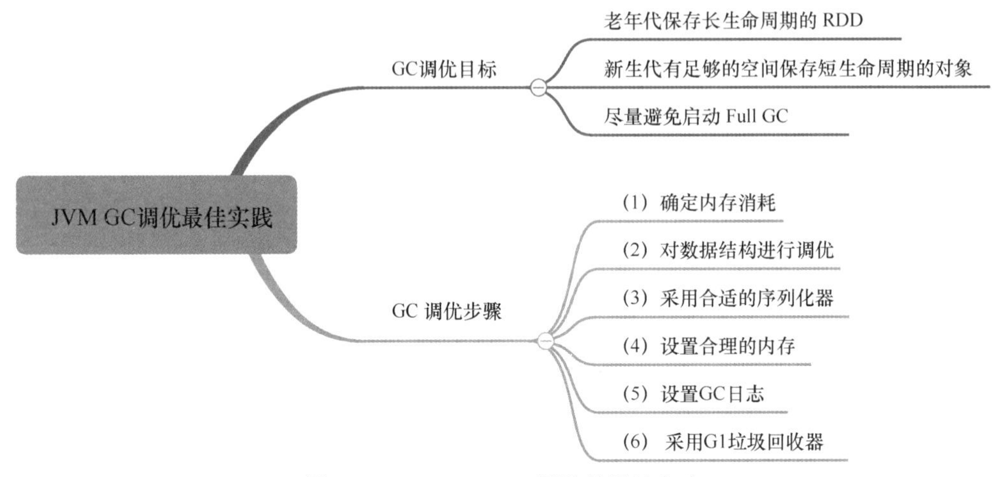


图 6-5　Spark JVM GC 调优的最佳实践

## 6.2　任务调优

### 6.2.1　驱动器数量、内存及 CPU 配置

在实际开发中，大部分任务运行在 YARN 上。在这种情况下，Spark 的管理节点指的就是 YARN 的资源管理器。此时，当 Spark 任务启动时，驱动器节点会向资源管理器申请计算资源，而资源管理器分配的计算资源就是封装了 CPU 和内存的容器。Spark 作业中的任务就是基于这些分配给容器的 CPU 和内存构建的线程池来运行的。当任务运行在 CPU 上时，比较理想的情况是有足够的 CPU 核心数，同时数据分布比较均匀。常见的 Spark 任务资源设置参数的关系如图 6-6 所示。

下面对图 6-6 中的每个参数进行解释。

- num-executors：Spark 任务申请的驱动器个数。这个参数一般会被设置，YARN 会按照驱动器申请的资源量最终为当前应用程序分配指定个数的驱动器。
- executor-memory：为每个驱动器分配的内存大小。Spark 任务运行时的性能和每个驱动器的内存大小息息相关，只有保证每个驱动器都有足够的内存来保存 RDD 缓存数据和执行 RDD 计算，才能保障 Spark 任务的稳定运行。在实际的生产环境中，建议将这个参数设置为 8GB 左右。

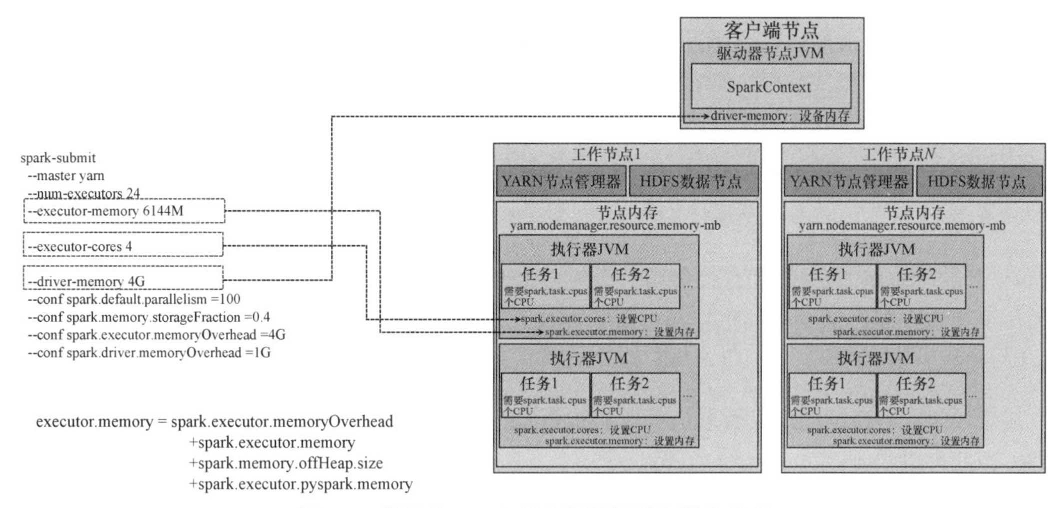


图 6-6　常见的 Spark 任务资源设置参数的关系

- executor-cores：在驱动器中能够并行执行的任务数。在实际的生产环境中，建议设置为 4 左右的整数，但一般情况下不要超过 YARN 队列中核心数的 50%。
- driver-memory：驱动器节点的堆内存大小，默认是 1GB，在生产环境中一般设置为 4GB。
- spark.default.parallelism：Shuffle 并行度，在资源足够的情况下，并行度越高，执行速度越快。
- spark.memory.storageFraction：在 Spark RDD 运行过程中存储数据时占用的内存比例，默认占用 50%的 JVM 内存。如果计算比较依赖于历史数据，那么可以适当调高这个参数，可以让更多内存用于存储数据；但是，如果计算严重依赖于 Shuffle，那么需要降低这个比例，让更多内存用于 Shuffle 计算。
- spark.executor.memoryOverhead：驱动器堆外内存大小，默认为驱动器内存的 10%。驱动器总的内存等于 spark.executor.memoryOverhead + spark.executor.memory + spark.memory.offHeap.size + spark.executor.pyspark.memory。spark.executor.pyspark.memory 默认没有配置。
- spark.driver.memoryOverhead：驱动器节点堆外内存大小，默认为驱动器节点总内存的 10%。

## 6.2.2　设置合理的并行度

### 1. 文件、数据块、输入分片、任务、分区的概念

下面首先介绍在 Spark 中读取数据时涉及并行度的几个概念，它们分别是文件、数据块、输入分片、任务和分区。

- 文件和数据块：Spark 任务读取的数据一般以多个文件的形式存储在 HDFS 服务器上，其中的每个文件都包含很多数据块。

- 输入分片：当 Spark 从 HDFS 服务器上读取这些文件作为输入时，会根据具体的数据格式使用对应的格式化输入对数据块进行解析。一般情况下将若干数据块合并成一个输入分片，注意输入分片不能跨越文件。
- 任务：输入分片准备好后，Spark 会把这些输入分片分配到具体的任务上运行。输入分片与任务是一一对应的关系。每个任务会在集群的某个节点的某个驱动器上执行。
- 分区：Spark 的工作节点会启动一个或多个驱动器。每个驱动器由包含若干核的 CPU 和内存组成。每个驱动器的每个核一次只能执行一个任务，而每个任务执行的数据对应其 RDD 上的一个分区。

注意，这里的核是虚拟核而不是机器的物理 CPU 核。虚拟核可简单视为驱动器上的一个工作线程。由此可以得到：

任务执行的最大并发度 = 驱动器数目 × 每个驱动器的虚拟核数

在 Spark 任务中，文件、数据块、输入分片、任务、分区的关系如图 6-7 所示。

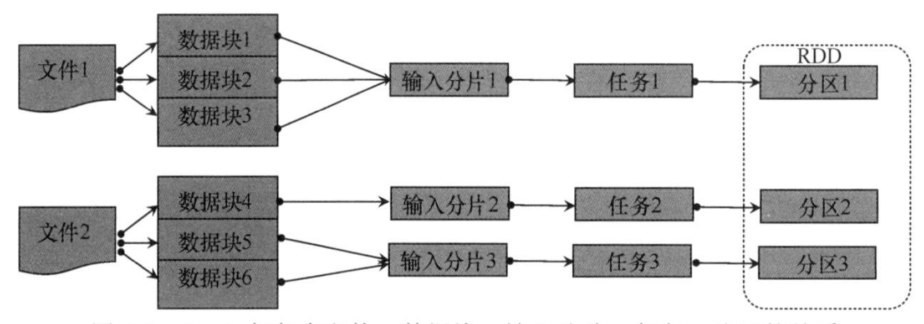


图 6-7　Spark 任务中文件、数据块、输入分片、任务、分区的关系

## 2．并行度的概念

在了解了上面的基本概念后，下面介绍并行度的概念。Spark 作业在运行时会根据 Action 操作将一个应用划分成多个作业，每个作业则可以根据 Shuffle 操作划分成多个 Stage，每个 Stage 会分配多个任务去执行，各个 Stage 划分的任务数量代表了 Spark 作业在这个 Stage 上的并行度，如图 6-8 所示。因此，Spark 并行度控制了并发任务的数量，并影响着 Shuffle 操作后数据将被划分成多少块。在使用过程中，通过调整并行度，我们可使任务的数量、每个任务处理的数据以及服务器的处理能力达到最优。

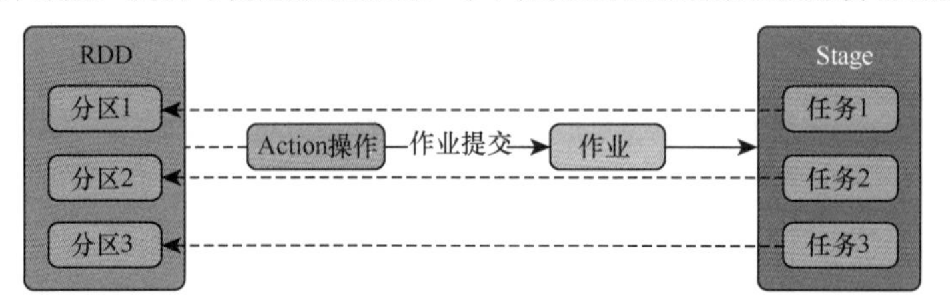


并行度：Spark作业中Stage划分的任务数量代表了Spark作业在这个Stage上的并行度

图 6-8　Spark 并行度

在实际生产中，请仔细查看 CPU 和内存的使用情况，当任务和数据不是平均分布在各个节点上，而是集中在个别节点上时，增大并行度可使任务和数据更均匀地分布在各个节点上。通过增大任务的并行度，我们可充分利用集群服务器的计算能力。并行度一般设置为集群 CPU 总和的 2～3 倍，设置的值不宜太大，否则任务之间的调度和交互会变得频繁，影响数据处理效率。

### 3．Spark 分区类型：输入型分区、Shuffle 型分区和输出型分区

下面介绍输入型分区、Shuffle 型分区和输出型分区的概念及其如何调优。

（1）输入型分区：Spark 并发读取（输入）数据的分区，或者说 Spark 读取（输入）数据并行度的分区。在读取文件时，可通过 spark.sql.files.maxPartitionBytes 参数设置最大文件的大小，从而间接控制输入并行度，该参数默认为 128MB。

（2）Shuffle 型分区：Shuffle 过程中的并行度，可通过如下两个参数进行设置。

- spark.default.parallelism：设置 Spark Shuffle 情况下任务的并行度。
- spark.sql.shuffle.partitions：设置 Spark SQL Shuffle 的并行度。

（3）输出型分区：Spark 计算完成后将数据写出的并行度，可通过如下 4 种方式进行设置。

- 使用 spark.sql.files.maxRecordsPerFile 参数设置能够写入一个文件的最大记录数，可通过这个参数间接控制输出文件的并行度。如果这个参数的值为 0 或负数，那么表示没有限制。
- 通过 rdd.coalesce(1)减少或合并分区以设置输出并行度。例如，若将多个输入文件通过 coalesce(1)输出到一个文件中，输出并行度自然也就是 1。
- 通过 rdd.repartition(3)重新设置分区，分区的个数就是输出并行度。
- 在 DataFrame 中，通过 df.write.option("maxRecordsPerFile", *N*)设置写出文件的最大记录数，从而间接控制输出并行度。

### 4．Spark Shuffle 分区数的计算

在实际开发中，很多开发者提起分析和计算分区的个数时常常犯难，其实计算 Spark Shuffle 分区的个数很简单，具体的计算公式如下：

Shuffle 分区数= Shuffle 输入数据量/输出文件大小

假设 Shuffle 输入数据量为 210GB、输出文件大小为 200MB，那么 Shuffle 分区数= 210×1024/200≈1075。在实际开发中，使用 spark.sql.shuffle.partitions 可以设置 Shuffle 分区数。例如，spark.conf.set("spark.sql.shuffle.partitions",1076)表示设置 Shuffle 分区数为 1076，这表示在 Shuffle 过程中最大的任务并行度为 1076。

下面通过 Spark UI 的一个例子进行演示，如图 6-9 所示，从中可以看到如下信息。

（1）Stage 21 由 Stage 19 和 Stage 120 生成。

（2）Stage 21 的 Shuffle 读取/Shuffle 输入为 53.9GB。

（3）默认的 Shuffle 分区数为 200，因此并行的任务数为 200。

（4）输出文件大小为 53.9×1024/200≈275.968，这与统计出来的最小文件为 275MB、25%的文件大小为 275.8MB、中位数为 276.1MB、75%的文件大小为 276.4MB 基本相吻合。

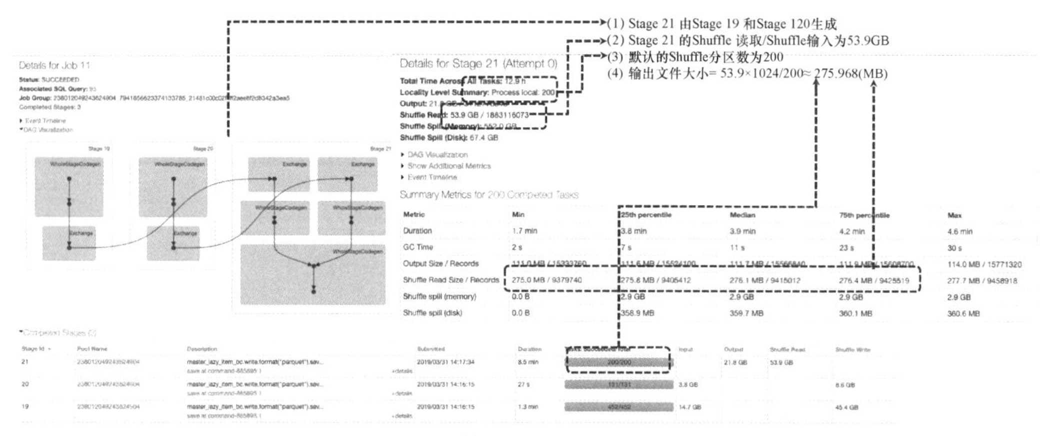


图 6-9　计算 Spark Shuffle 分区数

## 5．Spark 数据输入分区数调优实战

下面对 Spark 数据输入分区数进行调优，如图 6-10 所示。因为 Spark 默认读取的文件大小是 128MB，所以在第一种情况下，任务的运行情况如下：

```
InputSize=14.8GB
spark.sql.files.maxPartitionBytes=128MB
Tasks=14.8×1024/128=118.4
Duration=8.7min
```

这可能是并行度低、读取文件的时间过长导致的，因此减小文件并提高文件读取并行度肯定十分有效。通过设置 spark.sql.files.maxPartitionBytes 为 16.1MB，可将文件大小从 128MB 降至 16.1MB，这时任务的运行情况如下：

```
InputSize=14.9GB
spark.sql.files.maxPartitionBytes =16.1MB
Tasks=14.9×1024/16.1=948
```

这时，读取文件的持续时间只需要 2.0min。也就是说，可使用 spark.sql.files.maxPartitionBytes 降低文件的大小以提高文件输出的并行度，从而将写入时间从 8.7min 优化到 2.0min。

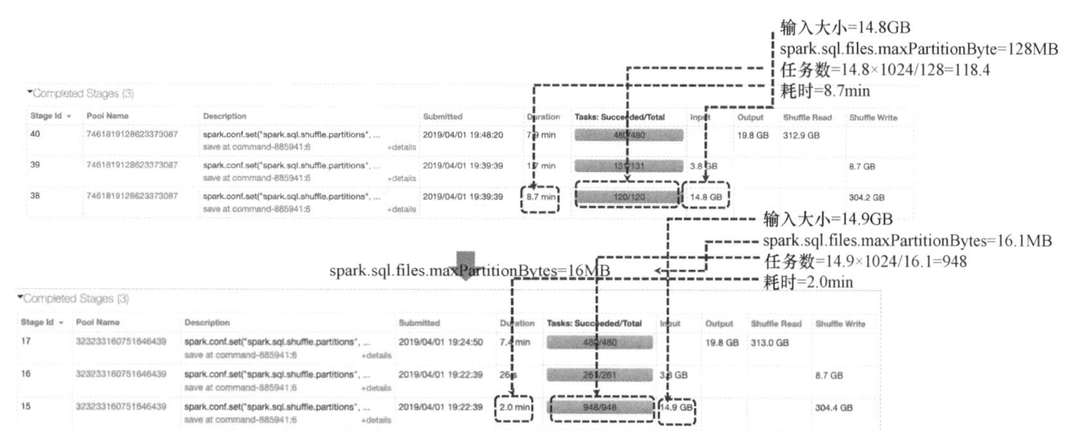


图 6-10 调优 Spark 数据输入分区数

### 6. Spark 数据输出分区数调优实战

下面对 Spark 数据输出分区数进行调优，如图 6-11 所示，从中可以看到如下结果。

（1）写数据大小为 14.3GB。

（2）Spark 检测到的文件大小为 1500MB。

（3）Spark 计算出的最大并行度为 10。

（4）但是当前有 96 个核，此时得到 96－10＝86。也就是说，有 86 个核在数据写出的时候处于空闲状态，因此写出数据用了 14min。

在写数据前，使用 rdd.repartition(96)对数据重新进行分区，这时的情况如下。

（1）写数据大小为 14.3GB。

（2）平均文件大小为 163MB。

（3）并行度为 96。

（4）这时只需要 1.8min 便完成了数据的写出。

### 7. Spark 并行度设置最佳实践

Spark 任务的并行度在很大程度上决定了 Spark 任务的运行效率。以下是一些常见的 Spark 并行度设置最佳实践。

（1）任务的数量至少应设置成与 Spark 应用程序的总 CPU 核数相同（例如，总共有 50 个 CPU 核，50 个任务一起运行）或是其倍数。官方推荐把任务的数量设置成 Spark 应用程序的总 CPU 核数的 2～3 倍。例如，假设总共有 50 个 CPU 核，那么并行度可以设置为 100、150 等。

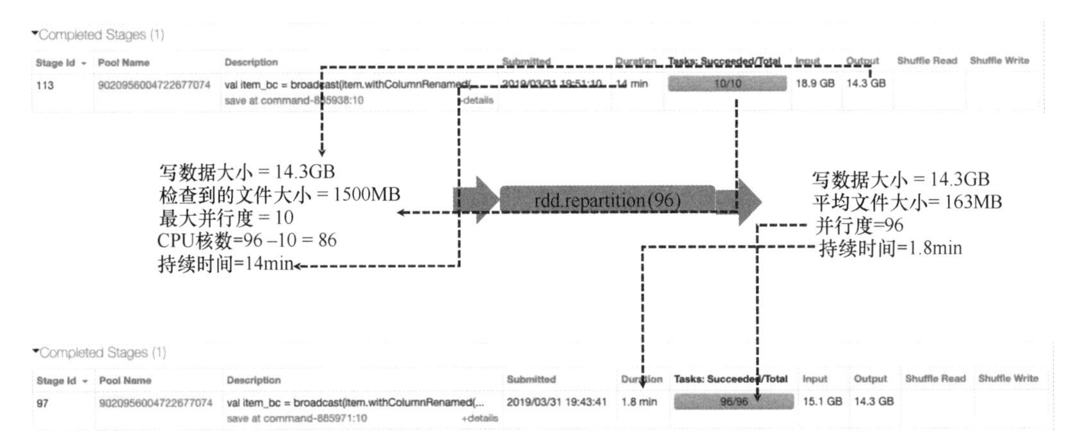


图 6-11　调优 Spark 数据输出分区数

（2）在 Spark 驱动器中使用 spark.default.parallelism 设置并行度，也可在集群或 Spark 提交任务时设置并行度。其中，并行度的优先级为：通过驱动程序设置的优先级最高，在 Spark 提交任务时设置的次之，在集群中设置的最低。spark.default.parallelism 仅在 Shuffle 过程中才会起作用。

（3）如果 Spark 读取的数据在 HDFS 服务器上，那么增加数据块的数量可以有效提高并行度。因为默认情况下输入分片与数据块一一对应，而输入分片又与 RDD 中的分区一一对应，所以增加数据块的数量就间接提高了 Spark 任务的并行度。

（4）通过 RDD.repartition 给 RDD 重新设置分区数。

（5）通过 reduceByKey 算子指定分区数，代码如下：

```
val rdd = rdd1.reduceByKey(_+_,10)
```

（6）在连接 RDD 的过程中，子 RDD 的分区数是由父 RDD 中最大的分区数决定的。两个 RDD 的连接代码如下：

```
val rdd = rdd1.join(rdd2)
```

在上述代码中，由于子 RDD 的分区数是由父 RDD 中最大的分区数决定的，因此在使用 join 算子的时候，增加父 RDD 中分区的数量可以提高并行度。

（7）在 Spark SQL 中，使用 spark.sql.shuffle.partitions 设置 Shuffle 过程中的分区数。

## 6.2.3　任务等待时长调优

Spark 任务在执行 Shuffle 操作时，需要从其他节点拉取数据。如果此时那个节点正在执行垃圾回收而无法及时响应，将导致连接超时（默认为 60s）并出现文件丢失等异常。这种情况的发生可能是因为含有数据的驱动器正在进行 JVM 垃圾回收，所以在拉取数据的时候建立不了连接，于是超过默认的 60s 后操作直接宣告失败。如果多次都拉取不到数据，那么可能导致 DAG 调度器反复提交 Stage，或导致任务调度器反复提交任务，这会极大延长 Spark 作业的运行时间，并最终可能导致 Spark 作业运行失败。这时，调节连接的超时时长可以减少这种超时情况的发生。可调节的参数如下：

- spark.core.connection.ack.wait.timeout；
- spark.storage.blockManagerSlaveTimeoutMs；
- spark.shuffle.io.connectionTimeout；
- spark.rpc.askTimeout；
- spark.rpc.lookupTimeout。

在实际开发过程中，需要根据实际情况进行调优。

### 6.2.4 黑名单调优

当 Spark 任务在一个驱动器上执行失败后，基于黑名单（blacklist）机制，Spark 会将这个驱动器设置为黑名单，并且暂时不会向该驱动器提交任务以防止任务再次执行失败。但是在实际开发中，当使用不稳定的外部服务时，默认的失败次数过于保守，尤其是在一些大任务中给外部资源写 TB 级数据时，特别容易出错。此时，如果快速将驱动器设置为黑名单，那么任务失败的概率也会变大。我们可以考虑通过调节黑名单的配置来减少这种情况的发生，具体设置如下：

```
spark.blacklist.enabled = true
spark.blacklist.stage.maxFailedTasksPerExecutor = 8          //默认值：2
spark.blacklist.application.maxFailedTasksPerExecutor = 24   //默认值：2
spark.blacklist.timeout = 15m                                //默认值：1h
```

下面对上述设置中的参数进行解释。

（1）指定 spark.blacklist.enabled 为 true 可开启黑名单。

（2）指定 spark.blacklist.stage.maxFailedTasksPerExecutor 为 8，可以设置某个驱动器上 Stage 级别的任务最多失败 8 次，使这个驱动器进入黑名单。当驱动器进入黑名单后，Spark 任务管理器暂时不会向进入黑名单的驱动器提交任务。spark.blacklist.stage.maxFailedTasksPerExecutor 的默认值为 2，可通过将其设置为 8 来降低驱动器进入黑名单的可能性。

（3）指定 spark.blacklist.application.maxFailedTasksPerExecutor 为 24，可以设置某个驱动器上应用程序级别的任务最多失败 24 次，使这个驱动器进入黑名单。spark.blacklist.application.maxFailedTasksPerExecutor 的默认值为 2，将其设置为 24 可降低驱动器进入黑名单的可能性。

（4）通过指定 spark.blacklist.timeout 为 15m，可设置黑名单的超时时间为 15min，默认为 1h。因为现在 spark.blacklist.stage.maxFailedTasksPerExecutor 和 spark.blacklist.application.maxFailedTasksPerExecutor

的值都比默认值大，所以为了防止失败的任务重试时间过长，将 spark.blacklist.timeout 设置为 15m 可保证 Spark 能及时发现错误。

以上设置使黑名单变得更能容忍失败。这样当执行比较大的任务时，任务的失败概率就会减小。

# 6.3 数据本地性调优

## 6.3.1 数据本地化介绍

数据本地性调优的过程就是让计算和数据尽可能离得近一些，这样在网络 I/O 上浪费的时间就会大大缩短，从而提高 Spark 作业的运行效率。Spark 的数据本地性级别分为进程本地性（PROCESS_LOCAL）、节点本地性（NODE_LOCAL）、无明确本地性参考（NO_PREF）、机架本地性（RACK_LOCAL）和其他本地性（ANY）。在这 5 个数据本地性级别中，进程本地性的级别最优，其次是节点本地性和机架本地性。对于无明确本地性参考和其他本地性级别，则需要根据数据所在的具体位置来确定优先级。

除通过优化 Spark 应用程序自身的运行逻辑来达到良好的数据本地性之外，我们还可以通过设置数据的副本数使数据分布在更多的服务器上，这样数据的节点本地性的可能性也将极大提高。具体在设置时，需要根据数据大小和磁盘空间的大小来确定副本数量。

Spark 数据本地性调优的目的是使任务获得最优的本地性级别的数据。然而，有时会出现数据本地性最好的节点无法及时提供 CPU 计算资源的问题，导致 Spark 不得不放弃最优的本地性级别。具体过程如下：Spark 从数据本地性级别最优的驱动器上获取 CPU 计算资源，然后在该驱动器上运行任务；当获取不到 CPU 计算资源时，则等待一段时间；当等待超时后，如果还获取不到需要的 CPU 计算资源，Spark 就会放弃最优的数据本地性而将任务调度到其他驱动器或节点上。

在程序运行期间，我们可观察到大部分任务的数据本地性级别。如果大多数任务是进程本地性的，那就不用调优了；如果发现很多任务的数据本地性级别是节点本地性或者其他更差的数据本地性级别，那么需要调节数据本地性的等待时长。在调节过程中，需要反复修改参数，运行任务并观察日志，直到数据本地性达到最优，用到的调优参数如下。

- spark.locality.wait：设置所有级别的数据本地性，默认值是 3000ms。
- spark.locality.wait.process：设置多长时间等不到进程本地性调度就降级，默认值为 spark.locality.wait。
- spark.locality.wait.node：设置多长时间等不到节点本地性调度就降级，默认值为 spark.locality.wait。

- spark.locality.wait.rack：设置多长时间等不到机架本地性调度就降级，默认值为 spark.locality.wait。

- spark.storage.replication.proactive：设置数据副本的具体方法是，将这个调优参数指定为 true 并使 replication 大于或等于 2 以加大数据副本数，从而增强数据可靠性。如果一个副本丢失，那么我们可以从其他副本上获取数据，而不必重新计算。

### 6.3.2 RDD 的复用和数据持久化

对于 RDD 的复用和数据持久化，一般的优化方向包括 RDD 数据复用、RDD 算子复用和 RDD 数据持久化。

- RDD 数据复用：在 Spark 数据开发中，同一 RDD 一般只维护一个实例。有时，当代码的编写不合理时，会有相同 RDD 的数据加载多次和维护多个实例的情况发生。这时就需要对代码进行审查，将不必要的 RDD 数据优化掉。

- RDD 算子复用：在进行程序设计时，应尽可能复用 RDD。假设存在类型分别为 Value 和 Key-Value 的两个 RDD，这两个 RDD 的 Value 相同，那么只需要维护 Key-Value 类型的两个 RDD 即可，因为 Key-Value 类型的 RDD 包含 Value 类型的 RDD，这样做可以节省内存空间。

- RDD 数据持久化：当一个 RDD 被多次使用时，对这个 RDD 进行持久化，可以方便后续 RDD 需要时直接使用持久化之后的 RDD 中的数据。为了对一个 RDD 进行持久化，需要调用 RDD 的 cache()和 persist()方法。

  - cache()方法：表示使用非序列化方式将 RDD 中的数据全部尝试持久化到内存中。当对 RDD 执行两次算子操作时，如果对 RDD 进行了持久化，那么只有在第一次执行算子操作时，会将这个 RDD 从源头计算一次；但在第二次执行算子操作时，会直接从内存中提取数据并进行计算，而不会重复计算 RDD 中的数据。

  - persist()方法：persist()方法允许手动选择持久化级别，并使用指定的方式进行持久化。

例如，StorageLevel.MEMORY_AND_DISK_SER 表示将数据优先持久化到内存中，内存不足时才持久化到磁盘文件中。其中，_SER 后缀表示使用序列化方式保存 RDD 数据，此时 RDD 中的每个分区都会被序列化成一个大的字节数组，然后持久化到内存中或磁盘上。

使用序列化方式可以减少持久化之后的数据占用的内存，进而避免持久化之后的数据占用的内存过多，导致发生频繁的垃圾回收（Garbage Collection，GC）。尤其在 RDD 数据量比较大且 RDD 计算复杂的情况下，使用 persist()方法可以对 RDD 进行持久化（在内存有限且需要缓存的数据量较大时，将数据缓存在磁盘上）。当后面发生任务失败重试时，直接从缓存中获取数据，可以避免每次都重新计算 RDD。另外，在 Spark 内部，其实在 cache()方法内部就调用了 persist (StorageLevel.MEMORY_ONLY)方法。具体的持久化级别的源码实现如下：

```
val NONE = new StorageLevel(false, false, false, false)
val DISK_ONLY = new StorageLevel(true, false, false, false)
val DISK_ONLY_2 = new StorageLevel(true, false, false, false, 2)
val MEMORY_ONLY = new StorageLevel(false, true, false, true)
val MEMORY_ONLY_2 = new StorageLevel(false, true, false, true, 2)
val MEMORY_ONLY_SER = new StorageLevel(false, true, false, false)
val MEMORY_ONLY_SER_2 = new StorageLevel(false, true, false, false, 2)
val MEMORY_AND_DISK = new StorageLevel(true, true, false, true)
val MEMORY_AND_DISK_2 = new StorageLevel(true, true, false, true, 2)
val MEMORY_AND_DISK_SER = new StorageLevel(true, true, false, false)
val MEMORY_AND_DISK_SER_2 = new StorageLevel(true, true, false, false, 2)
val OFF_HEAP = new StorageLevel(true, true, true, false, 1)
```

## 6.3.3　广播变量

广播变量（见图 6-12）允许 Spark 应用程序将一个只读变量缓存在每台机器上，而不用在任务之间传递变量。广播变量的好处是，广播变量不是为每个任务分配一个变量副本，而是在每个节点上存储一个变量副本。这可以极大减少变量的副本。

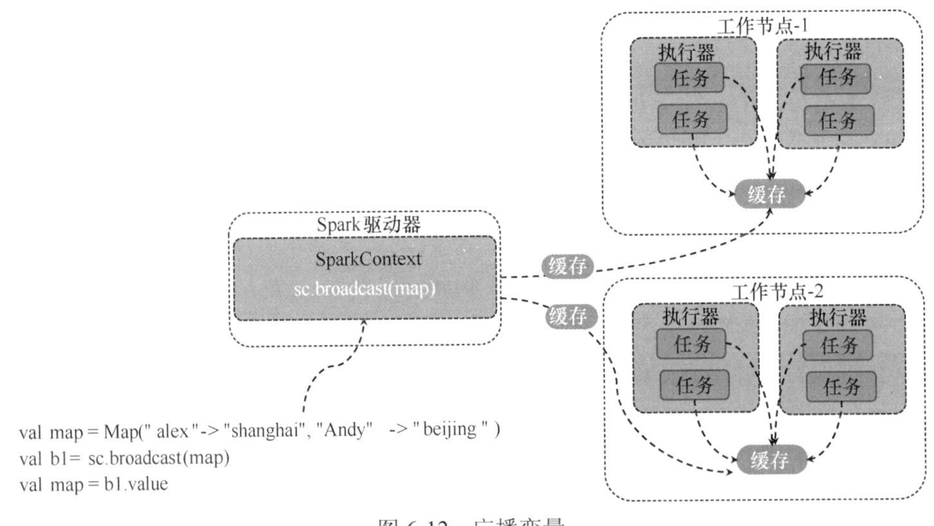


图 6-12　广播变量

广播变量的使用过程如下。

（1）广播变量在初始化的时候，驱动器节点上只有一份副本。

（2）任务在运行的时候，要想使用广播变量中的数据，那么首先需要从与自己的本地驱动器对应的 BlockManager 中尝试获取变量副本。

（3）如果本地没有变量副本，那么 Spark 可能会尝试从远程的驱动器节点上获取变量副本，也有可能尝试从距离比较近的其他节点驱动器的 BlockManager 中获取变量副本，并保存在本地的 BlockManager 中。

（4）BlockManager 负责管理某个驱动器对应的内存中或磁盘上的数据，此后这个驱动器上的任务就会直接使用本地的 BlockManager 中的副本数据。下面我们看看在代码中如何使用广播变量。

```
//初始化 SparkContext
 val conf = new SparkConf().setAppName("BroadCast ").setMaster("local")
 val sc = new SparkContext(conf)
 val map = Map("alex"-> "shanghai", "Andy"-> "beijing" )    //定义数据
 val  b1= sc.broadcast(map)                                 //广播数据
 val rdd_2 = sc.makeRDD( Seq(
   ("alex", "20"),
   ("Andy", "30" )))
 rdd_2.map(data=>{
     val key = data._1;
     val value = data._2;
    val map =  b1.value                                     //使用广播变量
     (key,("city"->map.get(key),"age"->value))              //Scala 返回值
   }).foreach(x=>{
     if(x != ()){
      println(x)
     }
 })
```

上述代码首先通过 val map = Map("alex"-> "shanghai", "Andy"-> "beijing")定义了用于广播的数据，然后将数据通过 val b1= sc.broadcast(map)广播到变量 b1 中。在 RDD 计算过程中，如果需要使用广播变量中的数据，那么可以通过 b1.value 获取 b1 广播变量的值并直接使用。

### 6.3.4 Kryo 序列化

默认情况下，Spark 采用 Java 的 ObjectOutputStream 来序列化对象，这种方式适用于所有实现了 java.io.Serializable 的类。通过继承 java.io.Externalizable 类，可进一步控制序列化的性能。Java 序列化虽然使用简单，但是运行速度较慢，数据压缩率不高。

Spark 还可以采用 Kryo 序列化器来序列化对象。Kryo 序列化器不但序列化速度快，而且序列化之后的结果数据更紧凑（通常数据量能压缩到原来的十分之一）。但是，Spark 原生 API 不支持 Kryo 序列化器，为了得到更好的性能，需要提前注册程序中使用的类。建议在对网络敏感的应用场景中使用 Kryo 序列化器。下面进行 Kryo 序列化实战。

（1）定义基础数据结构。

```
//定义 Person1 类，其中包含成员变量 name 和 age，同时还必须实现 java.io.Serializable 接口
class Person1(val name: String, val age: Int) extends java.io.Serializable {
  override def toString = s"Person1($name, $age)"
```

```
}
//定义 Person2 类，其中包含成员变量 name 和 city，同时还必须实现 java.io.Serializable 接口
class Person2(val name: String, val city: String) extends java.io.Serializable {
  override def toString = s"Person2($name, $city)"
}
```

上述代码定义了 Person1 和 Person2 类的数据结构，它们都必须实现 java.io.Serializable 接口。

（2）注册使用 Kryo 序列化器的类到 Spark 内部。

```
//注册使用 Kryo 序列化器的类 Person1 和 Person2 到 Spark 内部，要求 Person1 和 Person2 类必须实现
//java.io.Serializable 接口
class MyKryoRegistrator extends KryoRegistrator {
  override def registerClasses(kryo: Kryo): Unit = {
    kryo.register(classOf[Person1]);
    kryo.register(classOf[Person2]);
  }
}
```

上述代码通过继承 KryoRegistrator 实现了 MyKryoRegistrator，然后将 Person1 和 Person2 类注册到了 MyKryoRegistrator 中。

（3）在 SparkConf 中定义 KryoSerializer 并设置 kryo.registrator 类。

```
val conf = new SparkConf().setAppName("OptimizeKryo").setMaster("local")
//进行数据本地性调优
conf.set("spark.serializer", "org.apache.spark.serializer.KryoSerializer")
conf.set("spark.kryo.registrator", "com.optimize.MyKryoRegistrator")
val sc = new SparkContext(conf)
```

上述代码通过 conf.set("spark.serializer", "org.apache.spark.serializer.KryoSerializer")开启了 Kryo 序列化并通过 conf.set("spark.kryo.registrator", "com.optimize.MyKryoRegistrator")将 MyKryoRegistrator 注册到了 Spark 内部。

（4）使用 Kryo 序列化器。

```
val rdd_kryo = sc.parallelize(List(new Person1("Tom", 31), new Person2("Jack", "Beijing")))
rdd_kryo.foreach(x => println(x.toString))
```

上述代码分别通过 new Person1("Tom", 31)和 new Person2("Jack", "Beijing")定义了两个对象并使用 Kryo 序列化器对这两个对象进行了序列化。可以看到，在将数据结构和序列化类注册到 Spark 后，Kryo 方式的序列化和 Java 方式的序列化在使用上并没有差别。

## 6.3.5 检查点

检查点类似于快照。如果 Spark 任务是计算流程特别长的 DAG，那么一些重要的中间结果数据可以保存到 HDFS 中。这样当发生异常时，我们就可以从检查点开始重新进行处理。

检查点会触发作业的划分，如果执行检查点的 RDD 是由其他 RDD 经过多次复杂计算转换过

来的，并且没有通过 persist()方法进行持久化，那么当某个任务执行失败后，就需要重新开始计算 RDD。这相当于做重复性的计算工作，建议先使用 persist()方法持久化 RDD，再使用检查点将 RDD 保存到 HDFS 中。

检查点会切断 RDD 以前的依赖关系，使该 RDD 成为顶层的父 RDD，这样在任务执行失败时，只需要从检查点恢复该 RDD 即可，而不需要重新计算该 RDD，这比较适用于迭代计算非常复杂的情况。也就是说，对于恢复计算代价非常大的情况，适当使用检查点能使任务的容错性和稳定性得到很大的提升。例如，假设某个 RDD 是前面的 RDD 经过长时间的大量数据分析后获取到的，我们就可以将这个 RDD 通过检查点进行持久化，当后续的计算任务执行失败时，使用 RDD 的检查点可从当前 RDD 开始恢复计算，而不用重新计算，从而避免浪费过多的计算资源和时间。

检查点在 Spark 中主要有两类应用。

（1）在 Spark Core 中为 RDD 设置检查点，可以切断 RDD 的依赖关系，将 RDD 数据保存到可靠存储器（如 HDFS）中以便恢复数据。具体的实现代码如下：

```
val checkpointDir ="/resources/checkpoint"
val conf = new SparkConf().setAppName("SparkRDDCheckpoint").setMaster("local")
val sc = new SparkContext(conf)
sc.setCheckpointDir(checkpointDir)
val rdd = sc.makeRDD(1 to 200, numSlices = 1)
rdd.persist(StorageLevel.MEMORY_AND_DISK)
rdd.checkpoint()
rdd.foreach(x=>println(x))
```

上述代码首先定义了 checkpointDir 用于存储 RDD 的检查点数据，然后通过 makeRDD()方法构造了 RDD 数据，并使用 rdd.checkpoint()方法保存了 RDD 的检查点。在保存 RDD 数据和状态到检查点之前，上述代码通过调用 rdd.persist(StorageLevel.MEMORY_AND_DISK)对 RDD 进行了持久化。

（2）在 Spark Streaming 中，检查点用来保存 DStreamGraph 以及相关配置信息，以便在驱动器崩溃重启时能够按照之前的进度继续进行数据处理。

```
//创建 SparkConf
val conf = new SparkConf().setMaster("local[2]").setAppName("NetworkWordCount")
//创建一个 StreamingContext，每秒处理一次数据
val ssc = new StreamingContext(conf, Seconds(10))
ssc.checkpoint(checkpointDir)
```

上述代码通过 new StreamingContext(conf, Seconds(10))创建了一个 StreamingContext，然后通过 checkpoint(checkpointDir)为流式计算设置了检查点。这样当流式计算任务执行失败时，我们就可以从检查点恢复并接着计算，而不用重新开始计算，这不但节约了时间，而且保证了 Spark 应用程序在故障恢复过程中计算结果的正确性。这里需要说明的是，频繁触发检查点虽然会影响

Spark Streaming 运行时的性能，但是提高了任务的故障恢复能力。对于是否使用检查点，读者需要根据数据处理模型和实际情况而定。

## 6.4　算子调优

在实现同一功能时，Spark 为了满足多样化的需求，提供了多个算子。不同算子在不同场景下的性能有很大的差别，因此算子调优也是 Spark 性能调优中十分重要的一个环节。读者需要了解每个算子的功能和背后的原理，如此才能在调优时快速甄别那些使用不合理的算子。各个算子的原理之前已经介绍过，这里不再赘述。本节介绍 Spark 中常见算子的调优。

### 6.4.1　使用 mapPartitions()或 mapPartitionWithIndex()函数取代 map()函数

mapPartitions()函数的功能和 map()函数类似，区别仅在于 mapPartitions()函数的参数由 RDD 中的每个元素变成了 RDD 中每个分区的迭代器。在数据处理过程中，如果要对数据进行批量处理，那么使用 mapPartitions()要比使用 map()更高效。常见的使用场景如下：在将 RDD 中的所有数据通过数据库连接池写入数据库时，如果使用 map()函数，那么需要为每个元素使用一个连接，这不但对 Spark 应用程序来说开销很大，而且增大了数据库的压力；如果使用 mapPartitions()函数，那么只需要为每个分区准备一个连接即可。在数据处理过程中，一个分区上的数据能以批量形式写入数据库，这种批量处理数据的方式不但提高了 Spark 的性能，而且对数据库来说更加友好。下面通过代码演示如何使用 mapPartitions()函数。

```
rdd.mapPartitions( partitionData => {
  println("partitionId:"+TaskContext.getPartitionId())
  //实现分区内数据的解析
  val bathData = partitionData.toList
  println("begin process for bath,length:"+bathData.size)
  //实现分区内数据的批量处理逻辑
  println("end process for bath,finished:"+bathData.size)
  Iterator(partitionData.length)
}).collect()
```

下面对上述代码进行解释。首先，调用 RDD 的 mapPartitions()函数来对 RDD 的每个分区内的数据进行批量处理。其中，partitionData 包含了 RDD 中每个分区内的数据。然后，调用 partitionData.toList，将这一批数据转换为列表。最后，执行自己的批量处理逻辑，完成数据的批量处理。

mapPartitionsWithIndex()函数和 mapPartitions()函数基本相同。只不过前者的参数是一个二元元组，这个二元元组的第一个元素是当前处理的分区的编号，第二个元素是由当前处理的分区元素组成的迭代器。具体用法如下：

```
rdd.mapPartitionsWithIndex( (partitionIndex,iteratorData) => {
  println("partitionId:"+partitionIndex)
  //实现分区内数据的解析
```

```
    val bathData = iteratorData.toList
    println("begin process for bath,length:"+bathData.size)
    //实现分区内数据的批量处理逻辑
    println("end process for bath,finished:"+bathData.size)
    Iterator(bathData.size)
  }).collect()
```

## 6.4.2 使用 foreachPartition()函数取代 foreach()函数

foreachPartition()函数和 foreach()函数的不同之处在于，foreach()函数对元素进行迭代处理，而 foreachPartition()函数对每个分区内的数据进行迭代处理，这样便在一个分区内实现了数据的批量处理。尤其当数据依赖外部资源（如 MySQL）时，使用这种批量处理方式可降低对外部资源的依赖，提高性能。具体的实现代码如下。

```
rdd.foreachPartition(partitionDatas=>
 {
   val bathData = partitionDatas.toList
   println(" foreachPartition begin  process for bath,length:"+bathData.size)
    //实现分区内数据的批量处理逻辑,比如将数据批量写入数据库
    println(" foreachPartition end process for bath,finished:"+bathData.size)
 })
```

上述代码通过调用 RDD 的 foreachPartition()函数，实现了对分区内数据的批量处理。其中，partitionDatas 包含了 RDD 中每个分区内的数据。

## 6.4.3 使用 coalesce()函数取代 repartition()函数

在 Spark 中，RDD 中的数据是分区的。有时，我们需要通过重新设置 RDD 的分区数量来使 RDD 的数据处理更高效。例如，当 RDD 中的分区数量比较多，但每个分区的数据量却比较小时，就需要通过设置一个比较合理的分区值，来防止过多的分区导致过多的状态交换。此外，设置 RDD 中的分区数量可达到设置生成的文件数量的目的，从而防止过多分区导致过多的碎文件并避免单个文件太大而不利于后续数据读取的情况发生。

用于设置 RDD 分区数量的函数有两个——coalesce()和 repartition()。

coalesce()函数会返回指定了一个新分区的 RDD。默认情况下，coalesce()函数的 Shuffle 参数将被设置为 false。如果 RDD 生成过程中的依赖关系是窄依赖，那么 RDD 将不会发生 Shuffle 操作。一般情况下，RDD 的 Shuffle 操作效率不高，因此我们需要尽量避免程序发生 Shuffle 操作。coalesce()函数能够满足我们在减少分区的情况下不发生 Shuffle 操作的目的。假设 RDD 中有 100 个分区，使用 coalesce()函数可将 RDD 的分区数量设置成 10，这样既能达到减少分区的目的，也能避免 Shuffle 操作的发生。如果只是想减少父 RDD 的分区数量，并且分区数量的变化不是很激烈，那么使用 coalesce()函数可避免发生 Shuffle 操作，提高效率。例如，当对 RDD 执行 filter 算

子操作以过滤其中 80%的数据时，如果后续任务还按照之前的分区执行计算，每个任务中的数据就会比较少，时间大部分消耗在了系统状态的交互上，因此计算效率并不高。这时，使用 coalesce()函数可减少分区数据，使每个任务对应的分区大小适中，这样任务的计算便会高效起来。

coalesce()函数的用法如下：

```
rdd.coalesce(10)    //将 RDD 的分区数量设置为 10
```

和 coalesce()函数一样，repartition()函数也用于对 RDD 进行重新分区。但不同的是，repartition()函数对应的是 coalesce()函数的 Shuffle 参数被设置为 true 时的情况，用法如下：

```
rdd.repartition(3)    //将 RDD 的分区数量设置为 3
```

### 6.4.4　使用 repartitionAndSortWithinPartitions()函数取代“重分区+排序”操作

repartitionAndSortWithinPartitions()函数能根据分区器对 RDD 进行分区，然后在每个结果分区中按键对 RDD 进行排序。官方建议，如果在进行重分区之后，还需要对 RDD 进行排序，那么可以直接使用 repartitionAndSortWithinPartitions()函数。因为这个函数可以一边执行重分区的 Shuffle 操作，一边进行排序。Shuffle 操作与 Sort 操作可以同时进行，并且 Shuffle 操作的性能要比 Sort 操作高。具体的代码实现如下：

```
rdd.map(x=>(x,1)).repartition(2).sortByKey(true)
rdd.map(x=>(x,1)).repartitionAndSortWithinPartitions(new HashPartitioner(2))
```

### 6.4.5　使用 reduceByKey()函数取代 groupByKey()函数

在进入 Shuffle 阶段之前，reduceByKey()函数能在本地对键相同的数据进行聚合，如图 6-13 所示，(*b*，1)出现了两次，在本地聚合出(*b*，2)。

groupByKey()函数在本地不进行聚合，而是在 Shuffle 阶段进行聚合，如图 6-14 所示。

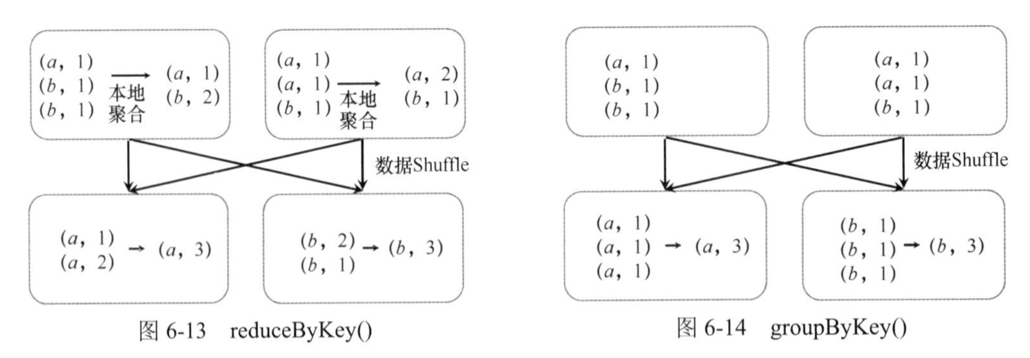


图 6-13　reduceByKey()　　图 6-14　groupByKey()

使用 reduceByKey()函数取代 groupByKey()函数对于大量数据的计算速度的提升是很明显的。

### 6.4.6 连接不产生 Shuffle：map-side 关联

在大数据处理场景中，多表关联是十分常见的一类运算。为了便于求解，我们通常会将多表关联问题转为多个两表关联问题。两表关联的实现算法有很多，一般根据两个表的数据特点选取不同的关联算法。其中，最常用的两个关联算法是 map-side 关联和 reduce-side 关联。map-side 关联不产生 Shuffle。

map-side 关联的使用场景是连接一个大表和一个小表。其中，小表是指文件足够小，可加载到内存中。map-side 关联可将 join 算子在 mapper 端执行，无须经历 Shuffle 和 Reduce 等阶段，因此效率非常高。图 6-15 显示了一个 map-side 关联的 Spark DAG。

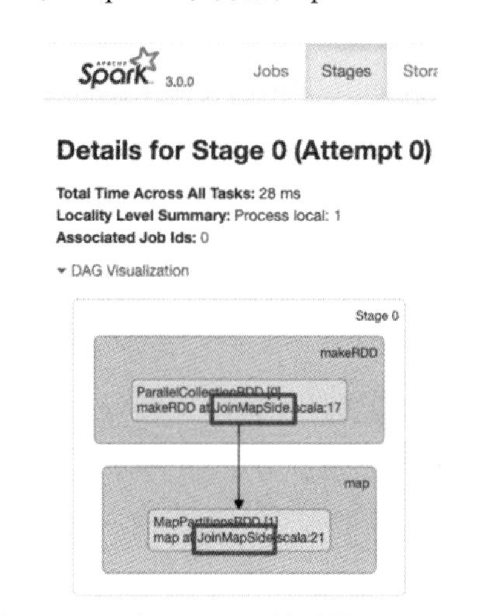


图 6-15 一个 map-side 关联的 Spark DAG

## 6.5 Spark SQL 调优

在 Spark 中，大部分的数据处理已经从 RDD 计算转为 Spark SQL。Spark SQL 是处理数据的便捷方式，当把文件以 DataFrame 的形式加载到 Spark 中并映射成表后，我们便可以利用一条 SQL 完成很复杂的数据处理过程。因此，Spark SQL 调优是开发中常用的技术。下面是一些常见的 Spark SQL 调优参数，在使用过程中，根据数据分布和任务特征对它们进行优化。

- spark.sql.shuffle.partitions：对 Shuffle 过程的并行度进行设置，可根据集群的配置和数据量来调节。
- spark.sql.files.maxPartitionBytes：调节每个分区内数据的大小，分区大小默认为 128MB。
- spark.sql.files.openCostInBytes：Spark SQL 每次打开的文件的大小。当这个值很小时，就会出现很多小文件使用更多任务的情况，因此通过调大这个值，可以将多个任务合并成一个任务，提高数据读取性能。

- spark.sql.autoBroadcastJoinThreshold：在对两个表进行连接时，当表数据小于这个阈值时，Spark 就会对整个表中的数据自动进行广播。这个参数十分常用，默认为 10MB，可调成 100MB 甚至 1GB。
- spark.sql.broadcastTimeout：广播的超时时间，默认为 300s。在实际应用中，可根据数据量的大小进行调整。
- spark.sql.files.ignoreCorruptFiles：用于设置是否忽略异常文件。当目录中有部分文件发生异常时，将这个参数设置为 true 可以防止程序出错。
- spark.sql.inMemoryColumnarStorage.batchSize：控制用于列式缓存的批处理大小。较大的批处理大小可以提高内存利用率和压缩率，但在缓存数据时可能出现内存溢出。
- spark.sql.inMemoryColumnarStorage.compressed：用于设置是否在内存中对数据进行压缩，当设置为 true 时，Spark SQL 将根据数据统计信息自动为每一列选择一个压缩用的编解码器。

## 6.6　Spark Shuffle 调优

Spark 在 Shuffle 过程中会产生大量的磁盘 I/O、网络 I/O 以及压缩、解压缩、序列化和反序列化等操作，这一系列操作对性能来说十分耗时且耗费资源。因此，当任务在执行过程中发生多次 Shuffle 操作时，就应该进行 Shuffle 调优。下面是一些常见的 Spark Shuffle 调优参数。

（1）spark.sql.shuffle.partitions：Spark SQL Shuffle 的默认分区数。

（2）spark.reducer.maxSizeInFlight：从每个 Reduce 同时拉取的最大 map 数，每个 Reduce 都会在完成任务后，使用堆外内存的缓冲区来存放结果。如果没有充足的内存，就请尽可能把这个值调小一点。若堆外内存充足，则调大这个参数可以节省 GC 时间。默认值为 48MB。

（3）spark.reducer.maxBlocksInFlightPerAddress：对于每个 Reduce 限制每台主机可以被多少台远程主机拉取文件块，调小这个参数可以有效减轻某个数据节点的负载。默认值是 Int.MaxValue。

（4）spark.reducer.maxReqsInFlight：限制远程主机拉取本机文件块的请求数，随着集群增大，需要对这个参数的值进行限制，否则可能会使本机因负载过大而宕掉。默认值为 Int.MaxValue。

（5）spark.shuffle.compress：设置是否压缩 map 输出文件，默认值为 true。

（6）spark.shuffle.spill.compress：设置在 Shuffle 过程中溢出的文件是否压缩，默认值为 true，使用 spark.io.compression.codec 可对文件进行压缩。

（7）spark.shuffle.file.buffer：每个 Shuffle 输出文件在内存缓冲区中的大小。Spark 会将 Shuffle

文件放置到内存缓冲区以减少和磁盘的交互。如果在日志中看到写 Shuffle 和读 Shuffle 较慢，但是 Shuffle 个数合理，那么我们可以提高这个参数的值。初始值为 32KB。

（8）spark.shuffle.io.maxRetries：I/O 出现异常时的最大重试次数，仅在 Spark 基于 Netty 的版本中有效。在这种情况下，通常会出现长时间垃圾回收导致的任务暂停或短暂的网络异常现象。对于存在特别耗时的 Shuffle 操作的作业，建议调高重试的最大次数，以避免 JVM 的 Full GC 或网络不稳定等因素导致的数据拉取失败。我们在实践中发现，对于 TB 级数据的 Shuffle 过程，通过调节这个参数可以大幅提升稳定性。默认值为 3。

（9）spark.shuffle.io.retryWait：设置在重试之间需要等待多长时间。默认情况下，重试导致的最大延迟为 15s，计算方式为 maxRetries × retryWait。默认值为 5s，建议加大间隔时长（比如 60s），以增强 Shuffle 操作的稳定性。

（10）配置远程 Shuffle：在网络传输速率达到 3～10GB/s 的集群中，配置远程 Shuffle，无论在磁盘使用率上还是在任务可靠性上，都会带来很大收益。

## 6.7 Spark Streaming 调优

Spark Streaming 是 Spark 为流式计算提供的解决方案，下面探讨 Spark Streaming 调优的一些最佳实践。

### 6.7.1 设置合理的批处理时间（batchDuration）

在构建 StreamingContext 时，需要设置 Spark Streaming 批处理的时间间隔。Spark Streaming 每隔一段批处理时间后就会提交一个作业来对这一时间段内的数据进行处理。如果批处理的时间间隔设置得过大，就可能导致作业无法在规定时间内运行完，引起后面的作业提交延迟和堆积，导致数据无法及时处理。如果批处理的时间间隔设置得过小，就会导致集群提交过多的小任务，从而占用系统资源。此时，我们需要根据业务需求设置合理的时间间隔，在满足数据处理延迟要求的同时保障业务能够快速、及时地完成。batchDuration 参数很重要，在实际使用过程中，可根据任务的特点进行设置。

### 6.7.2 增加并行度

在任务运行过程中，需要尽可能利用集群资源并发地执行任务，以达到快速处理数据的目的。例如，对于以 Kafka 为数据源的 Spark Streaming 应用程序，如果将数据接入的并行度设置为 Spark Topic 的分区个数，数据接入就可以针对每个 Kafka 分区内的数据分配任务且并发地接收数据。再如，对于类似于 reduceByKey()和 join()这样的函数，我们也可以设置并行度参数。

### 6.7.3　使用 Kryo 序列化器序列化数据

Spark 默认使用 Java 内置的序列化功能来序列化数据，但我们也可以使用 Kryo 序列化器来序列化数据，从而提高序列化效率并优化 JVM GC 行为。

### 6.7.4　缓存经常需要使用的数据

对于一些经常需要使用的数据，通过显式地调用 RDD.cache()来缓存数据，可以加快数据的处理速度。但是，如果需要缓存更多的数据，那么占用的内存资源也将更多。

### 6.7.5　清除不需要的数据

随着时间的推移，有些数据不再需要。但是，这些数据如果不及时清理，它们就会缓存在内存中，从而占用内存资源。

在实际开发中，我们可通过配置 spark.cleaner.ttl 来设置 Spark 数据的过期清理时间；但这个值不能过小，因为如果后续计算需要使用的数据被清除了，就可能引起数据计算错误或任务执行失败。除设置 spark.cleaner.ttl 之外，我们还可以通过 spark.streaming.unPersist 来设置是否自动取消数据持久化，这个参数的默认值为 true。这时 Spark 会自动检测不再使用的数据集并将其标记为非持久数据集，然后从内存中和磁盘上删除所有数据块，以减少 Spark RDD 对内存的使用并优化 JVM GC 行为。

### 6.7.6　设置合理的 CPU 资源

Spark Streaming 对 CPU 的使用主要分为数据实时接收和数据微批处理。其中，数据实时接收一般需要部分固定的 CPU 资源，比如实时接收 Kafka Topic 上的消息。当 Kafka 有 4 个分区时，一般会预留 4 个线程来接收每个分区内的数据。此外，我们还需要一些 CPU 资源以进行数据的计算。因此，流式计算需要的 CPU 资源一般要比批量计算稍微多一些。

### 6.7.7　设置合理的 JVM GC

JVM GC 不但是批量任务调优的关键，而且在流式任务中很重要。JVM 不合理的 GC 行为会给程序的稳定性带来很大影响。在集群环境下，建议使用并行的 Mark-Sweep 或 G1 垃圾回收器进行垃圾回收。

### 6.7.8　在处理数据前进行重分区

当 Spark Streaming 从 Kafka 接收数据时，一般数据接收的并行度为 Kafka Topic 中分区的个数。从数据源获取到数据后，在进一步处理数据前，可以利用 DStream.repartition(<number of

Partitions>)对数据进行重新分区，把接收的数据分发到集群的各个节点上，以便后续计算任务尽可能并行地运行。

### 6.7.9 设置合理的内存

Spark Streaming 任务需要的内存资源是由其使用的转换操作的类型决定的。例如，如果需要执行一个 10min 的时间窗口操作，那么集群必须有足够的内存来保存这 10min 的数据。如果想使用 updateStateByKey 操作来维护许多键的状态，那就必须有足够的内存来保存这些键的状态。不然数据就可能溢写到磁盘上，导致性能下降。在实践中，JVM 内存的大小需要根据数据的特征和大小来进行设置。

## 6.8 处理 Spark 数据倾斜问题

### 6.8.1 什么是数据倾斜

数据倾斜是指某些任务对应分区内的数据显著多于其他任务对应分区内的数据，从而导致这部分分区内数据的处理速度成为处理整个数据集的瓶颈。

在 Spark 中，同一 Stage 内不同的任务可以并行执行，而不同 Stage 之间的任务可以串行执行。如图 6-16 所示，假设一个 Spark 作业分为 Stage 0 和 Stage 1，且 Stage 1 依赖于 Stage 0，那么在 Stage 0 完全处理结束之前系统不会处理 Stage 1。Stage 0 包含 4 个任务。其中，任务 1 有 10 000 条数据，5s 完成；任务 2 有 12 000 条数据，4s 完成；任务 3 有 7000 条数据，3s 完成；任务 4 有 100 000 条数据，60s 完成。这说明 Stage 0 的任务 4 上发生了数据倾斜，Stage 0 的总运行时间至少为 60s。也就是说，一个 Stage 耗费的时间主要由最慢的那个任务决定，由于同一 Stage 内的所有任务都具有相同的计算逻辑，而且每个任务的 CPU 和内存数量都是相同的，因此在排除不同计算节点之间计算能力差异的前提下，不同任务之间耗时的差异主要由任务处理的数据量决定。

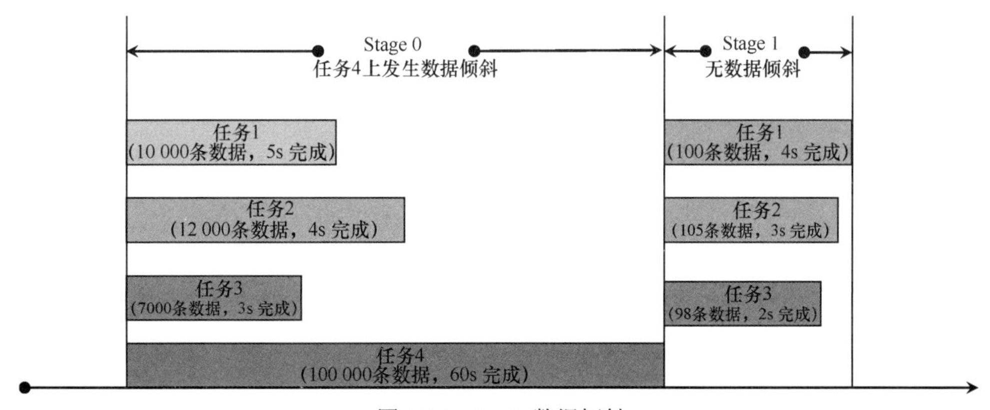


图 6-16 Spark 数据倾斜

## 6.8.2　导致数据倾斜的原因是什么

导致数据倾斜的原因很简单：将数据分配给不同的任务一般是在 Shuffle 过程中完成的，在 Shuffle 操作中，键相同的数据一般会被分配到同一分区并交给某个任务处理，当某个键的数量太大时（远远大于其他键的数量），就会导致数据倾斜，如图 6-17 所示。数据倾斜最致命的问题就是内存溢出（OOM）。

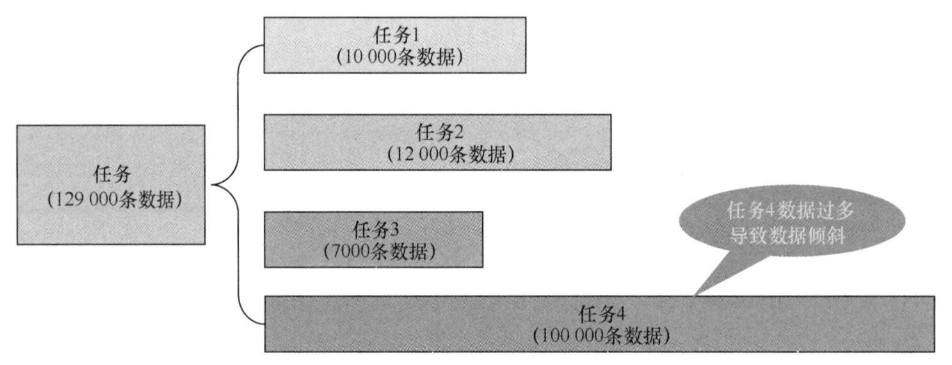


图 6-17　导致数据倾斜的原因

## 6.8.3　如何判断 Spark 应用程序在运行中出现了数据倾斜

为了处理数据倾斜问题，我们需要找到数据倾斜的原因。判断数据倾斜的常用方法如下。

- 使用 Spark Web UI 观察任务执行时间：通过 Spark Web UI，我们可以查询到每个任务处理的数据量大小和需要的执行时间。如果某个任务处理的数据量和需要的执行时间都明显多于其他任务，就说明很可能出现了数据倾斜。
- 统计每个分区上的数据量：出现数据倾斜的判断依据就是每个分区上的数据量。因此，若通过日志输出每个分区上的数据量并分析出现数据倾斜的分区，然后统计并输出发生数据倾斜的分区上键的分布，就能直接定位数据倾斜的原因。对问题定位并处理后，再关闭对每个分区上数据量的统计。
- 分析键的分布：使用 Spark SQL 或 Presto 这样的查询引擎统计将要计算的数据中键的分布情况，进而判断是否发生了数据倾斜。
- 审查代码：重点查看 join、groupByKey、reduceByKey 等操作的关键代码，看看是否某些关键计算导致数据倾斜。

## 6.8.4 数据倾斜消除方案

### 1. 对源数据进行聚合并过滤导致数据倾斜的键

根据键对数据进行统计，找出导致数据倾斜的键。如果导致数据倾斜的键不影响业务的计算，就将这些键（例如-1、null 等）过滤掉，这种情况可能导致数据倾斜。另外，诸如-1 或 null 这样的键是"脏数据"，使用 filter 算子可将这些导致数据倾斜的键过滤掉，这样其他的键就有了均衡的值，从而消除了数据倾斜。

如果在 Spark SQL 查询中发生了数据倾斜，那么在 Spark SQL 中使用 where 子句可以过滤导致数据倾斜的键，之后再执行 groupBy 等表关联操作。

如图 6-18 所示，假设需要按照 city 对数据进行分组并统计 user 表中的 top 3 城市，city=null 的数据有 10 万条之多，这会导致数据倾斜。由于 null 表示不知道 user 数据来自哪个城市，其统计值对业务来说毫无意义，因此只需要将 null 值过滤掉，即可很好地解决数据倾斜问题。

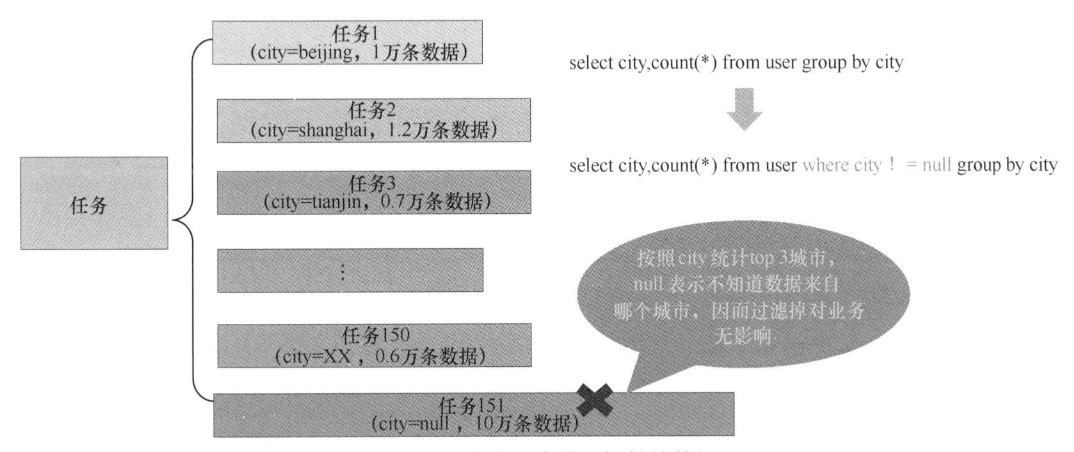


图 6-18 过滤导致数据倾斜的数据

### 2. 使用随机数消除数据倾斜

当导致数据倾斜的键对应的数据为有效数据时，我们就不能简单地对数据进行过滤了，但可以通过为倾斜的键加上随机数来消除数据倾斜。过程如下：针对键执行 map()函数，加上随机数，计算出结果后，再次针对键执行 map()函数，将随机数去掉，这样计算得到的结果和不加随机数时计算得到的结果是一样的，但好处在于可以将数据均等分配到多个任务中并进行计算。

对于图 6-19 所示的任务，在对任务 1 中的数据进行处理时，如果分区策略为哈希策略，那么键为 1 的数据会被分配到一个任务中，键为 2 的数据则会被分配到另一个任务中。由于键为 1 的数据有 3 条，但键为 2 的数据只有 1 条，因此会发生数据倾斜。如果在处理数据时，先通过 map()

函数为任务 1 中数据的每个键加上一个随机的前缀，再执行数据处理操作，那么任务 1 中的数据会被平均分配到任务 2.1 和任务 2.2 中，这样就可以很好地解决数据倾斜问题，如图 6-19 所示。数据处理操作完成后，再次利用 map()函数可去掉之前加上的前缀，这样既保证了数据计算的准确性，又消除了数据倾斜，使任务最终得以快速运行完。

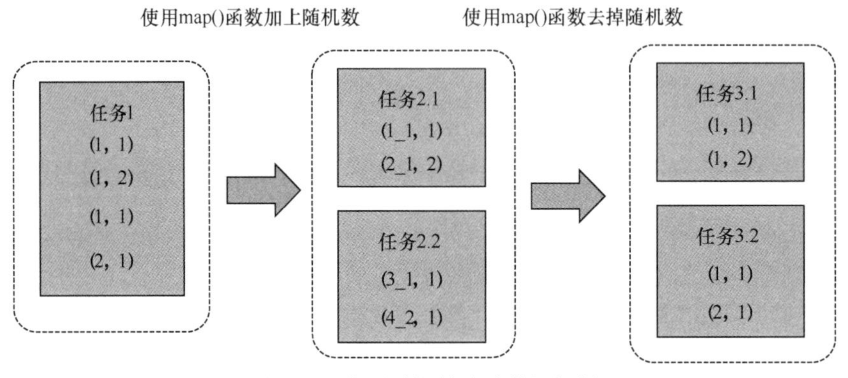


图 6-19　使用随机数消除数据倾斜

# 第 7 章
# Spark 机器学习库

## 7.1 Spark 机器学习概述

### 7.1.1 为什么要使用机器学习

使用机器学习的理由有很多，其中最重要的 3 个理由如下。

（1）机器学习涉及的数据规模意味着完全依靠人工处理会很快跟不上业务的发展。例如，我们可以对用户的历史浏览记录进行收集并定期依赖人力进行分析，然后决定如何向用户推荐他们更感兴趣的商品。

（2）机器学习能够基于多维度的海量数据分析，找出人类难以发现的规律。例如，我们可通过对用户兴趣的 50 个维度进行组合分析，来发现用户的潜在行为规律。

（3）机器学习在分析数据和给出结论时没有情感偏见。

### 7.1.2 机器学习的应用场景

大数据和云计算的快速发展为机器学习提供了数据支撑和算力支撑，机器学习的应用也变得越来越广。机器学习目前比较成熟的应用场景如下。

- 用户推荐系统：例如网络购物平台上的商品推荐、用户定向和广告推广。
- 交通预测：首先对车辆的实时状态和 GPS 数据进行收集，然后使用这些数据构建当前流量的地图，最后利用机器学习预测交通拥塞的区域。

- 视频监控、人脸识别、步态分析：对实时视频进行比对分析。
- 社交媒体服务：社交类 App 会利用机器学习向用户推荐更好的新闻、视频等。
- 垃圾邮件过滤：利用机器学习算法对垃圾邮件进行过滤。
- 智能客服：基于机器学习算法的智能客服能理解人们的意图并给出令人满意的答案。
- 搜索引擎结果优化：百度等搜索引擎使用机器学习来改善用户的搜索结果。

### 7.1.3 机器学习的分类

机器学习分为监督学习、无监督学习、半监督学习和强化学习。

#### 1. 监督学习

监督学习是利用已经标记好的数据集进行模型训练，并对新的数据进行标记或分类的过程。监督学习的训练数据是已经标记好的数据，并且标记好的数据越多，所标记数据的精度越高，训练的模型越准确。也就是说，监督学习会首先给定一组经过分类的数据，并从这些数据中学习出一个函数，然后利用这个函数对未来的数据进行分析。监督学习的流程如图 7-1 所示。

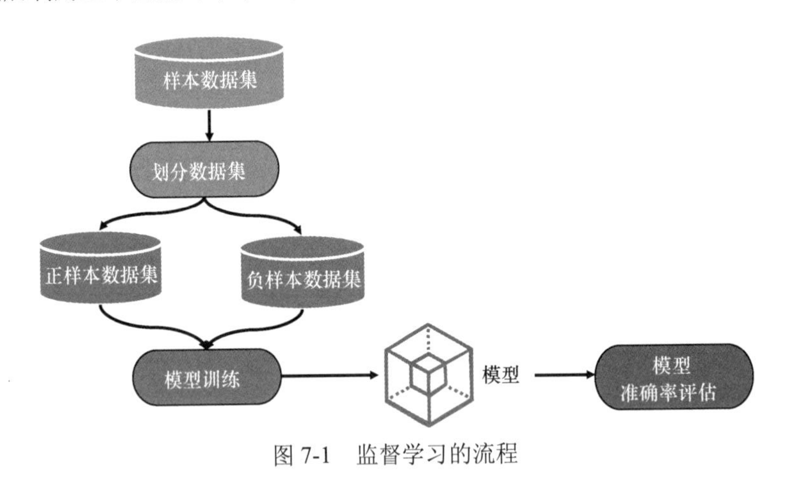


图 7-1 监督学习的流程

具体步骤如下。

（1）获取样本数据集。

（2）根据已知的分类标签将样本数据集划分为正样本数据集和负样本数据集。

（3）根据正样本数据集和负样本数据集进行模型训练。

（4）使用测试数据集对模型的准确率进行评估。

（5）部署训练好的模型并使用模型对需要预测的数据进行推理。

监督学习的典型应用场景有垃圾邮件识别、文字识别、自然语言处理等。

### 2. 无监督学习

无监督学习基于未标记的数据进行模型训练，从而发现隐藏在数据背后的规律。无监督学习和监督学习的主要差别在于，无监督学习基于的数据不需要进行标注，因此训练数据集的准备变得更加简单，这样就可以避免监督学习中因正负样本不准确导致的模型偏离的情况发生，同时还有可能发现数据中潜在的不易发现的规律。但是，无监督学习的学习过程往往比较慢，学习的效果不如监督学习好。

无监督学习的典型应用场景有数据挖掘、图像识别、欺诈检查等。

### 3. 半监督学习

半监督学习是利用部分标记的样本和部分未经标记的样本一起进行模型训练和数据预测的过程，主要目的是减少标注样本的代价，提高机器学习能力。

### 4. 强化学习

强化学习是智能系统从环境到行为映射的学习，目的是使信号强化函数的值最大。

强化学习（Reinforcement Learning，RL）又称增强学习，用于描述和解决智能体（agent）在与环境（environment）交互的过程中，通过学习策略达成回报最大化或实现特定目标的问题。图 7-2 展示了强化学习中智能体和环境的关系。

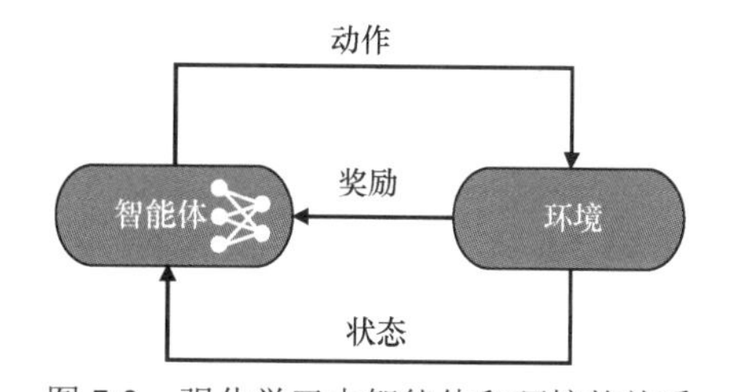


图 7-2 强化学习中智能体和环境的关系

与监督学习和无监督学习不同，强化学习不需要预先给定训练数据集，而是通过接收环境对动作（action）的奖励（reward）来获得学习信息并更新模型参数。强化学习的典型应用有自动控制、机器人、博弈论等。

## 7.1.4 机器学习算法

传统的机器学习在将数据集划分为训练数据集和样本数据集后，会首先使用训练数据集选出合适的机器学习算法以进行模型训练，然后使用训练好的模型对样本数据集进行预测以进一步评估模型的好坏。传统的机器学习模型有决策树、神经网络、贝叶斯、SVM、Boosting 等，如图 7-3 所示。

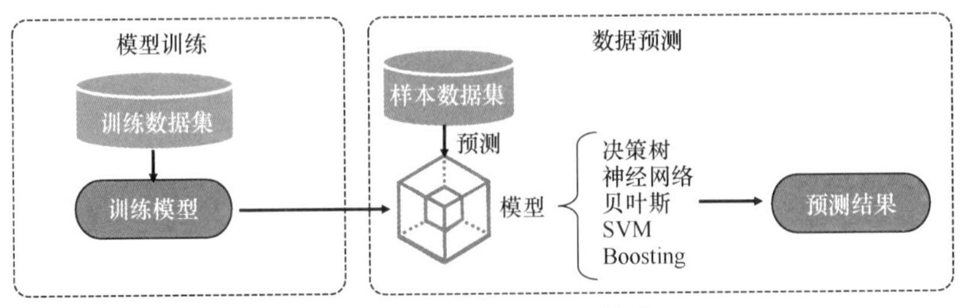


图 7-3　传统的机器学习算法

## 1. 分类算法

分类算法是指根据历史数据学习出分类模型（又称分类器），当有新的数据到来时，便利用分类模型把数据映射到指定的类别，从而进行数据预测。常见的分类模型有逻辑回归、决策树、贝叶斯等。图 7-4 所示的二分类模型通过一条直线将数据分成了两类，一类用圆表示，另一类用三角形表示。

## 2. 聚类算法

聚类是指将物理或抽象的集合分组成由类似的对象组成的多个类的过程。由聚类生成的簇是数据对象的集合，这些数据对象与同一簇中的其他数据对象彼此相似，但与其他簇中的数据对象相异。图 7-5 所示的聚类模型将数据分成了 3 类，并且分别以大圆、小圆、三角形表示。

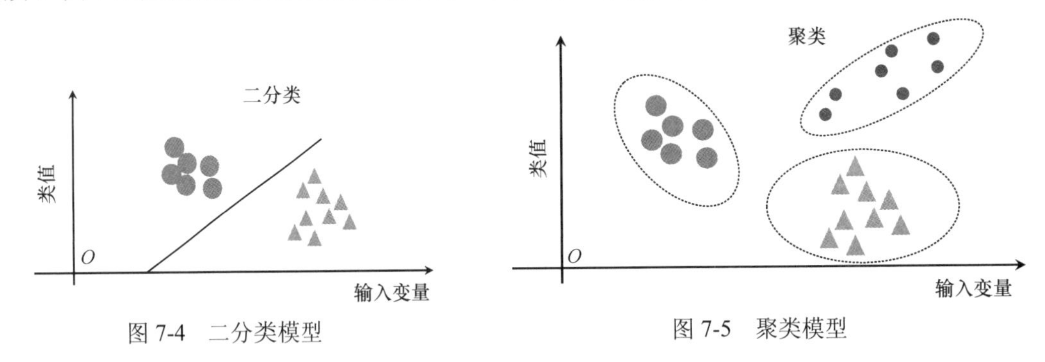


图 7-4　二分类模型　　　　图 7-5　聚类模型

## 3. 回归分析

回归分析是指根据已有数据拟合出能够表示自变量和因变量之间关系的模型，然后根据模型对未来数据进行预测。回归模型和分类模型的主要区别是：分类模型将数据分到不同的类别，预测结果是离散的；而回归模型侧重于“量化”，预测结果是连续的值。图 7-6 所示的回归模型通过直线拟合了数据的变化规律。

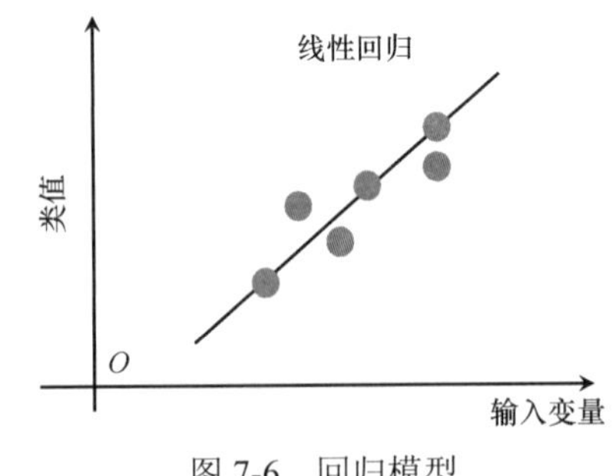


图 7-6　回归模型

### 4. 关联规则

关联规则是指通过分析发现多个数据项之间隐藏的联系。表 7-1 所示的关联规则表明，67%的顾客在购买啤酒的同时会购买尿不湿，因此将啤酒和尿不湿放在一起能提高销量。

表 7-1 关联规则

| 顾客占比 | 所购买的商品 |
|---|---|
| 67% | 尿不湿+啤酒 |
| 10% | 啤酒+巧克力 |
| 5% | 尿不湿+篮球 |
| 40% | 苹果+牛奶 |

### 5. 协同过滤

协同过滤是指通过分析用户之间的相似度来预测用户的喜好或行为，常用于推荐系统。例如，假设 A 用户和 B 用户的相似度高，A 用户喜欢的水果是火龙果和草莓，因此可以推断 B 用户也可能喜欢火龙果和草莓，于是将火龙果和草莓推荐给 B 用户。

### 6. 深度学习

深度学习的概念源于神经网络，它通过一个输入层、多个隐藏层和一个输出层来构建一个深层结构的模型。深度学习通过组合低层特征并形成更加抽象的高层来表示属性类别或特征，从而发现数据的分布式特征表示。研究深度学习的动机在于建立模拟人脑进行分析学习的神经网络，并模仿人脑的机制来解释数据，如图像、声音和文本数据等。图 7-7 所示的神经网络模型包含一个输入层（input layer）、多个隐藏层（hidden layer）和一个输出层（output layer）。其中，每一层都包含多个节点，每个节点在本质上是一个函数。

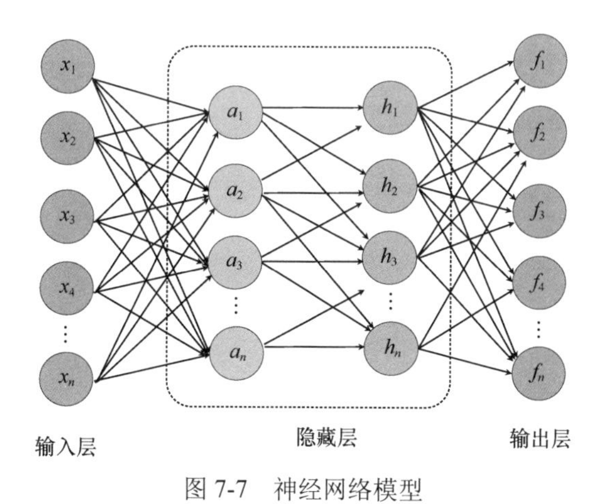


图 7-7 神经网络模型

### 7. 其他机器学习算法

常见的机器学习算法还包括迁移学习、主动学习和演化学习等。

## 7.1.5 机器学习流程概述

机器学习流程如图 7-8 所示。首先从数据存储中获取数据；然后通过数据清洗与转换将数据转换为可用于机器学习的形式，也就是准备测试数据集；接下来对模型进行训练和测试；最后将模型整合并部署到生产系统中。当有新的数据产生时，便重复上述流程。

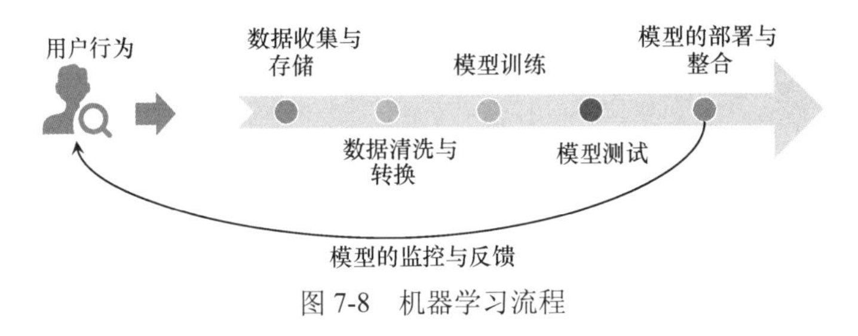


图 7-8　机器学习流程

### 1. 数据收集与存储

机器学习的第一步是进行数据的收集与存储。在基于具体的业务场景收集到原始数据后，往往需要处理并存储数据。因此，我们存储的数据一般包括原始数据和处理过的数据两类。例如，我们从网络中实时获取的原始日志需要解析并以结构化的形式存储。

如图 7-9 所示，数据的存储方式包括文件存储，如 HDFS、Amazon S3 等；关系数据库，如 MySQL 和 PostgreSQL；分布式 NoSQL 数据库，如 HBase、Cassandra 和 DynamoDB；搜索引擎，如 Solr 和 ElasticSearch；流式数据，如 Kafka、Flume 和 Amazon Kinesis。

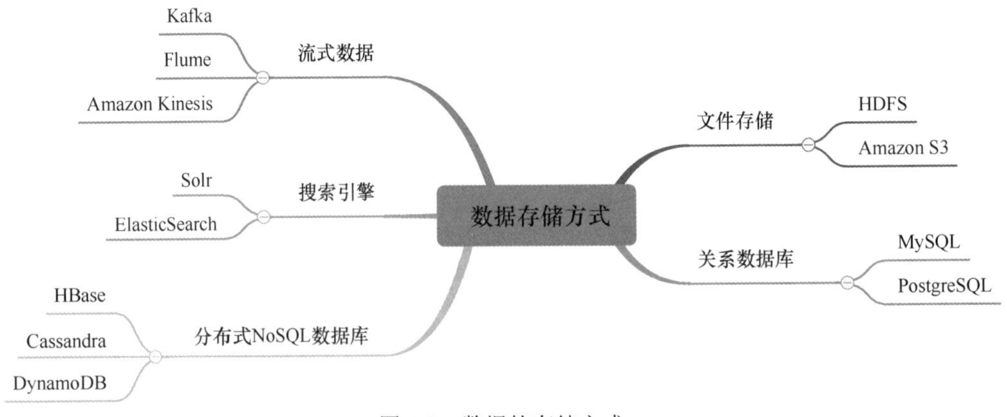


图 7-9　数据的存储方式

### 2. 数据清洗与转换

从数据源获取的数据往往不能直接用于模型的训练，而是需要经过数据清洗与转换才行。如图 7-10 所示，数据清洗与转换包含过滤数据，处理数据缺失、不完整或有缺陷的问题，合并多个数据源，汇总数据，转换数据，特征向量化，特征预处理等。

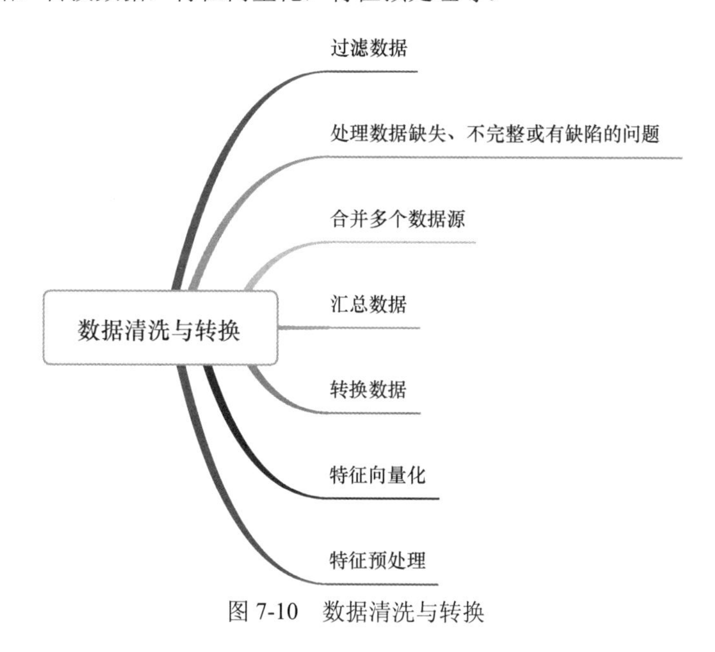


图 7-10 数据清洗与转换

1）数据过滤

在实际生产中，基于业务需求，系统会一直存储数据。例如，归档数据中最早的数据是 5 年前的。但是，在训练模型的时候，往往不需要也不可能加载全部数据，而仅加载部分数据。例如，使用最近两个月的活跃用户的数据进行模型训练。

2）处理数据缺失、不完整或有缺陷的问题

我们一般接收到的数据都会存在某种程度的不完整，很少有数据能够直接用于模型训练。例如，某个字段中的数据缺失了（在进行收集时，数据收集不完整，体现在数据库中为 null），或者某些数据有缺陷（将用户的身高和年龄数据保存反了）。这时就需要对错误的数据进行过滤（过滤掉 null 数据），或对缺失值进行填充（使用平均值代替默认值）等。

3）合并多个数据源

有时候，需要对来自多个不同数据源的数据进行合并才能满足模型训练的要求。例如，对天气数据和经济数据进行联合分析。

4）汇总数据

有时候，模型需要的不是原始数据，而是经过汇总的数据。例如，汇总用户过去 1 年内每月打车的次数，从而预估用户以后的打车行为。

5）转换数据

接收到的原始数据在经过处理后，需要进一步转换为机器学习模型可以加载的数据。如图 7-11 所示，常用的数据转换方式如下。

- 将类别数据编码为对应的数值表示。例如，用户的性别（男和女）可分别用 0 和 1 表示。
- 将图像数据转换为矩阵。
- 对连续的数值型数据进行类别划分。例如，将年龄段划分为青年（19～35 岁）和中年（36～59 岁）。
- 对数值特征进行转换。例如，在对值域很大的数值型数据取对数后再进行处理。
- 对特征进行正则化、标准化，目的是保证输入模型的不同特征的值域相同。
- 进行特征工程（对现有变量进行组合或转换以生成新特征的过程）。例如，对其他数据求平均值、中位数、最大值等。

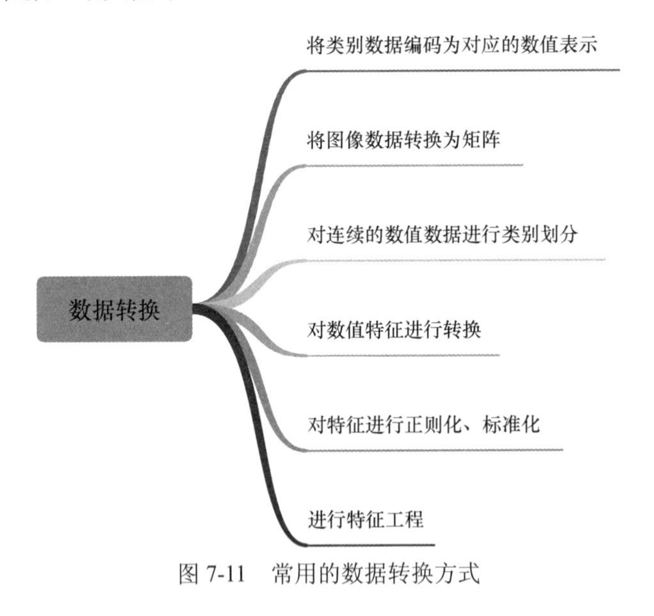


图 7-11　常用的数据转换方式

6）特征向量化

特征是指那些用于模型训练的变量。在模型训练过程中，我们往往需要将特征转为向量的形式才能进行模型训练。也就是说，我们需要进行特性向量化。如图 7-12 所示，不同数据类型的常见特征向量化方法如下。

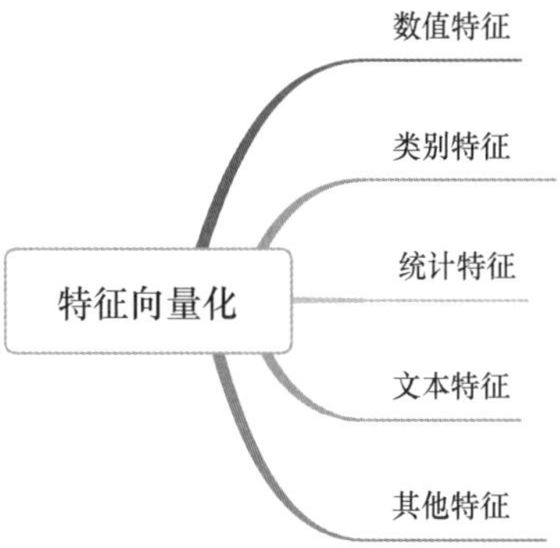

数值特征
类别特征
特征向量化
统计特征
文本特征
其他特征

图 7-12 特征向量化

- 数值特征（numerical feature）：通常为实数或整数，例如，用户的年龄可以直接进行向量化。但在有些情况下，原始的数值特征不能直接向量化，而是需要转换为更可用的特征向量。例如，将城市名转为城市对应的经纬度之后，便可以基于地理位置进行聚合分析，这能使我们更容易地找出特征和输入的关系。
- 类别特征（categorical feature）：取值只能是可能状态集合中的一种，例如用户的性别、职业等。类别特征中的变量又分为名义（nominal）变量和有序（ordinal）变量两种。名义变量的取值没有顺序关系（例如用户的性别），而有序变量的取值存在顺序关系（例如对电影做出的评分）。有些类别特征不能直接使用，而是需要进行编码并映射为数字的形式。例如，原始数据为["教师","医生","程序员"]，编码后变为[1,2,3]。这样的数据才能被模型使用。同时，数值特征也可以转换为类别特征。例如，我们可以将不同年龄段的人分为青年人、中年人、老年人。
- 统计特征：通过对原始特征进行统计而得到的高级特征，统计特征一般相比原始数据更容易展示数据的规律。例如，对原始特征求均值、中位数、方差、和、差、最大值、最小值以及进行计数等。
- 文本特征（text feature）：数据中的文本内容，例如商品描述、评论等。文本特征在使用时需要进行文本的特征处理，具体流程包括分词（tokenization）、 删除停用词（stop words removal）、提取词干（stemming）和向量化（vectorization）。
- 其他特征：其中的大部分最终能表示为数值。例如，图像、视频和音频可表示为数值数据的集合。

7）特征预处理

在获取特征化向量后，需要进一步进行特征预处理。如图 7-13 所示，常用的特征预处理方法有特征正则化、特征归一化和二值化。

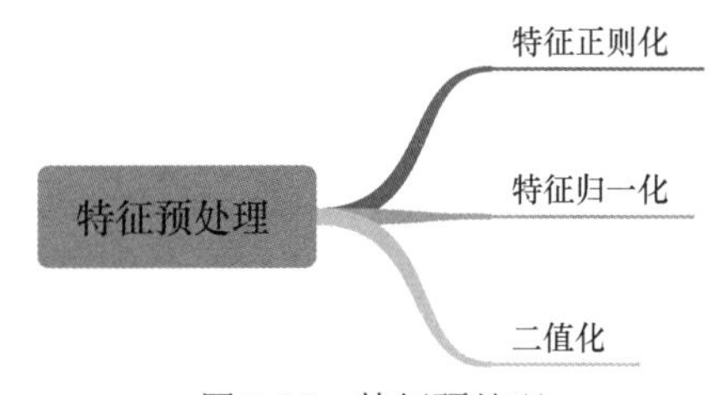

图 7-13 特征预处理

特征正则化（normalization）是指对各个数值特征进行转换，以便将它们的值域规范到某个标准区间内。特征正则化能够解决模型泛化能力不足的问题。例如，当使用比较复杂的模型拟合数据时，容易出现过拟合的问题。过拟合指的是模型在训练集上表现很好，但在测试集上表现较差。这时就需要对特性进行正则化，以降低模型的复杂度。

在进行特征正则化时，比较常见的处理方式是为目标函数添加“惩罚项”，以防止系数变化过大而导致模型过于复杂。

如图 7-14 所示，当出现过拟合时，分类边界的起伏会更大（换言之，分类边界在部分点的斜率更大）；而在正常拟合时，分类边界更加平缓。这时，我们就可以为系数添加“惩罚项”，“惩罚项”可以使每个参数更小。另外，在求导时，斜率也会更小。因此模型会变得简单，而简单的模型不容易出现过拟合。通过进行正则化，我们不仅可以加快使用梯度下降法求最优解的速度，而且可以提高模型精度。

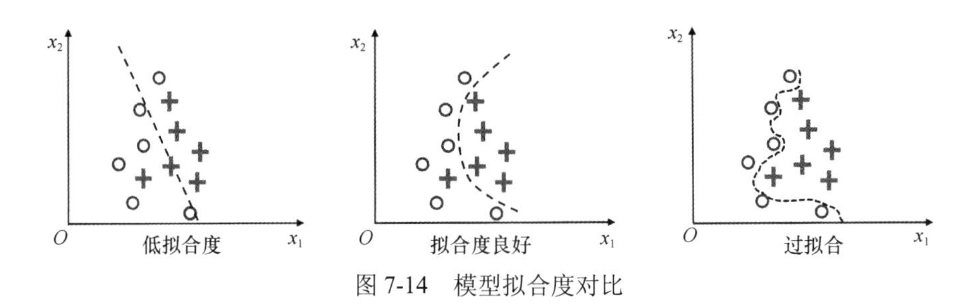


图 7-14 模型拟合度对比

正则化的方法有如下两种。

- 正则化特征：对数据集中的单个特征进行转换。例如，对特征值进行标准的正则转换，从而使特征的均值和标准差分别为 0 和 1。另外，将特征值减去均值，可使特征对齐。
- 正则化特征向量：对数据中某一行的所有特征进行转换，从而使转换后的特征向量的长度标准化。换言之，缩放向量中的各个特征，使向量的范数为 1 或 2（通常指一阶或二阶范数）。

下面通过代码实战看看如何使用 Spark 的 Normalizer 对数据进行正则化处理。

```
def main(args: Array[String]): Unit = {
  val conf = new SparkConf().setAppName("NormalizerExample").setMaster("local")
  val sc = new SparkContext(conf)
  //将 LIBSVM 格式的带有二元特征标签的数据加载到 RDD 中并自动进行特征识别
  val data = MLUtils.loadLibSVMFile(sc, "your_file_path/mllib/sample_libsvm_data.txt")
  //定义 Normalizer
  val normalizer1 = new Normalizer()
  //使用 Normalizer 对 data1 中的每个数据使用二阶范式进行正则化
  val data1 = data.map(x => (x.label, normalizer1.transform(x.features)))
  data1.collect.foreach(x => println(x))
  sc.stop()
}
```

上述代码首先通过 MLUtils.loadLibSVMFile()将 LIBSVM 格式的带有二元特征标签的数据加载到 RDD 中并自动进行特征识别；然后通过 new Normalizer()定义了一个 Normalizer；最后在 RDD 中使用 normalizer1.transform(x.features)对每个数据的特性向量进行了正则化处理。其中，参数

x.features 代表每个数据的特征向量。

特征归一化是一种用来统一特征范围的方法，目的是对特征进行标准化，将特征值的大小映射到某个固定的范围内。为什么要进行归一化呢？原因有如下两点。

- 归一化可以加快使用梯度下降法求最优解的速度。当机器学习模型使用梯度下降法求最优解时，归一化往往能加快模型的收敛速度。
- 归一化有可能提高精度。例如，一些分类器需要计算样本之间的距离（如欧氏距离）。如果某个特征的值域过大，距离的计算结果将主要取决于这个特征，但事实上未必如此。

Spark Mllib 提供了 3 种归一化方法——StandardScaler（标准归一化）、MinMaxScaler 和 MaxAbsScaler。

标准归一化是指将所有数据减去均值后除以标准差，处理后的数据均值变为 0，标准差变为 1。标准归一化能使经过处理的数据符合标准正态分布，这样数据分布才会比较稳定，从而解决奇异值多带来的整体影响。标准归一化如图 7-15 所示。

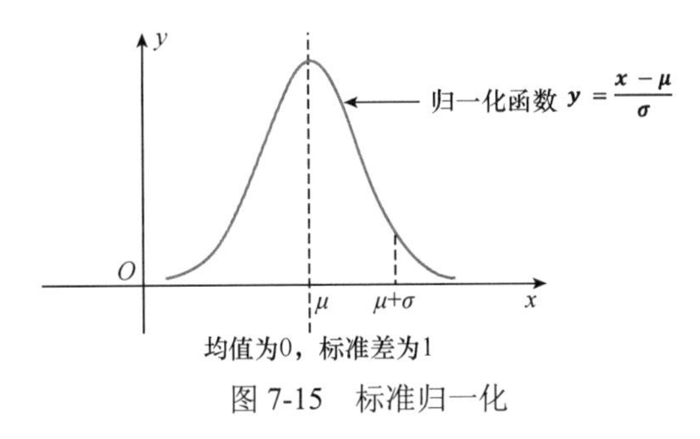


图 7-15 标准归一化

其中，$u$ 为所有样本数据的均值，$\sigma$ 为样本数据的标准差。样本数据的标准差计算公式为

$$\sigma=\sqrt{\frac{\sum_{i=1}^{n}(x_i-\overline{x})^2}{n-1}}$$

标准差描述的是一组数据相对于均值的分散程度，标准差越大，说明数据相对于均值的分散度越高；标准差越小，说明数据越集中在均值附近。

例如，数字集合{0, 5, 9, 14}和{5, 6, 8, 9}的平均值都是 7，但第二个数字集合的标准差较小，因此里面的数据都集中在均值附近。标准差通常用于表示测量结果的可靠性。

除标准归一化之外，MinMaxScaler 会将每个特征调整到某个特定的范围（通常是[0,1]范围）内。但在转换过程中，由于可能把 0 转换为其他值，因此可能会破坏数据的稀疏性。MaxAbsScaler 则会将每个特征调整到[−1,1]范围内，由于通过每个特征的最大绝对值来划分数据，因此不会破坏数据的稀疏性。

下面我们看看在 Spark 中如何使用应用最广泛的标准归一化。

```
def main(args: Array[String]): Unit = {
  val conf = new SparkConf().setAppName("StandardScalerExample").setMaster("local")
  val sc = new SparkContext(conf)
  //将 LIBSVM 格式的带有二元特征标签的数据加载到 RDD 中并自动进行特征识别
  val data = MLUtils.loadLibSVMFile(sc"your_file_path/mllib/sample_libsvm_data.txt")
  //计算均值和方差并将它们存储为 StandardScalerModel 模型
  val scaler1 = new StandardScaler().fit(data.map(x => x.features))
  //对于 data 中的每个数据，在向量上应用标准归一化，最终得到归一化结果
  val data1 = data.map(x => (x.label, scaler1.transform(x.features)))
  data1.collect.foreach(x => println(x))
  sc.stop()
}
```

上述代码首先通过 MLUtils.loadLibSVMFile(sc"your_file_path/mllib/sample_libsvm_data.txt")将 LIBSVM 格式的带有二元特征标签的数据加载到 RDD 中并自动进行特征识别；然后通过 new StandardScaler().fit(data.map(x=>x.features))计算均值和方差，并将它们存储为 StandardScalerModel 模型；最后通过 data.map(x => (x.label, scaler1.transform(x.features)))对 data 中的每个数据，在向量上应用标准归一化，最终得到归一化结果。图 7-16 中的上半部分为输入数据，下半部分为归一化之后的输出结果。

图 7-16　输入数据和运行结果对比

二值化是将数值特征转换为二值特征的过程。可根据阈值将数值特征分为两类，值大于阈值的特征被二值化为 1，其他的特征被二值化为 0。二值化能够极大降低特征的复杂度并提高训练效率，但缺点是会损失一些信息，这有可能影响训练效果。对一幅图像进行二值化的过程如图 7-17 所示。

灰度图

| 110 | 101 | 121 | 98 | 71 |
|---|---|---|---|---|
| 76 | 99 | 125 | 65 | 76 |
| 96 | 98 | 120 | 78 | 79 |
| 88 | 95 | 112 | 120 | 121 |

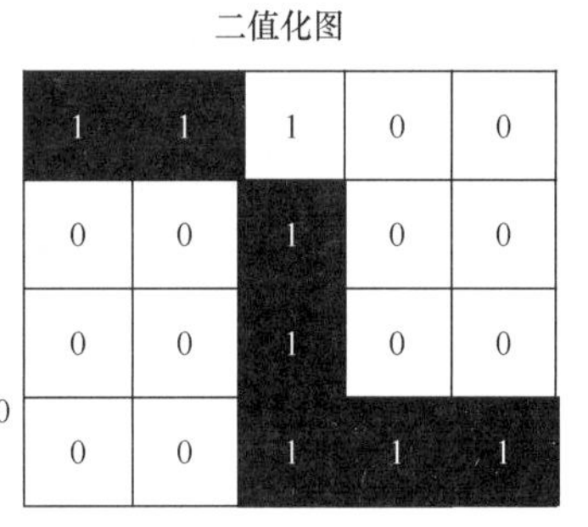


图 7-17　对一幅图像进行二值化

Spark 提供了 Binarizer 来对数据进行二值化处理，具体用法如下。

```
object BinarizerExample {
  def main(args: Array[String]): Unit = {
    //定义 SparkSession 实例
    val spark = SparkSession.builder().master("local").appName("BinarizerExample")
      .config("truncate","false").getOrCreate()
    import spark.implicits._
    //构造数据集。元组中的第一个数据为特征标签，第二个数据为特征值
    val df = Seq((0,0.3),(1,0.4),(1,0.8),(0,0.45)).toDF("label", "feature")
    //定义二值化实例 Binarizer，其中，InputCol 为输入的特征，也就是要进行二值化的数据
    //OutputCol 为二值化之后输出的结果，Threshold 为特征的阈值
    //当特征大于阈值时返回 1.0，当特征小于阈值时返回 0.0
    val binarizer =
      new Binarizer().setInputCol("feature").setOutputCol("binarizer_feature").setThreshold(0.5)
    //对 df 进行二值化处理
    val binarizerDF = binarizer.transform(df)
    //输出二值化之后的结果
    val binarizerFeature = binarizerDF.select("binarizer_feature")
    binarizerFeature.collect().foreach(x=>println(x))
  }
}
```

下面对上述代码进行解释。首先，定义 SparkSession 实例。然后通过 Seq((0,0.3),(1,0.4),(1,0.8),(0,0.45)).toDF("label", "feature")构造一个名为 Seq 的数据集（其中，元组中的第一个数据为特征标签，第二个数据为特征值）并将这个数据集转换为 DataFrame。接下来，通过 new Binarizer().setInputCol("feature").setOutputCol("binarizer_feature").setThreshold(0.5)定义二值化实例 binarizer。其中，InputCol 为输入的特征，也就是要进行二值化的数据；OutputCol 为二值化之后的输出结果；Threshold 为特征的阈值，当特征大于阈值时返回 1.0，当特征小于阈值时返回 0.0。最后，通过 binarizer.transform(df)对 df 进行二值化处理，并使用 binarizerDF.select("binarizer_feature")查询二值化之后的特征值。

运行结果如图 7-18 所示。可以看到，特征值[0.3,0.4,0.8,0.45]经二值化处理后的结果为[0.0,0.0,1.0,0.0]。也就是以 0.5 作为阈值，如果值大于 0.5，二值化为 1；如果值小于或等于 0.5，就二值化为 0。

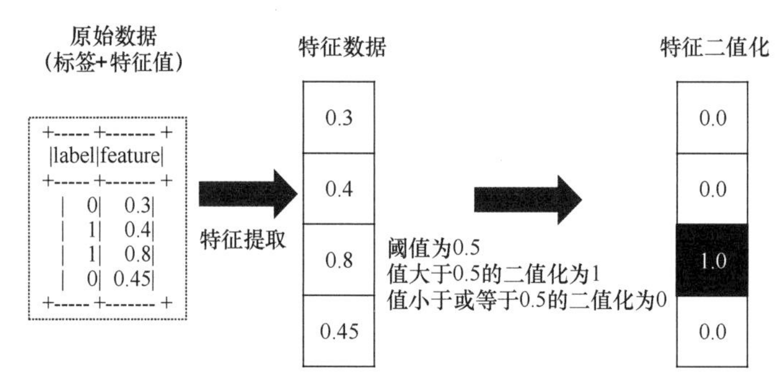


图 7-18　Spark 特征的二值化

## 3. 模型训练

在将数据转换为可用于模型训练的格式后，接下来要做的主要工作就是进行模型的训练和测试。

如图 7-19 所示，在训练模型时，首先需要将数据集划分为训练数据（train data）和测试数据（test data）。训练数据用于构建模型，测试数据用于评估模型的准确率。

在模型训练过程中，模型选择（model selection）问题十分重要。这其实也就是为特定任务选择最优建模方法，或是为特定模型选择最佳参数。在实践中，我们通常会尝试多种模型并选择其中表现最好的那个模型。

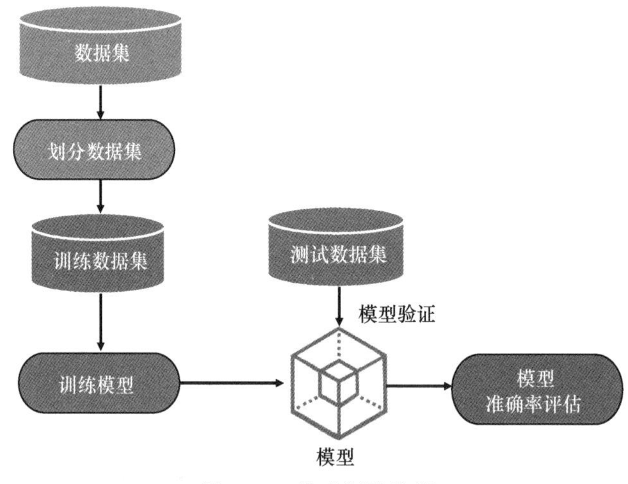


图 7-19　模型训练流程

1）交叉验证

模型训练完之后，还有一个很重要的环节就是模型验证。模型验证是指将训练好的模型在测试数据集上运行，从而检查模型的准确率，因此也称为交叉验证（cross-validation）。测试数据集和验证数据集的唯一差别是，测试数据集中的数据模型我们之前没有遇到过。

交叉验证的结果通常有 4 种。

- TP（true positive，真正）：被模型预测为正的正样本。
- FP（false positive，假正）：被模型预测为正的负样本。
- FN（false negative，假负）：被模型预测为负的正样本。
- TN（true negative，真负）：被模型预测为负的负样本。

表 7-2 展示了交叉验证结果。

表 7-2 交叉验证结果

| | positive（正） | negative（负） |
|---|---|---|
| true（真） | TP（真正） | TN（真负） |
| false（假） | FP（假正） | FN（假负） |

2）准确率

准确率（用 $P$ 表示）又称查准率，用来表示预测为正的样本中有多少是真正的正样本。准确率的计算方式如下。

$$P=\mathrm{TP}/(\mathrm{TP}+\mathrm{FP})$$

3）召回率

召回率（用 $R$ 表示）又称查全率，用来表示样本中的正例有多少被预测对了。召回率的计算方式如下。

$$R=\mathrm{TP}/(\mathrm{TP}+\mathrm{FN})$$

当模型的准确率和召回率较高时，往往说明模型的训练效果比较好，但是也不能排除过拟合的问题。

#### 4. 模型的部署与整合

在通过训练测试循环找出最佳模型后，即可对模型进行线上部署。模型训练好之后，需要对模型进行部署并整合上线。模型的部署一般分为两种情况：一种是将模型和版本等信息存储在数据库或文件系统中，当模型更新的时候，调用者可以将模型重新加载到内存中并使用；另一种是将模型封装到服务中，调用者不用关心模型是否更新，而是通过 API 完成对模型的调用。

#### 5. 模型的监控与反馈

在模型运行过程中，我们需要实时监控模型在新数据集上的表现，从而确定模型的准确率是否符合预期。此时模型反馈（model feedback）就派上用场了。模型反馈是指通过用户的行为来对模型做出的预测进行反馈。在现实系统中，模型的应用将影响用户的决策和潜在行为，从根本上改变模型未来的训练数据。

### 7.1.6 数据探索

在特征选择过程中，数据探索和可视化是很重要的环节，它们能让我们对数据特征的分布有更直观的认识，进而在特征选择上做出更好的决策。下面以用户影评数据为例，利用 matplotlib 展示数据探索的过程。

1）导入可视化工具

使用以下代码导入可视化工具。

```
<dependency>
    <groupId>com.github.sh0nk</groupId>
    <artifactId>matplotlib4j</artifactId>
    <version>0.4.0</version>
</dependency>
```

2）加载和处理数据

使用以下代码加载和处理数据。

```
def main(args: Array[String]): Unit = {
  //初始化 SparkContext
  val conf = new SparkConf().setAppName("SparkTest").setMaster("local")
  val sc = new SparkContext(conf)
  //加载用户信息
  val user_data = sc.textFile( "your_file_path/user.txt")
  user_data.take(3)
  val user_fields = user_data.map(x=>x.split('|'))
  //统计用户性别
  val num_genders = user_fields.map( fields=> fields.apply(2)).distinct().count()
  //统计用户年龄
  val ages = user_fields.map(x => Integer.parseInt(x.apply(1))).collect().toList
 }
```

在上述代码中，加载的 user.txt 文件中的数据如下：

```
1|24|M|technician|85711
2|53|F|other|94043
3|23|M|writer|32067
4|24|M|technician|43537
5|33|F|other|15213
```

其中，第 1 列为数据变化，第 2 列为年龄，第 3 列为性别，第 4 列为职业，第 5 列为邮编。

当获取到一些数据并打算基于这些数据进行模型训练时，我们首先需要进行数据探索。通俗地讲，数据探索就是从各个维度尽可能全面地了解数据的分布情况。例如，上述代码在将数据加载到 Spark 后，会分别按照用户的性别和年龄对数据进行统计，以便掌握用户年龄和性别的分布情况。

3）可视化数据

在数据探索过程中，数据可视化是很重要的一种方法。数据可视化可使数据的分布变得更加直观和易于理解。例如，上面的代码已经对用户的年龄进行了收集，接下来我们利用 matplotlib 看一下用户年龄的分布情况。

（1）加载依赖 matplotlib4j。

```
<dependency>
     <groupId>com.github.sh0nk</groupId>
     <artifactId>matplotlib4j</artifactId>
     <version>0.4.0</version>
</dependency>
```

（2）使用 matplotlib4j 展示用户年龄的分布图。

```
//定义 Plot 实例
val plt: Plot = Plot.create
val list:java.util.List[Number] =new util.ArrayList[Number]()
ages.foreach(x=>list.add(x))    //将用户的年龄数据放入列表，以便加载到 Plot 中
plt.hist.add(list).orientation(HistBuilder.Orientation.vertical)  //将列表加载到 Plot 中
plt.title("ages histogram")     //设置表格标题
plt.show                        //显示表格
```

运行上述代码，即可得到图 7-20 所示的用户年龄分布图，从中可以看到，用户的年龄主要分布在 20 岁和 30 岁之间。

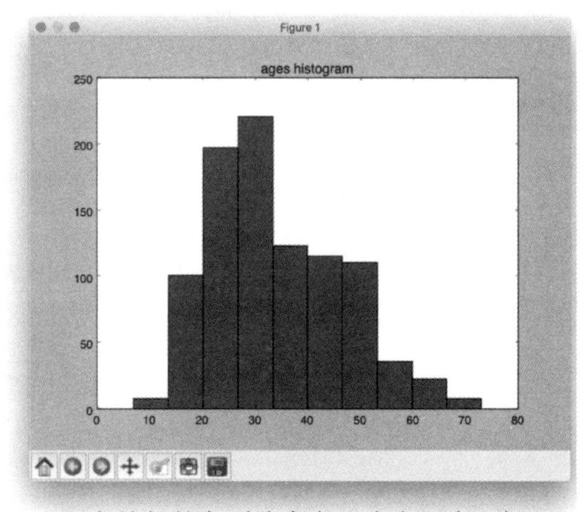


图 7-20 用户年龄分布图

# 7.2　Spark 机器学习常用统计方法

## 7.2.1　常用统计指标概述

统计是指使用单个数或小集合捕获很大值集的特征，从而通过少量数据来推测大量数据中的主要信息。常用的统计指标有如下几类：

- 分布度量；
- 频率度量；
- 位置度量；
- 散度度量；
- 多元比较；
- 模型评估。

图 7-21 清晰地展示了常用的统计指标。

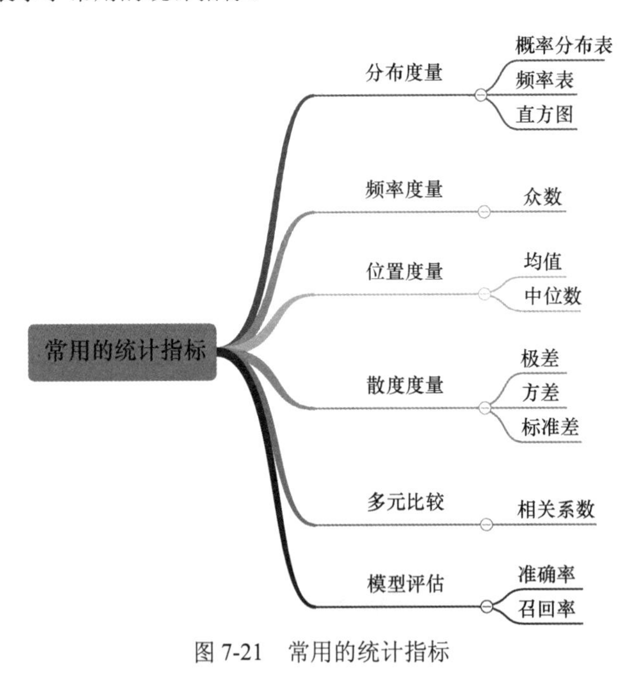


图 7-21　常用的统计指标

## 7.2.2　Spark ML 基础统计实战

Spark 提供了 Statistics 用于数据统计，下面通过代码实战进行演示。

```
object SummaryStatisticsExample {
  def main(args: Array[String]): Unit = {
    val conf = new SparkConf().setAppName("SummaryStatisticsExample").setMaster("local")
    //定义 SparkContext
    val sc = new SparkContext(conf)
    //定义样例数据，其中包含多个向量
    val observations = sc.parallelize(Seq(
        Vectors.dense(1.0, 10.0, 100.0),
        Vectors.dense(2.0, 20.0, 200.0),
        Vectors.dense(3.0, 30.0, 300.0)))
    //计算每一列上的统计信息
    val summary: MultivariateStatisticalSummary = Statistics.colStats(observations)
    println(summary.mean)          //计算均值
    println(summary.variance)      //计算方差
    println(summary.numNonzeros)   //统计非零值
    println(summary.max)           //计算最大值
    println(summary.min)           //计算最小值
    println(summary.normL1)        //计算一阶范数
    println(summary.normL2)        //计算二阶范数
    sc.stop()
  }
}
```

上述代码定义的样例数据中包含多个向量，可以使用 Spark 内部的 Statistics.colStats()方法对每一列中的数据进行统计，例如：使用 summary.mean 计算均值，使用 summary.variance 计算方差，使用 summary.numNonzeros 统计非零值，使用 summary.max 计算最大值，使用 summary.min 计算最小值，使用 summary.normL1 计算一阶范数，使用 summary.normL2 计算二阶范数。运行结果如下：

```
mean：[2.0,20.0,200.0]
variance：[1.0,100.0,10000.0]
numNonzeros：[3.0,3.0,3.0]
max：[3.0,30.0,300.0]
min：[1.0,10.0,100.0]
normL1：[6.0,60.0,600.0]
normL2：[3.7416573867739413,37.416573867739416,374.16573867739413]
```

### 7.2.3 Spark ML 相关性分析

相关性是指两个变量的关联程度。两个变量的相关性包含正相关、负相关、不相关 3 种情况。如果一个变量的较大值对应另一个变量的较大值，并且前者的较小值对应后者的较小值，就称这两个变量正相关；如果一个变量的较大值对应另一个变量的较小值，并且前者的较小值对应后者的较大值，就称这两个变量负相关；如果两个变量之间的变化没有明显关系，就称这两个变量不相关。

Spark MLlib 提供了两个计算相关性的方法——皮尔逊（Pearson）相关系数和斯皮尔曼（Spearman）相关系数。通常，我们对于符合正态分布的数据使用皮尔逊相关系数，而对于不符合正态分布的数据使用斯皮尔曼相关系数。

### 1. 皮尔逊相关系数

皮尔逊相关系数可理解为在对两个向量进行归一化之后计算它们的余弦距离，也就是使用余弦函数计算相似度——使用向量空间中两个向量的夹角的余弦值来衡量两个变量的相似度。

如图 7-22 所示，若皮尔逊相关系数大于 0，则两个变量正相关；若小于 0，则两个变量负相关；若为 0，则两个变量不相关。

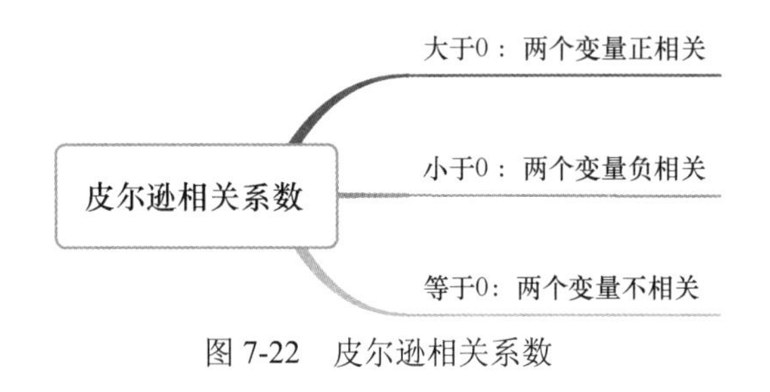


图 7-22　皮尔逊相关系数

下面通过代码实战演示 Spark 如何计算两个数组的皮尔逊相关系数。

```
//定义第 1 个数组 seriesX
val seriesX: RDD[Double] = sc.parallelize(Array(1, 2, 3, 3, 5))
//定义第 2 个数组 seriesY 和第 3 个数组 seriesY_1
//为了计算相关性，要求各个 RDD 的分区数与分区内数据的个数必须相同
val seriesY: RDD[Double] = sc.parallelize(Array(110, 22, 33, 33, 555))
val seriesY_1: RDD[Double] = sc.parallelize(Array(210, 200, 150, 100, 50))
//计算皮尔逊相关系数
val correlation: Double = Statistics.corr(seriesX, seriesY, "pearson")
println(s"seriesX and seriesY pearson correlation is: $correlation")
//seriesX 和 seriesY 都是呈增长趋势的数据集，因此它们的相关系数为 0.75 左右，它们之间正相关
val correlation_1: Double = Statistics.corr(seriesX, seriesY_1, "pearson")
println(s"seriesX and seriesY_1 pearson correlation is: $correlation_1")
//seriesX 和 seriesY_1 的皮尔逊相关系数为-0.9424587872925675
```

下面对上述代码进行解释。首先，定义第 1 个数组 seriesX，其中，数据(1, 2, 3, 3, 5)为增长型序列。然后，定义第 2 个数组 seriesY，其中的数据为(110, 22, 33, 33, 555)，可以看出，从第 2 个元素开始，数据也保持了增长趋势。接下来，定义第 3 个数组 seriesY_1，其中的数据(210, 200, 150, 100, 50)为下降型序列。最后，通过 Statistics.corr(seriesX, seriesY, "pearson")计算 seriesX 和 seriesY 的皮尔逊相关系数。Statistics.corr()方法的第 1 个和第 2 个参数分别为想要计算相关系数的两个序列，第 3 个参数表示计算何种相关性，例如"pearson"表示计算皮尔逊相关系数。由于 seriesX 和 seriesY 都是增长趋势的数据集，因此它们的相关系数为 0.75 左右，它们之间正相关。

另外，可以使用 Statistics.corr(seriesX, seriesY_1, "pearson")计算 seriesX 和 seriesY_1 的皮尔逊相关系数。由于 seriesX 为增长趋势的数据集，而 seriesY_1 为下降趋势的数据集，因此 seriesX 和 seriesY_1 的相关系数为−0.94 左右，它们之间负相关。

### 2. 斯皮尔曼相关系数

斯皮尔曼相关系数被定义为等级变量之间的皮尔逊相关系数，衡量的是两个变量之间的依赖性，计算公式如下：

$$r=\frac{\sum(x-\overline{x})(y-\overline{y})}{\sqrt{\sum(x-\overline{x})^2\sum(y-\overline{y})^2}}=\frac{l_{xy}}{l_{xx}l_{yy}}$$

其中，$x$ 的离均差平方和为 $l_{xx}=\sum(x-\overline{x})^2$，$y$ 的离均差平方和为 $l_{yy}=\sum(y-\overline{y})^2$，$x$ 与 $y$ 之间的离均差乘积和为 $l_{xy}=\sum(x-\overline{x})(y-\overline{y})$。

假设有两个变量 $x$ 和 $y$，如图 7-23 所示。随着 $x$ 的增加，当 $y$ 也增加时，斯皮尔曼相关系数大于 0；随着 $x$ 的增加，当 $y$ 减少时，斯皮尔曼相关系数小于 0；当 $x$ 的变化与 $y$ 的变化没有相关性（依赖关系）时，斯皮尔曼相关系数为 0。

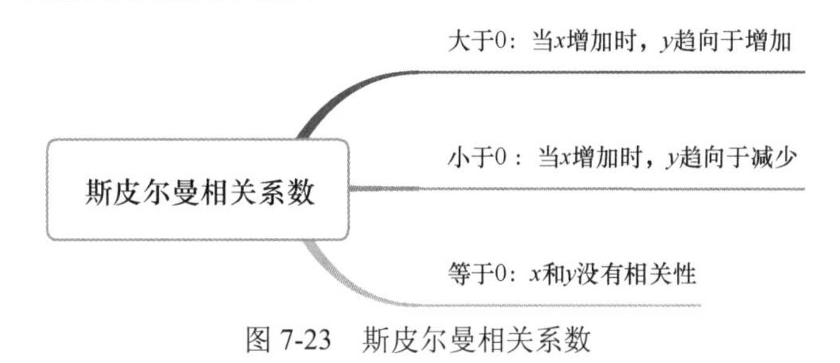


图 7-23　斯皮尔曼相关系数

下面通过代码实战演示 Spark 如何计算两个数组的斯皮尔曼相关系数。

```
//计算 seriesX 和 seriesY 的斯皮尔曼相关系数
val correlation_spearman: Double = Statistics.corr(seriesX, seriesY, "spearman")
println(s"seriesX and seriesY spearman correlation is: $correlation_spearman")
//seriesX 和 seriesY 的斯皮尔曼相关系数为 0.36842105263157904
//计算 seriesX 和 seriesY_1 的斯皮尔曼相关系数
val correlation_spearman_1: Double = Statistics.corr(seriesX, seriesY_1, "spearman")
println(s"seriesX and seriesY_1 spearman correlation is: $correlation_spearman_1")
//seriesX 和 seriesY_1 的斯皮尔曼相关系数为-0.9746794344808964
```

上述代码首先通过 Statistics.corr(seriesX, seriesY, "spearman")计算 seriesX 和 seriesY 的斯皮尔曼相关系数，由于 seriesX 和 seriesY 都是增长趋势的数据集，因此它们的相关系数为 0.368421 左右，seriesX 和 seriesY 正相关；然后通过 Statistics.corr(seriesX, seriesY_1, "spearman")计算 seriesX 和 seriesY_1 的斯皮尔曼相关系数，由于 seriesX 是增长趋势的数据集，而 seriesY_1 是下降趋势的数据集，因此它们的相关系数为−0.974679 左右，seriesX 和 seriesY_1 负相关。

## 7.2.4　Spark ML 数据抽样

在数据处理过程中，经常会因为数据过多而存在数据倾斜问题，此时我们就可以使用 Spark

的数据抽样（参见图 7-24）功能对数据进行抽样，并使用抽样数据代表整体数据的特征分布，然后基于抽样数据进行计算。

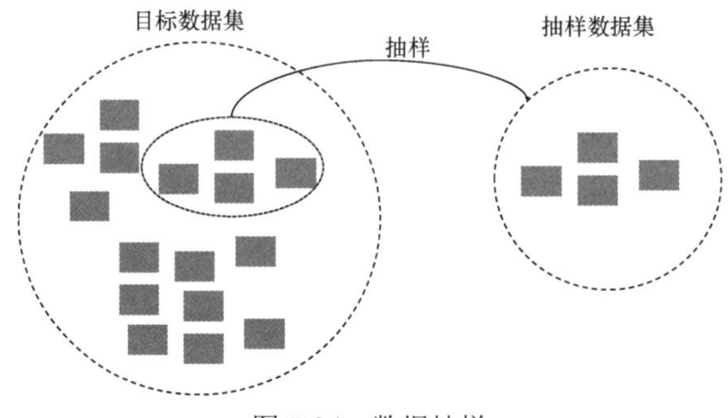


图 7-24　数据抽样

下面通过代码展示如何实现数据抽样。

```
val dataSeq = sc.parallelize(Seq((1, 'a'), (1, 'b'), (2, 'c'), (2, 'd'), (2, 'e'), (3, 'f')))
//定义抽样函数，并在抽样函数中为不同的键定义不同的抽样因子
val fractions = Map(1 -> 0.1, 2 -> 0.6, 3 -> 0.3)
//根据不同键的抽样因子获取近似抽样
val approxSample = dataSeq.sampleByKey(withReplacement = false, fractions = fractions)
approxSample.foreach(x=>println(x))
//根据不同键的抽样因子获取精确抽样
val exactSample = dataSeq.sampleByKeyExact(withReplacement = false,
                                           fractions = fractions)
exactSample.foreach(x=>println(x))
```

上述代码首先定义数据集 dataSeq，然后使用 dataSeq.sampleByKey()方法对数据进行抽样。dataSeq.sampleByKey()方法的第一个参数 withReplacement 为 false，这表示每次抽样的数据是不重复的，该参数为 true 时表示抽样的数据可重复；第二个参数 fractions 表示抽样因子，这里的抽样因子被定义为 Map(1 -> 0.1, 2 -> 0.6, 3 -> 0.3)，这表示对序列 Seq((1, 'a'), (1, 'b'), (2, 'c'), (2, 'd'), (2, 'e'), (3, 'f'))中键为 1 的数据抽样 10%，对键为 2 的数据抽样 60%，对键为 3 的数据抽样 30%。Seq 序列中的(1, 'a')是键为 1、值为字符串'a'的元组。

# 7.3　Spark 分类模型

前面介绍了 Spark 机器学习中常用的统计方法，本节介绍 Spark 机器学习中的分类模型，包括线性回归、逻辑回归、朴素贝叶斯、决策树等。

## 7.3.1　分类模型介绍

### 1．分类模型的概念

分类指的是根据事物的特征将其归到不同的类别。在机器学习中，可以根据数据的特征训练出分类模型，这样当新的数据到来时，便可使用分类模型将数据归到不同的类别。

分类问题有二分类和多分类两种情况。

二分类是最简单的分类形式，可用函数表示为 $f(x)=\boldsymbol{w}\cdot\boldsymbol{x}+b$ 。如图 7-25 所示，当 $\boldsymbol{w}\cdot\boldsymbol{x}+b=1$ 时，表示分类结果为正类；当 $\boldsymbol{w}\cdot\boldsymbol{x}+b=-1$ 时，表示分类结果为负类； $\boldsymbol{w}\cdot\boldsymbol{x}+b=0$ 为分类边界。

分类结果多于两类的分类问题被称为多分类问题，如图 7-26 所示。多分类问题的类别一般从 0 开始进行标记。例如，假设有 3 个类别，我们可以使用数字 0～2 分别表示 3 种不同的分类结果。

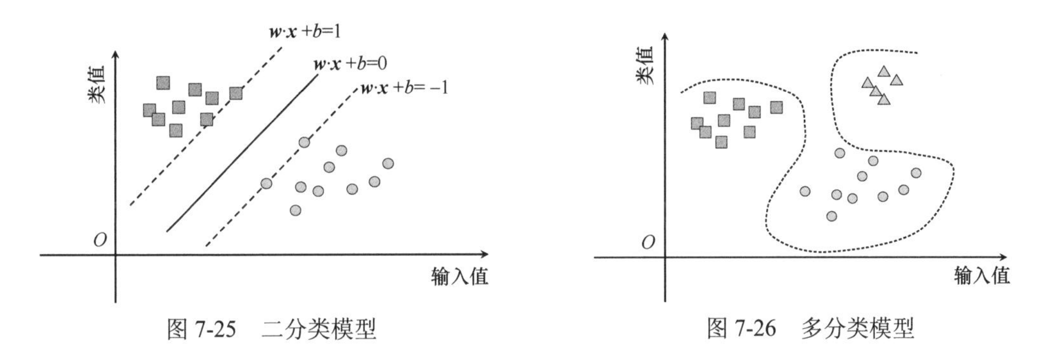


图 7-25　二分类模型　　图 7-26　多分类模型

## 2. 分类模型的常见应用场景

图 7-27 展示了分类模型的常见应用场景。

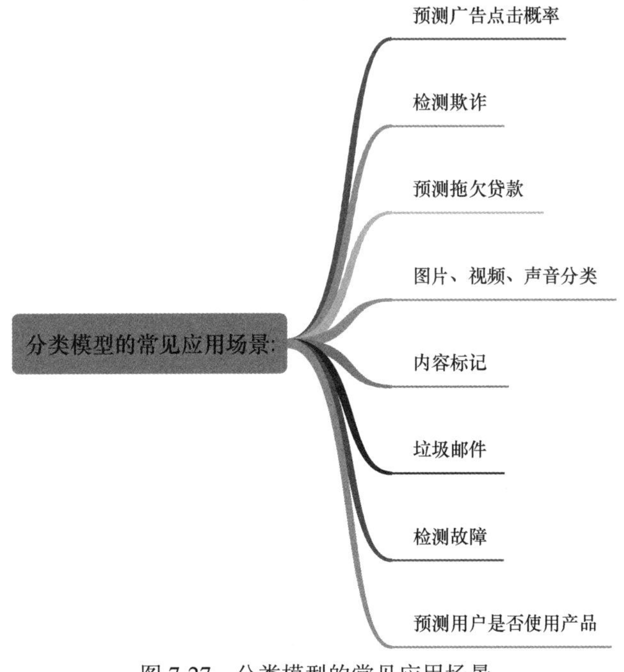


图 7-27　分类模型的常见应用场景

下面详细讨论分类模型的应用场景。

- 预测广告点击概率：根据用户的历史行为预测用户是否点击广告，这在本质上属于二分类问题。
- 检测欺诈：判断用户是否存在欺诈行为，这属于二分类问题。
- 预测拖欠贷款：金融系统可通过机器学习算法预测某个用户是否可能拖欠贷款，这属于二分类问题。
- 图片、视频、声音分类：可通过图像识别将图片归到不同的类别（如小猫图片、小狗图片、卡车图片），还可根据音频和图像将视频分为娱乐类视频、学习类视频等，这些一般属于多分类问题。
- 内容标记：对新闻、网页或其他内容标记类别或打标签，这些属于多分类问题。
- 发现垃圾邮件：通过对邮件的内容进行分析来判断邮件是不是垃圾邮件，这属于二分类问题。
- 检测故障：对计算机系统故障或网络故障进行检测，并将检测结果归到不同的故障类别。
- 预测用户是否使用产品：通过对用户的历史行为进行分析，判断用户是否会使用某产品。

### 3. Spark MLlib 中的分类模型

Spark MLlib 支持二分类、多分类和逻辑回归。支持二分类的模型有 SVM、逻辑回归、决策树、随机森林、梯度提升树和朴素贝叶斯，支持多分类的模型有逻辑回归、决策树、随机森林和朴素贝叶斯，如图 7-28 所示。

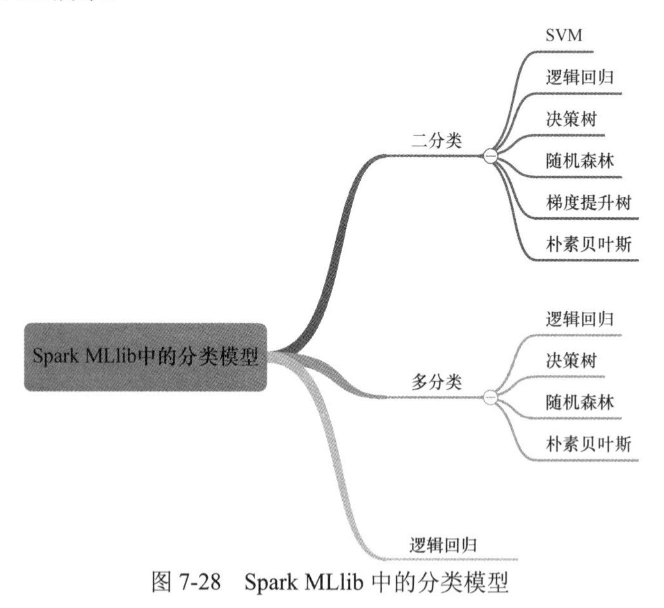


图 7-28　Spark MLlib 中的分类模型

### 4．凸优化问题

机器学习中的很多问题都可以定义为凸优化问题。凸优化问题是指在最小化目标这一要求下，目标函数是凸函数、变量所属集合是凸集合的优化问题。也就是说，找到关于 $\boldsymbol{w}$ 的凸函数 $\boldsymbol{f}$ 的最小值，使目标函数 $\boldsymbol{f}(\boldsymbol{w})=\lambda\boldsymbol{R}(\boldsymbol{w})+\frac{1}{n}\sum_{i=1}^{n}\boldsymbol{L}(\boldsymbol{w};\boldsymbol{x}_i,\boldsymbol{y}_i)$。其中，$\boldsymbol{w}$ 是权重向量，$1\leqslant i\leqslant n$，$\boldsymbol{x}_i$ 是训练样本，$\boldsymbol{y}_i$ 则是对应的标签。

如图 7-29 所示，目标函数 $\boldsymbol{f}$ 包含两部分——控制模型复杂度的正则项以及代表模型在训练数据上误差的损失函数，正则项系数$\lambda$用来权衡两者的关系。

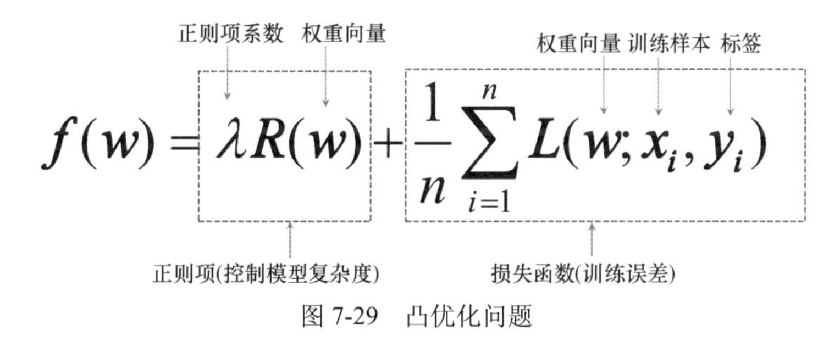


图 7-29　凸优化问题

## 7.3.2　线性回归

### 1．线性回归的概念

线性回归假设目标值与特征之间存在线性关系。也就是说，目标值和特征值满足多元一次方程 $h(x)=a_0+a_1x_1+a_2x_2\cdots+\cdots a_nx_n$。其中，$x_i$ 表示第 $i$ 个 $x$ 变量，参数 $a_i$ 是模型训练的目的。训练线性模型的过程就是计算这些参数值的过程。另外，线性模型也可用矩阵形式 $\boldsymbol{h}(\boldsymbol{x})=\boldsymbol{w}^{\mathrm{T}}\boldsymbol{x}+\boldsymbol{b}$ 表示，如图 7-30 所示。

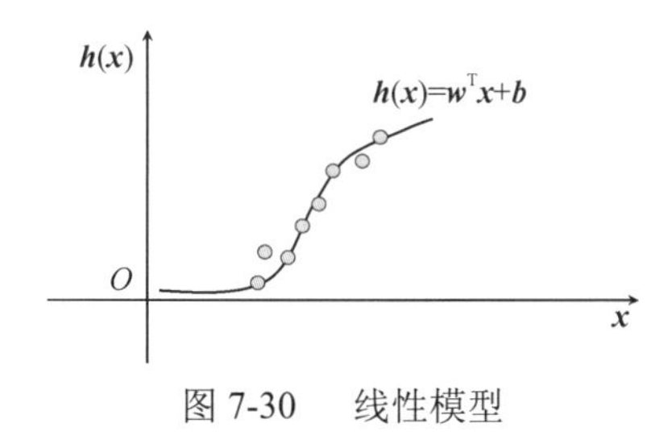


图 7-30　线性模型

### 2．线性回归分析的流程

线性回归分析的流程如图 7-31 所示。

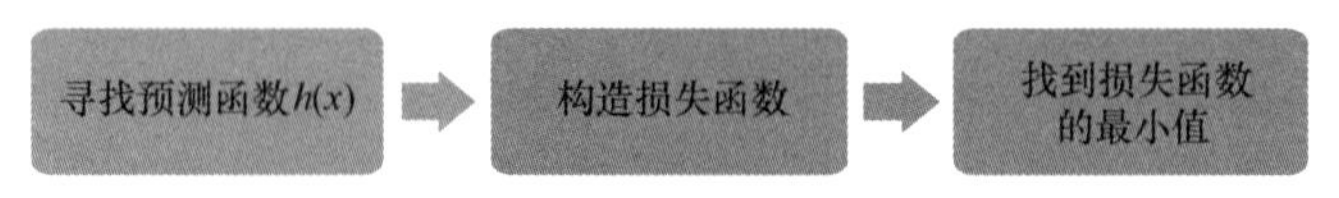


图 7-31　线性回归分析的流程

具体步骤如下。

（1）寻找预测函数 $h(x)$：在机器学习中，预测函数用于对输入的数据进行预测，预测函数 $h(x)$ 的输出结果为预测值。在选择预测函数之前，我们需要对数据的特征和分布规律有一定的了解。例如，通过对数据进行统计分析，我们可以大概确定函数是线性函数还是非线性函数。如果函数是非线性函数，那么无法通过线性回归对数据进行拟合。

（2）构造损失函数：训练数据的预测值($y'$)与真实值($y$)之间的偏差既可以用它们之间的差 $y'-y$ 表示，也可以用直接对它们的平方差进行开方的形式表示。一般情况下，我们需要综合考虑所有训练数据的“损失”，对损失求和或求平均，记为 $L(\theta)$函数。

（3）找到 $L(\theta)$函数的最小值：$L(\theta)$函数的值越小，表示预测函数越准确（$h(x)$函数越准确）。因此，只要找到 $L(\theta)$函数的最小值，就找到了最好的预测函数。$L(\theta)$函数的最小值有多种获取方法，Spark 采用的是随机梯度下降（Stochastic Gradient Descent，SGD）法。线性回归也可以采用正则化手段来防止模型过拟合。

下面以加载训练数据、训练模型、预测评估模型、保存和导入模型为例介绍 Spark 线性模型的使用方法。

```
object Linear {
  def main(args: Array[String]): Unit = {
   //初始化 SparkContext 实例 sc
    val conf = new SparkConf().setAppName("SummaryStatisticsExample").setMaster("local")
    val sc = new SparkContext(conf)
    //将 LIBSVM 格式的带有二元特征标签的数据加载到 RDD 中并自动进行特征识别
    val data = MLUtils.loadLibSVMFile(sc, "your_file_path/mllib/sample_libsvm_data.txt")
    //将数据按照 6：4 的比例进行划分
    //将 60%的数据作为训练数据集，而将剩余 40%的数据作为测试数据集
    val splits = data.randomSplit(Array(0.6, 0.4), seed = 11L) //seed 为抽样数据时使用的随机数
    //取出训练数据集
    val training = splits(0).cache()
    //取出测试数据集
    val test = splits(1)
    //训练模型，执行训练算法，建立模型
    val numIterations = 100     //使用梯度下降法求解时的最大迭代次数
    val model = SVMWithSGD.train(training, numIterations)
    model.clearThreshold()     //清除阈值以便预测，输出原始的预测分数
    //使用模型进行预测，在测试数据集上利用训练好的模型对测试数据进行预测并获取计算后的得分
    val scoreAndLabels = test.map { point =>
      val score = model.predict(point.features)     //使用训练好的模型对测试数据进行预测
      (score, point.label)
    }
```

```
// 获取评价指标，对模型进行评估
val metrics = new BinaryClassificationMetrics(scoreAndLabels)
val AUC = metrics.areaUnderROC()
println(s"Area under ROC = $AUC")
//保存和加载模型
model.save(sc, "/your_file_path/scalaSVMWithSGDModel")
// val sameModel = SVMModel.load(sc, "/your_file_path/scalaSVMWithSGDModel")
```

上述代码实现了线性模型的训练过程，具体流程如下。

（1）使用 MLUtils.loadLibSVMFile(sc, "your_file_path/mllib/sample_libsvm_data.txt")将 LIBSVM 格式的带有二元特征标签的数据加载到 RDD 中并自动进行特征识别。

（2）使用 data.randomSplit(Array(0.6, 0.4), seed = 11L)将加载到 Spark 中的二元特征数据按照 6∶4 的比例进行划分，60%的数据为训练数据集 training，40%的数据为测试数据集 test。

（3）使用 SVMWithSGD.train(training, numIterations)执行训练算法，训练出线性模型。SVMWithSGD 为 Spark 封装好的基于 SVM（支持向量机）并采用 SGD（梯度下降法）进行模型训练的对象。train()方法用于触发模型训练。train()方法的第一个参数 training 表示训练数据集，第二个参数 numIterations 表示当使用梯度下降法求解时的最大迭代次数。

（4）使用如下代码对测试数据集中的数据进行预测，得出预测结果的得分。

```
val scoreAndLabels = test.map { point =>
    val score = model.predict(point.features)  //使用训练好的模型对测试数据进行预测
    (score, point.label)
  }
```

上述代码在测试数据集 test 上使用 map 算子对每个数据进行了预测。过程如下：调用 model.predict(point.features)，使用之前训练好的模型对测试数据的特性（point.features）进行预测，然后将预测结果以(score, point.label)的形式返回。其中，score 表示预测结果的得分，point.label 表示预测的标签。

（5）通过 val metrics = new BinaryClassificationMetrics(scoreAndLabels)获取评价指标 metrics 并对模型进行评估，这里通过使用 metrics.areaUnderROC()方法来获取 AUC（Area Under Curve，曲线下的面积）并对模型进行评估。

（6）使用 model.save()方法对模型进行保存。当需要使用模型时，可通过调用 SVMModel.load()方法将模型加载到 Spark 中。

上述代码使用 AUC 对模型的预测效果进行了评价，如图 7-32 所示。AUC 指的是 ROC 曲线和坐标轴围成的面积。AUC 的取值在 0 和 1 之间。AUC 越靠近 1，表示模型的预测准确率越高；AUC 越靠近 0，表示模型的预测准确率越低。

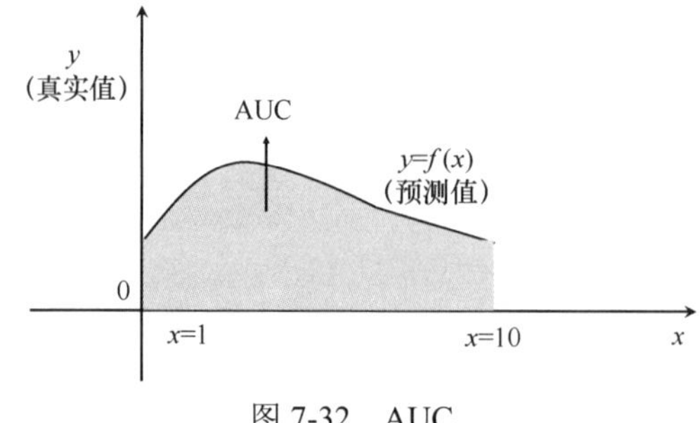


图 7-32　AUC

一般情况下，评判标准如下。

- AUC = 1：表示完美分类器。
- AUC ∈ [0.95, 1)：效果非常好，但一般不太可能。
- AUC ∈ [0.85, 0.95)：表示模型效果很好。
- AUC ∈ [0.7, 0.85)：表示模型效果一般。
- AUC ∈ (0.5, 0.7)：表示模型效果较差。
- AUC = 0.5：表示模型预测结果与随机猜测（就像丢铜板）一样，模型没有预测价值。
- AUC ∈ (0,0.5)：表示模型比随机猜测还差。
- AUC = 0：表示预测完全不正确。

## 7.3.3　逻辑回归

### 1. 逻辑回归的概念

逻辑回归主要用于分类问题。线性回归模型虽然采用最简单的线性方程实现了对数据的拟合，但是只实现了回归而无法进行分类。LR 模型是在线性回归模型的基础上构造出来的一种分类模型。

在使用线性回归模型分类任务（如二分类任务）时，我们可简单地通过阶跃函数（unit-step function）来实现，如图 7-33 所示。阶跃函数虽然简单，但其数学性质不好，既不连续，也不可微。

因此，有人提出了 sigmoid 函数。如图 7-34 所示，sigmoid 函数具有很好的数学性质，不仅可用于预测类别，而且实现了任意阶可微，因此可用于求解最优解。

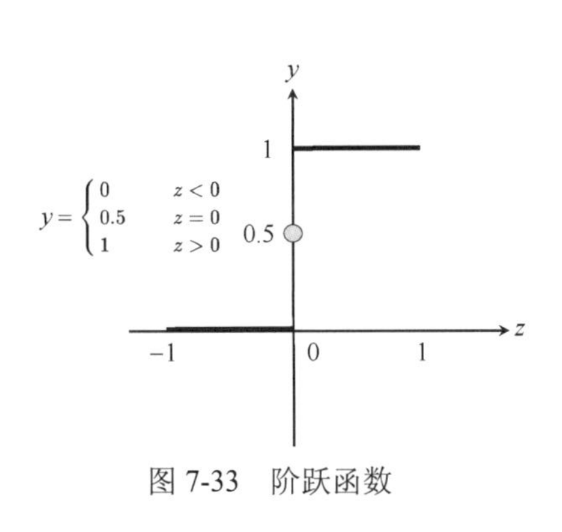


图 7-33 阶跃函数

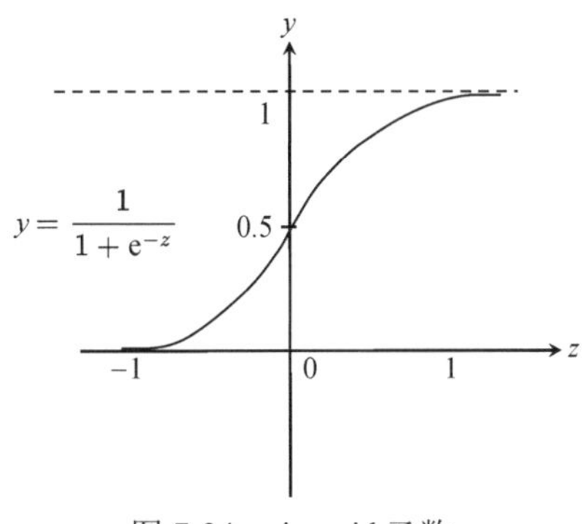


图 7-34 sigmoid 函数

## 2. 逻辑回归的原理

逻辑回归的推导过程如下：首先，结合 sigmoid 函数 $y=\frac{1}{1+\mathrm{e}^{-z}}$ 和线性回归函数 $\boldsymbol{h}(\boldsymbol{x})=\boldsymbol{w}^{\mathrm{T}}\boldsymbol{x}+\boldsymbol{b}$，把线性回归模型的输出作为 sigmoid 函数的输入。将函数带入后，便可得到 LR 模型 $y=\frac{1}{1+\mathrm{e}^{-(\boldsymbol{w}^{\mathrm{T}}\boldsymbol{x}+\boldsymbol{b})}}$。LR 模型确定好之后，需要确定损失函数。在 Spark 中，逻辑损失函数为 $\boldsymbol{L}(\boldsymbol{w};\boldsymbol{x},\boldsymbol{y})=\lg[1+\exp(-\boldsymbol{y}\boldsymbol{w}^{\mathrm{T}}\boldsymbol{x})]$。损失函数用来衡量模型的输出与真实输出的差别。确定损失函数后，需要不断优化模型，使损失函数的值达到最小。这样 LR 的学习任务便转换成了数学中的优化问题，公式为 $(\boldsymbol{w}^*,\boldsymbol{b}^*)=\arg\min_{w,b}\boldsymbol{L}(\boldsymbol{w},\boldsymbol{b})$。这是一个关于 $\boldsymbol{w}$ 和 $\boldsymbol{b}$ 的函数，可采用梯度下降法进行求解。在求解过程中，需要使用链式求导法则 $\boldsymbol{w}\leftarrow\boldsymbol{w}-\alpha\frac{\partial\boldsymbol{L}}{\partial\boldsymbol{w}}$ 和 $\boldsymbol{b}\leftarrow\boldsymbol{b}-\alpha\frac{\partial\boldsymbol{L}}{\partial\boldsymbol{b}}$。

图 7-35 展示了逻辑回归的原理。

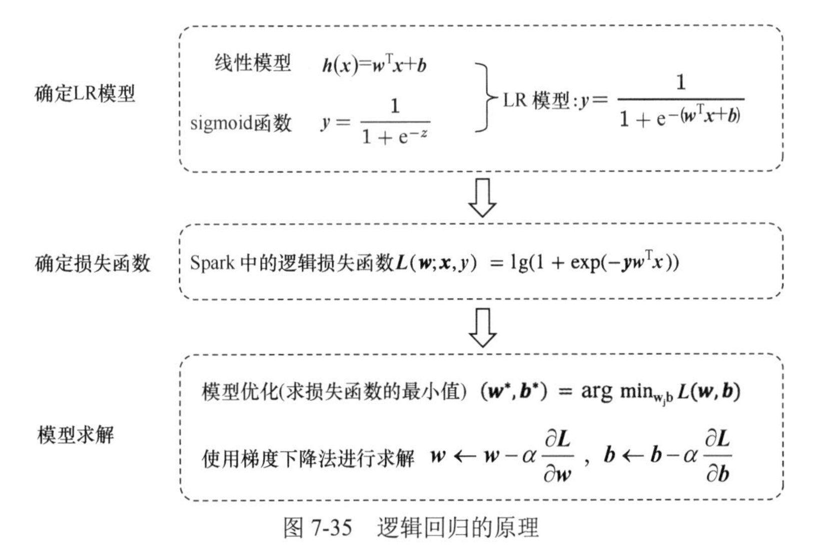


图 7-35 逻辑回归的原理

### 3．逻辑回归的特点

如图 7-36 所示，逻辑回归模型的优点在于原理简单，训练速度快，可解释性强，能够支撑大数据，即使在特征达到上亿规模的情况下，也依然有较好的训练效果和很快的训练速度；缺点在于无法学习特征之间的组合，在实际使用中，需要进行大量的人工特征工程，才能对特征进行交叉组合。

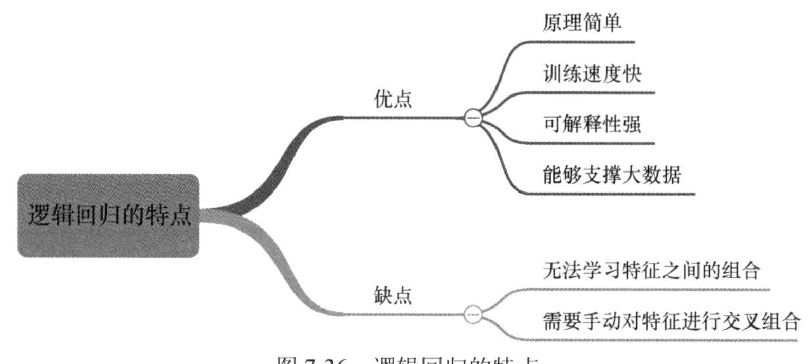


图 7-36　逻辑回归的特点

Spark MLlib 支持使用两种优化算法求解逻辑回归问题——小批量梯度下降（mini-batch gradient descent）法和改进拟牛顿（L-BFGS）法，它们在 Spark 中的实现分别对应 LogisticRegressionWithSGD 和 LogisticRegressionWithLBFGS。在实际工作中，对于特征比较多的逻辑回归模型，建议使用改进拟牛顿法来加快求解速度。利用 Spark 的 LogisticRegressionWithLBFGS 训练逻辑回归模型的核心代码如下：

```
val model = new LogisticRegressionWithLBFGS()
   .setNumClasses(10)     //设置可能分类的结果数，这里表示可能存在 10 种分类结果
   .run(training)         //training 为训练数据集
```

上述代码通过 LogisticRegressionWithLBFGS 基于改进拟牛顿法进行了模型训练。其中，setNumClasses()方法用于设置可能分类的结果数，这里表示可能存在 10 种分类结果；run(training)表示基于训练数据集 training 进行逻辑回归模型训练。

## 7.3.4　朴素贝叶斯

### 1．先验概率

先验概率指的是事件虽然还没有发生，但是根据以往经验就可以知道事件发生的概率，先验概率是“由因求果”思想的体现。例如，在掷硬币试验中，在掷出硬币之前，我们就已经知道正面向上和反面向上的概率均为 0.5。

### 2. 后验概率

后验概率指的是事情已经发生了，但发生的原因有多种，我们需要判断事情的发生具体是哪一种原因引起的，后验概率是“由果求因”思想的体现。例如，某同事今天没来上班，假设原因有两个：一是昨天离职了，二是有事请假了。后验概率就是根据结果（没来上班）计算可能是哪种原因（是离职了还是有事请假了）的概率。

### 3. 贝叶斯定理

朴素贝叶斯的思想如下：对于给定的待分类项，求解在不同待分类项出现的条件下各个类别出现的概率，哪个待分类项的最大，就认为这个待分类项属于哪个类别。

贝叶斯定理基于概率模型，并结合先验概率和后验概率，利用新证据修改已有的看法，既避免了只使用先验概率的主观偏见，也避免了单独使用样本信息的过拟合现象。

条件概率公式如下：$P(A|B)=P(B|A)P(A)/P(B)$。下面对其中的符号进行解释。

- $P(A|B)$：已知 $B$ 事件发生后 $A$ 事件发生的条件概率。由于已知 $B$ 事件发生的概率，因此 $P(A|B)$又称为事件 $A$ 的后验概率。
- $P(A)$：$A$ 事件发生的概率。由于在不考虑 $B$ 事件的情况下，$A$ 事件发生的概率一般情况下已知，因此有时候 $P(A)$又称为 $A$ 事件的先验概率或边缘概率。
- $P(B|A)$：已知 $A$ 事件发生后 $B$ 事件的条件概率。
- $P(B)$：$B$ 事件的先验概率。

贝叶斯公式提供了从先验概率 $P(A)$、$P(B)$和 $P(B|A)$计算后验概率 $P(A|B)$的方法：$P(A|B)=P(B|A)P(A)/P(B)$。$P(A|B)$将随着 $P(A)$和 $P(B|A)$的增大而增大，并随着 $P(B)$的增大而减小。换言之，如果 $B$ 事件在独立于 $A$ 事件时被观察到的可能性越大，那么 $B$ 事件对 $A$ 事件的支持度越小。

贝叶斯分类器主要基于对象的先验概率进行分类，首先通过贝叶斯公式计算出后验概率，然后将对象划分到后验概率最大的那个类别。

### 4. 贝叶斯模型的优缺点

贝叶斯模型的优点如下：朴素贝叶斯由于假定数据集的各个属性（特征）之间相互独立，因此逻辑简单、易于计算。同时，由于假定属性之间相互独立，因此即使在不同类型的数据集之间差异比较大的情况下，朴素贝叶斯也仍然能够保障预测结果的稳定性。

贝叶斯模型的缺点如下：朴素贝叶斯由于假定属性之间存在相互独立，因此在属性之间存在关联的情况下，预测效果会明显降低。

下面看看如何通过Spark训练朴素贝叶斯模型，核心代码如下：

```
//模型训练，利用朴素贝叶斯对模型进行训练
/**  training：训练数据集
  *  lambda：平滑因子
  *  modelType：模型类型，可以是multinomial或 bernoulli
  */
val model = NaiveBayes.train(training, lambda = 1.0, modelType = "multinomial")
//评估模型，利用模型对测试数据集进行预测，其中，model.predict(p.features)为预测的
  //类别，p.label为实际的类别
val predictionAndLabel = test.map(p => (model.predict(p.features), p.label))
//计算模型的预测准确率，(x => x._1 == x._2).count()表示预测正确的结果数，test.count()表示
  //数据总数
val accuracy = 1.0 * predictionAndLabel.filter(x => x._1 == x._2).count() / test.count()
```

上述代码通过NaiveBayes.train(training, lambda = 1.0, modelType = "multinomial")实现了对朴素贝叶斯模型的训练。其中，参数training表示训练数据集；参数lambda表示平滑因子；参数modelType表示模型类型，可以设置为multinomial（二项式）或bernoulli（伯努利）。训练好模型后，上述代码使用model.predict()方法对测试数据进行了预测。p => (model.predict(p.features), p.label)表示对于每个数据p，通过model.predict(p.features)使用训练好的模型对数据p所属标签进行预测，p.label表示数据p的真实标签，因此返回的实际上是由每个数据的预测值和实际值构成的元组。最后，使用(x => x._1 == x._2).count()计算预测正确（预测值和真实值相同）的结果数，并对模型的预测准确率进行计算。

## 7.3.5　决策树

### 1．决策树的概念

决策树采用树状结构对数据进行预测。每个节点代表一个属性值，分支代表属性值的输出，叶节点代表类别。每棵决策树都包含了以下部分。

- 决策点：属性可能的取值方案，当决策树有多级时，将最后的决策点视为最终决策方案。
- 状态节点：各个决策方案的期望值。
- 结果节点：各个决策方案的最终结果以及对应的损益值。

### 2．决策树的原理

利用决策树进行分类的过程如下：从根节点开始，对实例的某一特征进行测试，根据测试结果将实例分配到子节点，每个子节点对应这个特征的一个取值。递归上述分配过程，对实例进行测试并分配，直至抵达叶节点，最后将实例分到叶节点属于的类别。

决策树在本质上使用训练数据集估计条件概率模型，其损失函数为正则化的极大似然函数。

决策树模型训练好之后，依据模型对数据进行分类。决策树模型的构建包括特征选择、决策树生成、决策树修剪 3 个阶段，如图 7-37 所示。

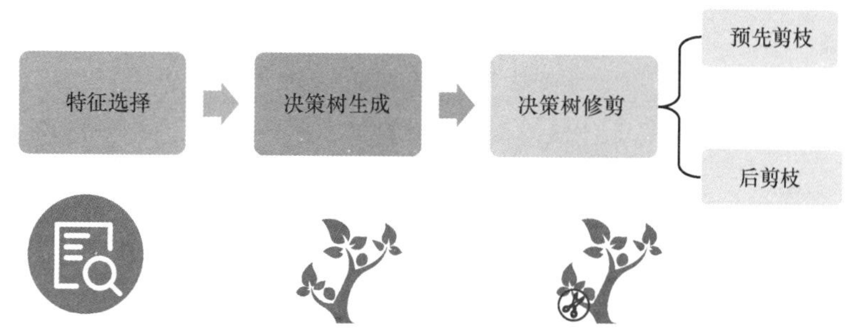


图 7-37 决策树模型的构建过程

### 3. 决策树的剪枝

对决策树进行剪枝，可以防止分支过多导致的决策树不平衡问题。剪枝的方法包括预先剪枝和后剪枝两种。预先剪枝是指提前为决策树设置指标，在决策树的生长过程中，如果达到指标，就停止生长；但如果指标设置不合理，就会导致决策树的不纯度相差较大的地方过分靠近根节点，从而影响算法的学习。

后剪枝则首先让决策树充分生长，直到叶节点都有最小的不纯度为止，之后再对所有相邻的成对叶节点考虑是否进行剪枝。如果剪枝后能提高不纯度，就进行剪枝，并将公共的父节点设为新的叶节点。经过剪枝后，叶节点通常会分布在比较宽的层次上，决策树也将变得不平衡。实践证明，后剪枝一般优于预先剪枝。

### 4. Spark MLlib 是如何实现决策树的

Spark MLlib 支持二分类、多分类以及回归问题的决策树，在特征上既支持连续特征，也支持类别特征。决策树是一种贪心算法，它会对特征空间递归地进行二分。对于每个叶节点，决策树都会预测。每个节点将通过贪心地选择所有可能的划分中最好的那种划分，来最大化每个节点的信息增益。

下面对节点不纯度（node impurity）和信息增益进行解释。

- 节点不纯度：节点内标签均匀度（homogeneity）的一种度量方式。Spark 目前不仅支持基于基尼不纯度（gini impurity）和熵（entropy）两种分类问题的不纯度度量方式的实现，而且支持基于方差（variance）的回归问题的不纯度度量方式，如图 7-38 所示。在训练决策树的时候，我们需要输入不纯度的类型，此外还需要输入分类个数、树的最大深度等参数。

| 不纯度 | 任务 | 公式 | 介绍 |
| --- | --- | --- | --- |
| **基尼不纯度** | 分类 | $\sum_{i=1}^{C} f_i(1-f_i)$ | $f_i$是标签 $i$ 在节点上的频率，$C$是不同标签的总数 |
| **熵** | 分类 | $\sum_{i=1}^{C} -f_i \lg(f_i)$ | $f_i$是标签 $i$ 在节点上的频率，$C$是不同标签的总数 |
| **方差** | 回归 | $\frac{1}{N}\sum_{i=1}^{N}(y_i-\mu)^2$ | $y_i$是一个样本的标签，$N$是样本总数，$\mu$是根据$\frac{1}{N}\sum_{i=1}^{N} y_i$得到的均值 |

图 7-38　不纯度的分类

- 信息增益：父节点的不纯度与两个子节点的不纯度加权后的和之间的差异。假设一种划分 $S$ 能将大小为 $N$ 的数据集 $D$ 划分为两个子集 $D_{\text{left}}$ 和 $D_{\text{right}}$，大小分别是 $N_{\text{left}}$ 和 $N_{\text{right}}$，Impurity（$D$）表示数据集 $D$ 的不纯度，Impurity（$D_{\text{left}}$）表示子集 $D_{\text{left}}$ 的不纯度，Impurity（$D_{\text{right}}$）表示子集 $D_{\text{right}}$ 的不纯度，那么信息增益的计算公式如下：

$$\text{IG}(D,S)=\text{Impurity}(D)-\frac{N_{\text{left}}}{N}\text{Impurity}(D_{\text{left}})-\frac{N_{\text{right}}}{N}\text{Impurity}(D_{\text{right}})$$

下面通过代码看看如何使用 Spark 训练决策树模型，核心代码如下：

```
//训练决策树时必要参数的准备
val numClasses = 2       //决策树的分类个数
//用于存储分类特征的集合，空的分类特征信息表示所有特征都是连续的
val categoricalFeaturesInfo = Map[Int, Int]()
//不纯度：信息增益的计算标准，支持 gini（基尼）系数和 entropy（熵）
val impurity = "gini"
val maxDepth = 5        //决策树的最大深度
val maxBins = 32        //对连续特征进行离散化时采用的桶数
//训练决策树模型
val model = DecisionTree.trainClassifier(trainingData, numClasses, categoricalFeaturesInfo,
  impurity, maxDepth, maxBins)
//利用测试数据集对模型进行评估
val labelAndPreds = testData.map { point =>
  val prediction = model.predict(point.features)
  (point.label, prediction)
}
val testErr = labelAndPreds.filter(r => r._1 != r._2).count().toDouble / testData.count()
println(s"Test Error = $testErr")
println(s"Learned classification tree model:\n ${model.toDebugString}")
//保存和加载模型
model.save(sc, "your_file_path/myDecisionTreeClassificationModel")
val sameModel = DecisionTreeModel.load(sc, " your_file_path/myDecisionTreeClassificationModel")
```

上述代码通过 DecisionTree.trainClassifier(trainingData, numClasses, categoricalFeaturesInfo, impurity, maxDepth, maxBins)来训练决策树模型，下面对参数进行解释。

- trainingData：训练数据集。

- numClasses：决策树的分类个数。
- categoricalFeaturesInfo：用于存储分类特征的集合，空的分类特征信息表示所有特征都是连续的。
- impurity：不纯度，信息增益的计算标准，支持 gini（基尼）系数和 entropy（熵）。
- maxDepth：决策树的最大深度。
- maxBins：对连续特征进行离散化时采用的桶数。

将上述代码补充完整后运行，从 Spark 控制台日志可以看出，Spark 在训练完决策树模型后，将会输出如下日志，日志中以 If…Else 的形式显示出了决策树。

```
Test Error = 0.0
  Learned classification tree model:
     DecisionTreeModel classifier of depth 2 with 5 nodes
      If (feature 434 <= 70.5)
       If (feature 100 <= 193.5)
        Predict: 0.0
       Else (feature 100 > 193.5)
        Predict: 1.0
      Else (feature 434 > 70.5)
       Predict: 1.0
```

## 7.4 协同过滤

协同过滤利用大量已有的用户偏好来估计用户对其未接触过的物品的喜好程度。协调过滤主要基于相似度的定义。在基于用户的方法中，如果一些用户表现出相似的偏好（对相同物品的偏好大体相同），就认为他们的兴趣类似。假设要为某用户推荐某未知物品，那么我们可基于上述思想，选取若干类似的用户并根据他们的喜好计算出各个物品的综合得分，再根据综合得分推荐物品。可用一句话概括为：如果与当前用户相似的其他用户也偏好某些物品，那么当前用户很可能也偏好这些物品。

由于基于用户或物品的方法的得分取决于若干用户或物品之间依据相似度构成的集合，因此协同过滤模型也经常称为最近邻模型。

协同过滤常用于推荐系统。如图 7-39 所示，用户的基本信息包括用户名称、年龄、性别，在协同过滤模型中，我们会计算用户的相似度。从图 7-38 中可以看出，用户 A 和用户 C 均为 30 岁左右的女性，于是系统认为用户 A 和用户 C 是相似用户，在推荐引擎中则称为“邻居”。协同过滤模型会基于“邻居”用户群的喜好给当前用户推荐一些物品，例如将用户 A 喜欢的物品 A（香水）推荐给用户 C。

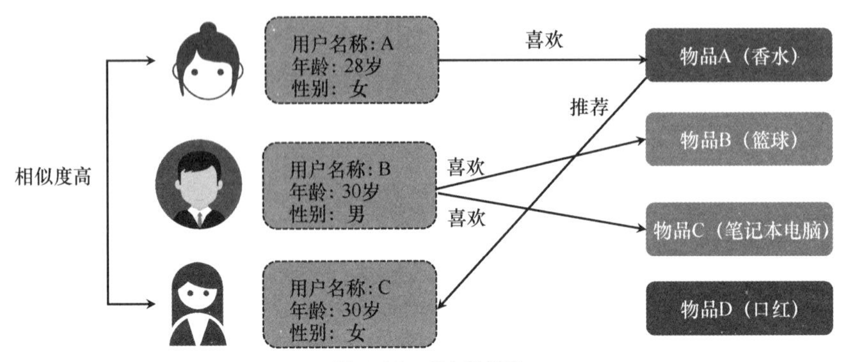


图 7-39　协同过滤

以下代码展示了如何基于 Spark 训练协同过滤模型：

```
object ASL {
  def main(args: Array[String]): Unit = {
    //定义 SparkContext 实例
    val conf = new SparkConf().setAppName("ASL").setMaster("local")
    val sc = new SparkContext(conf)
    //加载和解析数据
    val data = sc.textFile("your_file_path/mllib/als/test.data")
    val ratings = data.map(_.split(',') match { case Array(user, item, rate) =>
      Rating(user.toInt, item.toInt, rate.toDouble)
    })
    //基于 ALS 训练推荐模型
    val rank = 10
    val numIterations = 10
    val model = ALS.train(ratings, rank, numIterations, lambda=0.01)
    //基于模型对用户感兴趣的商品进行预测推荐
    //获取部分列中的数据
    val usersProducts = ratings.map { case Rating(user, product, rate) =>
      (user, product)
    }
    //对用户感兴趣的商品进行预测
    val predictions =
      model.predict(usersProducts).map { case Rating(user, product, rate) =>
        ((user, product), rate)
      }
    //对预测结果和训练数据进行连接，以便对比预测准确性
    val ratesAndPreds = ratings.map { case Rating(user, product, rate) =>
      ((user, product), rate)
    }.join(predictions)
    //计算真实数据和预测结果的均方差
    val MSE = ratesAndPreds.map { case ((user, product), (r1, r2)) =>
      val err = (r1 - r2)    //err 表示真实数据和预测结果的差值
      err * err              //计算 err 的平方
    }.mean()                 //mean 代表均值
    println(s"Mean Squared Error = $MSE")
    //保存和加载模型
   model.save(sc, "your_file_path/myCollaborativeFilter")
```

```
    val sameModel = MatrixFactorizationModel.load(sc, "your_file_path/myCollaborativeFilter")
  }
}
```

上述代码中涉及的关键步骤如下。

（1）定义 SparkContext 实例。

（2）加载和解析数据：通过 sc.textFile()将数据加载到 Spark 中，加载的训练数据如下。

```
1,1,5.0
1,2,1.0
1,3,5.0
1,4,1.0
2,1,5.0
```

训练数据在加载到 Spark 中之后，将通过 map()函数被解析为元组(user.toInt, item.toInt, rate.toDouble)。

（3）基于 ALS 训练推荐模型：可通过 ALS.train(ratings, rank, numIterations, lambda=0.01)实现模型的训练。其中，参数 ratings 表示训练数据集；参数 rank 表示排名，例如 rank=10 表示将得分排名前 10 的商品推荐给用户；参数 numIterations 表示模型训练过程中的最大迭代次数；参数 lambda 为 0.01，这表示标准正则化参数为 0.0l。

（4）对数据进行预测：可通过 predictions = model.predict(usersProducts)对 usersProducts 中的数据进行预测，并将预测结果保存在 predictions 中。

（5）评估模型：对预测结果 predictions 和训练数据集 ratings 进行连接，以便对比预测准确性并计算真实数据和预测结果的均方差。

（6）保存和加载模型。

# 7.5 Spark 聚类模型

## 7.5.1 聚类模型的概念

聚类分析指的是根据数据之间的相似度，将数据分到不同的簇中，同一簇内的数据相似，不同簇内的数据相异。

聚类模型的学习是无监督学习的过程。也就是说，在聚类分析过程中，不需要提前给出分类标准，而是基于数据的特点，由算法自动标记和分类。聚类中的每个簇代表一种隐藏的模式，聚类分析的过程就是搜索簇的过程，如图 7-40 所示。

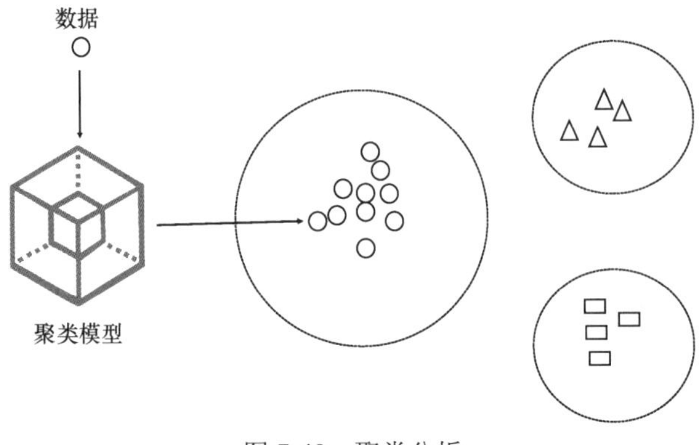


图 7-40　聚类分析

## 7.5.2　聚类分析算法

聚类分析算法包括 *k*-均值（*k*-means）算法、高斯混合（Gaussian mixture）、幂迭代聚类（power iteration clustering）、隐狄利克雷分配（latent Dirichlet allocation）模型，如图 7-41 所示。

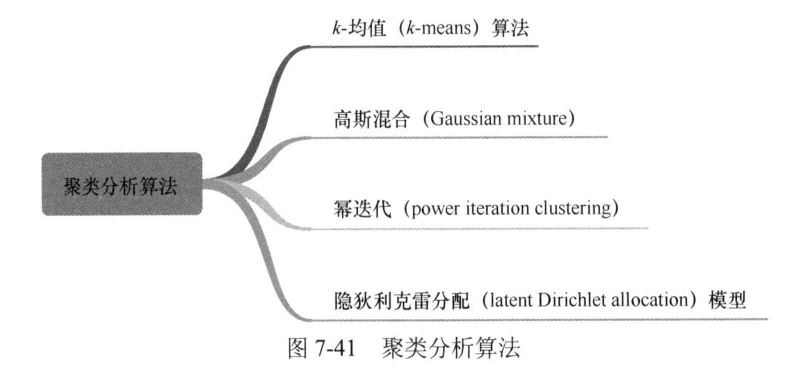


图 7-41　聚类分析算法

## 7.5.3　*k*-均值算法模型

### 1．*k*-均值算法的概念

*k*-均值（*k*-means）算法是一种基于质心的算法。在这种算法中，每个簇对应一个质心。*k*-均值算法的目的是最小化每个数据与其所在簇的质心之间距离的和。

*k*-均值算法还是一种无监督分类算法，其数学描述如下。

（1）假设存在无标签数据集 $X=\begin{bmatrix} x^{(1)} \\ x^{(2)} \\ \vdots \\ x^{(m)} \end{bmatrix}$。

（2）$k$-均值算法的目标是将数据集聚类为 $K$ 个簇，$\boldsymbol{c}=\left[c_1,c_2\cdots,c_k\right]$。

（3）在算法求解过程中，最小化损失函数的计算公式为 $E=\sum_{i=1}^{k}\sum_{x\in c_i}\left\|x-\mu_i\right\|^2$。在损失函数 $E$ 中，$\mu_i$ 为 $c_i$ 簇的中心点。上述公式用于寻找损失函数，使每个元素与其中心点的距离最近。其中，$\left\|x-\mu_i\right\|^2$ 表示元素 $x$ 与 $c_i$ 簇的中心点 $\mu_i$ 的距离。$\mu_i$ 的计算公式为 $\mu_i=\frac{1}{\left\|c_i\right\|}i\sum_{x\in c_i}x$。

## 2. k-均值算法的求解流程

$k$-均值算法使用贪心策略来求近似解，具体步骤如下。

（1）确定簇的数目 $K$：$K$ 指的是未来需要将数据分成多少类，假设 $K$=2。

（2）选择 $K$ 个随机点作为质心：假设模型在训练结果中将数据分成两类，那么 $K$=2；然后从所有数据中随机选择两个点作为质心。在这里，黑色实线圆圈代表 $c_1$ 簇的质心，灰色虚线圆圈代表 $c_2$ 簇的质心，空心的圆圈代表尚未分类的数据。

（3）将所有的点分配给距离某个质心最近的簇：对质心完成初始化之后，将每个点分配给距离质心最近的簇。从图 7-42 可以看到，更接近 $c_1$ 簇的点（黑色实线圆圈）被分配给了 $c_1$ 簇，更接近 $c_2$ 簇的点（灰色虚线圆圈）则被分配给了 $c_2$ 簇。

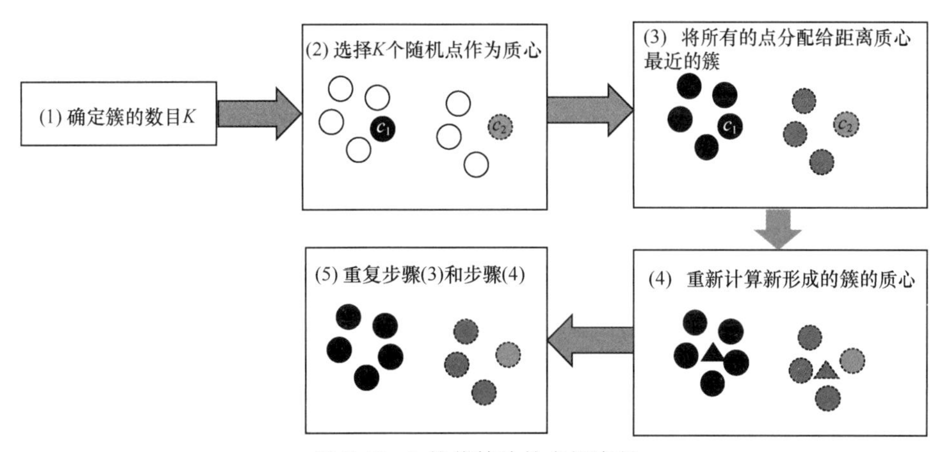


图 7-42 $k$-均值算法的求解流程

（4）重新计算新形成的簇的质心：在把所有的点分配给任意簇之后，计算新形成的簇的质心。从图 7-42 可以看到，黑色的实线三角符号和灰色的虚线三角符号就是新的质心。

（5）重复步骤（4）和步骤（5）：不断重新计算质心并根据点到质心的距离对点进行重新分配，直到每个数据与其所在簇的质心之间距离的和最小为止。

### 3．$k$-均值算法的停止条件

$k$-均值算法在求解时会不断迭代执行重新计算质心和分类数据的工作，那么在什么条件下迭代才会停止呢？通常有 3 种标准用于停止 $k$-均值算法。

- 新形成的簇的质心不再发生变化。如果新形成的簇的质心不再发生变化，就可以停止 $k$-均值算法。即使在多次迭代之后，所有簇的质心也仍然是相同的，因此可以说，$k$-均值算法已经找到了最合适的质心。在后续迭代中，由于模型已经学习不到任何新的模式，因此 $k$-均值算法可以停止了。
- 数据所属的簇不再发生变化。在经过多次迭代训练之后，如果数据点仍在之前所属的簇中，就说明 $k$-均值算法已经找到最优质心并且数据都已经被分配到对应的簇，因而可以停止训练过程。
- 达到最大迭代次数。为了防止 $k$-均值算法运行时间过长，我们可以为 $k$-均值算法设置最大迭代次数。如果达到最大迭代次数，就停止训练。假设最大迭代次数被设置为 100，那么在停止 $k$-均值算法之前，求解过程将重复 100 次。

### 4．$k$-均值++算法

使用 $k$-均值算法得到的聚类结果严重依赖于初始的聚类质心的选择。如果初始的聚类质心选择不好，就会陷入局部最优解，$k$-均值++算法就是为了解决这个问题而设计的。

使用 $k$-均值++算法选择初始的聚类质心时的基本原则是，初始的聚类质心之间的距离要尽可能远。使用 $k$-均值++算法选择初始的聚类质心的流程如下所示。

第 1 步：从输入的数据点集合中随机选择一个点作为第一个聚类中心 $c_1$。

第 2 步：对于数据集中的每一个点 $x$，计算这个点与最近聚类中心（已选择的聚类质心）的距离 $D(x)$，并根据概率选择新的聚类中心 $c_i$。

第 3 步：不断重复第 2 步，直至找到 $K$ 个聚类中心为止。以上改进虽然简单，但非常有效。

图 7-43 展示了上述流程。

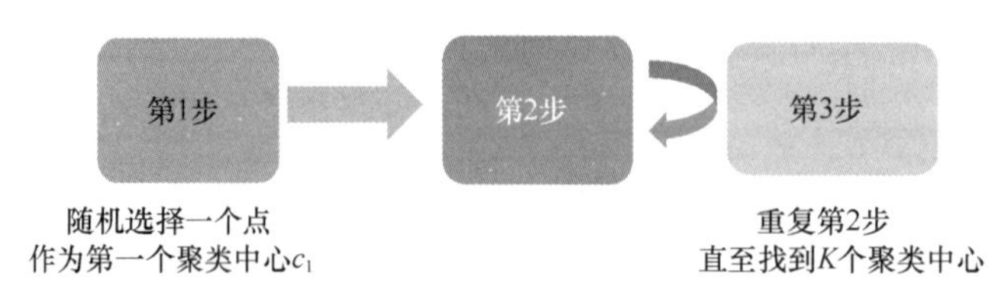


图 7-43　使用 $k$-均值++算法选择初始的聚类质心的流程

### 5. *k*-均值算法中簇数的选择

在聚类中，如何确定簇数？一条很重要的原则是，当簇数的增加不能带来模型质量的提高时，我们就可以认为当前簇数已经最大了。如图 7-44 所示，*x* 轴表示簇数，*y* 轴表示评估度量（用于评估模型的好坏）。在实际的模型训练中，从一个小的簇值开始，然后不断增加簇数并对模型进行度量。经过多次迭代后，当度量减小幅度变为常数时，对应的簇值便可以作为模型合适的簇数。

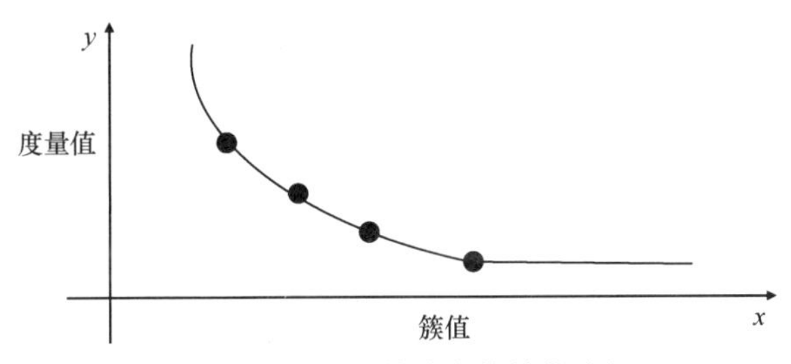


图 7-44 *k*-均值算法中簇数的选择

下面通过代码实战看看如何使用 Spark 训练聚类模型，核心代码如下：

```
object KMeansExample {
  def main(args: Array[String]): Unit = {
    //定义 SparkContext 实例
    val conf = new SparkConf().setAppName("kmeans ").setMaster("local")
    val sc = new SparkContext(conf)
    //加载并解析示例数据
    val data = sc.textFile("your_file_path/mllib/kmeans_data.txt")
    val parsedData = data.map(s => Vectors.dense(s.split(' ').map(_.toDouble))).cache()
    //使用 k-均值算法将数据聚为两类并返回 KMeansModel
    val k = 2                  //聚类的个数为 2
    val maxIterations = 20     //最大迭代次数为 20
    val kMeansModel = KMeans.train(parsedData, k, maxIterations)
    //通过计算点与最近聚类中心的距离平方的和来评估模型
    val WSSSE = kMeansModel.computeCost(parsedData)
    println(s"平方和 = $WSSSE")
    //利用训练好的 k-均值模型对数据进行分类
    kMeansModel.predict(parsedData).foreach(x=>println(x))
    //保存并加载模型
    kMeansModel.save(sc, "your_file_path/KMeansExample/KMeansModel")
    val sameModel = KMeansModel.load(sc, " your_file_path/KMeansExample/KMeansModel")
    sc.stop()
  }
}
```

上述代码实现了聚类模型的训练、评估和保存，流程如下。

（1）定义 SparkContext 实例。

（2）加载并解析示例数据：加载测试数据到 Spark 中并通过 Vectors.dense(s.split(' ').map(_.toDouble))将数据转换为向量。

（3）训练模型：使用 KMeans.train(parsedData, *k*, maxIterations)训练聚类模型。其中，参数 parsedData 表示训练数据集，参数 *k* 表示聚类的个数，参数 maxIterations 表示最大迭代次数。

（4）评估模型：通过 kMeansModel.computeCost(parsedData)计算点到最近聚类中心的距离平方的和，从而评估模型。

（5）进行数据预测：通过 kMeansModel.predict(parsedData)并利用训练好的 *k*-均值模型对数据进行重新分类。

（6）保存并加载模型。

在上述代码中，加载的 kmeans_data.txt 文件中的数据如下：

```
0.0 0.0 0.0
0.1 0.1 0.1
0.2 0.2 0.2
9.0 9.0 9.0
9.1 9.1 9.1
9.2 9.2 9.2
```

使用如下代码将数据加载到 matplotlib 中并使用图形展示后，就可以看到图 7-45 所示的数据分布效果。

```
fig = plt.figure()
ax = fig.add_subplot(111, projection='3d')
for c, m, zlow, zhigh in [('r', 'o', -50, -25), ('b', '^', -30, -5)]:
    xs = [0.0,0.1,0.2,9.0,9.1,9.2,]
    ys = [0.0,0.1,0.2,9.0,9.1,9.2]
    zs = [0.0,0.1,0.2,9.0,9.1,9.2]
    ax.scatter(xs, ys, zs, c=c, marker=m)
ax.set_xlabel('X Label')
ax.set_ylabel('Y Label')
ax.set_zlabel('Z Label')

plt.show()
```

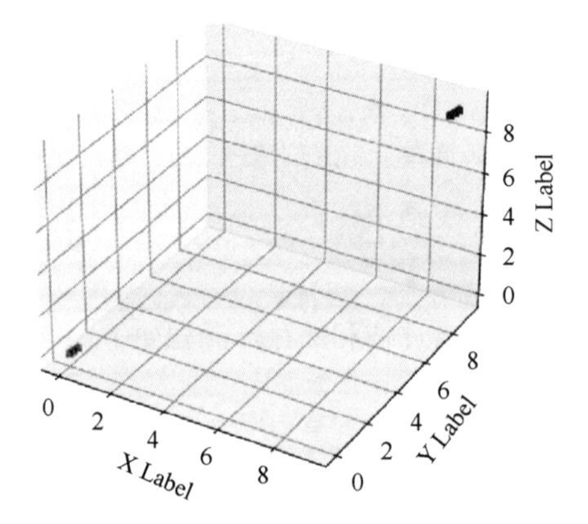


图 7-45 示例数据的分布情况

从中可以明显看出：一部分数据聚集在左下角附近，另一部分数据聚集在右上角附近。也就是说，数据分成了两类。

运行 kMeansModel.predict(parsedData).foreach(x=>println(x))后，将输出图 7-46 所示的分类结果。很明显，数据已分成两类：*x*、*y*、*z* 都小于 0.2 的被分到第一类，*x*、*y*、*z* 都大于 9.0 的则被分到第二类。

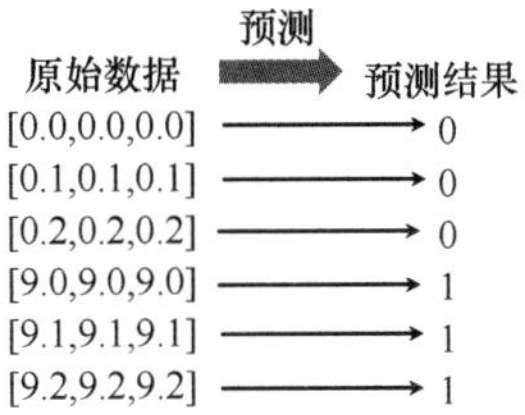

原始数据 —预测→ 预测结果

[0.0,0.0,0.0] → 0
[0.1,0.1,0.1] → 0
[0.2,0.2,0.2] → 0
[9.0,9.0,9.0] → 1
[9.1,9.1,9.1] → 1
[9.2,9.2,9.2] → 1

图 7-46 示例数据的分类结果

# 第 8 章 Spark 3.0 的新特性和数据湖

## 8.1 Spark 3.0 新特性概述

2020 年 6 月 18 日，开发了近两年的 Apache Spark 3.0 正式发布。Apache Spark 3.0 包含 3400 多个补丁，它不仅在 Python 和 SQL 功能方面有了重大改进，而且将重点聚焦在了开发和生产的易用性上。Apache Spark 3.0 的新特性主要如下。

- 在基准测试中，通过启用自适应查询执行、动态分区裁剪等其他优化措施，性能相比 Spark 2.4 提升了两倍。
- 兼容 ANSI SQL。
- 对 Pandas API 做了重大改进，其中包括对 Python 类型 hints 和 Pandas UDF 所做的改进。
- 简化了 PySpark 异常，能更好地处理 Python 错误。
- 对 Spark Structured Streaming UI 做了改进。
- 在 R 语言和 UDF 方面，速度提升了 40 倍。
- 超过 3400 个 Jira 问题得以解决。

图 8-1 对 Apache Spark 3.0 的上述新特性做了总结。

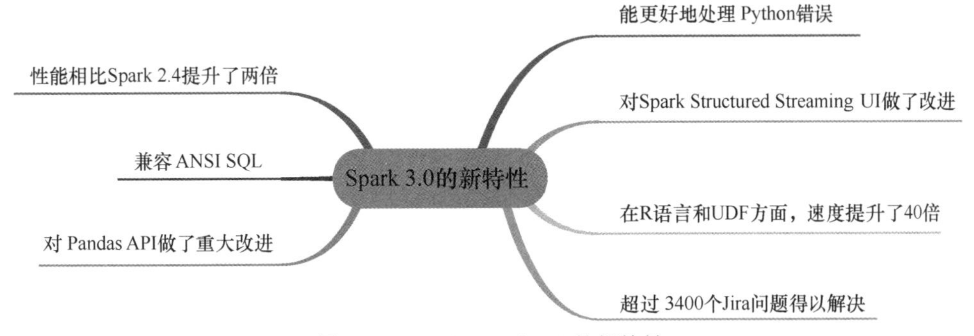


图 8-1 Apache Spark 3.0 的新特性

## 8.1.1 AQE

### 1. AQE 的概念

Spark SQL 是 Spark 开发中使用最广泛的引擎，它使得我们通过简单的几条 SQL 语句就能完成海量数据（TB 或 PB 级数据）的分析。

AQE（Adaptive Query Execution，自适应查询执行）的作用是对正在执行的查询任务进行优化。AQE 使 Spark 计划器在运行过程中可以检测到在满足某种条件的情况下可以进行的动态自适应规划，自适应规划会基于运行时的统计数据对正在运行的任务进行优化，从而提升性能。

如图 8-2 所示，一条 SQL 语句在执行过程中会经历如下阶段：通过解析器把 SQL 语句解析为语法树；通过分析器把语法树解析为分析后的逻辑计划；通过优化器对执行计划进行优化，得到优化后的逻辑计划；逻辑计划通过计划器被转换为物理计划；物理计划在通过查询成本模型评估后，最优的那个将被执行。

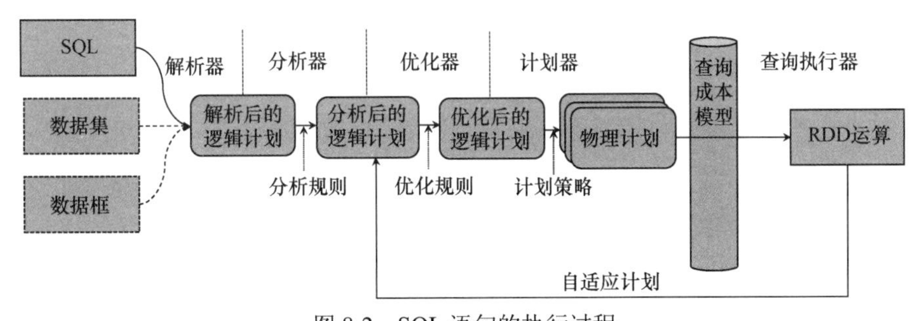


图 8-2 SQL 语句的执行过程

上述流程是预先根据 SQL 语句和数据分布对 SQL 进行解析、优化和执行的，但由于执行计划是预估的，准确性很难保证，因此执行计划并不是最理想的。有了 AQE 后，Spark 就可以在任务运行过程中实时统计任务的执行情况，并通过自适应计划将统计结果反馈给优化器，从而对任务再次进行优化，这种边执行、边优化的方式极大提高了 SQL 的执行效率。

AQE 主要用于解决如下问题。

（1）统计信息过期或缺失导致估计错误。

（2）收集统计信息的代价较大。

（3）因某些谓词使用自定义 UDF 导致无法预估。

（4）开发人员在 SQL 上手动指定 hints 时跟不上数据的变化。

### 2. AQE 的工作原理

当查询任务提交后，Spark 就会根据 Shuffle 操作将任务划分为多个查询阶段。在执行过程中，上一个查询执行完之后，系统会将查询结果保存下来，这样下一个查询就可以基于上一个查询的结果继续进行计算了。

如图 8-3 所示，SQL 语句“select x, avg(y)from t group by x order by avg(y)”的执行在两个 Shuffle 处被划分为两个查询阶段，第一个查询阶段包括扫描（scan）、聚合（aggregate）和 Shuffle 操作，第二个查询阶段包括聚合和 Shuffle 操作，最后对数据进行排序（sort）。

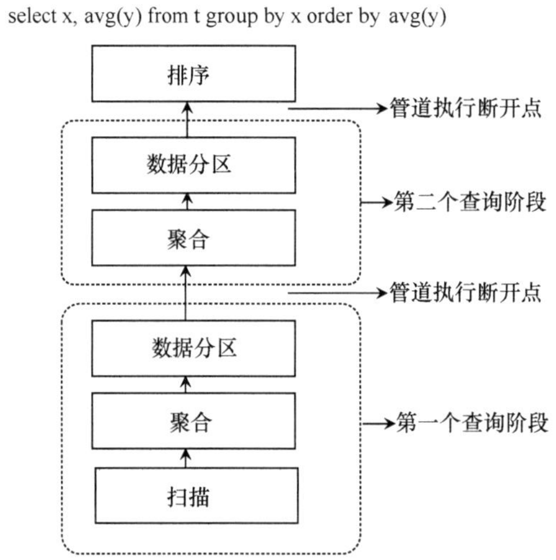

图 8-3　Spark 查询阶段

从图 8-3 可以看出，查询阶段的边界是进行运行时优化的最佳时机。在查询阶段的边界处，执行间歇、分区大小、数据大小等统计信息均已产生。Spark AQE 主要就是通过这些统计信息对执行计划进行优化的，流程如下。

（1）运行没有依赖的查询阶段。

（2）根据新的统计信息优化剩余的查询阶段。

（3）执行其他已经过优化且满足依赖的查询阶段。

（4）重复步骤（2）和（3），不断执行，优化再执行，直到所有查询阶段执行完。

图 8-4 展示了 AQE 的执行流程。

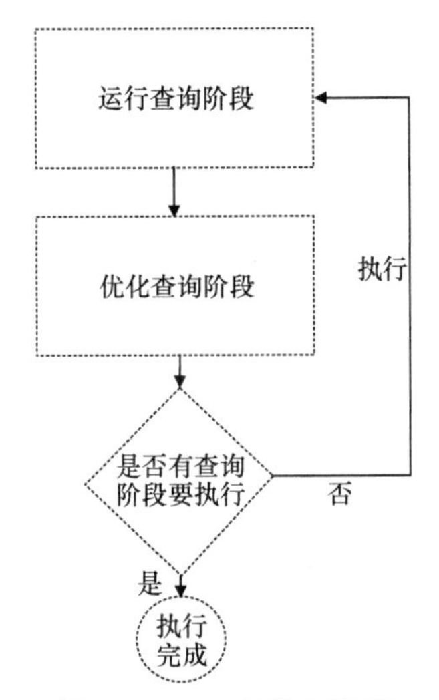


图 8-4 AQE 的执行流程

## 8.1.2 Spark SQL 的新特性

在 Spark 3.0 中，Spark SQL 拥有如下新特性。

- 动态合并 Shuffle 分区。
- 动态调整表关联策略。
- 动态优化倾斜的表关联操作。
- 支持动态分区裁剪。
- 兼容 ANSI SQL。
- 支持更丰富的 join hints。

### 1. 动态合并 Shuffle 分区

我们首先来看一下为什么分区这么重要。

（1）如果分区过小，那么不仅 I/O 低效，而且会产生调度开销和任务启动开销。

（2）如果分区过大，那么 GC 压力就会很大且容易溢写磁盘。

（3）在实践中，整个查询在执行过程中通常使用统一的分区数，但在查询执行的不同阶段，数据规模会变，因此分区对 Spark 性能影响很大。

基于以上原因，Spark 提供了动态合并 Shuffle 分区的功能，目的就是简化甚至避免调整 Shuffle 分区的数量。在真实场景中，不同分区的数据量不同，数据量大的分区对应任务的执行时间较长，数据量小的分区对应任务的执行时间较短，这样在运行过程中某些资源就被浪费了。另外，如果每个分区的数据量都比较小，那么对应任务的数量就会比较多。通过 AQE，我们可以将数据量较小的分区组合起来并分由一个任务处理，从而使每个任务处理的数据量都比较均衡且大小合理。

那么，AQE 如何动态调整分区呢？首先，设置较大的初始分区数以满足整个查询在执行过程中所需的最大分区数；然后，在每个查询阶段结束后，按需自动合并分区。

如图 8-5 所示，普通的 Shuffle 操作并没有自动合并，而是根据指定的分区数进行分区——Reduce 过程包含 Reduce1、Reduce2、Reduce3、Reduce4、Reduce5 这 5 个分区，运行时间长；使用 AQE 自动合并的 Shuffle 分区则会合并相邻的小分区 Reduce2、Reduce3、Reduce4，因而最终只包含 3 个分区，运行时长和资源利用率都有了提高。

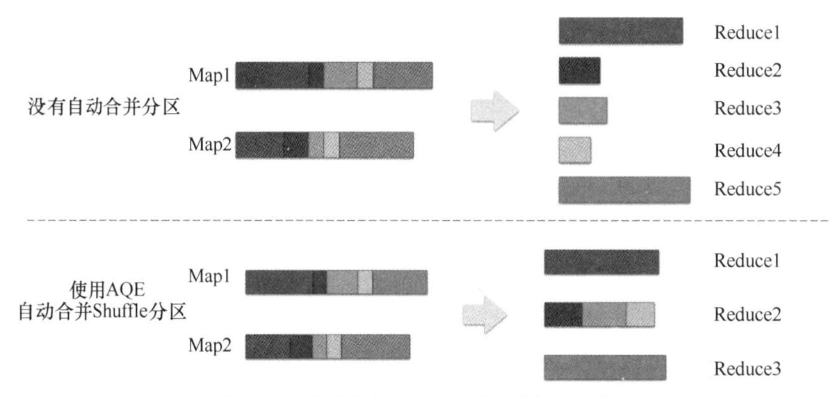


图 8-5　是否动态合并 Shuffle 分区的异同

下面通过一个例子介绍如何动态合并 Shuffle 分区。如图 8-6 所示，假设存在非常典型的 SQL 查询——“select t1.id,t2.key from t1 join t2 on t1.key=t2.key and t2.id <2”，该 SQL 查询涉及两个表 t1 和 t2。其中表 t1 比较大，表 t2 虽然较大，但是过滤操作可能会过滤掉其中的绝大部分值，因此在执行关联操作后实际产生的结果不会很多。

也就是说，关联操作在执行后，将会排除大量的数据，因此在读取表 t2 时，会浪费很多读的资源。但是在查询执行前，我们并不知道表 t2 在经过筛选后还剩下多少数据，因此不得不全部读取，具体如图 8-6 所示。

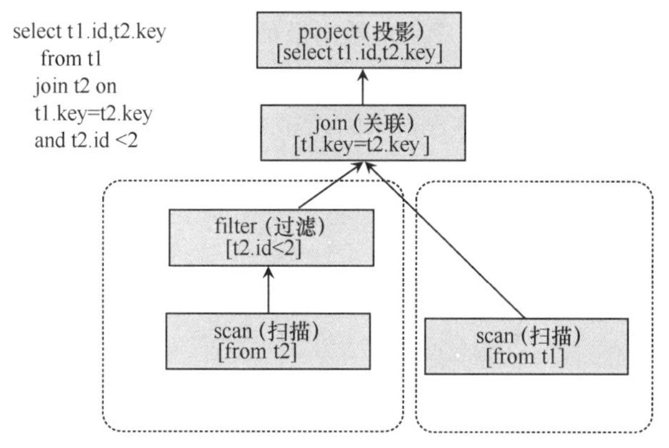


图 8-6 普通 SQ 语句的执行过程

但是，如果考虑运行期间的统计信息，那么对于表 t2 来说，筛选后的数据就可以推送到右边的子树，也就是表 t1，这极大提高了查询的性能。如图 8-7 所示，Spark 根据运行时统计信息对分区数据进行了动态合并，将 SQL 语句"select t1.id,t2.key from t1 join t2 on t1.key=t2.key and t2.id <2"优化成了 "select t1.id,t1.key from t1 where t1.key in(select t2.key from t2 where t2.id<2)"。

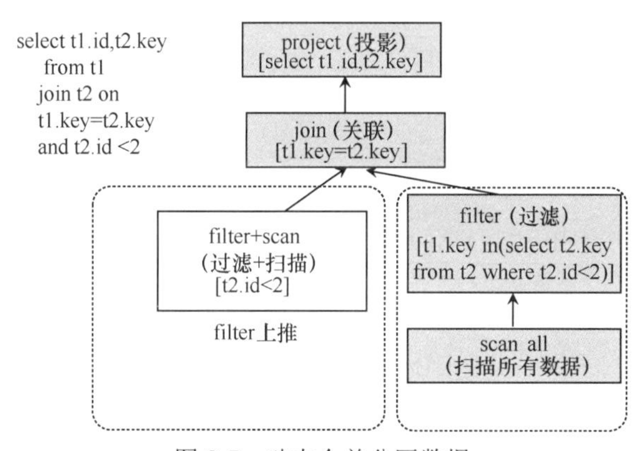


图 8-7 动态合并分区数据

### 2. 动态调整表关联策略

动态调整表关联策略在一定程度上避免了缺少统计信息或者错误估计数据量大小导致执行计划不理想的情况发生。

当表关联的一边可以完全放入内存时，Spark 会选择 Broadcast Hash Join。但是由于统计信息不够精准、子查询太复杂、黑盒的谓词不准确（比如用户自定义函数导致预估可能不准确）等，因此本来可以优化为 Broadcast Hash Join 的关联没有得到优化。

AQE 可以使用运行时的数据大小重新选择执行计划。在具体运行时，AQE 可以根据运行时信息判断来选择具体的表关联策略。例如，将 Sort Merge Join 转换成 Broadcast Hash Join，从而进一步提升性能。

如图 8-8 所示，右侧的过滤操作完成后，数据量预估为 25MB，但实际为 8MB。当没有 AQE 时，由于 Spark 默认的 Broadcast 阈值（spark.sql.autoBroadcastJoinThreshold）为 10MB，因此 Spark 只能通过预估的 25MB 数据量大小选择 Sort Merge Join；有了 AQE 之后，Spark 在运行时便可以检测到实际的数据量为 8MB，因而对执行计划重新进行优化，将 Sort Merge Join 转换成 Broadcast Hash Join，从而提高执行效率。

select * from t1 join t2 on t1.key=t2.key and t2.id <2

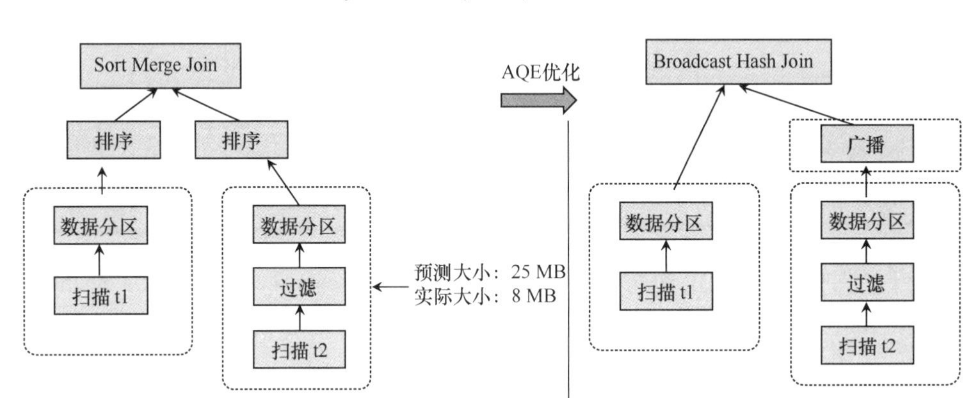


图 8-8　动态调整表关联策略

### 3．动态优化倾斜的表关联操作

当表关联操作发生数据倾斜时，我们可以对倾斜部分的数据做并行处理，以避免数据倾斜导致某个任务执行时间过长，从而影响整个任务的进度。

动态优化倾斜的表关联操作的具体实现逻辑如下：当数据发生 Shuffle 操作时，AQE 会统计 Shuffle 操作后的分区个数和每个分区的数据量等信息。如果发现某个分区上的数据明显多于其他分区上的数据，就说明数据在这个分区上发生了倾斜，于是将发生数据倾斜的分区划分为多个小的分区，并将它们与另一侧的相应分区连接起来。这不仅很好解决了数据倾斜问题，还提高了任务执行的并发度，同时在整体上提高了程序的运行效率。

如图 8-9 所示，当不做倾斜优化时，可以明显看出，PART.A0 分区上存在数据倾斜问题。

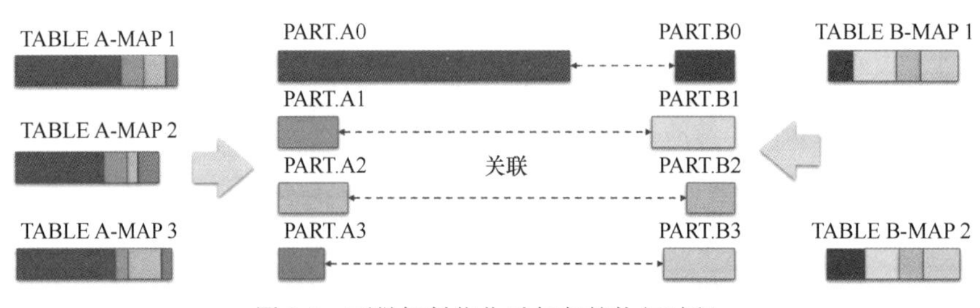


图 8-9　不做倾斜优化时任务的执行过程

如图 8-10 所示，启用动态优化倾斜的表关联功能后，就可以看到，之前的 PART.A0 分区将被划分为 3 个小的分区，分别为 A0-S0、A0-S1、A0-S2。Spark 在读取数据的时候，将使用倾斜分区数据读取器（skew shuffle reader）并行地读取这 3 个小分区上的数据，从而很好地解决了数据倾斜问题。

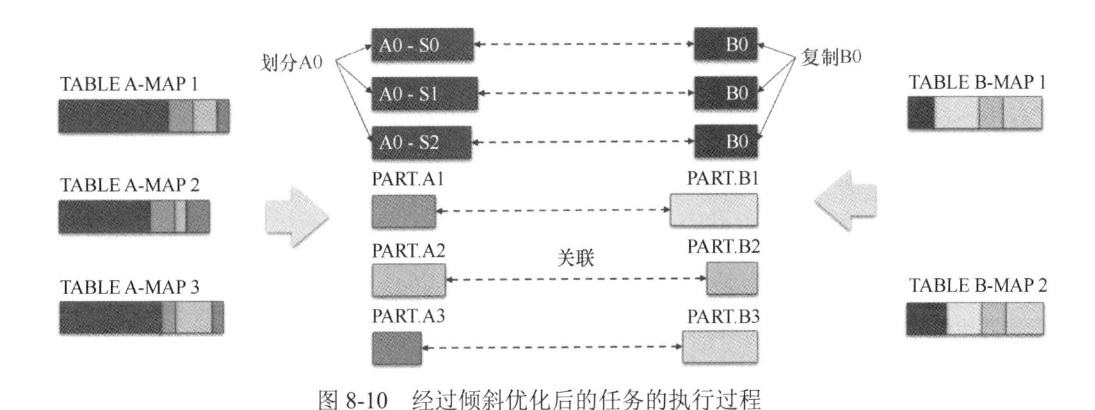

图 8-10 经过倾斜优化后的任务的执行过程

### 4. 支持动态分区裁剪

在编译阶段，若我们无法准确识别数据所在的分区是否可以跳过，则可以利用动态分区裁剪功能，根据运行时的统计信息在任务运行过程中对任务做进一步的分区裁剪，以避免扫描不必要的数据。

### 5. 兼容 ANSI SQL

Spark 3.0 为了与 ANSI SQL 兼容而做了进一步优化，为开发人员将其他大数据应用迁移到 Spark SQL 提供了很大的便利。

### 6. 支持更丰富的 join hints

Spark 编译器无法保障在任何情况下都能对 SQL 做出好的执行计划，因此需要开发人员使用 join hints 来影响优化器，促使其做出更好的执行计划。Apache Spark 3.0 对 join hints 的实现进行了扩展，具体包括 BROADCAST、SHUFFLE_MERGE、SHUFFLE_HASH 和 SHUFFLE_ REPLICATE_NL。

1）Broadcast Join 的 join hints

如下代码能在 Spark SQL 中以语法格式/*+ BROADCAST(t1) */将 t1 表中的数据广播到各个节点并执行，从而提高执行效率。

```
SELECT /*+ BROADCAST(t1) */ * FROM t1 INNER JOIN t2 ON t1.key = t2.key;
```

能够进行这种优化的前提是，开发人员都清楚地知道要广播的表数据的大小和分布情况。除

/*+ BROADCAST(t1) */这种 join hints 之外，还有/*+ BROADCASTJOIN(t1) */和/*+ MAPJOIN(t2) */等 join hints。/*+ BROADCASTJOIN(t1) */用于声明只有在对表数据进行关联时才对数据进行广播，/*+ MAPJOIN(t2) */用于声明在映射端对表数据进行关联，示例如下：

```
SELECT /*+ BROADCASTJOIN (t1) */ * FROM t1 left JOIN t2 ON t1.key = t2.key;
SELECT /*+ MAPJOIN(t2) */ * FROM t1 right JOIN t2 ON t1.key = t2.key;
```

2）Shuffle Sort Merge Join 的 join hints

如下代码分别用于实现 SHUFFLE_MERGE、MERGEJOIN 和 MERGE 的功能：

```
SELECT /*+ SHUFFLE_MERGE(t1) */ * FROM t1 INNER JOIN t2 ON t1.key = t2.key;
SELECT /*+ MERGEJOIN(t2) */ * FROM t1 INNER JOIN t2 ON t1.key = t2.key;
SELECT /*+ MERGE(t1) */ * FROM t1 INNER JOIN t2 ON t1.key = t2.key;
```

3）Shuffle Hash Join 的 join hints

如下代码用于实现 Shuffle Hash Join 的功能：

```
SELECT /*+ SHUFFLE_HASH(t1) */ * FROM t1 INNER JOIN t2 ON t1.key = t2.key;
```

4）Shuffle Replicate NL 的 join hints

如下代码用于实现 Shuffle Replicate NL 的功能：

```
SELECT /*+ SHUFFLE_REPLICATE_NL(t1) */ * FROM t1 INNER JOIN t2 ON t1.key = t2.key;
```

## 8.1.3　Koalas 和增强的 PySpark

近几年，人工智能和大数据处理技术发展迅速，Spark 在机器学习领域也持续发力。之前，很多数据科学家基于 Python 分析数据，数据工程师则使用 Spark 分析数据。现在，Spark 对 Python 提供了更好的支持，同时还发布了 Hydrogen，从而实现了数据科学家和数据工程师在一套平台上零障碍地交流合作，如图 8-11 所示。

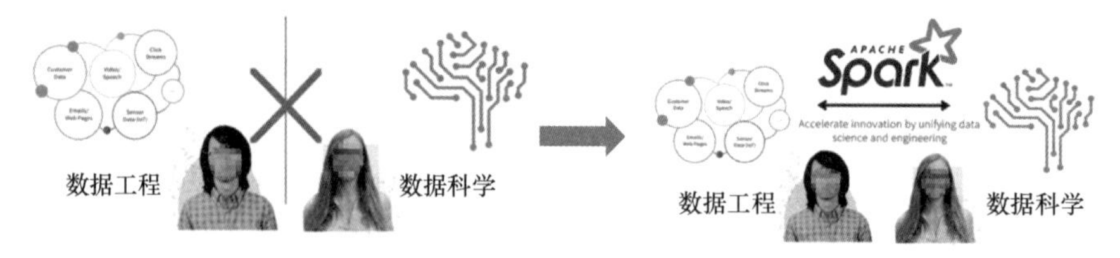


图 8-11　Spark 实现了数据工程师和数据科学家零障碍地交流合作

### 1. Koalas

在 Python 社区中，Pandas 是绝大多数数据科学家首选的数据分析库，但 Pandas 仅适用于单机小量级数据的分析，数据量级大的时候，性能会变差。因此，当对大量级数据进行处理分析时，使用 Pandas 的数据科学家将不得不重新学习大数据分析方面的语言和工具。Spark 在 2020 年 4 月发布了 Koalas，Koalas 面向 Pandas 已有用户，可以让他们无缝地使用 Spark 作为数据分析和计算引擎。Koalas 自推出以来，不仅用户越来越多，而且广受好评。

#### 2. 增强的 PySpark

Spark 3.0 优化并增强了 PySpark，具体表现在如下 3 个方面。

（1）具有带类型提示的新的 Pandas API。

（2）新的 API 更具 Python 风格和自我描述性。

（3）具有更好的错误处理机制。对于 Python 用户来说，PySpark 的错误处理机制并不友好。Spark 3.0 简化了 PySpark 异常，并隐藏了不必要的 JVM 调用栈信息。

### 8.1.4 数据湖

针对数据湖的大量需求，Spark 团队设计并开源了 Delta。Delta 主要有 4 个核心特性，其中最重要的特性是 ACID。Delta 通过乐观并发控制来实现数据的同时读写，从而保证数据的一致性，提高数据的质量，让批处理和流处理使用一套统一的数据，以及支持更新、删除、合并等典型的数据仓库操作。另有一点不得不提，在 Spark 中，元数据处理已经从小数据变成了大数据。当一个表有成百上千的分区时，元数据的获取和处理将会耗费大量的时间。Delta 由于使用 Spark 对元数据进行处理，因而效率得到了极大提高。

### 8.1.5 Hydrogen、流和可扩展性

Spark 3.0 不仅提供了 Hydrogen 这一关键服务，而且引入了以下新的特性来改善流和扩展性。

- 加速器感知调度。
- 结构化流的新 UI 改进。
- 可观察的指标。
- 新的目录插件 API。

### 8.1.6 Spark 3.0 的其他新特性

由图 8-12 可知，Spark 3.0 在性能、内置数据源、API、SQL 兼容、扩展性和生态系统、监控和可调性等多方面做了改进和优化。

图 8-12　Spark 3.0 的新特性

从上述介绍中可以看出，Spark 的未来发展方向是提供更好的 SQL 体验和更高的性能，更好地支持 AI 以及 Python、R 等其他语言。

## 8.2　Spark 未来的趋势——数据湖

### 8.2.1　为什么需要数据湖

#### 1．什么是数据湖

数据湖指的是可以存储任意格式数据（结构化和非结构化数据）的存储中心。数据湖和数据仓库最大的区别是，数据湖对数据的存储格式没有要求，任何格式的数据在数据湖中都可轻松管理。

#### 2．数据湖与数据仓库的对比

数据湖是在数据仓库（简称数仓）的基础上提出的，其范围比数仓更广泛。数据湖和数仓的主要差别表现在以下几个层面。

在数据层面，数仓中的数据大部分来自事务系统、运营数据库和业务线应用程序，因而拥有相对明确的数据结构；而数据湖中的数据来自物联网设备、网站、移动应用程序、社交媒体和企业级应用程序等，既包含结构化数据，也包含非结构化数据。

在 Schema 层面，数仓的 Schema 在数据入库之前的设计阶段就产生了，而数据湖的 Schema 是在写入数据时通过实时分析数据结构产生的。

在数据质量层面，数仓中的数据因为具备完整的数据结构并且支持事务操作等，所以比数据湖中的数据好。

在应用层面，数仓主要用于批处理报告、报表和可视化等；数据湖主要用于机器学习、预测分析、数据发现和分析等。

### 3. 数据湖面临的挑战

数据湖面临的挑战如下。

- 对数据湖进行的读写操作不可靠：由于数据湖中的数据动辄达到 TB 级，因此其读写相对耗时，不可能像关系数据库那样以锁表加事务的方式保障数据的一致性。这会导致在数据写入过程中有人读取数据时，看到中间状态数据的情况发生，类似于数据库中的“幻读”。在数据湖的实际设计中，我们可通过添加版本号等方式解决这个问题。
- 数据湖的数据质量较差：由于数据湖对数据的结构没有要求，因此大量的非结构化数据会存入数据湖，这给后期数据湖中数据的治理带来很大的挑战。
- 随着数据量的增加，性能变差：随着数据湖中数据操作的增加，元数据也会不断增加，但数据湖架构一般不会删除元数据信息，这将导致数据湖不断膨胀，数据处理作业在元数据的查询上将消耗大量的时间。
- 更新数据湖中的记录非常困难：数据湖中数据的更新需要工程师通过复杂逻辑才能实现，维护困难。
- 数据如何回滚的问题：在数据处理过程中，错误是不可避免的，因此数据湖必须有良好的回滚方案以保障数据的完整性。

图 8-13 总结了数据湖面临的挑战。

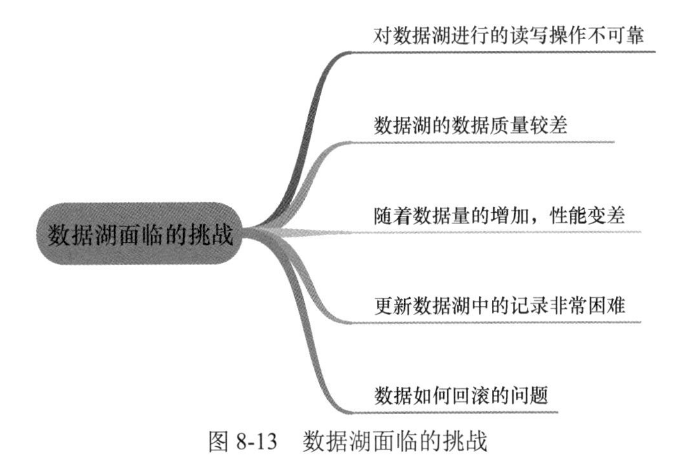


图 8-13　数据湖面临的挑战

## 8.2.2 Delta Lake

### 1. Delta Lake简介

Delta Lake是Databricks公司开发的数据湖解决方案，它提供了基于大数据的ACID、版本控制、数据回滚等功能，使用户能够基于Delta Lake和云存储快速构建数据湖应用。

### 2. Delta Lake的主要特征

Delta Lake解决了数据湖面临的挑战，简化了数据湖的构建。Delta Lake的主要特征如下。

（1）支持事务操作。在Delta Lake中，每个写操作都是一个事务，事务的状态可通过事务日志来记录，事务日志会跟踪每个文件的写操作状态。Delta Lake的并发写操作是使用乐观锁的方式进行控制的。当存在多个客户端同时针对同一份数据的写操作时，只有其中一个写操作会成功，其他写操作会抛出异常，客户端将根据异常情况选择重试或放弃修改操作。

（2）管理Schema。在写入数据的过程中，Delta Lake会检查DataFrame中数据的Schema信息。如果Delta Lake发现表中存在新的列数据，但在DataFrame中不存在，就将该列数据存储为null；如果发现新的列数据在DataFrame中存在，但在表中不存在，就抛出异常。另外，Delta Lake还可以显式地添加新列的数据定义并自动更新Schema。

（3）控制数据版本和时间旅行。Delta Lake会将用户的写操作以版本的形成存储。也就是说，每对数据执行一次更新操作，Delta Lake就会生成一个新的版本。用户在读取数据时，可在API中传入版本号以读取任何历史版本的数据，同时还可以将表中数据的状态还原到历史中的某个版本。

（4）支持统一的批处理和流接收。Delta Lake可以从Spark的结构化流中获取数据并结合自身的ACID、事务以及可伸缩的元数据处理能力来实现多种近实时的数据分析。

（5）支持记录的合并、更新和删除。在未来的版本中，Delta Lake计划支持记录的合并、更新和删除功能。

### 3. Delta Lake数据存储

Delta Lake的基本原理其实很简单：首先通过分区路径（partition directory）存储数据，建议数据格式为Parquet；然后使用事务日志（transaction log）记录表版本（table version）和变更历史，以维护历史数据。

Delta Lake中的表其实是一系列操作的结果，例如更新元数据、更新表名、变更Schema、增加或删除分区、添加或移除文件等。Delta Lake会以日志的形式将所有的操作存储在表中。也就是说，当前表中的数据是一系列的历史操作结果。图 8-14 展示了 Delta Lake 中表的结构信息，其中包含了表名、事务日志（每个事务日志文件代表一个数据版本）、表版本、分区目录和数据文件。

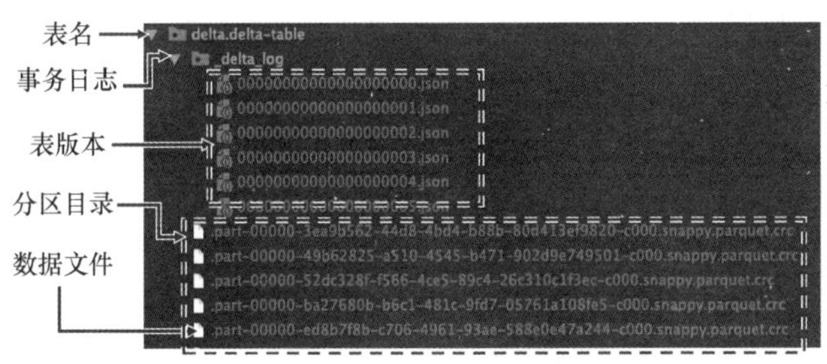


Delta Lake中的表是很多操作的结果。

- 更新元数据
- 更新表名
- 变更Schema
- 增加或删除分区
- 添加或移除文件

图 8-14 Delta Lake 中表的结构信息

### 4. Delta Lake 原子性保障

Delta Lake 原子性保障的原理很简单，只需要保障任务提交的顺序和原子性就可以了。如图 8-15 所示，首先在表中添加文件 001.snappy.parquet，形成一个版本并以 00000000000000000000.json 的日志文件形式存储。然后删除刚才添加的 001.snappy.parquet 文件，并添加新的 002.snappy.parquet 文件以形成另一个版本 00000000000000000001.json。这样在写入数据的过程中，如果有人读取数据，那么此人只能读取已经提交的结果数据。

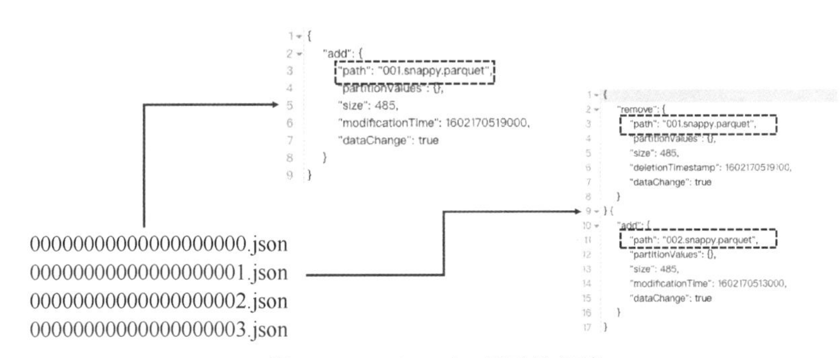


图 8-15 Delta Lake 原子性保障

### 5. Delta Lake 并发写

Spark 应用由于属于高并发读、低并发写的应用类型，因此比较适合使用乐观锁来控制并发写，如图 8-16 所示。接下来，我们分别从数据的读取和写入两方面探讨 Delta Lake 的数据一致性问题。

在读数据的情况下，读取的是表的某个版本的快照（snapshot）。因此，即使在读取过程中数据有更新，读操作看到的也是之前版本的数据。也就是说，在数据更新过程中，读操作看到的数据不会变动。

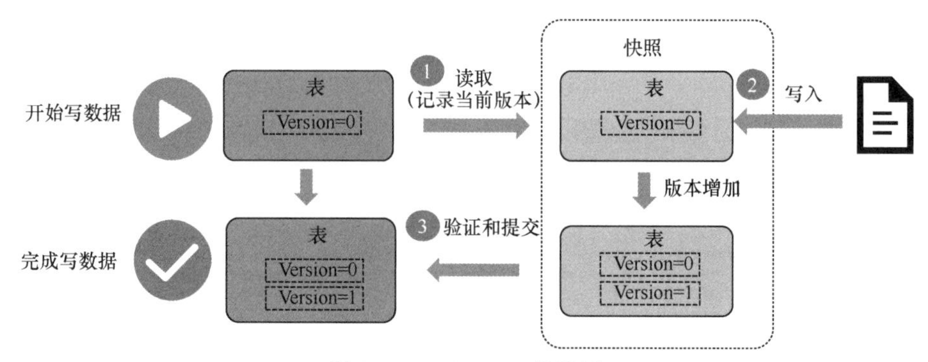


图 8-16　Delta Lake 并发写

在写数据的情况下，Delta Lake 使用乐观锁来保证事务的一致性。写操作分为 3 个阶段。

（1）读取：读取最新版本的数据并作为数据集的快照，然后定位需要修改的文件，后续的写操作将在数据集的快照版本中写入新数据。

（2）写入：执行写操作，将数据版本加 1，准备提交写操作的结果。

（3）验证和提交：在提交写操作的结果之前，检查其他已经提交的操作是否更新了文件，并检查与当前事务需要更新的文件是否有冲突。如果没有冲突，就提交此次写操作的结果，产生一个新的数据版本；如果有冲突，就抛出并发修改异常，放弃此次修改。

综上，在有多个并发写操作的情况下，即使它们来自不同的集群，Delta Lake 也能保证事务的一致性。

#### 6．Delta Lake 大规模元数据处理

当需要不断地对 Delta Lake 中的表进行操作时，就会持续地产生日志文件，并且随着时间的推移，日志文件会不断增加，最终形成很多的小文件。如果将元数据像 Hive 那样存储在 Hive Metastore 上，那么每次读取数据时都需要逐行读取分区信息，并找出分区下所有的问题信息，效率十分低下。Delta Lake 将元数据存储在了事务日志中，基于 Spark 的文件快速分析能力，Delta Lake 能够在固定的时间内列出大型目录中的文件，从而提高了数据读取效率。

### 8.2.3　Delta Lake 实战

#### 1．初始化项目

Delta Lake 的功能是以 Jar 包的形式提供的。因此，我们首先需要在项目的 pom.xml 中按照如下方式添加 delta-core 依赖。

```
<dependency>
       <groupId>io.delta</groupId>
       <artifactId>delta-core_${scala.binary.version}</artifactId>
       <version>${delta.version}</version>
    </dependency>
```

然后，通过如下代码对 SparkContext 进行初始化。

```
object DeltaDemo {
  def main(args: Array[String]): Unit = {
    try {
      //初始化 SparkContext
      val spark = SparkSession.builder().master("local").appName("DeltaDemo")
         .config("spark.default.parallelism",3)
         .config("spark.sql.extensions",
                 "io.delta.sql.DeltaSparkSessionExtension")
        .config("spark.sql.catalog.spark_catalog",
                "org.apache.spark.sql.delta.catalog.DeltaCatalog")
        .config("spark.databricks.deltaschema.autoMerge.enabled", "true")
        .getOrCreate()
     } catch {
      case e: Exception => {
        e.printStackTrace()
      }
    }
  }
}
```

上述代码通过 SparkSession 初始化了一个 SparkSession 变量。在初始化过程中，设置 spark.sql.extensions 为 io.delta.sql.DeltaSparkSessionExtension 可开启 Delta 支持，设置 spark.sql.catalog.spark_catalog 为 org.apache.spark.sql.delta.catalog.DeltaCatalog 可开启 Spark 对 DeltaCatalog 的支持，设置 spark.databricks.deltaschema.autoMerge.enabled 为 true 可支持 Spark 对数据中的 Schema 进行自动合并。

### 2. 创建 Delta Lake 表

Delta Lake 表的创建代码如下：

```
data.write.format("delta").save("your_file_path/delta/delta-table")
```

上述代码创建了一个名为 delta-table 的 Delta Lake 表，此外将 DataFrame 数据以 delta 格式写入了 Spark。在 Spark 中，我们也可以将 Parquet、CSV、JSON、ORC 等格式转换为 delta 格式。

Delta Lake 表的物理结构如图 8-17 所示，我们可以看到，delta.delta-table 目录其实就代表了表名，它的子目录_delta_log 用于存放日志，delta.delta-table 目录中还包括很多后缀为.parquet 的数据文件以及后缀为.crc 的校验文件。

图 8-17　Delta Lake 表的物理结构

### 3．使用 data_update 数据集更新 Delta Lake 表数据

更新 Delta Lake 表数据的代码如下：

```
val data_update = spark.range(5, 10)
    data_update.write.format("delta")
                     .mode("overwrite")
                     .save("/your_file_path/delta/delta-table")
    data_update.show()
```

上述代码首先通过 spark.range(5,10)定义了一个新的数据集 data_update，然后通过 data_update.write.format("delta").mode("overwrite").save("/your_file_path/delta/delta-table") 将 data_update 数据集以 delta 格式写入名为 delta-table 的表中，最后通过 data_update.show()显示了其中的 10 条数据。

### 4．删除 Delta Lake 表数据

删除 Delta Lake 表数据的代码如下：

```
val deltaTable = DeltaTable.forPath("/your_file_path /delta/delta-table")
deltaTable.update(
       condition = expr("id % 2 == 0"),
       set = Map("id" -> expr("id + 100")))
deltaTable.toDF.show()
```

上述代码对 deltaTable 数据集进行了更新，具体的实现方式就是调用 deltaTable 数据集的 update()方法。在 update()方法中，condition = expr("id % 2 == 0")表示过滤出 id 为偶数的数据，然后通过 set = Map("id" -> expr("id + 100"))对每个 id 的值加 100。

同样，我们也可以通过如下代码删除 deltaTable 数据集中的偶数行数据：

```
deltaTable.delete(condition = expr("id % 2 == 0"))
```

### 5. 融合更新 Delta Lake 表数据

除了直接通过 data_update 数据集更新数据之外，Delta 还支持以融合（upsert）方式更新数据。实现逻辑为：当数据存在时更新，当数据不存在时插入。实现代码如下：

```
deltaTable.as("oldData")      //将原始数据表命名为 oldData 并与 newData 进行合并
       .merge(newData.as("newData"), "oldData.id = newData.id")
        //当数据存在时更新
       .whenMatched.update(Map("id" -> col("newData.id")))
        //当数据不存在时插入
       .whenNotMatched.insert(Map("id" -> col("newData.id")))
       .execute()
     deltaTable.toDF.show()
```

上述代码首先通过合并的方式，对数据集 oldData 和 newData 通过"oldData.id = newData.id"的方式进行了关联合并；然后通过调用 whenMatched.update(Map("id" -> col("newData.id")))实现了当数据存在时更新数据，并通过调用 whenNotMatched.insert(Map("id" -> col("newData.id")))实现了当数据不存在时插入一条新的数据；最后调用 execute()方法触发计算。

### 6. 实现数据的"时间旅行"

Delta Lake 表可以基于读取旧版数据实现数据的"时间旅行"。在对数据进行覆写后，我们便可以通过时间旅行读取 Delta Lake 表的旧版数据的快照。具体的实现代码如下：

```
val df = spark.read.format("delta")
  .option("versionAsOf", 3).load("your_file_path/delta/delta-table")
```

上述代码通过 option("versionAsOf", 3)读取了版本号为 3 的历史版本数据。

### 7. 追加（append）模式和覆写（overwrite）模式

Delta Lake 表数据的更新分追加模式和覆写模式两种。其中，追加模式用于实现数据的追加，覆写模式用于实现数据的覆写。具体的实现代码如下：

```
df.write.format("delta").mode("append")
  .save("your_file_path/delta/delta-table")
```

上述代码通过 mode("append")实现了以追加模式写出数据。

### 8. overwriteSchema 和 mergeSchema

在元数据的维护上，Delta Lake 支持以 overwriteSchema 和 mergeSchema 两种方式进行元数据的更新。其中，当 overwriteSchema 为 truc 时，表示使用新数据的 Schema 信息覆盖旧数据的 Schema

信息；当 mergeSchema 为 true 且 spark.databricks.deltaschema.autoMerge.enabled 也为 true 时，Delta Lake 会自动更新表中的 Schema 信息。具体的实现代码如下：

```
df.write.format("delta")
.option("overwriteSchema", "true").mode("overwrite")
.save(basePath+"delta/delta-table")
```

上述代码通过 option("overwriteSchema", "true")实现了在写出数据时使用新的 Schema 信息覆盖旧的 Schema 信息。

# 术语的中英文对照表

本书所涉及术语的中英文对照如下表所示。

| 中文术语 | 英文术语 |
| --- | --- |
| 检查点 | checkpoint |
| 弹性数据集 | resilient distributed dataset（RDD） |
| 集群管理器 | cluster manager |
| 工作节点 | worker |
| 执行器 | executor |
| 应用程序 | application |
| 驱动器 | driver |
| 主函数 | main 函数 |
| Spark 上下文 | Spark Context |
| 作业 | job |
| 任务 | task |
| 分区 | partition |
| 有向无环图 | directed acyclic graph（DAG） |
| 缓存 | cache |
| DAG 调度器 | DAG scheduler |
| 任务调度器 | task scheduler |
| 任务集 | task set |
| 资源管理器 | resource manager |
| 节点管理器 | node manager |
| 应用程序管理器 | application master |
| 数据节点 | data node |
| 批处理 | batch processing |
| 水印 | watermark |